ÖSTERREICHISCHE AKADEMIE DER WISSENSCHAFTEN
MATHEMATISCH-NATURWISSENSCHAFTLICHE KLASSE, DENKSCHRIFTEN,
110. BAND, 1. ABHANDLUNG

ERGEBNISSE UND PROBLEME DER QUARTÄREN ENTWICKLUNGSGESCHICHTE AM ÖSTLICHEN ALPENSAUM AUSSERHALB DER VEREISUNGSGEBIETE

VON

ARTHUR WINKLER VON HERMADEN

MIT 1 KARTENTAFEL, 1 LICHTBILDTAFEL, 1 PROFILTAFEL, 26 ABBILDUNGEN IM TEXT
UND 1 TABELLENBEILAGE

WIEN 1955

IN KOMMISSION BEI SPRINGER-VERLAG WIEN

ISBN 978-3-211-86183-7   ISBN 978-3-7091-5785-5 (eBook)
DOI 10.1007/978-3-7091-5785-5

Vorbemerkung.

In der vorliegenden Studie wird der Versuch unternommen, die über die junge, quartäre Entwicklungsgeschichte des unteren Murgebiets, des unteren Drau- und Savebereichs sowie jenes der Raab bekannten bzw. selbst neu festgestellten Tatbestände eingehend darzustellen und sie einer Deutung zu unterwerfen. Kurz wird auch auf die quartäre Entwicklung des österreichischen-westungarischen Donaugebiets Bezug genommen. Die Arbeit ist eine Nebenfrucht jahrzehntelanger geologischer Aufnahmen im steirischen Becken. Eine spezielle Befassung mit einschlägigen Fragen ergab sich aus der naturwissenschaftlichen Mitarbeit an den Studien der wasserwirtschaftlichen Generalplanung für Steiermark (1939—1941) und an der von mir angeregten wissenschaftlichen Arbeitsgemeinschaft zum Studium der geologischen bodenwirtschaftlichen Verhältnisse des Laßnitzgebiets in der Weststeiermark, gefördert von der Akademie der Wissenschaften Wien, sowie an jener zur Untersuchung der naturwissenschaftlichen Grundlagen im Grenzsiedlungsraum der südöstlichen Steiermark, unterstützt von der Reichsarbeitsgemeinschaft für Raumforschung. Über die allgemeinen Ergebnisse beider Forschungsvorhaben sind Berichte in den Sitzungsberichten der Akademie der Wissenschaften Wien 1940 und in den Mitteilungen der Geographischen Gesellschaft Wien 1943 erschienen[1]. Durch Arbeiten im Bereiche der Savefalten, schon in den zwanziger Jahren, besonders aber 1941—1944, konnten eingehende Vergleiche mit den Terrassierungen im unteren Drau- und Savegebiet gewonnen werden. Gelegentliche eigene Begehungen im inneralpinen Wiener Becken und in Westungarn ermöglichen eine Abrundung des Bildes.

Das den Murbereich betreffende, bereits 1944/45 fertiggestellte Manuskript wurde 1951/52 einer Durcharbeitung unterzogen, wobei die Darstellung auch auf die übrigen Randbereiche der Alpenostabdachung ausgedehnt wurde und die seither erzielten neuen Ergebnisse Berücksichtigung finden konnten. Letzte Nachträge erfolgten noch bis Mitte 1955.

[1]) Siehe Schriftennachweis S. 169—178 u. S. 180.

Inhaltsverzeichnis.

	Seite
Vorbemerkung	III

I. Hauptabschnitt. Die vorliegenden Studienergebnisse ... 1

   A. Bisherige Quartärforschungen im unteren Murbereich ... 1—3
      1. Feststellungen über das Jungquartär ... 1—2
      2. Feststellungen über das Mittel- und Altdiluvium ... 2—3

   B. Bisherige Quartärforschungen im unteren Drau- und Savebereich und im niederöstereichischen-westungarischen Raab- und Donaugebiet ... 3

II. Hauptabschnitt. Die quartäre Entwicklungsgeschichte des außerhalb des Vereisungsgebiets gelegenen Mur- und Raabbereichs ... 3—143

   A. Das Alluvium (Holozän, Postglazial) ... 3—27
      1. Allgemeines ... 3
      2. Verbreitung, Teilgliederung und Entwicklung des Alluviums im Murbereich ... 4—26
         a) Übersicht ... 4
         b) Die alluvialen Fluren an der unteren Mur ... 4—6
         c) Große Uferanbrüche und Rutschungen an der unteren steirischen Mur ... 6—12
         d) das Alluvium in den Seitentälern der unteren Mur ... 12—15
         e) Alluviale Gehängelehmbildungen im unteren Murgebiet ... 15—16
         f) Die geologische Bedeutung und das Alter der Großrutschungen im steirischen Tertiärhügelland (Einzugsbereich der Mur) ... 16—19
         g) Die große Schurfphase im Alluvium und die Weiterbildung der Talungleichseitigkeit ... 20—21
         h) Schlußfolgerungen für die jüngsten Talbildungsvorgänge aus der systematischen Abbohrung im Alluvialgrund des Laßnitztals ... 21
      3. Verbreitung, Teilgliederung und Entwicklung des Alluviums im Raabbereich ... 22
         a) Die Alluvialfelder an der steirischen Raab und ihren Nebenflüssen ... 22
         b) Die Alluvialfelder an der westungarischen Raab ... 22
      4. Zusammenfassung über das Alluvium im Mur- und Raabgebiet ... 22—27
         a) Die Verbreitung des Alluviums im Murbereich ... 22—23
         b) Über den Aufbau des Alluviums ... 23
         c) Über das Ausmaß der Kubatur der Alluvialablagerungen ... 23
         d) Altalluviale Erosions- und jungalluviale Aufschwemmungsphase ... 24
         e) Talasymmetrien ... 24
         f) Spezielles zur alluvialen Talentwicklung ... 24—25
         g) Allgemeines Entwicklungsbild ... 25—26
         h) Ursache der frühalluvialen Tiefenerosion ... 26—27

   B. Die Entwicklung der Täler der Mur (außerhalb des Vereisungsgebiets) und der Raab in der Würmeiszeit und im Spätglazial ... 27—39
      1. Übersicht der Probleme ... 27—29
      2. Zum Auftreten periglazialer Verwitterung im Bereiche der steirischen Bucht ... 29
      3. Zu den speziellen Entstehungsbedingungen der Würmaufschüttung ... 29—30
      4. Spezieller Aufbau und Alter der Würmterassen im unteren Murtal ... 30—37
         a) Allgemeines ... 30—31
         b) Die Teilfluren der (Würm)-Hauptterrasse ... 31—32
         c) Fehlen der Würmterrassen unterhalb des Leibnitzer Beckens ... 32
         d) Das Alter der Hauptterrasse des Grazer und Leibnitzer Feldes ... 33
         e) Alter der Teilfluren im Grazer und Leibnitzer Felde ... 33—35
         f) Konvergenz der jungquartären Terrassen talabwärts ... 35
         g) Die „Hauptterrasse" in den Seitentälern des unteren Murgebiets ... 35—36
         h) Letzteiszeitliche Gehängelehmbildungen und ihre junge Zerschneidung ... 36—37
      5. Allgemeine Ergebnisse zur würmzeitlichen-spätglazialen Talgeschichte der unteren Mur ... 37—39

Inhaltsverzeichnis V

Seite

C. Allgemeines über Alter und Entstehung der höheren, lehmbedeckten Quartärfluren im Mur- und Raabgebiet ... 39—41
   1. Zur Nomenklatur ... 39
   2. Interglaziales Alter der meisten mittel-altquartären Terrassen am östlichen Alpensaum ... 39—41

D. Zur Entwicklungsgeschichte des Mur- und Raabbereiches im letzten Interglazial ... 41—51
   1. Allgemeines über eine ? ins R.-W.-Igl gestellte Terrasse im unteren Murgebiet (abwärts Graz) ... 41—42
   2. Verbreitung und Aufbau des „Helfbrunner Terrassenfeldes" an der unteren Mur ... 42—44
      a) Unterhalb des Grazer Feldes ... 42—44
      b) Die Äquivalente der „Helfbrunner-Terrasse" im Grazer Feld ... 44
      c) Die Verbreitung der Terrassen des „Helfbrunner Niveaus" in den Seitentälern der unteren Mur ... 44—48
   3. Anzeichen für das Auftreten einer spätinterglazialen Terrasse im mittleren Murabschnitt ... 48
   4. Zeitliche Äquivalente der letztinterglazialen Terrassen im österreichischen und im ungarischen Raabbereich ... 48—50
   5. Das Alter der „Helfbrunner Terrasse" (Untere Terrassengruppe = Flur X) ... 50—51

E. Rißeiszeitliche Ablagerungen im Murbereich ... 51—54
   1. Fluvioglaziale Bildungen aus der Rißeiszeit an der mittleren Mur ... 51—61
   2. Schotterterrassen aus der Rißeiszeit an der unteren Mur ... 52—54
   3. Mittelpleistozäne Terrasse am Südsaum des Olsnitz- (Murska Sobota-) Wernseer- Veržejer Beckens, im Raume östlich von Radkersburg ... 54

F. Die „mittlere Terrassengruppe" des Quartärs im Mur- und Raabbereich ... 54—66
   1. Allgemeines ... 54—57
   2. Die Verbreitung der „mittleren Terrassengruppe" im unteren Murbereich ... 57—59
      a) Übersicht ... 57
      b) Einzelausbreitung der Bereiche der „mittleren Terrassengruppe" im unteren Murgebiet ... 57—59
   3. Die „mittlere Terrassengruppe" im Grazer Feld ... 59
      a) Ostsaum ... 59
      b) Die Hauptterrasse des Kaiserwaldes ... 59
   4. Die „mittlere Terrassengruppe" in den Seitentälern des unteren Murgebiets ... 59—60
      a) Grabenlandtäler ... 59—60
      b) Rechtsseitige Zubringer der unteren Mur ... 60
   5. Die „mittlere Terrassengruppe" im mittleren Murbereich bei Frohnleiten und oberhalb ... 60—61
   6. Die Ausdehnung der „mittleren Terrassengruppe" im Raab- und Zalabereich ... 61—65
      a) Raabgebiet ... 61
      b) Zalagebiet ... 65
   7. Altersfrage und Entstehung der „mittleren Terrassengruppe" ... 65—66

G. Die „obere Terrassengruppe" im Mur- und Raabbereich ... 66—79
   1. Allgemeines ... 66—67
   2. Die Einzelverbreitung der „oberen Terrassengruppe" („Tiefere und obere Fluren") im unteren Murbereich ... 67
      a) Unterstes Murtal ... 67
      b) Zugehörige Seitenterrassen in den Tälern des Grabenlandes ... 67
      c) Die Terrassen der oberen Gruppe in den rechtsseitigen Nebentälern der unteren Mur im weststeirischen Becken ... 67—69
      d) Die obere Terrassengruppe im untersteirischen Stainztal (Büheln) ... 69
   3. Die „obere Terrassengruppe" im Bereich des Grazer Feldes ... 69—70
   4. Hinweise auf die Ausbreitung der „oberen Terrassengruppe" im Murdurchbruch von Peggau-Frohnleiten, oberhalb Graz ... 70
   5. Die Verbreitung der „oberen Terrassengruppe" (tiefere Fluren) im Raabgebiet ... 70
   6. Die „obersten Niveaus" der „oberen Terrassengruppe" (Schotter-Lehm-Niveaus) ... 70—74
      a) Bedeutung des Niveaus ... 70—71
      b) Versuch zur Festlegung der Verbreitung der „obersten Teilfluren" der „oberen Terrassengruppe" im unteren Murgebiet ... 71—72

	Seite
c) Die Verbreitung der oberen und obersten Terrassenflur im mittleren Murbereich	72—73
d) Das Oberniveau der „oberen Terrassengruppe" (Schotterfluren) im Raabgebiet	73—74
7. Einzelverbreitung des obersten quartären Niveaus im Raabgebiet	73—74
8. Das Alter der oberen Terrassengruppe	76—78
a) Allgemeines	76
b) Zur Parallelisierung der obersten Schotterfluren im Raabgebiet	77—78
9. Der Rauminhalt der ältesten quartären Schottermassen (im Bereiche der Kleinen ungarischen Tiefebene) und das Ausmaß des damaligen flächenhaften Abtrages in den alpinen Einzugsgebieten	78—79
10. Talverlegung unmittelbar nach Entstehung der oberen Terassengruppe an der Mur	79
H. Die jüngstpliozänen (spätlevantinen) — präglazialen Denudationsflächen	79—101
1. Allgemeines	79—80
2. Die Höhenflur der Beckenlandschaft	80—81
a) Übersicht	80—81
b) Die Entstehungszeit der Höhenflur	81
3. Die Einzelverbreitung der jüngstpliozänen (präglazialen) Denudationsflächen	81—101
a) Im südoststeirischen Basaltgebiet	81—83
b) Die Fortsetzung des spätoberpliozänen Flächensystems an der Nordseite des Murbereiches bis in den Raum von Wildon	73—84
c) Die jüngstpliozänen (präglazialen) Fluren an der Südseite des unteren steirischen Murtales (Fortsetzung ins jugoslawische Murgebiet)	84—86
d) Das oberstpliozäne-präglaziale Flurensystem in den westlichen Windischen Büheln und am Saum des Sausals	86
e) Oberstpliozäne Flurenreste in der südweststeirischen Bucht	86—87
f) Die Fortsetzung der jüngstpliozänen Fluren von der Murenge bei Wildon bis zum Murdurchbruch unmittelbar oberhalb von Graz	87—88
g) Die spätoberpliozänen (präglazialen) Flächenreste im Durchbruchstal der Mur Bruck—Graz	88
h) Die mutmaßlichen Äquivalente der spätestpliozänen Fluren im obersteirischen Murgebiet	88—90
i) Ergebnisse über die Verbreitung und Entstehung des jüngstpliozänen Flurensystems im Murbereich	90—92
k) Das spätoberpliozäne Flurensystem im Einzugsgebiet der österreichischen (unteren und mittleren steirischen) Raab	92—94
l) Jüngstpliozäne Terrassen im Durchbruchsgebiet des Weizbaches	94
m) Jüngstpliozäne Terrassen im Passailer Becken	94—95
n) Die jüngstpliozänen Terrassenniveaus an der Feistritz	95—96
o) Das jüngstpliozäne Abtragsflächensystem im Nordostteil der steirischen Bucht	96—98
p) Die jüngspliozänen Abtragungsniveaus im westungarischen oberen Zala—Raab-Gebiet (Göscei)	98—99
q) Die jüngstpliozänen Abtragsfluren in dem Raum zwischen Zalaegerszeg und den Basaltbergen von Tatika (beiderseits der unteren Zala) und im westlichen Bakonyer Wald	99—100
r) Allgemeine Höhenlage des präglazialen Niveaus	100—101
I. Die quartäre (oberstpliozäne) Tektonik und ihr Einfluß auf die Talentwicklung am Ostabfall der Zentralalpen und in Westpannonien	101—126
1. Allgemeine Belege für die Quartärtektonik	101—102
2. Detailbegründung der Quartärtektonik	102—109
a) Verstellungen jüngstpliozäner Abtragsflächen	102—103
b) Die Feststellung von schräggestellten Aufschwemmungsterrassen	103—104
c) Tektonisch bedingte Asymmetrie der Täler	104—109
3. Das Bild der Beziehungen zwischen Jungtektonik und Talverlegungen im steirischen Becken auf Grund der eigenen Ergebnisse	109—115
a) Murbereich	109—111
b) Raabbereich	111—114
c) Weststeirische Bucht	114
d) Im westpannonischen Becken	114—115
e) Das Auftreten unreifer, zum Teil klammartig gestalteter Talstrecken	115
f) Jungaktive Einmuldungen	115

	Seite
4. Zum Gesamtbild der quartären Tektonik	115—126
a) Die quartäre Gesamtaufwölbung der steirischen Beckenscholle	115—116
b) Die quartäre Grabenlandaufwölbung und ihre Beziehungen zu den pleistozänen relativen Einmuldungen des Raabbereiches und der Windischen Bühel	116—117
c) Zur tektonischen Beeinflussung der gegenwärtigen Wirksamkeit von Flüssen und Bächen	117—119
d) Zeitliche und räumliche Beziehungen der die Entwicklung des quartären Flußnetzes beeinflussenden, jungtektonischen Bewegungen	119—124
Altersverschiedenheiten in den Bewegungen	119—122
Die gegen Osten gerichtete Talverschiebung im Bereiche des Deutschen Grabenlandes	122
Tektonisch bedingte Talverschiebungen im weststeirischen Becken	122—123
Westgerichtete Verschiebungstendenzen	123—124
Junge gegensätzliche Flußverlegungen an der unteren Mur im Bereiche des Abstaler Beckens	124
e) Die Diskontinuität der quartären Bewegungen	124—125
f) Zusammenfassung der Ergebnisse betreffend Tektonik und Asymmetrie von Hängen und Wasserscheiden	125—126
J. Zu den Ursachen der Terrassierung	126—131
1. Tektonische Rücksenkungen im Hebungsgang der Schollen?	126—127
2. Klimatische Ursachen	128
α) Die „Terrassensedimente" der Gegenwart nach Entstehung und Aufbau ein Äquivalent der quartären Schotter-Lehm-Fluren	128—129
β) Die Zahl der Lehm-Schotter-Terrassen des Quartärs ist wesentlich größer als jene der Eiszeiten	129
γ) Die Verbreitung einheitlich ausgebildeter, quartärer Lehm-Schotter-Terrassen aus dem Alpeninnern bis tief in die ungarische Ebene hinein, wo „glaziale" Einflüsse für die Aufschüttung nicht mehr in Frage kommen	129—130
δ) Eustatik?	130—131
K. Zu den wirksamen Faktoren der Abtragsvorgänge	131—143
1. Allgemeines	131
2. Zur Formengestaltung asymmetrischer Täler in den steirischen und westpannonischen Beckenbereichen	131—133
3. Die Bedeutung der Gehängerutschungen für die junge Denudation des steirischen Hügellandes	133
4. Das Ausmaß der Denudation seit spätpliozäner Zeit	136—139
a) Denudation der Landoberfläche	136—138
b) Zur Frage der quartären Kammflurendenudation	138—139
5. Stellungnahme zu einigen allgemeinen morphologischen Problemen der Quartärzeit im Mur- und Raabbereich	139—143
a) Zur Höhenlage der präglazialen (oberstpliozänen) Talsohle in den östlichen Alpen	139—141
b) Zu J. Sölchs Altersdeutung unseres oberstpliozänen Flächensystems in den steirischen Randgebirgen	141
c) Abschließende Diskussion einiger Grundprobleme der quartären Morphologie und Entwicklungsgeschichte der östlichen Zentralalpen und ihrer Randbereiche	141—143
III. Hauptabschnitt. Bemerkungen zur Quartärgeologie des südkärntnerischen und untersteirischen Draubereiches	143—148
A. Zur Quartärgeologie Süd- und Ostkärntens	143—144
1. Einige Ergebnisse bisheriger Forschungen über das Quartär Südkärntens	143—144
a) Allgemeines	143
b) Zur Altersfrage des „Bärentalkonglomerats"	143—144
2. Die Verbreitung der jüngsten Flurenreste des Oberpliozäns (Präglazials) und jener des Quartärs im Lavanttal	144
B. Präglaziale-quartäre Niveaus im untersteirischen Draubereich	145—148
1. Jungpliozäne- (präglaziale-) und quartäre Fluren im Draudurchbruch	145
2. Zur quartären Entwicklungsgeschichte des Pettauer Feldes, seiner Umrahmung und des Luttenberger Weinberglandes (nördlich der unteren Drau)	145—148

a) Zur jungquartären Entwicklungsgeschichte des unteren Draubereiches	145—146
b) Rißterrassen an der unteren Drau?	146
c) Älter (alt-) pleistozäne Terrassen an der unteren Drau	146—148
d) Junge Talverlegungen der unteren Drau und ihrer Nebenflüsse	148
IV. Hauptabschnitt. Bemerkungen zur Quartärgeologie des unteren Savebereiches	148—155
A. Zur alluvialen Geschichte und zur rezenten Tektonik an unterer Save und Sann	148—150
1. Savegebiet	148—149
2. Sanngebiet	149—150
B. Zur pleistozänen Entwicklung im unteren Save—Sanngebiet	150—155
1. Die Terrassen der Würmzeit	150
2. Die unteren Niveaus der mit mächtigen Lehmen bedeckten mittelpleistozänen Terrassenfluren im unteren Savegebiet („Terrasse von Rann")	150—152
3. Zu den Terrassen des älteren und mittleren Altpleistozäns an Save und Sann	152—153
4. Die oberstpliozänen-ältestquartären Schotterdecken im Ranner Becken und ihre Spuren im oberhalb gelegenen Savedurchbruch, die präglaziale Flur und intraquartäre Talböden mit Schotterresten am Uskoken-Nordostabfall	153—155
5. Zur Altersfrage des tiefsten (ältestquartären) Felsflurensystems im Ranner Becken und in den oberhalb und unterhalb gelegenen Savedurchbrüchen und der darin eingelassenen Schotterbetten	155
V. Hauptabschnitt. Zur quartären Geschichte des Donauraumes zwischen Wien und dem Großen ungarischen Alföld	155—165
A. Allgemeines	155
B. Zur zeitlichen Gliederung der altquartären Terrassen im Donauraum unterhalb von Wien bis zur Großen ungarischen Tiefebene	156—158
1. Grundlegende Forschungen im inneralpinen Wiener Becken	156
2. Über das Alter der Laaerberg- und Arsenalterrasse im inneralpinen Wiener Becken	156—157
3. Zur Verbreitung und zum Aufbau von Laaerberg und Arsenalterrasse	157—158
4. Die Geröllzusammensetzung der Laaerbergschotter	158
C. Quartär in der Kleinen ungarischen Tiefebene	158—160
1. Laaerberg- und Arsenalterrasse im westungarischen Becken (Donaubereich)	158—159
2. Die Terrassengliederung im Donaudurchbruch oberhalb von Budapest und im Raum um diese Stadt	160
D. Die mittel- und jungquartären (jüngeraltpleistozänen, mittelpleistozänen, jungpleistozänen) Terrassen im inneralpinen Wiener Becken und im anschließenden Westungarn	160—161
E. Zur Entstehungsfrage der quartären Terrassen (und des Alluviums) im Donaugebiet unterhalb von Wien und im Kleinen Alföld	161—163
F. Junge Talverlegungen am Saum des Kleinen Alfölds im Donaubereich	163—164
G. Einige Folgerungen aus der Quartärtektonik	164—165
Vergleiche und Übersicht der Ergebnisse	165—167
1. Vergleich der Ergebnisse mit neueren Quartärforschungen	165—169
a) Zu den Auffassungen über tektonische und atektonische (klimat., eustat.) Deutung der quartären Terrassenbildung in Mitteleuropa	167
b) Zur Bedeutung diluvialer und alluvialer Denudation	166—167
2. Die Hauptergebnisse über die quartäre Entwicklungsgeschichte des betrachteten Raums	167—169
Literaturverzeichnis	169—179
Verzeichnis der Tafeln und Textabbildungen	179—180
Tafeln	179
Textabbildungen	179—180
Nachträge zum Literaturverzeichnis	180

I. Hauptabschnitt. Die vorliegenden Studienergebnisse.

A. Bisherige Quartärforschungen im unteren Murbereich.

1. Feststellungen über das Jungquartär.

Die Terrassen aus der letzten Eiszeit erfüllen, wie seit langem bekannt, in großer flächenhafter Ausdehnung das Grazer und das Leibnitzer Feld. Sie bilden entlang der Mur einen teilweise beiderseitig (Grazer Feld), teilweise vorwiegend einseitig (Leibnitzer Feld) entwickelten, mit intakter Oberfläche erhaltenen Terrassensaum, der zum weitaus größten Teil landwirtschaftliches Kulturland trägt.

Entstehung, Gliederung und Alter der jungen Terrassen ist schon von mehreren Seiten, aber noch nicht einheitlich und detaillierter behandelt worden. Insbesondere haben sich *V. Hilber* (1893, 1912, 1918), *R. Hörnes* (1903), *A. Penck* (1909), *J. Sölch* (1917, 1921, 1928), *F. Heritsch* (1923) und — das Stadtgebiet von Graz betreffend — *H. Mohr* (1927), *A. Tornquist* (1928) und *E. Clar* (1931) damit beschäftigt. Über die zugehörigen Terrassen im Leibnitzer und Abstaler Feld (Radkersburger Bereich) habe ich selbst (1913, 1921, 1939, 1941), ferner im Rahmen unserer Gemeinschaftsveröffentlichung über das untere Murgebiet auch *T. Wiesböck* (1943) berichtet.

V. Hilber hatte festgestellt, daß die unteren Stufen der von ihm eingehender beschriebenen „Taltreppe" bei Graz dem Jungdiluvium (bzw. Alluvium) angehören. Im Grazer Feld unterscheidet er oberhalb des Alluviums, das nach prähistorischen Funden die Zeit des Neolithikums, die Bronzezeit, die Eisenzeit und die Römerzeit umfaßt, 3 jungdiluviale Stufen (Stufe 9—11, von oben nach unten). In der Stufe 9 (Harmsdorfer Stufe) tritt Mammut auf, was das jungdiluviale Alter beweise. Die Stufe 10 (Dominikanerriegel-Stufe) habe Funde des Solutréens geliefert, die Stufe 11 (Karlauer Stufe) ergab einen Fund eines Höhlenbärzahns, wahrscheinlich auf primärer Lagerstätte, was nach *Hilber* auf ein auch noch diluviales Alter dieser Teilflur hinweist. Nach *Hilbers* Darstellung verfließen unterhalb von Graz die Terrassenflur 9 und 10 (Steinfelder und Neufelder Flur links bzw. Dominikanerriegel- und Harmsdorfer Stufe rechts des Flusses) miteinander. *Hilber* vertritt die Auffassung einer interglazialen Entstehung der Hauptaufschüttung des Grazer Feldes, von der Voraussetzung ausgehend, daß eine Minderung der Wassermengen in den Zwischeneiszeiten die Flüsse zur Aufschüttung genötigt habe.

A. Penck unterschied in den „Alpen im Eiszeitalter" im Raum von Graz 4 Terrassen, die er mit den 4 diluvialen Eiszeiten parallelisierte. In dem Terrassenkörper des eigentlichen Grazer Feldes (*Hilbers* Stufe „9") sieht er einen kombinierten Aufbau aus einer höheren Würm- und einer tieferen, von letzterer überschütteten Rißterrasse, mit Geröllseinschlüssen des älteren Konglomerates im jüngeren Schotter. *Hilber* und *Sölch* bestritten die Beweiskraft dieses jetzt nicht mehr zugänglichen Aufschlusses.

J. Sölch führte (1917) die Aufschotterung der Diluvialterrassen an der Mur auf vermehrte Schuttbildung beim Herannahen der letzten Vergletscherung zurück. Er wies insbesondere darauf hin, daß die Tatsache des Auftretens mächtiger diluvialer Aufschüttungen an den aus den Gletscherbereichen der Ostalpen stammenden Flußtälern, wie Mur- und Drautal, die spärliche Entwicklung diluvialer Terrassen hingegen an den aus unvergletschert gebliebenen Bereichen herabsteigenden Flüssen (z. B. Raab) für eine glaziale Entstehung der Terrassen spreche. Er brachte in Erinnerung, daß übrigens eine ähnliche Auffassung und Begründung für Verteilung und Mächtigkeit diluvialer Schotter im steirischen Becken schon 1856 von *F. Rolle* geäußert worden ist. *Sölch* unterzog *Hilbers* Teilgliederung des Terrassendiluviums im Grazer Felde einer kritischen Betrachtung. Er wies ferner auf das stärkere Absinken der jungquartären Hauptterrasse an der Mur, gegenüber dem heutigen Alluvialfeld, also auf eine Konvergenz beider, hin.

V. Hilber hat 1918 nochmals die Grundzüge seiner Auffassung über das Alter der Murterrassen in allgemeinerer Form begründet. Er ging von der Voraussetzung aus, daß die Flüsse der Eiszeit wasserreicher gewesen seien und daß Perioden mit einer stärkeren Wasserführung der Flüsse eine Eintiefung derselben zur Folge haben, daß hingegen die Interglazialzeiten — bei verminderter Wasserführung — Aufschüttung und Terrassierung erzeugt haben; eine Annahme, welche freilich weder bezüglich der behaupteten Voraussetzungen — nach *A. Penck* waren die Eiszeiten nicht Perioden stärkerer, sondern eher geringerer Niederschläge — stichhaltig ist noch bezüglich der Folgerung, daß nämlich vermehrte Wassermengen entlang des g a n z e n Flußlaufes Erosionen bedingen, uneingeschränkte Geltung hat.

F. Heritsch (1921) schloß sich in der „Geologie der Steiermark" der Terrassengliederung von *Hilber* an und nahm im Stadtboden von Graz, unter höher gelegenen altquartären und jungtertiären Stufen, 3 jungquartäre Terrassen (mit 348—371 m, 346—360 m, 341—358 m Seehöhe) an.

J. Sölch hat in seiner „Landformung der Steiermark" (1928) die Terrassierung des unteren Murgebietes zusammenfassend dargestellt, insbesondere auch die zwölfstufige Taltreppe bei Graz. Der Einfluß jungtektonischer Bewegungen auf die Talentwicklung während des jüngeren Pliozäns und Quartärs wird unter Anführung mehrerer Beispiele hervorgehoben. So wird das „Loch von Leibnitz", in welches Mur, Sulm und Laßnitz gewissermaßen hineingezogen wurden, besonders angeführt. Für die nach rechts drängende Mur bilden die Leithakalkschollen von Wildon, Mureck und der Sporn von Radkersburg Haftpunkte, die ihren Lauf fixieren.

H. Mohr teilte die bei Brückenfundierungen im Stadtgebiete von Graz gewonnenen Daten über Mächtigkeit und Aufbau des Muralluviums mit. Zwischen Schloßberg und Kalvarienberg ist der Felsgrund sehr seicht, nur unter 8—10 m mächtigem Alluvium gelegen.

A. Tornquist (1928) gab einen kurzen Überblick über geologische Feststellungen anläßlich von Aufgrabungen für die Neukanalisation von Graz. Ferner wurden die Terrassen im Stadtboden etwas abweichend von *Hilber* gegliedert: Er unterschied außer einer nur in Spuren erhaltenen höchsten Terrasse, eine „Hochterrasse" aus der 2. Hälfte der Eiszeit und eine n a c h eiszeitliche „Niederterrasse". Diese letztere bildet eine höhere Teilflur im Alluvialfeld, in welche die gegenwärtige Alluvialflur schwach eingesenkt sei.

E. Clar hat, unter Auswertung zahlreicher neuer Bohrungen im Stadtgebiete, eine ausführlichere Darlegung der Untergrundverhältnisse veröffentlicht. Es ergab sich, daß im Bereiche des Alluviums Schottermächtigkeiten von 5—12,8 m, für den jungdiluvialen Hauptschotterkörper, den *Clar* als „Hochterrasse" bezeichnete, solche von 10—26 m zu verzeichnen sind.

Ich hatte schon 1913 auf die jungdiluviale Terrassenflur des Rothlahnbodens nördlich von Radkersburg und 1921 und 1927 a auf die jungen Terrassen im und an der Mündung des Poppendorfer, des Sulzbach- und Steintals in den Murtalboden verwiesen und diese auf der geologischen Spezialkarte, Blatt Gleichenberg, zur Darstellung gebracht. Später (1938 a) wurden — anläßlich Herausgabe des geologischen Kartenblattes Marburg (österreichischer Anteil) und der dazugehörigen Erläuterungen — auch die diluvialen Fluren des unteren Leibnitzer Feldes dargestellt bzw. besprochen. Ich konnte an der Nordseite des Murbodens (nördlich Straß — nördlich Mureck) über den alluvialen Fluren eine von Lehmen bedeckte, mit stärkerer Schotterbasis versehene, etwa 10 m über das Alluvium aufsteigende Terrasse („Helfbrunner Terrasse") verfolgen, die ich d a m a l s *Pencks* Niederterrasse gleichstellte und als Fortsetzung des gegenüber und flußaufwärts in großer flächenhafter Ausbreitung auftretenden Leibnitzer Feldes (reine Schotterterrasse) auffaßte[2]. Im Alluvialfeld selbst wurden die Reste einer nur um wenige Meter über die Auenlandschaft sich erhebenden „Zwischenterrasse" ausgeschieden.

Schließlich hat *T. Wiesböck* (1943) auch die jungen Terrassen im östlichen Leibnitzer Feld kurz besprochen.

Bezüglich Gliederung und Entstehung der jungquartären Terrassen an der unteren Mur bestehen noch einige ungelöste Fragen, die im folgenden teilweise auf Grund eigener neuer Befunde einer Deutung unterworfen werden. Insbesondere wird der Versuch unternommen, Anhaltspunkte für Entstehungszeit und Ursache der Aufschüttungen zu gewinnen. Auf die diluviale Entwicklung der Höhlen, über welche insbesondere für den Murbereich weitgehende Forschungsergebnisse vorliegen, kann hier nicht eingegangen werden. Diesbezüglich sei auf die Veröffentlichung von *O. Abel* und *G. Kyrle* und Mitarbeitern (1931), betreffend die Drachenhöhle bei Mixnitz, und auf die Berichte von *M. Mottl* (1946, 1947) und *K. Murban* und *M. Mottl* (1953) verwiesen.

2. *Feststellungen über das Mittel- und Altdiluvium*[3].

Über die Verbreitung, Entstehung und das Alter der über die letztglazialen Schotterfluren aufragenden bzw. ihnen zeitlich vorangegangenen Terrassen an Mur, Raab, Drau und Save wurde bisher nur wenig berichtet.

---

[2] Diese Annahme mußte später berichtigt werden.
[3] Entsprechend dem Mittel- und Altpleistozän im Sinne der Quartärgliederung von *F. E Zeuner*.

A. Penck hat die mit mächtigen Lehmen bedeckten Fluren des Kaiserwalds unterhalb von Graz als „älteren" und „jüngeren Deckenschotter" angesehen. *J. Sölch* hat später die Natur der Terrassenablagerungen (Schotter, Lehme), die er zum Teil ins Tertiär stellen wollte, zwar verkannt, die Fluren selbst aber auf der Nordflanke des unteren Murtals weiter verfolgt (1917). Ich habe (1913, 1921, 1927 a, 1943 c) auf die große Bedeutung, Verbreitung und Gliederung der mittel-altquartären Terrassen und noch höherer, bisher ins Jungpliozän gestellter, aber zweifellos schon dem Altquartär zugehöriger Aufschüttungsfluren verwiesen. Eine Detailkartierung eines Abschnitts aus dem älteren Terrassengebiet an der unteren Mur hat *T. Wiesböck* durchgeführt (1943).

B. Bisherige Quartärforschungen im unteren Drau- und Savebereich und im niederösterreichischen-westungarischen Raab- und Donaugebiet.

Mit der Quartärterrassierung im unteren Draubereich haben sich insbesondere *F. Heritsch* (1906), *A. Penck & E. Brückner* (1909) und *C. Troll* (1926) beschäftigt. Letzterer erblickt in der Terrassierung des jungquartären Pettauer Felds ineinandergeschaltete, spätglaziale Schwemmkegel, welche in die Hauptwürmterrasse ein- und über diese hinaus vorgebaut erscheinen. Die geologischen Spezialkartenblätter der österreichisch-ungarischen Monarchie (österreichische Blätter Pragerhof—Windisch-Feistritz und Pettau, aufgenommen im Quartäranteil, von *J. Dreger*) geben k e i n e brauchbare Grundlage zur Beurteilung des Quartärs. Die Eintragung der höhergelegenen Diluvialfluren erfolgte meist überhaupt nicht.

Für den unteren (ehemals untersteirischen) Savebereich hat *M. Sidaritsch* einige Angaben über die Terrassierung im Ranner Becken gemacht, während eine eingehendere Darstellung der quartären Terrassierung durch *J. Rakovec* (1929) erfolgt ist.

Über den steirischen Raabbereich und jenen ihrer Nebenflüsse habe ich eingehendere Beschreibungen auch der quartären Terrassierungen, zum Teil mit kartographischen Unterlagen, beigebracht (1921, 1927 a, 1928 b, 1939) und eine weitergehende Flächengliederung vorgenommen. Über die Terrassen an der Pinka hat *A. Paintner* kurz berichtet.

Für Westpannonien stammen die grundlegenden Arbeiten über die Gliederung des Quartärs aus der Feder von *L. v. Lozcy* (1916), an welche sich die Arbeiten von *I. Ferenczi* (Terrassen im Raabbereich) und eigene (1938) anschlossen. Insbesondere sei dann die sehr gründliche Untersuchung von *E. v. Szadeczky-Kardoss* hervorgehoben, welcher in einer monographischen Bearbeitung die Entwicklung des Kleinen Alfölds im Quartär zur Darstellung brachte (1938).

Für das E i n z u g s g e b i e t d e r D o n a u auf niederösterreichischem Boden, oberhalb und unterhalb von Wien, waren es insbesondere die grundlegenden Arbeiten von *F. X. Schaffer* (1905, 1909) und *H. Hassinger* (1905, 1918), welche die Grundlagen für die Quartärgliederung abzeichneten. In neuerer Zeit sind es insbesondere die Studien von *J. Stiny* (1932), *E. v. Szadeczky-Kardoss* (1938), *K. Friedl* (1927), *G. Schlesinger* (1915, 1922) und anderen gewesen, welche weitere wichtige Bausteine beigebracht haben. In den letzten Jahren haben sich besonders *H. Küpper* von geologischen (1950, 1951, 1952, 1954) und *H. Zapfe* (1948), *K. Ehrenberg* (1938) und *O. Thenius* (1948) sowie *A. Papp* und *O. Thenius* (1949), von paläontologischen Gesichtspunkten aus mit dem Quartär des Wiener Beckens befaßt.

II. Hauptabschnitt. Die quartäre Entwicklungsgeschichte des außerhalb des Vereisungsgebiets gelegenen Mur- und Raabbereichs.

A. Das Alluvium (Holozän, Postglazial).

1. Allgemeines.

A l l g e m e i n e s. Die Bedeutung des Alluviums für die Erkenntnis des jüngsten erdgeschichtlichen Ablaufs am Ostalpensaum besteht, wie nachstehend ausgeführt wird, nicht nur darin, daß auch diese Zeitphase ein Entwicklungsstadium in dem jungen, geologisch-geomorphologischen Werdegang des betrachteten Raums umfaßt, sondern auch darin, daß die Entstehungsumstände in besonderem Maße geeignet sind, einen Hinweis auch für den Ablauf des fluviatilen Geschehens im Q u a r t ä r zu geben. Eingehende Untersuchungen von mir und meinen Mitarbeitern, insbesondere von *K. Bistritschan* und *W. Rittler*, in den Einzugsgebieten der Mur, der Raab, der Drau (und der Save) ermöglichten es, über Aufbau und Bildungsumstände der alluvialen Ablagerungen in der Steiermark viele Erfahrungen zu sammeln, die teilweise schon veröffentlicht sind (K. Bistritschan in „A. Winkler v. H. und Mitarbeiter", 1940, A. Winkler v. H. & W. Rittler 1943 c), teilweise erst hier mitgeteilt werden.

2. Verbreitung, Teilgliederung und Entwicklung des Alluviums im Murbereich.

a) Übersicht.

Die junge Entwicklungsgeschichte des steirischen unteren Murgebietes, von Graz bis zur ehemals ungarischen, jetzt jugoslawischen Grenze, läßt sich an dem Auftreten jungpliozäner, diluvialer und nachdiluvialer Terrassen, aus deren Aufbau und ihrer räumlichen Verteilung, aus dem wechselnden Ausmaß jugendlicher Tiefen- und Seitenerosion der Mur und ihrer Zubringer, aus der räumlichen und zeitlichen Ausbildung der Gehängeanrisse und Rutschungen, aus dem Erscheinungsbild der Hangasymmetrien, schließlich aus der Ungleichseitigkeit in der Anordnung und aus der jungen Verlegung von Wasserscheiden herauslesen.

Der untere Murbereich[4] zeigt, entlang des Hauptflusses selbst, eine Aneinanderreihung von vier großen beckenartigen Talweitungen (Taf. I):

1. Das **Grazer Feld** zwischen Graz und Wildon;
2. das **Leibnitzer Feld**, zwischen Wildon, Leibnitz und dem nordwärts vordringenden Hügellandsporn von Mureck;
3. das **Abstaler Becken**, zwischen Mureck, Abstal und Radkersburg;
4. das **Olsnitz- (Muraszombat-) Wernseer Feld**, zwischen Radkersburg, Olsnitz und Wernsee, in der Nordhälfte auf ehemals ungarischem, jetzt jugoslawischem Boden gelegen, in der Südhälfte der ehemaligen Untersteiermark (jetzt Jugoslawien) zugehörig.

Das **Grazer Feld** ist — unter Zugrundelegung nur seiner alluvialen und jungdiluvialen Bodenbereiche — etwa 8 km breit, das Leibnitzer Feld und das Abstaler Becken etwa je 7 km, während das Olsnitz-Wernseer Feld eine größte Breite von über 17 km aufweist. Rechnet man auch noch die mittel- und altdiluvialen Terrassensäume den Becken zu, so erhöhen sich die Breiten der Tallandschaften noch zusehends. Im südlichen Grazer Becken zeigt die jugendliche Mur die Tendenz zu einem Andrängen an das linke (östliche) Gehänge, das in der Flußkonkave bei Groß-Sulz (Kalsdorf-Werndorf) in stärkeren Gehängeanrissen zum Ausdruck kommt. Im **Leibnitzer Feld** folgen, flußabwärts, Rechts- (West-) Drängen, Links- (Ost-) Drängen und Südwest- (Rechts-) Drängen der Mur aufeinander. Das Westdrängen zwischen Wildon und Lebring tritt hier in den scharfen Erosionsangriffen an den Gehängen des Buchkogels in Erscheinung; das Ost- (Links-) Drängen in dem ostwärts gerichteten Flußbogen Bachsdorf—Gralla—Landscha (Abb. 1, zwischen S. 6/7). Im weiter anschließenden Südostteil des Leibnitzer Beckens, bis Mureck, folgt wieder, auf eine Erstreckung von über 20 km, ein ausgeprägtes Rechtsdrängen der Mur, mit nur örtlich unterbrochenen Erosionsanrissen südlich des Flusses. Im **Abstaler Becken** tritt zwar ein ganz analoger, gegen Süden konkaver Bogen am Südsaum des Beckens hervor, die Mur selbst folgt ihm aber nicht mehr, sondern bildet, heute von ihrem Alluvialfeld abgeglitten, einen gegen Norden konvexen Bogen. An den beiden Endpunkten des Beckens, bei Mureck im Westen und bei Radkersburg im Osten, wird zwar das Südgehänge von der Mur angegriffen, dazwischen aber entfernt sich der Flußbogen bis zu 8 km vom früheren, spez. altalluvial geschaffenen, südlichen Beckensaum.

Im **Olsnitz-Wernseer Feld** ist der heutige Murlauf stark an den Südwestsaum herangerückt und verrät auch hier wieder ein Überwiegen des Rechtsdrängens (Südwestdrängens).

b) Die alluvialen Fluren an der unteren steirischen Mur.

F. Rolle hat wohl als erster auf die jungalluvialen Aufschüttungen an der Mur und besonders in dem von ihm genauer studierten weststeirischen Hügelland schon um die Mitte des vorigen Jahrhunderts verwiesen. Er hatte schon damals richtig erkannt, daß die Täler durch Aufschwemmungen der Flüsse noch in dauernder Erhöhung der Talsohlen begriffen sind. Auch *J. Sölch* (1917) hat auf die allgemeine Erscheinung fortdauernder Talaufschwemmungen im steirischen Becken ausdrücklich hingewiesen. An der Mur nehme die Aufschüttung talabwärts zu. Die Ursache für die dauernde Akkumulation sieht er — im Gegensatz zur klimabedingten des Diluviums — in einer tektonischen Einkrümmung des untersten Murgebiets begründet. Bei Graz nimmt er eine Mächtigkeit der alluvialen Stadtbodenstufe von 5—7 m an.

Das Muralluvium und seine Teilfelder. (Taf I, Taf. II, Fig. 1—4.) Nach *V. Hilber* besitzt das Muralluvium bei Graz eine Mächtigkeit bis zu 12 m, wobei es Reste

---

[4] Die meisten der in dieser Arbeit genannten Örtlichkeiten sind aus Taf. I und der Textabbildung 1, zwischen S. 6/7, zu ersehen.

aller Kulturstufen von der jüngeren Steinzeit bis zur Gegenwart enthält. Nach den neueren Mitteilungen von *Clar*, welche zahlreiche Bohrungen auswerten, reicht der Alluvialschotter[5] überall im Stadtboden 3—5 m u n t e r das durch Eintiefung in den letzten Jahrzehnten wesentlich tiefergelegte Murbett hinab. Die Mächtigkeiten in der Schotteraufschüttung betragen nach den von *Clar* mitgeteilten Daten bis 12,8 m. Die Hangendschichten des Alluviums sind sehr sandige Lehme (*Clar*, 1931, S. 13), was im Hinblick auf die ganz allgemeine Abnahme in der Korngröße von unten nach oben, in allen Alluvialprofilen der Seitentäler der Mur im steirischen Becken, besonders hervorgehoben sei.

Über den Alluvialbereich des Leibnitzer Feldes liegen aus dem am Westsaum desselben befindlichen Abschnitt des unteren Laßnitztales von *K. Bistritschan* (1940) ermittelte und veröffentlichte Bohrergebnisse vor. Unterhalb des Schlosses Freibüchl besitzt das Alluvium eine Mächtigkeit von 4,2—7,2 m. Im Mäanderbogen der Laßnitz bei Jöß wurde das Alluvium bei einer nördlichen Bohrung mit 4,4 m, bei einer südlichen mit 7,5 m festgestellt. Bei Unter-Tilmitsch zeigte das Laßnitzalluvium 6,45 m Mächtigkeit, und zwar 4,95 m groben Schotter, darüber feinen, gelben Sand. Hier handelt es sich durchaus um Aufschwemmungen des Laßnitzflusses im Leibnitzer Felde.

Angaben über die Mächtigkeit des M u r a l l u v i u m s ergeben die hauptsächlich von Dr. *W. Rittler* erhobenen Daten über artesische Wasserbohrungen und die Schürfungen, welche die Seismos dort im Zuge ihrer geophysikalischen Untersuchungen vor einigen Jahren ausgeführt hatte.

A l l u v i a l m ä c h t i g k e i t e n a u s a r t e s i s c h e n B o h r u n g e n:

Unter-Vogau bei Spielfeld: 11 m Schotter, darunter 1 m „Fels", vermutlich verkitteter Alluvialschotter,
Spielfeld: 6 m Schotter,
Mureck: 9 m Schotter, darunter 2 m Sand, also etwa 11 m Gesamtmächtigkeit.

A u s d e n S c h ü r f u n g e n d e r S e i s m o s:

Hart bei Ober-Rakitsch: 2,75 m Lehm, darunter bis 9,8 m Kies mit Lehm,
Diepersdorf (Nord): 12,50 m,
Donnersdorf: 7,50 m,
Pölten: 13,20 m,
Laafeld unterhalb Radkersburg: 14,90 m (?) (Der an der Basis angegebene Lehm von 6,20 m Mächtigkeit ist vielleicht schon verwittertes Tertiär.)
Dedenitz: 11,80 m.

Aus diesen Angaben folgt, daß überall das Alluvium wesentlich u n t e r die heutige Alluvialfläche, welche von der Auenlandschaft an der Mur und ihren Seitenbächen eingenommen wird, hinabreicht und durchschnittlich die Sohle der Aufschwemmungen um etwa 10 m unter dem mittleren Murspiegel gelegen ist. Die Gesamtmächtigkeit des Alluviums schwankt zwischen etwa 8—13 m. Eine Zunahme der Mächtigkeiten von Graz flußabwärts bis zur ungarischen Grenze ist nicht sicher erkennbar.

A l l u v i a l e T e i l f l u r e n a n d e r u n t e r e n M u r. *A. Tornquist* hat auf eine Teilflur im Alluvialfeld im Grazer Stadtboden verwiesen und sie unter der Bezeichnung „Niederterrasse" besonders hervorgehoben. Sie liegt nur 2 m über dem historischen Überschwemmungsboden der Mur.

Im L e i b n i t z e r B e c k e n läßt sich auf der Strecke Ober-Vogau—Unter-Vogau—Straß—Gersdorf—Ober- und Unter-Schwarza—Lichendorf—Weitersfeld—Mureck und östlich davon bis Unter-Rakitsch—Misselsdorf und Ratschendorf ein, durch einmündende Seitenbäche der Mur, teilweise unterbrochener und oft verwischter Terrassenabfall verfolgen, welcher eine Abstufung von 2—4 m anzeigt. (Bei Straß Differenz zwischen den Punkten 255 und 251 = 4 m, bei Lichendorf zwischen Punkt 242 und 239 = 3 m.) Diese nur zum Teil mit deutlichem Rande,

---

[5] Von *E. Clar* (1931) im Stadtboden von Graz als „Niederflur" bezeichnet.

zum Teil aber unmerklich über der Auenlandschaft sich erhebende Alluvialterrasse ist als eine selbständige T e i l f l u r anzusehen, welche sich auch durch ihre vorherrschende Bodenbedeckung (überwiegend Ackerland) — bei offenbar etwas weniger seicht liegendem Grundwasserspiegel — von dem heutigen Überschwemmungsgebiet der Auenlandschaft unterscheidet. Wie die heutigen Aufschwemmungen an der Mur, ist auch die Teilstufe als Schotterfeld ausgebildet.

Daß diese Teilflur jünger als die jüngstdiluviale Terrasse (Leibnitzer Vorterrasse von Gralla) ist, ergibt sich daraus, daß sie zwischen Landscha—St. Veit am Vogau und Unter-Vogau in diese letztdiluviale, schon tiefere spätglaziale Flur deutlich eingesenkt ist und von ihr durch den Terrassenabfall Wagendorf—Jägerwirt getrennt wird[6]. Ich betrachte die heutige Auenflur als eine sehr jugendliche, sekundäre Einschaltung in die ausgedehntere und offenbar durch mächtigere Schotteraufschüttungen gekennzeichnete höhere Teilflur des Alluviums.

Die mutmaßliche Fortsetzung der altalluvialen (Haupt-) Flur kann unterhalb Mureck in dem Terrassenfeld des A b s t a l e r B e c k e n s angenommen werden. Es entspricht einer tiefen, konkaven Ausräumung von 15 km Bogenlänge in dem Hügelland der Büheln und ist durch Rechtsdrängen der Mur entstanden. S o p r ä g n a n t dieser prächtige Gehängebogen im Landschaftsbild auch in Erscheinung tritt, so erweist er sich doch bei näherer Betrachtung bereits als abgeböscht und an seinem Fuße mit einem Schwemmantel überzogen. Dies deutet auf ein bereits f r ü h a l l u v i a l e s Alter der Gehängeböschungen hin. Die junge Terrasse des Abstaler Beckens wird von Schottern aufgebaut, welche nur teilweise von Sanden und sandigen Lehmen bedeckt sind. Der Abfall der Flur zu den Murauen beträgt 3—4 m.

Bei und unterhalb von Radkersburg sind älter-alluviale Fluren nur undeutlich von der heutigen Inundationsfläche abtrennbar. Mit einer Stufe von etwa $1^1/_2$—2 m erhebt sich eine solche Terrasse nördlich der Linie Bahnhof Radkersburg—Zelting (*Goranig*, P. 205) und talaufwärts bis Halbenrain.

Die hier als a l t a l l u v i a l betrachtete, das heutige Auen- und Inundationsgebiet der Mur nur wenig überhöhende Terrasse beginnt erst östlich Leibnitz sich herauszuheben, um unterhalb Radkersburg, soweit ich feststellen konnte, wieder mit dem heutigen Alluvialboden zu verschmelzen. Vielleicht ist sie durch eine zeitweilige Senkung der Erosionsbasis, unter Mitwirkung andauernder tektonischer Bewegungen, entstanden.

Im großen gesehen, läßt der Aufbau des Alluviums nachstehenden zeitlichen Ablauf erkennen:

1. Eine länger dauernde Zeitspanne der Eintiefung der Mur und die Schaffung einer unter die jungdiluviale Aufschotterung hinabreichenden breiten Erosionsrinne, welche auch noch in die jüngstdiluvialen Terrassen eingeschnitten ist.
2. Eine ebenfalls länger dauernde n a c h f o l g e n d e Aufschüttungsphase, deren Schwemmflur im allgemeinen jene der letzten jungdiluvialen Terrassierungen nicht mehr erreicht hat.
3. Die Ausbildung der heutigen Auenflur und damit die Terrassierung innerhalb des Alluviums, einer sehr jugendlichen Teilphase zugehörend.

c) G r o ß e U f e r a n b r ü c h e u n d R u t s c h u n g e n a n d e r u n t e r e n
s t e i r i s c h e n M u r (Abb. 1, zwischen S. 6/7).

An der untersteirischen Mur finden unter dem Einfluß jugendlichen, in der Gegenwart noch kräftig fortwirkenden Seiten- und Tiefenschurfs des Flusses starke Unterschneidungen der seitlichen Gehänge statt, welche teils zu sehr ausgedehnten, mehr oder minder ununterbrochenen

---

[6] Ich habe diese Teilflur im wesentlichen schon auf Blatt Marburg (1931) zur Darstellung gebracht. Ergänzend sei hier vermerkt, daß sie sich auch im Raume zwischen Lichendorf und Mureck deutlich durch einen Abfall zur Auenlandschaft ausprägt und daß die höheren Teile des Marktes Mureck auf ihr gelegen sind.

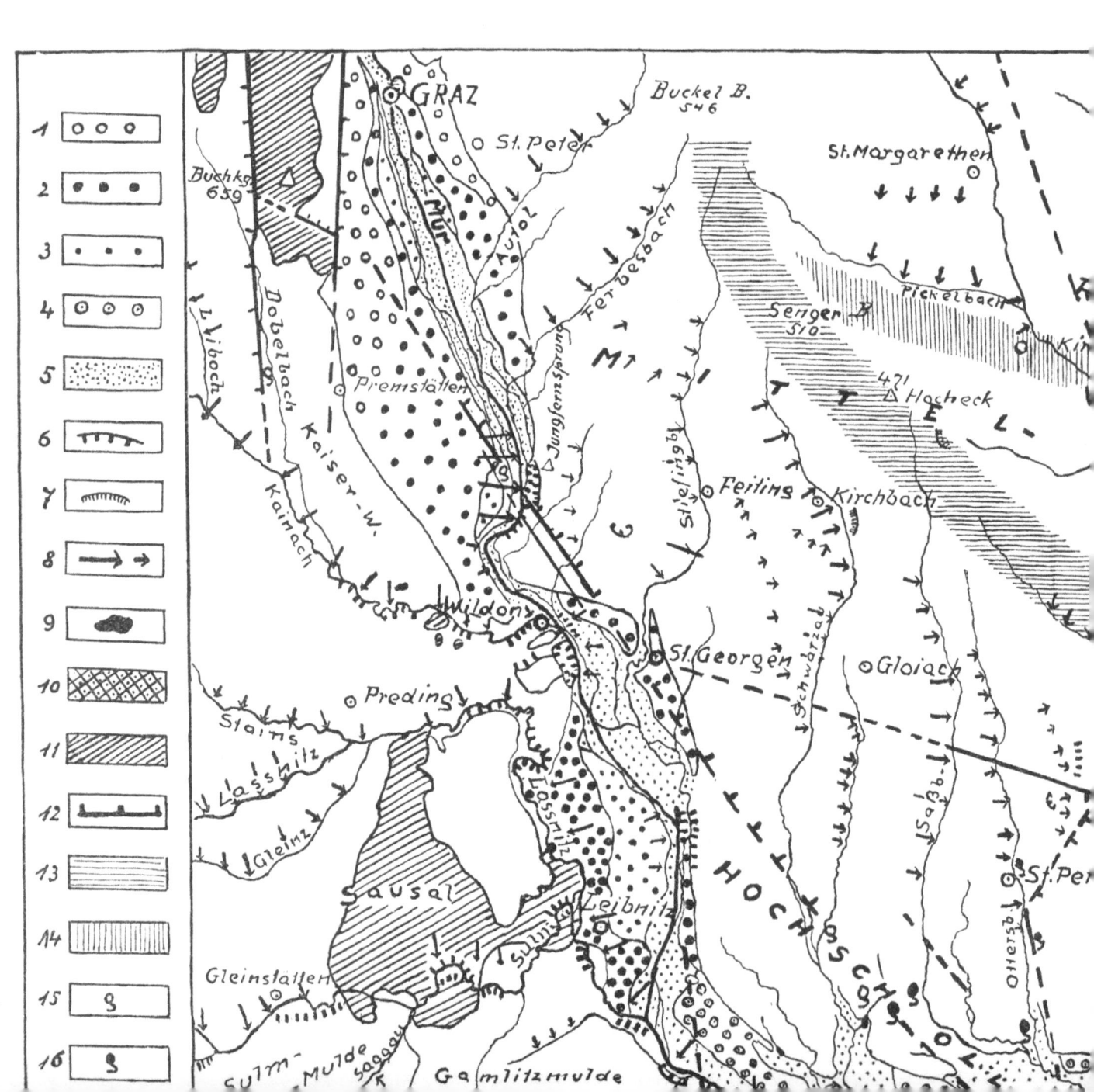

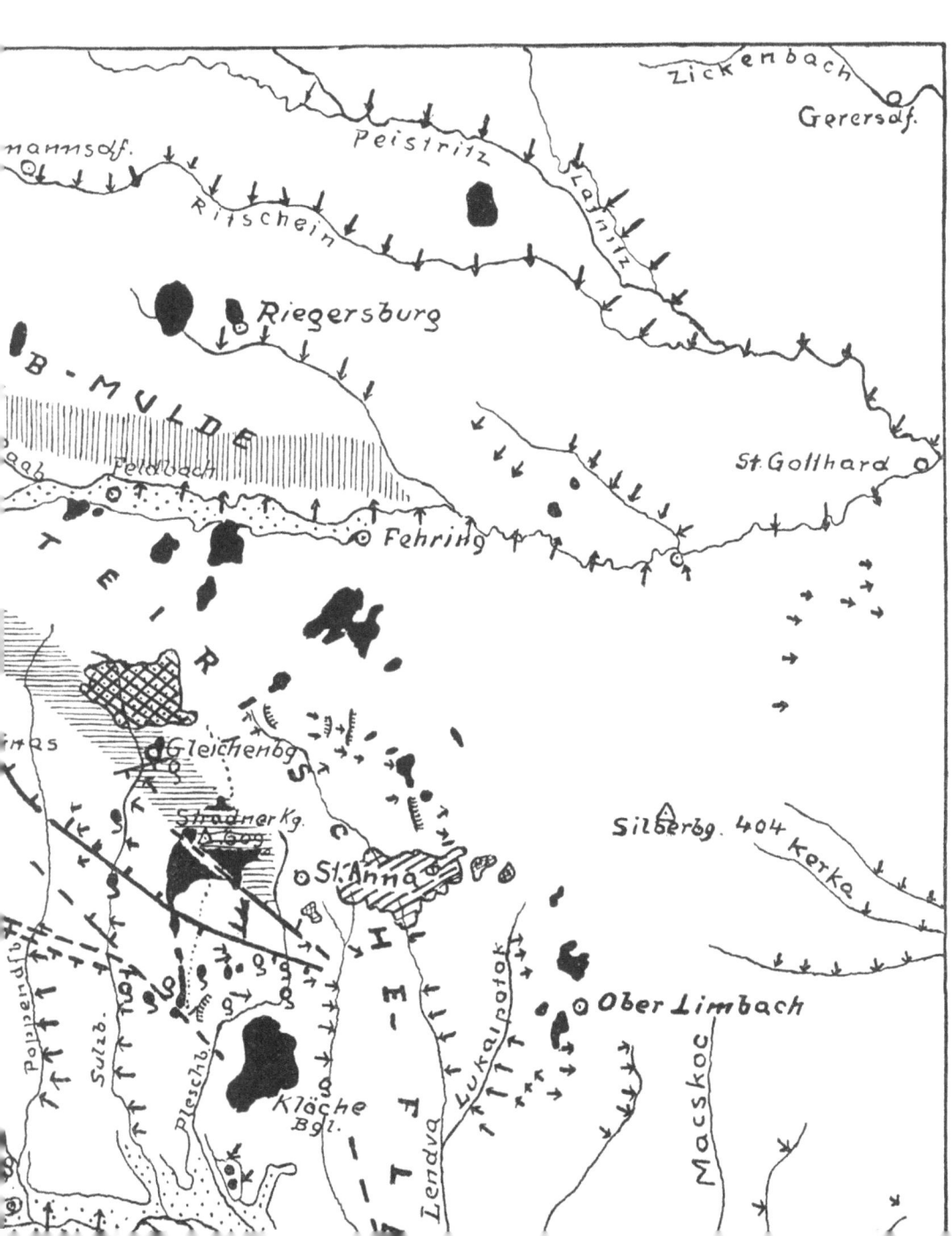

Abb. 1. Karte der jungquartären Talverlegungen, Mur-Gehängeanrisse und Großrutschungen; gleichzeitig

1 = Hauptflur der „Würmschotterterrasse" des Grazer Feldes.
2 = Mittlere Terrassenflur des Grazer Schotterfeldes. Obere Flur des Leibnitzer Schotterfeldes.
3 = Untere Flur des Grazer Schotterfeldes, tiefere Flur des Leibnitzer Schotterfeldes.
4 = Altalluviale Schotterfluren.
5 = Jungalluviale Schotterfelder.
6 = Aktive Gehängeanrisse an der Mur.
7 = Großrutschungen an der Mur und im
8 = Jungquartäre Seitenverlegungen der H
9 = Basalte und Basalttuffe.
10 = Trachyt — Trachyandesit von Gleichen

Bei den Großrutschungen und Uferanrissen an der Mur sind die Zacken der Signatur gegen das vom Fluß angenagte Gehänge g

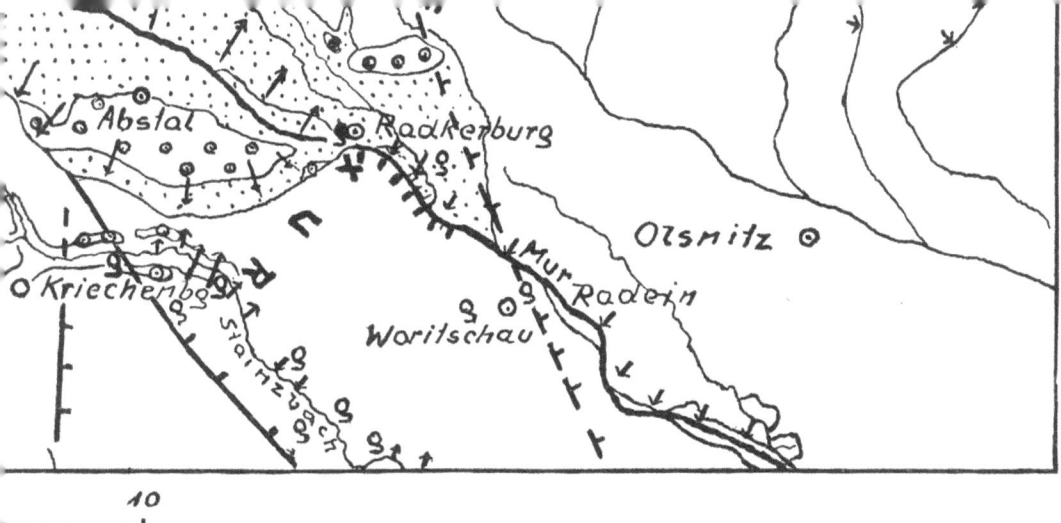

...lung der Jungtektonik des steirischen unteren Mur- und Raabbereichs.

11 = Paläozoische Schieferinseln und Ausläufer des paläozoisch-kristallinen Grundgebirgssaums.
...Nebentäler.
12 = Junge Brüche.
13 = Junge Achse der Grabenlandaufwölbung.
14 = Junge Achse der Raabeinmuldung.
15 = Kohlensäuerlinge.
16 = Erbohrtes kohlensäurehaltiges artesisches Wasser.

...bei den Rutschungen im Hügellande deuten diese die Richtung der erfolgten Rutschbewegung an.

oft kilometerlange Strecken umfassenden Uferanbrüchen (Uferblaiken), teils zu ausgedehnten Schollengleitungen in Form von Gehängerutschungen (Muschelanbrüchen, Kesselrutschungen) in jungalluvialer Zeit bis zur Gegenwart geführt haben. Ich bespreche im folgenden einige größere, hierhergehörige Erscheinungen, die in der Landschaft auffällig hervortreten, bisher aber im Schrifttum noch nicht entsprechend gewürdigt wurden. Zwar liegen über die Rutschungen des Grabenlandes, nördlich der unteren Mur, bereits ausführlichere Darlegungen von A. Aigner (1935) und für Teilgebiete von mir (1927 b), über die Windischen Büheln solche von J. Sölch (1919) vor. J. Stiny (1931) verdanken wir eine allgemeine Systematik der jungen Hangbewegungen und auch die Beschreibung kennzeichnender Beispiele aus dem Bereich des steirischen Tertiärhügellandes. Die Großrutschungen an der Mur selbst wurden aber merkwürdigerweise noch nicht beschrieben.

Die Großrutschung des Jungfernsprungs südlich von Graz. Der Jungfernsprung, nahe Enzelsdorf bei Fernitz, südlich von Graz, gehört einem steilen Gehängeabfall an, welcher sich an der Ostflanke des Grazer Feldes erhebt und an dem das (tortonische-) sarmatische-pannonische Hügelland der Oststeiermark zum Murfelde abbricht. In seinem Bereiche wird das Gehänge von sarmatischen Schichten des Obermiozäns gebildet. Es ist durch eine deutliche, flach von Norden nach Süden zu aufsteigende, etwa 1,5 km lange Terrasse gestuft. Die Straße Enzelsdorf—Waasen (Allerheiligen) steigt auf dieser in die Höhe. Der eigentliche Jungfernsprung entspricht dem ausgesprochenen Steilabfall des Gehänges oberhalb dieser Terrasse, welches mit zahlreichen frischen Gehängeanbrüchen besetzt ist.

In den Entblößungen treten sarmatische Sande und sandige Tegel mit fossilführenden Lagen hervor. An der Basis der Schichtfolge erscheinen, am Gehänge neben der Straßenbrücke südlich von Enzelsdorf, gröbere Schotter (mit über kindesfaustgroßen Geröllen), die ich als Hinweis für das Auftreten eines aus den Zentralalpen kommenden Zuflusses des intrasarmatischen „carinthischen Deltas" auffasse. Darüber folgen zuerst Sande, dann mächtigere Tegel und sandige Tegel, bedeckt von plattigen Tegeln, die lagenweise reichlich Kalkkonkretionen führen. Darüber bauen die steilen Abrißwände des Jungfernsprungs mächtige Sande mit feinen Kiesen, sandige Tegel und Tegel auf, die Ervilia podolica und Modiola marginata führen. Die plattigen Tegel enthalten Cardium obsoletum, Modiola marginata und Pflanzenreste (auch Blattreste). Die Schichtfolge entspricht nach Lagerung und Schichtbild dem Mittelsarmat, das im Sinne der allgemeinen Lagerungsverhältnisse flach nach Norden einfällt. Die Basis der abgerutschten Riesenscholle bildet der mächtigere Tegelhorizont über dem vorerwähnten Schotter, der auch ein seinerzeit beschürftes Kohlenflöz (= Fortsetzung der Flözzone von Mellach bei Wildon) eingeschaltet besitzt. Das Südende der Rutschungsscholle ist durch das Auftreten von tortonischem Leithakalk bedingt, gegenüber welchem das Sarmat an einem Bruch etwas abgesunken ist (Abb. 1. Vgl. auch Winkler v. H. 1951). Die morphologische Großform am Jungfernsprung ist als eine gewaltige Gehängerutschung aufzufassen, welche durch das Abgleiten eines ausgedehnten Hangteiles eine ausgesprochene Gehängeterrassierung bedingt hat. Die Abrißfläche, welche 2 flache Nischen aufweist, markiert sich über dem steilen Hang der Terrasse; der vorgequollene Saum des besonders stark abgeglittenen Nordteils der Scholle in der gegen das Murtal vordringenden Gehängeausbuchtung am Nordwestfuße des Jungfernsprunges. Die streichende Länge der abgesessenen Scholle beträgt 1,5 km, die Höhe der Absitzung erreicht im Nordteil des Jungfernsprunges — nach dem morphologischen Bild zu urteilen — bis etwa 50 m, während sie nach Süden hin, beim Gehöfte Altenbacher (südlich P. 397 der Aufnahmssektion) ganz ausklingt. An der Stirn der Rutschung treten überwiegend sandige Schichten hervor, die Basis der Rutschung bildet zweifelsohne eine sarmatische Tegellage. Die Sohle der Rutschung ist an der Mur nicht erschlossen. Sie liegt unter der heutigen Talsohle und wird von alluvialem Murschotter überdeckt. Wie frische Gehängeanbrüche an der abgesunkenen Scholle zeigen, hat die Mur in jüngster Zeit (vor der letzten Flußregulierung) mit einem Arm, der heute noch als Mühlgang in Verwendung ist, die abgeglittene Scholle angenagt. Die Gehängebewegung hat viele Millionen Kubikmeter erfaßt.

Die Hauptbewegung muß in eine frühere Phase der Alluvialzeit verlegt werden, in eine Zeit, in welcher die alluviale Mur noch nicht so hoch wie in der Gegenwart das Tal aufgeschottert hatte. Es ist naheliegend, anzunehmen, daß die Rutschung in einem Zeitpunkt eingetreten war, als die Mur in kräftigem Tiefen- und Seitenschurf ihre frühalluviale Talsohle ausgearbeitet hatte[7]. Denn damals mußten vom Flusse die stärksten Erosionswirkungen ausgegangen sein. Nach den Erhebungen von E. Clar (1931) und V. Hilber (1916) weist das Alluvium im südlichen Stadtgebiet von Graz Schottermächtigkeiten von 12,8 m, bei weiter nördlich gelegenen Bohrungen von 11,7 und 11,6 m Mächtigkeit auf. Ist die Abgleitung am Jungfern-

---

[7] Gegenwärtig nagt die Mur das Gehänge am Jungfernsprung infolge Regulierung und Eindämmung nicht mehr an, wohl aber etwa 1 km südwärts davon (unterhalb Dillach), aber ohne größere Uferblaiken oder Rutschungen zu erzeugen.

sprung zur Zeit der tiefsten Auskolkung des alluvialen Talbodens erfolgt, so kann die Basis der Rutschung noch bis über 10 m unterhalb des heutigen Auenbodens gelegen sein.

Die Rutschung des Jungfernsprungs gehört zu jenem in der Oststeiermark weit verbreiteten Rutschungstypus, der an der Ton-Sand-Grenze (bei Wechsellagerung von Sanden und Tonen) sich abspielt, den *K. v. Terzaghi* bezüglich seiner Mechanik speziell gedeutet hat. Nach *J. Stini* liegen langgestreckte „Muschelbrüche" vor, die im vorliegenden Beispiel auf das starke Anschneiden der labilen Gehänge durch die Mur zurückgehen.

Rutschungen bei Schloß Weissenegg, nördlich von Wildon. Am Gehängeabfall, nördlich Schloß Weissenegg, zur Mur, zieht sich auf weitere Erstreckung eine Rutschung hin. Die Rutschbasis geben hier tortonische Mergelzwischenlagen zwischen Leithakalk (bzw. Leithakalk und Sandstein) ab. Die Nulliporenkalkbänke werden von Sanden und Kiesen, die wahrscheinlich noch dem Torton zugehören, überdeckt. Die allgemeine Schichtneigung ist nordwärts gerichtet und demgemäß senkt sich auch die Rutschung, welche mehrere hundert Meter weit verfolgbar ist, nordwärts zum Tal ab. Die Rutschung ist auch hier jedenfalls schon zu einem Zeitpunkt vor sich gegangen, als die Mur in tieferem Niveau als gegenwärtig geflossen ist und in kräftiger Erosionsarbeit begriffen war.

Die Großrutschungen am Ostgehänge des Buchkogels südlich von Wildon (Abb. 3 auf S. 15). Eine ganz gewaltige Großrutschung hat sich am Ostgehänge des Buchkogels bei Wildon ereignet, deren Nachwirkungen in den letzten Jahren besonders bei der Verlegung der Straßenstrecke Graz—Marburg unangenehm in Erscheinung getreten sind. An der Ost- und Südostseite des Buchkogels, welcher aus mächtigen Leithakalken, unterlagert von einem wasserführenden Sandhorizont und darunter von Tegel, gebildet wird, ist in dem Niveau von etwa 80—230 m über dem Talboden eine Großscholle aus dem Bergleib herausgebrochen, welche wie eine vorgebaute Bastion das Steilgehänge der Leithakalke umsäumt. Auch die Rückfallskuppe bei P. 430 (am Südostabfall des Buchkogels) ist als ein abgesunkener Gehängesporn anzusehen. An der abgeglittenen Scholle reicht der Leithakalk bis tief hinab. Die Höhe der Absenkung schätze ich auf 80—100 m. Abgerutschte Leithakalkschollen, durch die Gleitverschiebungen mit Mergel stark durchmischt, beobachtete ich anläßlich der Straßenverlegungen am Gehängeanschnitt oberhalb von St. Margarethen. Noch nicht vollkommen zur Ruhe gelangte Hangteile innerhalb der abgesunkenen Großscholle bedrohen am Ostgehänge des Buchkogels durch tiefgreifende Bewegungen die Straße und die Südbahn, unterhalb des Gasthauses „Zum kleinen Semmering", dauernd. Die Gleitbasis geben marine Mergel des Bergsockels ab. An der Nordostflanke des Berges ist eine ausgesprochene Rutschungsnische zu sehen, welcher eine flachere Mulde vorgelagert ist, auf der Bauerngehöfte liegen.

Wahrscheinlich sind die hier eben besprochenen, großen Abgleitungen am Buchkogel auch in der Erosionsperiode vor Aufschüttung des Talalluviums durch den Tiefen- und Seitenschurf der scharf rechtsdrängenden Mur entstanden. Der Fluß folgt heute noch dem Steilrande und ruft Nachrutschungen hervor. Ich glaube annehmen zu können, daß hier eine über 100 m mächtige und sehr breite, die ganze Ostflanke des Buchkogels umfassende Scholle in einer frühen Alluvialphase zur Mur abgesunken ist und noch gegenwärtig in Form von Nachbewegungen sich in Bodenunruhe befindet.

Der Südrand des Buchkogels ist heute der unmittelbaren Erosionswirkung der Mur entzogen, da sich hier die diluvialen Schotterfluren des nördlichen Leibnitzer Feldes anlegen. Die Begehungen legten es aber nahe, daß am Saume der älteren Terrasse des Jungquartärs, oberhalb Klein-Stangersdorf, ein vernarbtes älteres Rutschungsgebiet vorliegt, dessen Gleitschollen älter sind als die jungquartäre Anlagerung. Die morphologischen Formen dieses Rutschgebietes an der Südseite des Buchkogels erscheinen schon stark ausgeglichen.

Gehängerutschung am Murabfall bei Ehrenhausen. Einige hundert Meter nördlich des Bahnhofes Ehrenhausen griff die Mur vor der Regulierung ihr rechtsseitiges Gehänge scharf an, das hier aus schlierähnlichen Mergelschichten des Tortons gebildet wird. Heute liegen Bahn, Straße und ein schmaler Alluvialstreifen zwischen dem angegriffenen Gehänge und der Mur. Abgeglittene Schollen von etwa 200 m Länge flankieren die Nischen der Kesselbrüche. Auch hier kann angenommen werden, daß die Hauptbewegung weiter zurückliegt.

Rutschungen östlich Spielfeld. In denselben tortonischen Mergeln wie bei Ehrenhausen ist durch Seitennagung eines früheren Murarmes, nördlich des Gehöftes Stöckl, südöstlich von Spielfeld, eine größere Kesselrutschung entwickelt, welche modellartig in das Gehänge eingesenkt erscheint. Auch hier greift die Mur das Gehänge nicht mehr an, nur ein Mühlgang führt nahe dem Hang vorbei.

Gehängeblaike (und Rutschung) bei P. 331 an der Mur, östlich von Spielfeld. Auf der ganzen Laufstrecke zwischen Spielfeld und Mureck übt die Mur auch noch gegenwärtig eine kräftige Seitennagung (auch Tiefennagung) aus, wobei sie einseitig ihr Südgehänge unterschneidet. Der Fluß tritt etwa 1 km unterhalb der Murbrücke von Spielfeld scharf an das zu unterst aus schlierähnlichen tortonischen Mergeln, darüber aus einer Wechsellagerung von stark sandigen Mergeln und Sanden (Spielfelder Sande!) bestehende Gehänge heran, das er noch gegenwärtig kräftig anschneidet. Die am Westabfall von P. 331 auftretende Rutschung mit frischen Schichtentblößungen geht auf eine Gleitung der Spielfelder Sande über dem basalen Tortonmergel zurück und ist durch heutige Erosionswirkung des kleinen, hier der Mur zustrebenden Seitenbaches bedingt. Dagegen sind die ausgedehnten Gehängeanrisse am Murgehänge an der Nordseite von P. 331, welche in Runsen und Abstürzen höher hinaufreichende Schichtentblößungen aufzeigen, dem Seitenschurf der heutigen Mur zuzuschreiben.

Uferblaiken zwischen Zierberg und Süßenberg (Taf. I und Abb. 1, zwischen S. 6/7). An Flächenausmaß viel bedeutender, langgestreckter und die Vegetation stärker beeinträchtigend erweisen sich die fast geschlossenen Gehängeanrisse zwischen dem kleinen Alluvialfeld bei der Zierberg-Mühle und der Papierfabrik Süßenberg. Insbesondere zwischen der Überfuhr bei der Lichendorfer Mühle und dem Murhof sind auf einer Länge von 2,5 km nahezu unterbrochene Hangblaiken zu verzeichnen, welche die tortonische Schichtfolge 60—70 m hoch entblößen[8]. Rutschungen bilden hier keine irgendwie wesentliche Rolle. Vielmehr findet unter der Wirkung ständigen Unterwaschens und Untergrabens der Gehänge durch die Mur, wodurch nicht einmal zu einem Fußsteig Raum bleibt, ein fortdauerndes Nachbrechen statt. Der überwiegend sandige Charakter der Schichten begünstigt das weitgehende Zurücktreten der Rutschungen im Abtragsvorgang dieser Hänge. Zwischen Murhof und Süßenberg sind schon die Grenzschichten zwischen Torton und Sarmat und schließlich die untersarmatischen Ablagerungen am Flusse aufgeschlossen. Ich verweise insbesondere auf die großen Hangblaiken mit ihren hoch am Gehänge hinaufreichenden Schuttrunsen bei Rabenberg (P. 217), westlich von Süßenberg. Auch das Untersarmat zeigt sandigen, mergeligen Schichtcharakter.

Es unterliegt keinem Zweifel, daß in diesem Murabschnitt allein im letzten Jahrhundert bedeutende Rückverlegungen des südlichen Murgehänges erfolgt sind, wodurch viel wertvoller Waldboden im Ausmaß von mehreren Hektaren der Nutzung entzogen wurde. Betrachtet man das Kartenbild dieses Raums, so gewinnt man den Eindruck, daß die Mur in der Laufstrecke zwischen dem kleinen Alluvialfeld bei der Zierberg-Mühle und jenem bei Süßenberg (Papierfabrik) ihren nach Süden konvexen Bogen durch Seitenschurf erst während des jüngsten Alluviums ausgenagt hat und noch fortdauernd erweitert. Sie scheint hier ihr Südgehänge in letzter Zeit, bei gleichzeitiger Vertiefung ihrer Sohle, um 200—350 m rückverlegt zu haben. Diese Vorgänge dürften gleichzeitig erfolgt sein, als in den Nachbarabschnitten (bei der Zierberg-Mühle und bei Süßenberg) die 200—500 m breiten Alluvialfelder durch entgegengesetzte (Nord-) Verschiebungen der Mur vom Flusse verlassen wurden, um sodann landwirtschaftlicher Nutzung unterzogen zu werden. Jedenfalls fallen beide Vorgänge in die historische Zeit[9].

Rutschungen und Uferblaiken zwischen Siegersdorf und Mureck. In wesentlich anderer Form erfolgt der jugendliche Abtrag an dem Murgehänge von Siegersdorf bis unterhalb Mureck. Hier treten die großen geschlossenen Uferblaiken zurück, dagegen Rutschungen in viel stärkerem Maße in den Vordergrund.

Unterhalb von Siegersdorf liegt dort, wo die Mur wieder an das hier schon aus untersarmatischen Schichten bestehende Gehänge herantritt, eine schmale, aber auf etwa 500 m Länge verfolgbare, steil abgeglittene Gehängeleiste vor. An einer Stelle hat sich ein turmartiger Pfeiler vom Hintergehänge losgelöst. Die sarmatischen Schichten bestehen hier aus gebänderten Mergeln mit Feinsandzwischenlagen, Steinmergelkonkretionen und einzelnen Sandsteinplatten. Mergel sind es, welche die Rutschbasis abgegeben haben. Einige 100 m unterhalb dieser Stelle erhebt sich ein weiterer Rutschungsabbruch. Die Abrutschungen unterhalb von Siegersdorf sind sehr jungen Datums und wahrscheinlich in den letzten Jahrhunderten entstanden.

Etwas anders liegen die Verhältnisse bei den räumlich viel weiter ausgebreiteten Kesselbrüchen, welche sich in der flußabwärts gelegenen Strecke unterhalb des Gehöftes Lukitsch und dann gegenüber der Mitte des Ortes Mureck (nordöstlich P. 281) vorfinden. Hier liegen gewaltige Schollengleitungen vor. Bei der Rutschung beim Gehöfte Lukitsch hat sich an einer 30—40 m hohen Rückwand auf eine Erstreckung bis zu 800 m Länge ein bis 400 m Tiefe zurückreichender Gehängeteil an steiler Abrißfläche abgelöst und sich, in 3 Kulissen zerlegt, zur Mur vorgeschoben. So deutlich hier und bei 2 weiteren, unterhalb gelegenen Großrutschungen auch noch die abgeglittenen Hügelkulissen im Landschaftsbilde hervortreten, so weisen doch schon etwas ausgeglichenere Gehängeformen und alte Waldbestände auf den Rutschungen, insbesondere aber auch zweifelsohne erst nachträglich abgelagerte Muralluvionen darauf hin, daß die

---

[8] Vgl. Abb. in Winkler v. Hermaden 1943 c, Taf. VIII a.

[9] Zwischen Murhof und Süßenberg verzeichnet die Originalaufnahmssektion ein unmittelbares Anschneiden der Mur an ihrem Südgehänge, woselbst die angegebenen, ausgedehnten Hangblaiken auftreten. Gegenwärtig ist aber zwischen die Mur und das Gehänge der Werkskanal der Papierfabrik Süßenberg zwischengeschaltet. Trotzdem seit etwa einem halben Jahrhundert das Gehänge daher den Angriffen der Mur entzogen ist, erweitern sich doch die Blaiken am Steilabfalle. Der Ausgleich an dem durch frühere Eingriffe der Mur gestörten Steilgehänge ist noch nicht wiederhergestellt.

Bewegungen der Hauptsache nach schon einem älteren Zeitraum angehören. Ich vermute, daß sie, wie viele andere der erwähnten Großrutschungen an der Mur, schon entstanden waren, bevor die Flur des Muralluviums aufgeschüttet wurde, in einer Zeitphase, in der eine stärkere Tiefen- und Seitenerosion des Flusses eingesetzt hatte als gegenwärtig. Stellenweise erfolgen allerdings auch noch heute im Bereiche dieser Großrutschungen Nachbewegungen, die sich auch in frischen Hangblaiken zum Ausdruck bringen.

Die Mur fließt in dem Abschnitt zwischen Siegersdorf bis knapp oberhalb Ober-Mureck über untersarmatische Schichten, deren härtere Sandsteinbänke und Linsen bei Niederwasser aus dem Fluß herausragen. Auch auf dieser Strecke greift die Mur, bei zweifelloser Vertiefung ihres Bettes, ganz allgemein ihr Südgehänge an.

Großrutschungen am Gehänge oberhalb Absberg. Dem Typus älterer Rutschungen gehört auch die ganz gewaltige, auf etwa 600 m Länge nachweisbare Rutschung an, welche offenbar in einheitlichem Großvorgang eine etwa 80 m hohe Scholle sarmatischer Schichten in einem bogenförmigen Segment aus dem Hangkörper südlich Absberg bei Mureck ausgleiten ließ. Dabei entstand eine ganze Kulissenreihe abgeglittener Hügel, welche, in einem Hochwald verborgen, zusammen mit der steilen und einheitlichen Abrißwand der Rutschung ein sehr eindrucksvolles Bild gewähren. Die Bewegungen haben an dieser Stelle gerade ein so besonderes Ausmaß erreicht, weil am Gehänge der sarmatischen Schichtfolge eine mächtigere Zone von gröberen Schottern des „carinthischen Deltas" eingeschaltet ist, das die Grenze zwischen dem steirischen Unter- und dem Mittelsarmat markiert. Das große Wasserspeicherungsvermögen dieser Schotter bedingte eine weitgehende Belastung der unterlagernden gleitfähigen Schollen beim Eintritt besonders starker Niederschläge und damit eine ausgesprochene Labilität der Hänge, welche unter dem Einflusse spezieller auslösender Vorgänge zu einem Zusammenbruch der Gehänge führen mußte. Die Rutschung von Absberg ist gegenwärtig fast 2 km von der Mur entfernt, und zwar oberhalb des Südrandes ihres altalluvialen Schwemmfeldes gelegen. Die Rutschungen dürften auch hier zu einem Zeitpunkt eingetreten sein, als die Mur bei Ausarbeitung ihres altalluvialen Talbodens noch am Gehänge der Büheln ihren Lauf genommen und dieses von Norden her stark unterschnitten hatte.

Rutschung von Frattendorf bei Mureck. Über 1 km westlich von Absberg, näher gegen Mureck zu, ist am Gehänge südwestlich von Frattendorf eine vernarbte Großrutschung zu sehen, an welcher ein fast 1 km langer Hangteil am Ostgehänge des Frattenbergs abgeglitten ist. Dem Hange vorgelagerte Rückfallskuppen und gestörte „Schlierschichten", auf denen die Rutschung erfolgt ist, lassen den stattgefundenen Bewegungsvorgang deutlich festlegen. Diese Rutschung folgt dem Verlauf einer jungen Störungslinie, an welcher Leithakalke und Sarmat gegenüber schlierartigen Mergeln abgesunken sind. Ich vermute, daß diese, am Gehänge eines dem Murtal zustrebenden Seitengrabens auftretende Großrutschung, deren Formen — wie bei den meisten anderen Großrutschungen — schon ausgeglichener sind, durch im Quartär noch fortdauernde Bewegungen an der hernach von den abgeglittenen Massen überdeckten pliozänen Störung ausgelöst worden ist.

Muranrisse bei Radkersburg. So eindringlich auch die südgerichtete Konkave im Murtalboden zwischen Mureck (Absberg) und Radkersburg im Kartenbild in Erscheinung tritt, so sind doch die Formen dieses Gehängeabfalles schon ausgeglichener. Die unteren Teile der durch Seitenerosion der Mur entstandenen Steilabfälle der Büheln gegen das Abstaler Becken sind bereits durch Abschwemmung von den höheren Hangteilen und durch Aufschwemmung an den Fußflächen abgeflacht und verbreitert. Erst bei Glasbach, unmittelbar oberhalb von Oberradkersburg, stellen sich am Nordabfall des Herzogsberges wieder steile Gehängeformen bis zum Alluvialfeld bzw. zur Mur ein, die sich am Sporn des Oberradkersburger Schloßberges besonders ausprägen. Kräftige, junge, durch Süddrängen der Mur entstandene frische Erosionanrisse treten dort auf. Die heutige Mur ist, gesteigert durch den Einfluß der erst in den letzten Jahrzehnten der Hauptsache nach abgeschlossenen Murregulierung, in kräftiger Eintiefung in dem lockeren sarmatischen Sockel begriffen. Es sind obersarmatische Sande (und Mergel) mit Einschaltungen von sehr fossilreichen Kalken und Kalksandsteinbänken, welche hier die Murufer bilden. Bei dem sandigen Charakter der Hänge fehlen aber, trotz der starken Unterschneidung durch die Mur, größere Rutschungen.

Gehängebrüche an der Mur unterhalb von Oberradkersburg. Unterhalb von Oberradkersburg sind entlang der Mur an der jüngerdiluvialen Terrasse, welche sich hier zwischen das Hügelland bzw. ältere Terrassen und den Murlauf einschaltet, durch Süddrängen des Flusses entstandene, ausgedehnte Gehängeanrisse zu sehen. Sie beginnen etwa 1,5 km unterhalb von Radkersburg. Sie entblößen unter einer geringer mächtigen Lehmbedeckung Sande, Schotter und Kiese des Jungdiluviums. Darunter ist im Murbett selbst tertiärer Tegel sichtbar. Durch die Murregulierung, insbesondere die Eindämmung, sind auf der weiteren Strecke bis Radein die Südgehänge über dem Muralluvialfeld den Angriffen der Flußerosion entzogen. Die Darstellung auf der Originalaufnahmssektion läßt erkennen, daß bis über die zweite Hälfte des vorigen Jahrhunderts hinaus ein Murarm auch noch bei Schrottendorf und Radein das Südgehänge des Murtalbodens durch Unterwaschung der jüngerdiluvialen Terrasse angegriffen hatte.

Die Fortschritte des Seitenschurfs an der Mur unterhalb von Oberradkersburg (Gorni Radgona) sind sehr bedeutende. Die landwirtschaftliche Kulturflächen tragende Terrasse wird durch zahlreiche junge Erosionsanrisse, die sich ständig erweitern, angegriffen. Die frühere Landstraße Radkersburg—Luttenberg (Ljutomer) wurde durch den Seitenschurf der Mur auf eine Erstreckung von mehr als 100 m zerstört, was zur Verlegung der Straße nötigte. Teile der alten Straßentrasse welche am Erosionsrand plötzlich abbricht, sind noch gut erkennbar. Der Seitenschurf hat hier den Terrassensaum mindestens bis zu 50 m rückverlegt. Ein Teil dieser Erosionseingriffe muß schon vor längerer Zeit erfolgt sein, da die Abrißflächen, welche die Straße in Mitleidenschaft gezogen haben, zum Teil einen alten Baumwuchs tragen.

Unterhalb von Radein (Radinci) entfernt sich die heutige Mur vom Saum des jungdiluvialen Terrassenfeldes. Erst einige Kilometer flußabwärts von Luttenberg tritt sie wieder an die jugendliche schmale Terrassenflur heran, welche hier dem pannonischen Hügelland der Murinsel angeschaltet ist.

Daß es sich bei einem wesentlichen, wahrscheinlich beim Hauptteil der Großrutschungen tatsächlich um solche der frühen Postglazialzeit handelt und bei diesen nicht um Auswirkungen der letzten Eiszeit, ergibt sich m. E. aus folgendem:

1. Die Großrutschungen treten in vielen Fällen an den unteren Talhängen auf oder reichen bis auf diese herab, wobei sie unmittelbar von den alluvialen Bildungen überlagert werden, ohne daß sich im Kontaktbereich Reste jungdiluvialer Terrassen dazwischenschalten würden.

2. Dieselbe Erscheinung läßt sich auch noch nahe den oberen Enden der Seitentäler feststellen, in Bereichen, in welchen eine Tiefenerosion schon während des Pleistozäns bis unter die gegenwärtigen Alluvialböden nicht erkennbar und nicht wahrscheinlich ist.

3. Solche Großrutschungen stehen vielfach mit jenen erosiven Vorgängen in ersichtlichem Zusammenhang, welche noch nach dem Quartär, in altalluvialer Zeit, die letzte, aber oft noch beträchtliche, auch seitliche Verlegung der Talsohlen bedingt hatten.

4. Besonders ist es auch der Umstand, daß allenthalben in der Gegenwart, vor unseren Augen, Nachbewegungen, zum Teil auch recht bedeutenden Ausmaßes, sich in den Rutschungsgebieten vollziehen, die in einzelnen Fällen auch noch ausgedehnte Hangteile schon bei einem einzigen, durch eine Regenperiode ausgelösten Bewegungsakt, mit katastrophalen Auswirkungen an Wald- und landwirtschaftlichen Kulturgeländen, zum Abriß und zum Vorgleiten bringen. Es erscheint nur eine mäßige Verstärkung der die Rutschungen bedingenden Faktoren erforderlich, um Bewegungen jenes Größenausmaßes hervorzurufen, wie sie die subrezenten Massenbewegungen darstellen. Die überall nachweisbare altalluviale Erosionsphase scheint mir hiefür auszureichen.

Damit soll aber die Wahrscheinlichkeit, daß ein Teil der Großrutschungen, besonders jener an mittleren und höheren Gehängen, schon jungdiluvial angelegt wurde, nicht bestritten werden.

Die Bedeutung der jungen Muranrisse im Rahmen der Jungtektonik
(Taf. I und Abb. 1, zwischen S. 6/7).

Die Bedeutung, welche die Verteilung der heutigen Muranrisse für die Erfassung der rezenten und der Jungtektonik besitzt, wird erst nach Darlegung der diluvialen und jungpliozänen Terrassenfolge eingehender erörtert werden können. Hier sei nur darauf verwiesen, daß sich bei Ausbildung der erwähnten ost-, südwest- und südgerichteten Laufbögen der heutigen bzw. jungalluvialen Mur alte tektonische Tendenzen fortwirkend erkennen lassen. Das gegen Osten gerichtete Seitwärtswandern der Mur unterhalb von Graz (zwischen Kalsdorf und Werndorf) entspricht zweifelsohne derselben ostgerichteten Tendenz zur Seitenverlegung der Täler, welche die anschließenden Teile des Deutschen Grabenlandes seit dem Jungpliozän, der noch näher zu begründenden Auffassung nach, unter tektonischer Einwirkung zeigen. Dasselbe gilt auch für den Murbogen Lebring—Landscha. Ebenso findet sich zweifelsohne in der südgerichteten Fluß- und Hangkonkave zwischen Ehrenhausen und Mureck das durch die Terrassenverteilung des Quartärs und Jungpliozäns erkennbare, einseitige und tektonisch beeinflußte Süd- bzw. Südwestdrängen des jüngsttertiären und quartären Murlaufs abgebildet. Die gleiche, vermutlich tektonisch veranlaßte Tendenz zur Seitenverlegung des Murtalbodens kommt schließlich auch in der südgerichteten Talkonkave des Abstaler Feldes und, unterhalb von Radkersburg, in dem allerdings weniger scharf ausgeprägten, südgerichteten Andrängen der Mur an ältere Terrassen, im Raume zwischen Ober-Radkersburg und s ü d l i c h W e r n - s e e, zum Ausdruck.

Der auffällige, der ä l t e r - a l l u v i a l e n, südgerichteten Hangkonkave entgegengesetzte, n o r d g e r i c h t e t e Bogen des h e u t i g e n Murlaufes zwischen Mureck und Radkersburg erfordert eine gesonderte Erklärung. Diese nördliche l e t z t e Ausbiegung des Flusses, welche erst im späten Mittelalter eingetreten sein soll und den Fluß bis 2 km nordwärts verlegt hat, stellt offenbar ein weiteres Stadium in der alluvialen Entwicklung der Mur dar, in welchem der Fluß die schon im älteren (mittleren) Alluvium dort begonnene Tendenz zur Nordverlegung (Abgleiten vom altalluvialen Schotterfeld des Abstaler Beckens!) gleichsinnig fortgesetzt hat. Vielleicht liegt hier eine junge Umkehr in der Richtung der quartären tektonischen Verstellungen vor.

d) Das Alluvium in den Seitentälern der unteren Mur
(Taf. I, Taf. II, Fig. 5, Abb. 2, S. 13, und Abb. 7, S. 45).

Alle Seitentäler der unteren Mur sind von alluvialen Aufschwemmungen erfüllt. Der Aufbau der letzteren zeigt Schotter- und Kiesbänke an der Basis, die stellenweise von Grobsanden vertreten werden, und eine darüber gebreitete, mächtigere Lehm- (sandige Lehm-) Feinsand-Decke. Die Mächtigkeit der alluvialen Aufschüttungen wurde bei systematischen Bohrungen im Lendbachtale, die unter der Leitung von *W. Rittler* ausgeführt wurden, ferner bei den unter Kontrolle von *K. Bistritschan* durchgeführten, den gesamten Hügellandabschnitt des Laßnitztales in Weststeiermark umfassenden Bohrungen (*Bistritschan* 1940) sichergestellt. Außerdem sind zahlreiche, im allgemeinen wohl als zuverlässig anzusehende Angaben von Brunnenmeistern über artesische Wasserbohrungen vorhanden, schließlich Schurfergebnisse der Seismos, aus welchen oft auch die Mächtigkeit des Alluviums entnommen werden kann.

α) D a s A l l u v i u m a n d e n l i n k s s e i t i g e n Z u b r i n g e r n d e r u n t e r e n M u r. Aus Angaben verschiedener Brunnenmeister, erhoben von *W. Rittler*, ergeben sich folgende Alluvialmächtigkeiten in den Grabenlandtälern:

S t e i n t a l: Hürth 8 m (oben 5 m Lehm, darunter 3 m Quarzschotter mit Basaltblöcken)

G l e i c h e n b e r g e r S u l z b a c h t a l: Stainz 8 m
                                   Waldsberg 6 m
                                   Johannisbrunn 6 m (Bohrung am Talsaum)
                                   Radochen 7 m
                                   Bei Bahnhof Gleichenberg um 10 m (eigene Feststellung)

P o p p e n d o r f e r T a l: Waasen 7 m
                        Wieden 5 m
                        Schwabau 5 m

G n a s b a c h t a l: Gnas 8 m, 10 m
                   Trössing: zahlreiche Bohrungen mit Mächtigkeiten von 6—8 m (meist 7 m)
                   Hofstätten: 10 m
                   Schröten: 10 m

O t t e r s b a c h t a l: Wittmannsdorf (Au) 9 m (und zwar 2 m Lehm und 7 m Schotter).

Im Lendbachtale östlich von Gleichenberg hat *W. Rittler* (Abb. 2) — im Raume zwischen Kölldorf und Kalch — Alluvialmächtigkeiten von 6—9 m ermittelt. (Näheres in dem Berichte *Rittlers*.)

β) A n d e n r e c h t s s e i t i g e n Z u b r i n g e r n d e r u n t e r e n M u r. Im Laßnitztal hat *K. Bistritschan* eine systematische Abbohrung des Alluvialbodens geologisch überwacht und die Ergebnisse veröffentlicht. Es ergaben sich daraus wesentliche Resultate für die Kenntnis der alluvialen Entwicklung dieses Tales, auf welche *K. Bistritschan* und ich schon (1940) hingewiesen haben.

Nach dem Austritt des Laßnitzflusses aus der schluchtartigen Gebirgsstrecke oberhalb Deutschlandsberg fließt der Fluß zunächst noch auf einem Schuttkegel, welcher stärkeres Gefälle besitzt, sich dann allmählich abflacht und auf der Teilstrecke Preding—Stangersdorf nur 0,52⁰/₀₀ Gefälle aufweist (*Bistritschan*). Infolge dieser Gefällsabnahme vermag die Laßnitz ihren Schotter nur bis in die Gegend von

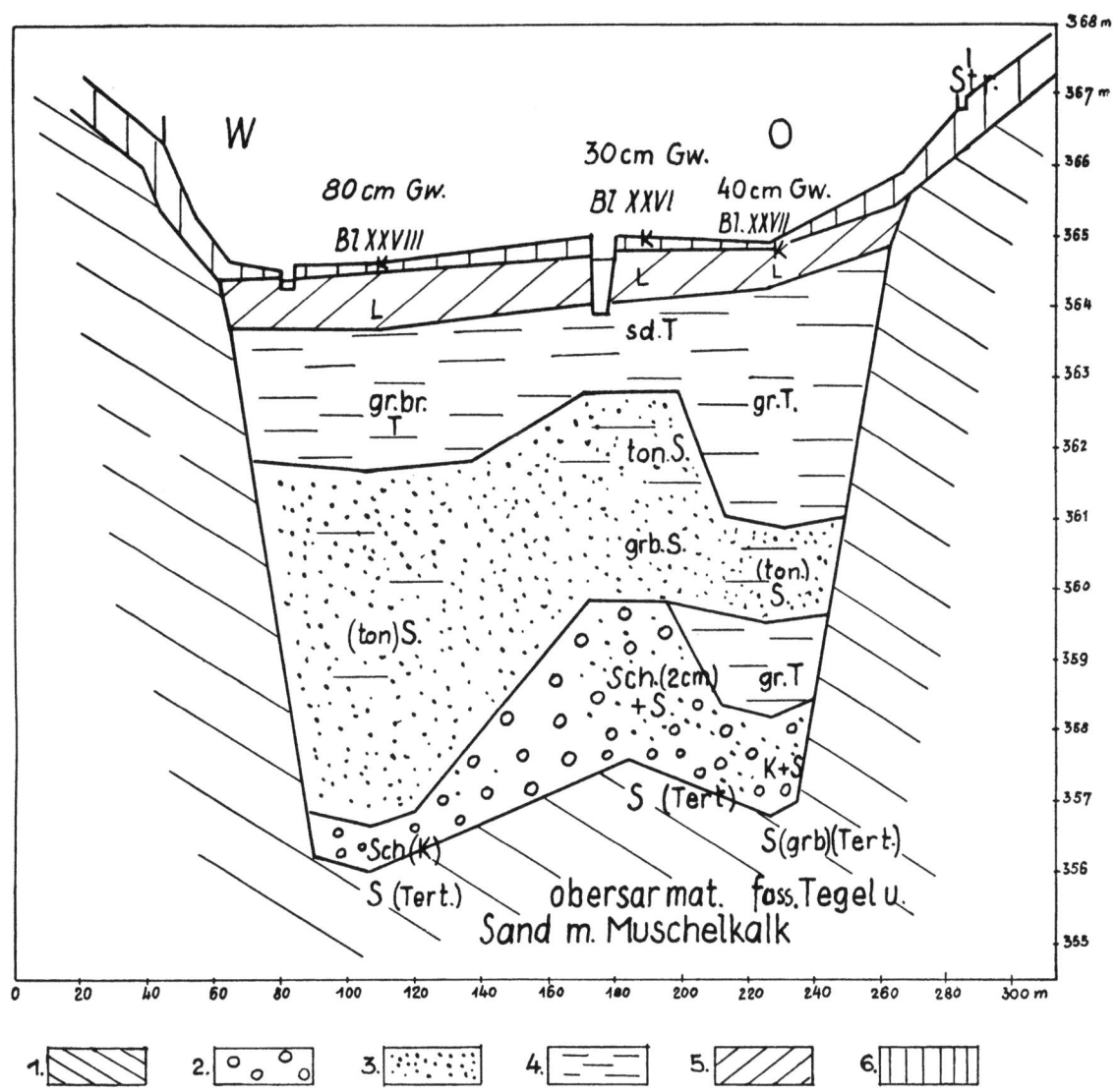

Abb. 2. Talquerprofil durch das Lendbach- (Lendva-) Tal bei Neustift (Gemeinde Kapfenstein). Ausschnitt aus den Ergebnissen der systematischen Abbohrung im Alluvialboden des Lendbachtales durch die unter meiner Leitung gestandene technischgeologische-bodenwirtschaftliche Fachstelle beim Landesbauamt Graz, 1940, Sachbearbeiter Dr. W. Rittler.

1 = sarmatische Schichten des Untergrunds.
2—5 = Alluvium.
2 = Kies (Kleinschotter).
3 = Sand, z. T. tonig.
4 = Ton, z. T. sandig.
5 = Lehm.
6 = Krume.

K. (oben) = Krume, L. = Lehm, sd. T. = sandiger Tegel, gr. br. T. = graubrauner Tegel, gr. T. = grauer Tegel, ton. S. = toniger Sand, gr. br. S. = graubrauner Sand, S. = Sand, Sch. = Schotter, K. = Kies

St. Florian zu transportieren, während weiter unterhalb (bis zum Eintritt in die Laufstrecke am Leibnitzer Felde) nur Sande weiterbewegt werden. Die Alluvialprofile zeigen den für das ganze steirische Becken normalen Aufbau der Schwemmbildungen in den Seitentälern: gröbere basale Ablagerungen (Schotter, Kiese, Grobsande), darüber Feinsande und eine hangende sandige Lehmdecke. Die Bohrungen ergaben ferner im Laßnitzabschnitt zwischen Deutschlandsberg und Leibnitzer Feld eine Alluvialmächtigkeit bis zu 10 m und darüber (meist um 8 m). Dabei ist die Mächtigkeit der Sande und Lehme am Schuttkegel von Deutschlandsberg gering, nimmt aber unterhalb von St. Florian bedeutend zu, um schließlich bis zur Sohle der Ablagerung zu reichen. In den näher gegen Deutschlandsberg zu gelegenen Profilen herrschen daher Schotter, Kiese und Grobsande vor, bei und unterhalb St. Florian dagegen Lehme und Feinsande. Die Mächtigkeit des Feinalluviums steigert sich im Raume unterhalb von St. Florian bis zu über 8 m. Erst beim Eintritt des Flusses in das Leibnitzer Feld (unterhalb Schloß Freibüchl) nimmt die Alluvialmächtigkeit auf 4—6 m ab und zeigt wieder eine stärkere Beteiligung von Schottern am Aufbau.

Bistritschan hat ferner aus den Bohrergebnissen festgestellt, daß zu Beginn der alluvialen Aufschüttung der Schottertransport weiter flußabwärts gereicht hat, der Fluß also damals eine größere

Transportkraft als später und heute aufzuweisen hatte. Die flach muldenförmige Gestaltung des alluvialen Längsprofils an der Laßnitz, die größere Mächtigkeit der Sedimente in einem mittleren Flußabschnitt gegenüber jenem oberhalb und unterhalb davon, das auffällig geringe Gefälle in ersterem, das wechselnd weite Vordringen der Schotterfracht an der Laßnitz im Frühalluvium bzw. in der Gegenwart, somit die Abnahme der Schurf- und Transportkraft vom Altalluvium bis heute, schließlich die mit dem noch alluvialen Süddrängen der Laßnitz in vollkommener Übereinstimmung stehende asymmetrische (einseitige) Verteilung der quartären Terrassen an dem Tale, die eine schrittweise Seitenverlegung anzeigen, lassen vermuten, daß diesen Entwicklungsgang und sein Ablagerungsbild regionale Einflüsse beherrscht haben.

Auf die an der Wende von Jüngstdiluvium und Alluvium anzusetzende Erosionsphase des Flusses ist, wahrscheinlich unter dem mitbedingenden Einfluß fortwirkender tektonischer Einbiegung, eine solche mit einer mehr oder minder starken Aufschwemmung der Talböden gefolgt. Die untere Laßnitz scheint hierbei eine noch in jungalluvialer Zeit von flacher Einmuldung betroffene Zone zu queren.

Aus artesischen Bohrungen im weststeirischen Stainztal, Seitental der Laßnitz, lassen sich, nach Erhebungen von *W. Rittler,* folgende Alluvialmächtigkeiten ermitteln:

Stainz	9 m	Wetzelsdorf	7 m
Grafendorf	9 m	Wieselsdorf	7 m
Mettersdorf	7 m	Lasselsdorf	7 m
Neudorf	8 m		

Die junge Aufschüttung der Alluvialböden ist im Murbereiche und in den oststeirischen und weststeirischen Tälern ein gleichmäßiger und gleichartiger Vorgang: im allgemeinen läßt sich, wie angegeben, an der Basis bzw. im tieferen Teil der Profile eine grobkörnige Ablagerung, im oberen Teil derselben eine Verfeinerung des Korns feststellen. Eine analoge Ablagerungsfolge zeigt sich auch an fast allen diluvialen (z. T. mit Ausnahme der riß-, würmeiszeitlichen) Terrassen der Mur und ihrer Zubringer und läßt die Deutung zu, daß die Gefällskraft der Flüsse während der Terrassenaufschüttung jeweils allmählich abgenommen hat. Ich komme auf diese Frage noch im Schlußabschnitte dieser Arbeit zurück. Die Zweiteilung des Alluvialfeldes im Murtal, ferner ähnliche, durch Bohrergebnisse belegte Erscheinungen im Lendbachtal (nach *Rittler*) (vgl. Abb. 2) und Andeutungen einer Terrassierung im Alluvium des Laßnitztales u. a. O., lassen die Möglichkeit des Vorhandenseins zweier Teilzyklen im Alluvium zu.

Die Alluvialablagerungen des unteren Murbereichs entstanden und entstehen auch gegenwärtig noch unter dem Einfluß der oft Jahr für Jahr hintereinander, unter Umständen auch mehrmals im Jahr, eintretenden Überschwemmungen, welche besonders die flachen Talböden an den Seitenflüssen der Mur mit einer Kruste von Schlamm und Feinsand überziehen. Bezüglich der Geschwindigkeit und Zeitdauer der Ablagerung gibt eine alte Angabe von *F. Rolle* einen Hinweis. Darnach habe sich bei St. Florian, nach der Tiefenlage aufgefundener römischer Fundamente, eine Lehmaufschüttung von 3—4 Fuß (= etwa 77—116 cm) seit über 1$^1/_2$ Jahrtausenden gebildet. Nach *V. Radimsky* wurde ferner im Alluvium des Weißen Sulmtales bei der Brunnmühle in 7 Fuß Tiefe ein Pferdehufeisen gefunden. Zwischen Schönegg und Brunn enthält der Alluvialschotter, nebst Holz und Früchten rezenter Bäume, Produkte menschlicher Tätigkeit in 4—5 Fuß Tiefe.

Machen wir den allerdings mit großer Unsicherheit behafteten Versuch, aus den vorstehenden Mitteilungen und den durch die Bohrungen festgestellten Alluvialmächtigkeiten die Dauer der jünger-alluvialen Aufschwemmungszeit an den weststeirischen Seitenflüssen der Mur zu schätzen. Im Laßnitztale wurde bei St. Florian nach *Bistritschan* das Alluvium bei 13 m Tiefe noch nicht durchbohrt. Die Bohrung blieb im Schotter stecken. 2 m dieses Profils entfallen auf Lehme. Wenn sich auf Grund *Rolles* Angabe in 1$^1/_2$ Jahrtausenden etwa 77 cm Lehme bildeten, so wäre für die Aufschüttung der 2 m mächtigen Lehmdecke ein Zeitraum von etwa 4400 Jahren erforderlich gewesen. An etwas talabwärts gelegenen Profilen im Laßnitztal wies — nach *Bistritschan* — die geschlossene, das ganze Talquerprofil überziehende Lehmdecke eine Mächtigkeit bis zu 4 m auf, was — ohne Zurechnung der Bildungszeit für die vorwiegend sandigkiesigen Liegendsedimente — 8000—9000 Jahre erfordern würde. Der in den tieferen Teilen der

Profile auftretende Sand und Schotter (maximale Mächtigkeit bis über 5 m) muß als grobkörniges und vorwiegend in einem verengten Talprofil gebildetes Sediment wesentlich rascher entstanden sein als die das ganze Talprofil (des heutigen Talquerschnittes) überziehende Lehmdecke. Setzen wir für die gröberen Sedimente nur die halbe Bildungsdauer pro Meter wie für die Hangendlehme an und berücksichtigen wir, daß die Sanddecke, soweit sie einen bereits erweiterten Talboden überzogen hatte, 2 m bis 2,5 m Mächtigkeit aufweist, die hangende Lehmdecke etwa 3 bis 4 m, so ergibt sich als Schätzungsergebnis eine Bildungsdauer des gesamten Alluvialsediments von etwa 10.000 Jahren.

Allerdings lassen sich an den von *Bistritschan* mitgeteilten Bohrprofilen in schmalen Streifen, und zwar an der Nordflanke des Laßnitztales in den tieferen alluvialen Lagen, bis zu 10 m mächtige durchgehende Lehmfüllungen erkennen, wobei aber die gleichzeitig gebildeten Sedimente im übrigen selben Talquerschnitt sandiger Natur gewesen sind. In dieser Phase, in der sandige Aufschwemmungen im Talboden vorherrschten, war die Schlammablagerung auf schmale einseitig am Nordsaum gelegene tote Räume begrenzt, in welchen jedenfalls der sich niederschlagende Aulehm entsprechend der stärkeren Transportkraft des damals noch gefällsreicheren Flusses, der mehr Material mit sich führte, rasch vor sich gegangen sein muß.

Bei Sulzdorf im Stainzbachtale in den Windischen Büheln, südlich von Oberradkersburg (Gorni Radgona), wurde, nach *F. Reibenschuh* (1889, S. 24/25), unter 4 m Sand und Lehm (mit Holzresten und Funden von einem Eisendolch und Messern) und unter einem darunter folgenden Konglomerat mit versteinerten Pflanzenwurzeln (Wurzelstücken von Acorus calamus) eine Sandschicht angefahren, welche Tierknochen enthielt. Bei 8 m Tiefe wurde sodann der hölzerne Brunnenkranz einer ältesten steinernen Brunnenfassung erreicht, mit Schildkrötenresten und dem Geweih eines Riesenhirsches. Die Basis dieser insgesamt etwa 9 m mächtigen Alluvialablagerung bildeten Lignite von 0,5 m Mächtigkeit. Diese Funde sprechen für die Entstehung des tieferen Teiles der Talaufschwemmung im f r ü h e n Holozän.

e) A l l u v i a l e G e h ä n g e l e h m b i l d u n g e n i m u n t e r e n M u r b e r e i c h.

Nicht weniger sinnfällig als die durch jüngere alluviale Aufschwemmung entstandenen breiten Talauen sind die im unteren Murbereiche ebenfalls weit verbreiteten j u n g e n G eh ä n g e l e h m b i l d u n g e n, welche besonders die tieferen Teile der konvexen Gehängeprofile im steirischen Murhügelland überkleiden. Dort, wo die Talsymmetrie besonders ausgeprägt ist und breite, lehmbedeckte Terrassen auf der einen Talseite, steile junge Gehängeformen auf der anderen auftreten, sind sie allerdings weniger ausgesprochen entwickelt. Dort aber, wo an den Hängen die Terrassen aussetzen bzw. im Bereiche oberhalb der letzteren, sind an sanft geneigten Gehängen oft ausgedehnte Lehmdecken vorhanden, die aus zahlreichen, flachen und ineinander übergehenden Schwemmkegeln von feinsandig-lehmigem Material aufgebaut sind. Ferner treten solche junge, überwiegend aus Feinmaterial bestehende Schwemmkegel dann auch an den Steilflanken a s y m m e t r i s c h e r T ä l e r auf, wenn der Fluß oder Bach sich schon seit längerer Zeit von dem Steilhang, den er geschaffen hatte, durch seitliche Laufverlegung entfernt hat und dadurch sich das von den abtragenden Kräften an den Hängen herabgeschwemmte Material an der Flanke des Talbodens anhäufen konnte.

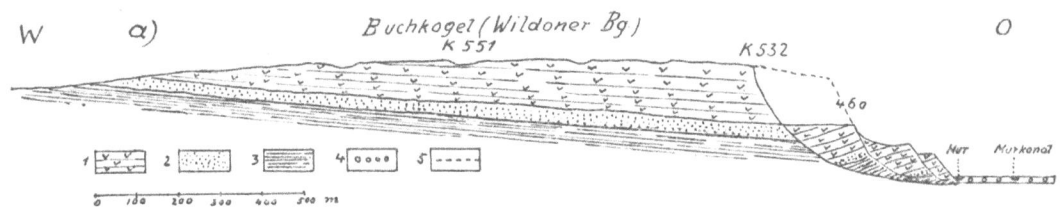

Abb. 3: Profil der Großrutschung am Buchkogel bei Wildon, einer der größten, wenn nicht der bedeutendsten des steirischen Murbereichs.

Niveau des Murtalbodens im Profilschnitt 291 m.
1 Lithothamnienkalke des Tortons.
2 Liegendsande der Leithakalke.
3 Tortonmergel (Rutschungsbasis).
4 Alluviale Schotterfüllung.
5 Rekonstruktion des ursprünglichen Gehänges.

Beispiele:

An der Ostflanke des Poppendorfer Tales bei und oberhalb von Krusdorf (südwestlich von Bad Gleichenberg) wird das Steilgehänge im Querschnitt des asymmetrisch gestalteten Tales an seinem Fuße von einer sanft gebösschten Gehängelehmdecke überzogen, welche eine Breite bis zu 500 m erreicht und auf etwa 3 km Länge anhält. Der Bach hat sich hier vom Bergfuß zurückgezogen.

An dem von der Mur in altalluvialer Zeit geschaffenen konkaven Steilgehänge am Südsaum des Abstaler Beckens ist auf etwa 4 km Länge, besonders zwischen Haselberg, Haseldorf, Plippitzberg und Radersdorf, unmittelbar unter dem Steilabfall der Hügelkette, eine flache, von Gehängelehm gebildete Aufschwemmung vorgelagert, die bis einige hundert Meter Breite erreicht und sich mit dem Alluvialfeld des heutigen Plippitzbaches verflößt. Die Mur hatte hier in altalluvialer Zeit einen schroffen Steilrand geschaffen, sich aber später mehrere Kilometer weit nach Norden verschoben. Der kleine Plippitzbach, welcher an Stelle der Mur am Südsaum des Abstaler Beckens entlangfließt, vermochte nicht die von den Steilhängen gelieferten Lehme und Feinsande abzutransportieren, welche sich daher in flachen Schwemmkegeln gegen sein Alluvialfeld vorgebaut haben.

Im unteren Saggautale, zwischen St. Johann, Gündorf und Großklein, bauten sich und bauen sich auch heute noch aus den Steilgräben des Schottergebietes des Kreuzbergs (miozäne „Kreuzbergschotter") stärkere Schuttkegel in das Haupttal der Saggau vor und engen dadurch den Talboden ein. Bei Gündorf erreichen die Schuttkegel eine Breite von 300 m. Ich halte sie jetzt schon für alluviale Bildungen, während sich eine schmale jungquartäre Terrasse am gegenüberliegenden Talgehänge hinzieht.

Eine auffällige junge Gehängelehmaufschwemmung findet sich am Südgehänge des Laßnitztales, westlich von St. Florian (besonders südlich von Lebing). Hier liegt bezeichnenderweise wiederum ein Bereich vor, in dem sich der Fluß in jungalluvialer Zeit vom ursprünglichen (älter-alluvialen) Steilrand weg gegen das gegenüberliegende Nordgehänge zu verlegt hat, das er auch kräftig anschneidet.

V. Radimsky hat an dem Auftreten historischer Funde in den Lehmen an den Talgehängen im Kohlenrevier von Wies auf die rasche Bildung der jungen Gehängeverkleidungen an den Sulmtälern hingewiesen. So wurde bei St. Peter (*Radimsky,* S. 15) unter einer 3 Klafter (= 5,70 m) mächtigen Lehmlage ein eiserner Schlüssel ausgegraben. Die Gehängelehmbildung schafft jedenfalls an den Stellen ihrer stärksten Anhäufung in gleichen Zeiten größere Mächtigkeiten als die Aufschwemmungen in den breiteren Talauen. (Vgl. auch *J. Sölch,* 1917.)

f) Die geologische Bedeutung und das Alter der Großrutschungen im steirischen Tertiärhügelland (Einzugsbereich der Mur)
(Abb. 1, zwischen S. 6/7, Abb. 3, S. 15, Abb. 4, S. 17, Abb. 5, S. 19; Taf. III, Fig. 1—3, 6).

Eine eingehendere Darstellung der allenthalben im steirischen Tertiärhügellande, im stärkeren oder geringeren Ausmaße, verbreiteten Großrutschungen, die vielfach in Form wandernder Hügel im Landschaftsbild in Erscheinung treten, ist hier nicht beabsichtigt. Es sollen nur einige besonders markante Beispiele erwähnt und allgemeine Gesichtspunkte erörtert werden. Die Rutschungen des oststeirischen Vulkangebietes habe ich schon 1927 a, 1927 b übersichtlich dargestellt. *J. Sölch* hatte schon 1917 auf ihre Bedeutung für die Oberflächenformung der Windischen Büheln verwiesen. Später hat *A. Aigner* (1938), besonders aus der weiteren Umgebung von Graz, viele Beispiele bedeutender Rutschungen beschrieben. Auch *J. Stini,* der sich mit der Einteilung und Entstehung von Rutschungsbewegungen eingehend beschäftigt hat, hat Beispiele aus dem steirischen Tertiärland angeführt.

Im Deutschen Grabenlande an der unteren Mur sind Rutschungen weit verbreitet (vgl. *Winkler v. H.* 1943 c). Ihr Auftreten knüpft sich hier hauptsächlich an sarmatische Schichten, die meist aus einer Wechsellagerung von Sanden (Schottern) und Tegeln (Tegelmergeln) bestehen und eine wasserstauende, gleitfähige Schichtbasis für weitgehende Abgleitungen zur Verfügung stellen. Im Nordostteil des Grabenlandes (Umgebung von Kapfenstein— Neuhaus) und im Nordwestteil (Kirchbach), wo pannonische Schichten in weiterem Umfang vom Raabtal über die Wasserscheide zur Mur nach Süden vorgreifen, sind auch in diesen jüngeren Schichten Großrutschungen festzustellen.

Ich hebe nur einige der wichtigsten Großrutschungen besonders aus dem Bereich des östlichen Deutschen Grabenlandes (Gleichenberger Vulkangebiet) heraus:

1. Großrutschungsgebiet westlich und östlich von Kapfenstein (zwischen Gleichenberg und Neuhaus) (Abb. 4). An einzelnen, gegen Osten aufeinanderfolgenden, nord—südlich ver-

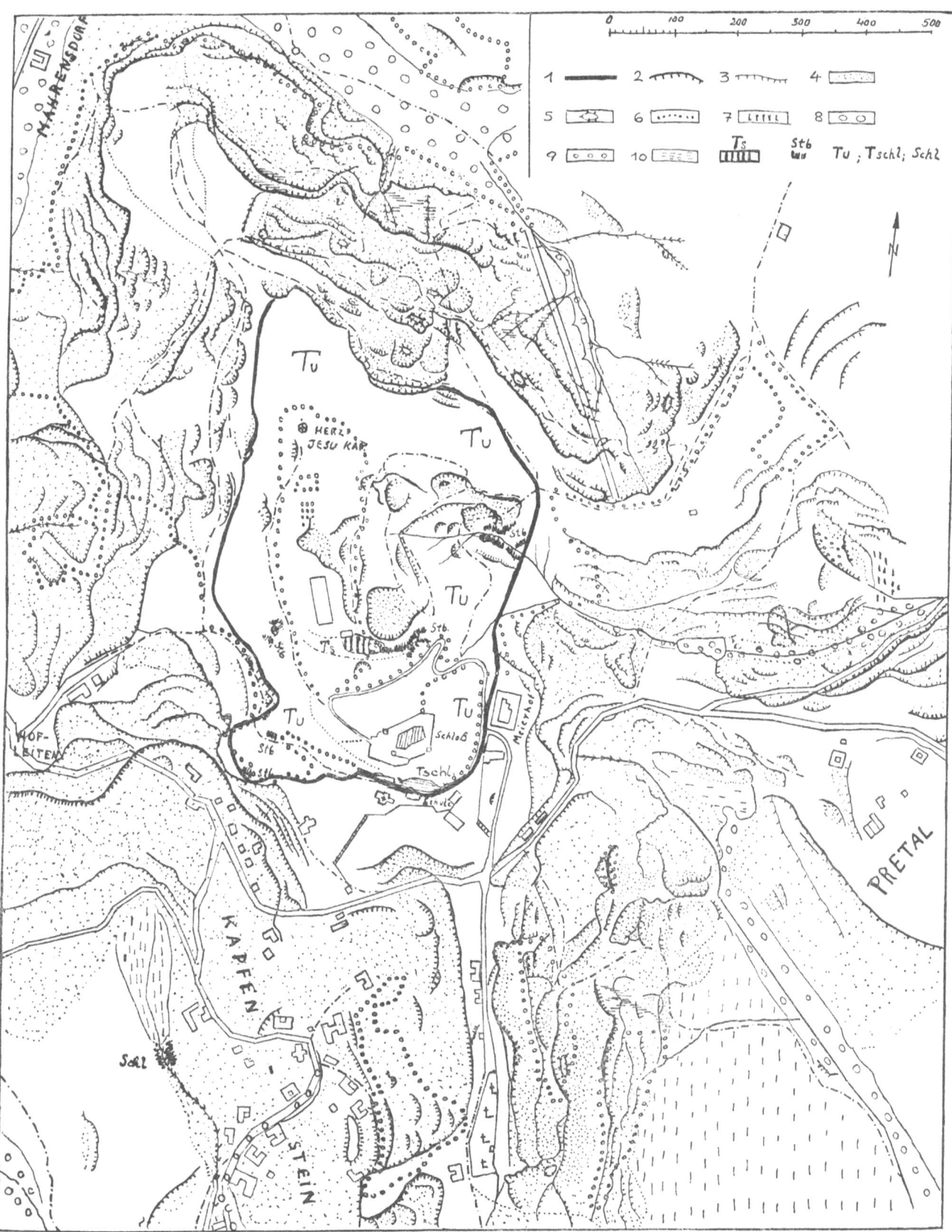

Abb. 4. Die Rutschgelände am und um den Tuffkogel von Kapfenstein. Nach eigener Aufnahme 1952—1954.

1 = Grenze zwischen Basalttuff (Tu) und pannonischen Schichten (Sande, sandige Tegel, Tegel).
2 = Abrißflächen von Großrutschungen.
3 = Abrißflächen von kleineren Rutschungen.
4 = Abgerutschte Hangteile.
5 = Umgrenzung von isolierte Hügel bildenden Rutschschollen.
6 = Auffällige Abgrenzung vorgeglittener Rutschungskörper.
7 = Schwemmantel am Gehänge, aus der Abschwemmung von Rutschungsmassen hervorgegangen.
8 = Vorwiegend lehmig-feinsandige Bachaufschwemmungen.
9 = Waldgrenzen.
10 = Sumpfige Bereiche.
Ts = Tuffitische Sandsteine am Kapfensteiner Kogel.
Stb = Steinbruchswände im Basalttuff.
Tu = Basalttuff.
Tschl = Tuffschlotfüllung.
Schl = Schlucht des Kapfensteiner Baches durch Rutschungsmasse; Kerbe mit Gefällsstufe der rückschreitenden Erosion.

laufenden Höhenrücken reihen sich Rutschungen zuerst auf mittelsarmatischen Mergeln (nördlich Bairisch-Kölldorf), dann auf unterpannonischem Tegel (auf über 2 km Längserstreckung ausgedehntes Großrutschgebiet mit abgewanderten Hügelkulissen zwischen Kölldorf und Pichla) und schließlich auf höherunterpannonischem Tegel (östlich von Kapfenstein) aneinander[10]. Da die Schichtfolge flach ostwärts geneigt ist, so bildet jeweils ein jüngerer Tegelhorizont die Basis für eine neue Großrutschung.

Am rechten Gehänge des obersten Lendbachtales, zwischen Pichla und Kölldorf, ist eine zusammenhängende Rutschung vorhanden, deren Längserstreckung fast 3 km ausmacht, wobei die Tiefe der abgeglittenen Schollen fast 1 km umfaßt. Vorgeschobene Hügelkulissen kennzeichnen diese gewaltige Rutschung im Landschaftsbilde. In dem östlich folgenden Tälchen von Kapfenstein erfolgte durch Abgleiten einer Großscholle (Taf. III, Fig. 1, u. Abb. 4) von über ½ km Längserstreckung eine Zufüllung des Quellgebiets obigen Tälchens. Sie markiert sich in einer etwa 8 m betragenden Stufe. Der kleine Bach war nicht imstande, diese stärker zu zerschneiden. Die Rutschungen schufen hier, wie ganz allgemein, ausgesprochene Hangterrassierungen, die natürlich nicht mit durch fluviatile Erosion entstandenen Hangstufungen verwechselt werden dürfen.

2. **Großrutschgebiet von Krottendorf bei Neuhaus.** Hier hat sich auf unterpannonischer Gleitbasis eine Großrutschung mit wandernden Sandhügeln vollzogen[11].

3. **Kranz von Großrutschungen in der Umrahmung der Basaltdecke des Stradener Kogels.** Die Basaltdecke des Hochstradens wird in ihrer ganzen, in der Nord—Süd-Richtung etwa 8 km betragenden Erstreckung allseitig von Rutschungsstaffeln umgürtet, an welchen die Randteile des Basalts auf gleitfähiger unterpannonischer, obersarmatischer und mittelsarmatischer Tegel-(Mergel-) Unterlage, oft in mehrere Staffeln zerfallend, abgeglitten sind. So umsäumt ein ganzer Kranz von Rutschungsschollen die ausgedehnte Basaltplatte. Ich hebe das Rutschgebiet westlich von Tieschen an den südlichen Ausläufern des Hochstradener Basaltrückens besonders hervor, wo isolierte abgeglittene Hügel und ausgedehntere Rutschungsterrassen auftreten. Trotz flacher Hänge sind hier und auch am Nordsaum des Basaltplateaus Großrutschungen eingetreten, deren Nachbewegungen noch gegenwärtig andauern[12]. Die Großrutschung der Waldrafelsen am Nordsaum des Plateaus hat sich auf unterpannonischer Tegelunterlage vollzogen. In einem großen Felssturz brach ein Randteil der Basalttafel unter dem Einfluß der Gleitbewegung ab. Die Großrutschung gehört auch hier einer älteren Phase an, da der Waldrabach sich bereits seinen Weg durch die Halde in einer Erosionsschlucht gebahnt hat.

4. **Der Erdpreßgraben bei Gruisla**[13]. Südöstlich des Basaltgebiets von Klöch ist am Sedimentgehänge südlich der Ortschaft Gruisla eine Großrutschung, der „Erdpreßgraben", zu verzeichnen. Sie tritt an einem von alten Rutschungen betroffenen Gehänge auf und kennzeichnet einen Bereich, in dem besonders starke Bewegungen in ganz jugendlicher Zeit, angeblich in den siebziger Jahren des vorigen Jahrhunderts, eingetreten sind. Hier hat sich auf mittelsarmatischer Tonmergelbasis eine etwa 500 m lange, schmale Randscholle vom Hintergehänge abgelöst und sich um mehrere Meter seitwärts verschoben, wodurch eine schmale, lange, zum Teil mit Wasser gefüllte Spalte entstanden ist. Nachbewegungen dauern am Nordende der Rutschung noch an.

5. **Großrutschung von Gnas** (Taf. III, Fig. 6)[14]. Zu den größten subrezenten Rutschgebieten gehört jenes von Gnas. Hier ist am Hintergehänge, südlich des Bahnhofgeländes, auf einer Erstreckung von etwa 1 km eine gewaltige Gleitbewegung eingetreten, welche große Hangschollen, die jetzt als isolierte Hügel dem Gehängeabfall vorgelagert sind, auf obersarmatischer Mergelbasis abgelöst hat. Im selben Raume verläuft, der Rutschung und dem Hang parallel, eine junge Störung, die sich auch morphologisch zum Ausdruck bringt. Ich vermute, daß an der Entstehung der Rutschung von Gnas auflebende tektonische Bewegungen mitbeteiligt sind.

6. **Großrutschungen der Ostflanke des Dirneggs** (P. 425), nördlich von St. Peter am Ottersbach. Eine ausgeprägte, über 1 km Länge erstreckte Großrutschung mit deutlichem Abrißrand und abgeglittenen Schollen ist an der genannten Höhe eindrucksvoll feststellbar.

7. **Großrutschung östlich von Kirchbach.** An dem südwestlichen Ausläufer des Muggenthaler Bergs, südöstlich von Dörfla bei Kirchbach, erscheint eine mächtige Hangkulisse vom Hintergehänge um mehrere Hundert Meter abgelöst, wobei sie nur den mittleren Teil einer etwa 2 km langen Hangrutschung markiert. Die Gleitbasis geben die obersarmatischen Tegel ab, die von Melanopsis-impressa-Sanden bedeckt sind.

---

[10] Abbildung u. Kartendarstellung von Teilbereichen dieser Rutschung bei *Winkler v. H.* 1927 b (S. 3—4) und 1943 c (Taf. VIII c).

[11] Vgl. Abb. und Beschreibung in *Winkler* (H.) 1927 b, S. 5, und 1943, Taf. VII a.

[12] Vgl. Abb. *Winkler* (H.) 1943 a, S. 111.

[13] Vgl. Beschreibung in *Winkler* (H.) 1913 a und Abb. in *W. H.* 1943, Taf. V, Fig. 3.

[14] Vgl. auch Abb. in *Winkler v. H.* 1943, Tafel VIII b.

8. Eine weitere Großrutschung aus dem Grabenlande kann vom Rosenberge bei Heiligenkreuz a. W. angeführt werden. Sie bildet einen bogenförmigen Talschluß von etwa 2 km Länge (im Tälchen von Bärndorf), ein typischer, zirkusartig gestalteter Rutschungskessel. Eine große Anzahl weiterer bedeutender Rutschungen hat *A. Aigner* (1935) aus der näheren und weiteren Umgebung von Graz namhaft gemacht.

9. Die Entstehung zirkusartiger Talschlüsse durch Rutschungen zeigen die Bilder vom oberen Ende des Haselbachtals bei Kapfenstein (Taf. III, Fig. 3, und Abb. 5) (Wasserscheide Raab—Mur).

An vielen Stellen, beispielsweise im Rutschgebiet von Kapfenstein, Jamm bei Kapfenstein, Pichle bei Kölldorf u. a., konnte ich feststellen, daß die Großrutschungen in die heutigen Talsohlen vorgepreßt wurden und daher **jünger** sind als die letzte große Talausformung, daß aber ihre Sohle **unter** die alluvialen Aufschwemmungen oft hinabreicht. Diese Befunde sprechen für eine Entstehung in einem **früheren Abschnitt des Alluviums**. Fast überall dauern aber die Nachbewegungen noch in der Gegenwart an und bedingen Schädigungen

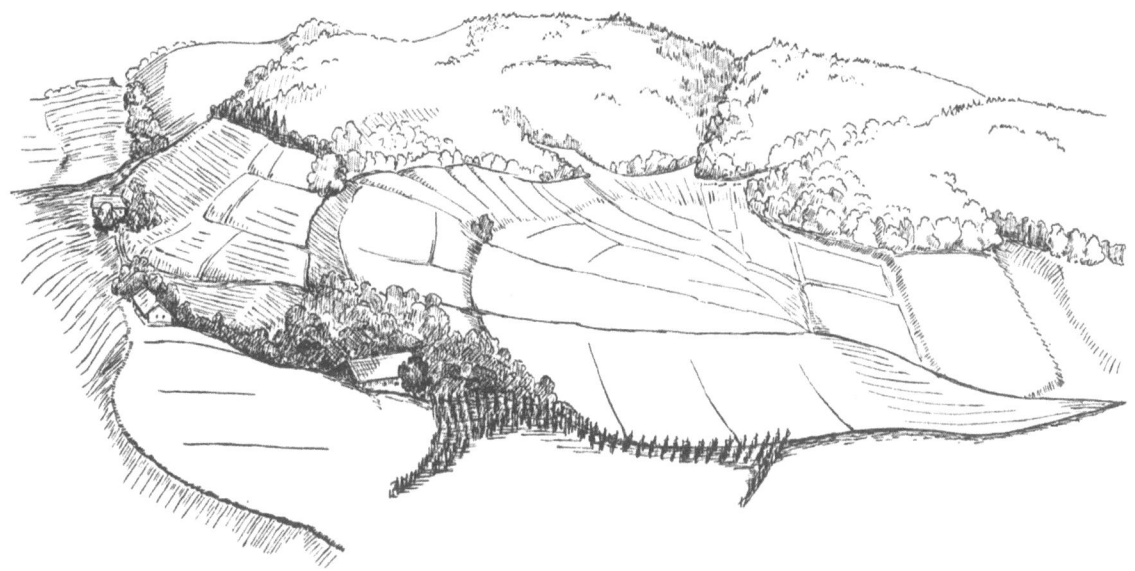

Abb. 5. Ansicht des durch Rutschungen entstandenen, zirkusförmigen Talschlusses des Haselbachtals oberhalb Mahrensdorf bei Kapfenstein.

an Gebäuden und an landwirtschaftlichen und forstlichen Kulturen. Zur Zeit des Höhepunktes der Rutschungsbewegung hatten sich vielfach einheitliche, zum Teil über 2 Quadratkilometer ausgedehnte Massengleitungen eingestellt, welche die in der Morphologie der Landschaft so deutlich in Erscheinung tretende Terrassierung und häufig auftretende Hangkulissen geschaffen haben (Taf. III, Fig. 1, 2).

Eine besonder Bedeutung kommt den allgemein in den oberen Talschlüssen erscheinenden Großrutschungen mit **zirkusartigem Charakter** zu (Abb. 5 und Taf. III, Fig. 3). Sie bedingen, wie ich (1927) und *Aigner* (1935) betont haben, die flächenhaft rückschreitende Erweiterung der Talschlüsse, indem bogenförmige Segmente aus den Gehängen derselben durch Gleitungen herausgelöst werden.

Außer diesen meist hangparallelen Großrutschungen finden sich ungezählte Kesselrutschungen, oft als sekundäre Einkerbungen in einer flächenhaft entwickelten Großrutschung, und verschiedenartig gestaltete **kleinere** Rutschungen. Sie bedingen allenthalben eine noch kräftig fortdauernde Beweglichkeit der Hänge, mit Schäden an Baulichkeiten und Kulturen. Ihre Stirn dringt oft schlammstromartig vor. Ganze Ortschaften, z. B. Kapfenstein, werden von diesen im Bereiche eines älteren Großrutschungsgebietes sich abspielenden rezenten Hangbewegungen noch in Mitleidenschaft gezogen (Taf. III, Fig. 1).

g) Die große Schurfphase im Alluvium und die Weiterbildung der Talungleichseitigkeit.

Die Täler des Deutschen Grabenlandes sind samt und sonders durch eine schon von *Hilber, Sölch, Stiny, Winkler v. H.* und *Wiesböck* beschriebene Talungleichseitigkeit gekennzeichnet. Ihre Entstehung wurde erstmalig von *J. Sölch* (1918), wenn auch nicht als ausschließliche Ursache, auf tektonische Bewegungen während der Ausformung der Täler zurückgeführt, welche Annahme von mir (1921, 1926) und *Stiny* (1926) weiter begründet wurde. Im allgemeinen ist das Gehänge auf der Ostseite der Grabenlandtäler ein ausgesprochen steiles, mit deutlichen Anzeichen kräftigen alluvialen Seiten- (und Tiefen-) Schurfs, jenes auf der Westseite hingegen flach gestaltet und terrassiert. Dies gilt für das Stiefingtal, das Schwarzautal, das Labillbachtal, das Lieberbachtal, Ottersbachtal, Edlatal und für das Gnasbachtal (mit Ausnahme des Störungsbereiches bei Gnas und jenem oberhalb dieses Marktes). Eine Änderung stellt sich gegen Osten erst im unteren Poppendorfer Tale und, in noch eindeutigerer Weise, im Gleichenberger Sulzbachtale ein. Hier erscheinen die jugendlichen Steilränder auf die Westflanke des Tales verschoben, während die Terrassierungen — im Gegensatz zu den übrigen Tälern des Grabenlandes — einseitig auf der Ostseite auftreten (Taf. III, Fig. 4, und Abb. 7, S. 45). Es ist bezeichnend, daß sich diese Umkehrung in den jungen Talverschiebungen gerade dort einstellt, wo der basaltische Höhenrücken des Stradener Kogels sich als eine jung stärker herausgehobene Nord—Süd-Achse zu erkennen gibt. Die jugendliche Aufwölbung markiert sich in der Höhenlage älterer Landoberflächen und in der bereits beschriebenen, kräftigen, noch andauernden erosiven Zerschneidung der Bergflanken. Unmittelbar ostwärts des basaltischen Hochstradener Rückens tritt wiederum das normale Bild der Talasymmetrie, mit flacher Westflanke und steiler Ostflanke des Tales, im Steintal, Pleschbach- (Aigenbach-) Tal und Kutschenitzatal auf. **Es ergibt sich das Bild einer sekundären Aufwölbung im Bereich des basaltischen Stradener Rückens im Rahmen einer regionalen, gegen Osten gerichteten Neigung des gesamten Deutschen Grabenlandes.** Von der Aufwölbung des Hochstradener Rückens sind somit — an dessen Westflanke — Gleichenberger Sulzbach und Poppendorfer Bach während ihrer Jungentwicklung nach Westen abgeglitten, während an der Ostflanke Steintal, Pleschbachtal und Kutschenitzatal die ostgerichtete Talverschiebung erkennen lassen.

Eine weitere Unregelmäßigkeit bedeutet das noch weiter östlich gelegene untere Lendbach- (Lendva-) Tal und das untere Lukaital, welche ihre terrassierten Flachhänge auf der Ostflanke aufzeigen. Wahrscheinlich spielt hier eine junge flache Aufwölbung, die zwischen der vom Lendbach gequerten, nördlich von St. Georgen (Sv. Jurij) auftauchenden paläozoischen Schieferinsel und dem Silberberge (404 m) von N nach S herabzieht, eine Rolle.

Der **letzte** große Akt des Seiten- (und Tiefen-) Schurfs in den Tälern, welche das morphologische Bild der Gegenwart erst abschließend gestaltet hat, fällt in die Zeit unmittelbar **vor** Entstehung der heutigen alluvialen Aufschwemmungen. Die Talasymmetrie und einseitige Terrassierung, deren Anlage nachweisbar schon bis in das jüngste Tertiär zurückgeht, hat damals eine gleichsinnige, ausgeprägte Weiterbildung erfahren. Mit scharfem Rande grenzt die alluviale Talaufschwemmung an der steilen Talflanke meist an die durch junge Bacherosion entstandenen Steilhänge, während der Bach selbst gegenwärtig mehr oder minder in der Mitte der Talsohlen mäandrierend dahinfließt und in der Gegenwart nicht erodiert, sondern akkumuliert. **Es liegt nahe, anzunehmen, daß der Höhepunkt der altalluvialen Seiten- und Tiefenerosion und damit die letzte weitere Ausgestaltung der Talasymmetrie an den ost- und weststeirischen Seitentälern der unteren Mur auf eine stärkere Senkung der Erosionsbasis zurückzuführen ist.** Diese hätten auch den Eintritt zahlloser Großrutschungen zur Folge gehabt. Ihre Auslösung in Form gewaltiger Gehängegleitungen dürfte durch die andauernde Schrägstellung der Schollen und die dadurch herbeigeführte Störung des labilen Hanggleichgewichts vorbereitet, zum Teil durch direkte Einwirkung der Tektonik durch Bodenerschütterungen (Erdbeben), wie es beispielsweise in Griechenland allgemein der Fall ist, zum Teil durch zeitweilig verstärkte Niederschläge veranlaßt gewesen, hauptsächlich aber wohl als F o l g e e r s c h e i n u n g d e s d u r c h d i e S e n k u n g d e r E r o s i o n s b a s i s g e s t e i g e r t e n T i e f e n- u n d S e i t e n s c h ü r f s d e r B ä c h e a n z u s e h e n s e i n [15].

Eine auch noch heute fortwirkende tektonische Beeinflussung der Fluß- und Bacherosion scheint sich in einzelnen Teilgebieten des steirischen Beckens, insbesondere im Einzugsgebiet der oberen Saggau in Weststeiermark, zu äußern. An der Nordflanke der jungen Antiklinalzone Radel—Remschnigg (nördliche Vorlage des Poßruck) läßt sich sowohl an dem Saggaufluß selber als auch an den schräg vom Gebirge dem Saggautal zustrebenden Seitentälern, insbesondere dem Großen Lateintal — bei weiter vorherrschendem Tiefen- und Seitenschurf —, eine Fortbildung der Talasymmetrie feststellen. Hier sind auch die jungalluvialen Talaufschwemmungen der Gräben in kräftiger Zerschneidung begriffen, wobei die Bäche allenthalben bereits in den Tertiärsockel eingeschnitten sind. Im Gegensatz zu den meisten ost- und weststeirischen Tälern ist an der Saggau (ebenso wie an der Mur) auch noch gegenwärtig ein Fortwirken einseitiger Schurftätigkeit im Sinne alter tektonischer Tendenzen erkennbar. Dies läßt vermuten, daß an der Radel—Remmschnigg-Antiklinale, einer pliozänen Faltenwelle mit unausgeglichenen Erosionstälern und Rinnen, die in ihrer südlichen Nachbarschaft vom ganz unreifen Durchbruchtal der Drau durchsägt wird (vgl. *F. Rolle, J. Sölch* 1917), auch noch in der Gegenwart Aufwölbungen anhalten und in der Lage sind, die Schurftätigkeit der Saggau und ihrer Zubringer (auf der Strecke Eibiswald—Saggau) merkbar zu beeinflussen.

Die älter-alluviale Talausschürfung, die Weiterbildung der Talasymmetrie und die Auslösung von Großrutschungen — letztere als sichtbarster Ausdruck jungen Abtrags — wären sonach als einheitlicher Vorgang und als Folge einer Senkung der Erosionsbasis und fortdauernder jugendlichster tektonischer Bewegungen aufzufassen. Sie markieren im Sinne dieser Annahme auch die jüngste Etappe in der jungpliozänen — quartären Heraushebung und Verbiegung des steirischen Tertiärhügellandes. (Weitere Belege auf S. 102 ff.)

h) S c h l u ß f o l g e r u n g e n f ü r d i e j ü n g s t e n T a l b i l d u n g s v o r g ä n g e a u s d e r s y s t e m a t i s c h e n A b b o h r u n g i m A l l u v i a l g r u n d d e s L a ß n i t z t a l e s.

Aus den von *K. Bistritschan* (1940) dargestellten Talquerschnittsprofilen im Laßnitztale, die auf eine größere Anzahl bis zur Sohle des Alluviums hinabreichender Bohrungen gegründet sind, ergeben sich Fingerzeige für die jüngste Entwicklung des durch ein asymmetrisches Profil gekennzeichneten Tales (Flachhänge mit Terrassierung auf der Nordseite, Steilhänge auf der Südseite). Es ergab sich, daß der alluviale Fluß zunächst sich stark in die Tiefe eingesägt und eine Rinne geschaffen hatte und daß er erst anschließend, im Verlauf der Aufschüttung, den Talboden schrittweise durch Seitenverlegung einseitig erweitert hat. Die tiefste Rinne des alluvialen Tales ist also an der Nordseite desselben, somit an der dem heutigen Steilgehänge abgewendeten gelegen. Die Verbreiterung erfolgte erst durch den aufschüttenden Fluß bei einseitiger Südverlegung. Allerdings hatte schon, bevor etwa die halbe Höhe des über 10 m mächtigen Talalluviums aufgeschüttet war, der verjüngte Laßnitztalboden seine gegenwärtige Breite erreicht.

Diese Verhältnisse, welche bezüglich einer allgemeinen Gültigkeit der daraus gezogenen Schlußfolgerungen noch durch Bohrungen in anderen alluvialen Schwemmtälern des steirischen Beckens zu überprüfen wären, lassen sich dahin auslegen, daß während eines länger dauernden Senkungsvorgangs der Erosionsbasis im Letztglazial, im steirischen Becken zum Teil schon spätglazial, aber noch besonders im Altalluvium sich auswirkend, eine steilwandige Tiefenrinne in den jüngsten diluvialen Talboden, rasch und daher o h n e Seitenverschiebung, eingeschnitten wurde. Diese hat bis über 10 m unter das Niveau der später durch Aufschwemmung angelegten gegenwärtigen Talsohle hinabgereicht. In der anschließenden Phase beginnender Aufschwemmung wurde zuerst diese Rinne aufgefüllt und erst allmählich das Tal in zunehmendem Maße erweitert, und zwar durch einseitige Verlegung des lateral erodierenden Flusses, der hiebei, nach wie vor, unter dem Einfluß tektonischer Schrägstellung gestanden war. Es ist wichtig, festzuhalten, daß die Seitenerosion und damit die Seitenverlegung des Tales nur in einem beschränkten Zeitabschnitt der alluvialen Entwicklungsgeschichte zur Geltung gelangt ist.

[15] Ich komme auf die Frage in einem besonderen Abschnitt zurück. Ein Teil der Rutschungen kann schon in eine Erosionsphase des letzten Glazials vor Beginn der glazialen Akkumulationen zurückgehen. (Vgl. S. 135.)

3. Verbreitung, Teilgliederung und Entwicklung des Alluviums im Raabbereich.

a) Die Alluvialfelder an der steirischen Raab und ihren Nebenflüssen.

Ausgedehnte alluviale Ablagerungen bilden die Schwemmlandböden im Raabtal und die Fluren ihrer Nebentäler (insbesondere des Feistritz-Lafnitz-Tales, des Strem- und Pinkatales), wobei die Breite der alluvialen Aufschwemmungen bis zu 2 km, an der (mittleren) Raab sogar bis über 4 km erreicht, an der unteren Raab zum Teil noch wesentlich mehr. Im Raabtalboden zwischen Raab und Feldbach ergaben Wasserbohrungen eine Alluvialmächtigkeit von 8—12 m, im Raum von Gleisdorf von 7—9 m[15a], im Feistritzboden, oberhalb und unterhalb von Fürstenfeld, von 4—9 m (meist über 8 m), im unteren Lafnitztal mit 6—8 m. Im oberen Pinkatal (oberhalb des Durchbruchs durch den paläozoischen Eisenberg) wurde eine Alluvialmächtigkeit von mindestens 5 m, im unteren Pinkaboden eine solche von 5,5—14 m festgestellt.

b) Die Alluvialfelder an der westungarischen Raab.

Die Alluvialfelder an der Raab, welche dieses Tal, vom Austritt des Flusses aus dem Gebirge in der Weizklamm, begleiten, gewinnen nach dem Zusammenfluß von Lafnitz und Raab, auf ungarischem Boden, größere Breite. Sie erweitern sich bei Körmend (Pinkamündung) nochmals und gehen schließlich in das große alluviale Senkungsfeld, das sich im Unterlauf der Raab bis zur Donau erstreckt, über. *E. v. Szadeczky-Kardoss* (1938) hat ausführliche Mitteilungen über die quartären Schotterdecken dieses Bereichs gebracht, aber die alluvialen Aufschwemmungen weniger eingehend behandelt. Zweifellos sind gewaltige Massen alluvialer Ablagerungen besonders in dem von Sarvar an bedeutend erweiterten Raabtalboden, der zwischen Marczaltö und Csorna bis 15 km Breite erreicht, vorhanden. Bei Raab (Györ) mündet der Alluvialboden der Raab in jenen der Donau (Kleine Schüttinsel). *E. v. Szadeczky* unterscheidet in der Kleinen ungarischen Tiefebene ebenfalls ein älteres und jüngeres Alluvium (siehe Abb. 13, zwischen S. 62/63).

Das Korn der Schotter ist an der burgenländischen-ungarischen Grenze (St. Gotthardt a. d. Raab) ein beträchtliches, da haselnuß- bis über eigroße Gerölle vorherrschen. Die alluvialen Inundationsböden sind auch hier mit einer mächtigeren Decke sandigen Lehms versehen.

Im Tal der Zala, die im Raum zwischen Raab und Mur an der Höhe des Silberbergs (400 m) entspringt und in den Plattensee mündet, ist nach einer Bohrung bei Zalaegerszeg eine Mächtigkeit des Alluviums bis über 10 m anzunehmen. *L. v. Loczy* (1916, S. 517) weist darauf hin, daß sich der basale Schotter (unter der Talanschwemmung) in einem um mindestens 10 m tieferen Zalatale abgelagert habe. Auch am Boden des Balatonsees wurden namhafte alluviale Seefüllungen festgestellt, die bei Bohrungen eine Mächtigkeit von 7—22 m ergeben haben (*L. v. Loczy* 1916, S. 534). Die alluvialen Schwemmmassen sind demnach auch in der Kleinen ungarischen Tiefebene entlang der Flußtäler sehr bedeutende.

4. Zusammenfassung über das Alluvium im Mur- und Raabgebiet.

a) Die Verbreitung des Alluviums im Murbereich.

Im Murtalboden selbst sind die alluvialen Ablagerungen unterhalb von Graz, bis über Leibnitz hinaus, in einem schmalen, 1,5—2 km breiten Streifen am Flusse entwickelt. Sie erscheinen hier in die letzteiszeitliche Würmterrasse und in die in diese eingeschalteten spätglazialen Fluren eingesenkt. Das Alluvium, welches ab Graz die Mur als ein nur mäßig breiter Saum begleitet, erweitert sich unterhalb von Leibnitz bedeutend. Es konnte speziell festgestellt werden, daß die alluvialen Teilfluren bei Landscha bei Leibnitz schon in den tieferen der beiden spätglazialen Schuttkegel eingekerbt und

---

[15a] 7 m Schotter und darüber 2 m Aulehm.

in diesen eingelagert sind (*Winkler v. H.*, 1943 c). Einige Kilometer unterhalb von Leibnitz hört der spätglaziale Schwemmkegel auf und die postglazialen alluvialen Schuttflächen setzen die breiten Talböden bis zur Mündung ins Drautal zusammen. Ich konnte im Raume unterhalb von Leibnitz k e i n e Spuren der rein aus Schottern bestehenden letzteiszeitlichen beziehungsweise späteiszeitlichen Ablagerungen mehr feststellen.

An verschiedenen Stellen konnten, auch in den Seitentälern, Anzeichen für eine Zweiteilung im Alluvium festgestellt werden.

b) Über den Aufbau des Alluviums.

Im Murtalboden selbst bestehen beide Teilfluren zum weitaus größten Teil aus g r o b e n, f l u v i a t i l e n S c h o t t e r m a s s e n. Nur an der tieferen Flur läßt sich im heutigen Inundationsboden, mit seinen heute noch vorhandenen oder bereits gerodeten Auwaldbeständen, über dem Schotteralluvium im Gebiete von Graz, eine geringmächtige Sand- und sandige Lehmbedeckung (nach *E. Clar*, 1931) feststellen. Ähnliche Beobachtungen machte ich bei Mureck. Dieser Aufbau gilt nur für den Bereich jener Aufschwemmungen im Murtalboden, welche von der Mur selbst herbeigeschafft wurden, nicht aber für die Mündungsbereiche der Seitentäler. In allen links- und rechtsseitigen Nebentälern der Mur (Stiefing-, Schwarza-, Saßbach-, Ottersbach-, Gnasbach-, Poppendorfer-, Sulzbach-, Lendbachtal usw.; Kainach-, Laßnitz-, Sulm-, untersteirisches Stainztal) und in gleicher Weise an der Raab und ihren Nebentälern (Lafnitz-, Strem- und Pinkatal) — mit Ausnahme des Feistritztals — ist das Alluvium ganz überwiegend aus Feinsedimenten (Sanden und sandigen Lehmen) zusammengesetzt. Nur an der Basis stellen sich regelmäßig, aber auch nicht ausnahmslos, Lagen von Schotter oder Kies ein. Diese feineren Alluvialablagerungen dringen an den Mündungen von größeren Seitentälern ein Stück weit bis in den Murtalboden vor (zum Beispiel nach den Aufschlüssen anläßlich der Ottersbachregulierung in Gosdorf bei Mureck).

Überall kehrt dort der analoge Aufbau im Alluvium wieder: An der Basis der Aufschwemmung gröbere Sedimente, nach oben zu feiner werdend, und im Hangenden die feinsten Ablagerungen. Nur ausnahmsweise fehlt die basale Kies—Schotter-Schicht, wie es bei den Bohrungen, die unter unserer Fachkontrolle im Talboden der Laßnitz ausgeführt wurden (*K. Bistritschan*, 1940), der Fall war, die in einem Abschnitt des Tals gelegen waren, der sich in der Gegenwart und offenbar auch schon in der „alluvialen Vergangenheit" durch ein besonders geringes Gefälle kennzeichnete. Auf dieser kaum 10 km langen Strecke, die einer jungaktiven tektonischen Einbiegung entspricht, war das Gefälle, auch zu Beginn der alluvialen Aufschwemmungen, nicht mehr ausreichend, um Schotter oder Kies zu transportieren.

c) Über das Ausmaß der Kubatur der Alluvialablagerungen.

Die Auslese aus den mir zur Verfügung stehenden Angaben über Alluvialmächtigkeiten in den Tälern des steirischen Beckens gibt nur Minimalwerte an, da in den meist breiten Alluvialböden auch noch tiefere, mit Alluvium erfüllte Rinnen vorhanden sind. Diese Mindestwerte wurden der Berechnung zugrunde gelegt.

Die Gesamtkubatur der Alluvialabsätze kann für den Bereich des unteren Murgebiets, von Graz abwärts bis zur Mündung in die Drau, auf 1—2 M i l l i a r d e n K u b i k m e t e r geschätzt werden. Durch Hinzurechnung der allerdings bescheideneren Alluvialsätze im Mittel- und Oberlauf der Mur (oberhalb von Graz) würde sich diese Zahl noch beträchtlich erhöhen. Der Abtrag in der Alluvialzeit selbst war selbstredend noch ein vielfach größerer, da gewaltige Schottermassen noch der Drau und Donau überantwortet wurden und weil insbesondere die an Quantität beträchtlich überwiegenden Massen des Flußschlicks, nebst dem gelösten Material, zur Gänze in die Große ungarische Tiefebene hinaus abtransportiert wurden.

d) Altalluviale Erosions- und jungalluviale Aufschwemmungsphase.

Überall geht der Aufschüttung des Alluviums eine Erosionsphase voraus (Taf. II, Fig. 1—5, Abb. 1, zwischen S. 6/7), welche im Murtale — abgesehen von ihrem Vorläufer in der beginnenden Würmzeit —, im Spätglazial mehrfach unterbrochen, kräftig eingesetzt hat, um im Altalluvial auch noch eine breitere Rinne in die untere spätglaziale Terrasse einzuschneiden, während sie in sämtlichen Seitentälern, mindestens teilweise, schon während des letzten Glazials vorherrschend wirksam gewesen ist. Dieser altalluviale Tiefschurf hatte Rinnen ausgekolkt, deren Tiefe ein Ausmaß bis 20 m und darüber erreicht hatte. Große Rutschungen an den Gehängen waren die Folge. Die gegenwärtigen Flüsse fließen im allgemeinen auf einer um mindestens 8—12 m durch Aufschwemmung erhöhten Flur dahin. Die Beobachtungen im Murtal zeigen, daß diese Erosionsphase auch dort in ausgesprochener Weise mit dem Höhepunkt im Spätglazial und im frühen Postglazial vor sich gegangen ist. Aber schon im Altalluvium setzte der Erosionsvorgang aus und wich einer länger dauernden, zeitweilig unterbrochenen Aufschüttungsphase, die im Jungalluvium andauerte und, wiederum regional, eine Aufschwemmung der Böden bedingt hat, welche noch heute andauert.

Für das südliche Burgenland hat auch *H. Painter* darauf verwiesen, daß die gegenwärtigen Flüsse in kräftiger Aufschwemmung begriffen sind.

e) Talasymmetrien.

Die Täler des steirischen Beckens zeigen eine ausgesprochene Talasymmetrie (*V. Hilber*, 1886), welche bezüglich ihrer Ursachen schon 1918 von *J. Sölch* und dann von mir (1921, 1926 a, 1927 a, 1928 b, 1943 c, 1951) und von *J. Stiny* (1926) näher beleuchtet und von *J. Stiny* und mir ausschließlich und von *J. Sölch* unter Anerkennung als wesentlich mitwirkende Ursache auf junge und jüngste tektonische Verstellungen zurückgeführt wurde. Auch in der alluvialen und teilweise in der rezenten Entwicklungsgeschichte tritt diese Weiterbildung der Talasymmetrie unter zweifellos tektonischen Einwirkungen noch deutlich hervor. Fast überall sind auch die Talprofile aus dem Alluvium einseitig geformt.

f) Spezielles zur alluvialen Talentwicklung.

Aus den Bohrungen im Laßnitztal (Abb. bei *K. Bistritschan*, 1940, S. 17) und aus den Feststellungen in anderen Tälern läßt sich die Entwicklungstendenz der Flußtäler im Alluvium genauer festlegen. Unmittelbar am Beginn ihres Einschneidens in die würmzeitlichen Aufschüttungen oder in die jüngstquartäre Erosionssohle flossen die Flüsse ziemlich in der Mitte des Talbodens, in einer engeren, aber durch Seiten- und Tiefenerosion sich zunehmend vertiefenden Rinne. Vorerst erfolgte das Einschneiden vorwiegend in vertikaler Richtung, bei wahrscheinlich zunehmender Streckung der ererbten Mäanderbögen. Es wurde eine 12—20 m tiefe Rinne ausgekolkt und in dieser teilweise auch etwas Schotter abgelagert. Erst im weiteren Verlauf der Entwicklung hat der Fluß, bei allmählich sich aufbauender, 8 m bis über 20 m mächtiger, zutiefst noch schottrig-sandiger, alluvialer Sedimentdecke, seitlich — und zwar auch abgesehen von den Pendelschwingungen seiner Mäander — vollkommen einseitig ausgegriffen. Er nagte hiebei die meist schon bestehenden Steilhänge an und hat hiebei in den mittleren und unteren Talläufen die mehr oder minder verbreiterte Flur um 100 m bis mehrere 100 m, meist auf der ganzen in Betracht kommenden Flußstrecke, seitlich verlegt. An der Mur, an der Raab, Feistritz und einigen anderen Flüssen beträgt diese Seitenverlegung (ab Höhepunkt Würm) noch mehr (bis 1 km und darüber).

Gleichzeitig mit diesen, im ganzen steirischen Flußsystem gleichartig, aber in den einzelnen Teilgebieten nach verschiedenen Weltrichtungen und sowohl nach der rechten wie nach der linken Talflanke zu erfolgenden Seitenverlegungen wurde das Material der allmählich in die Höhe wachsenden Aufschwemmungen, wie angegeben, schrittweise im Durchschnitt feiner. Im Laufe dieser Entwicklung haben zwar die Flüsse — die im Mittellauf durch besonders schwaches Gefälle gekennzeichnete Laßnitz nur streckenweise — feinen und mittelgroben Schotter bei Hochwasser weiterzutransportieren vermocht, aber nur in dem schmalen, mäandrierenden Flußbett selbst. Sie vermochten nicht mehr ein zusammenhängendes Schotterfeld, wie zu Beginn der Aufschwemmungen, im breiten alluvialen Überschwemmungsboden auszubreiten. In letzterem bildeten sich jetzt nur mehr Feinsande und besonders sandige Lehme.

Bei einigen größeren Flüssen und dann an solchen, welche offensichtlich im Bereiche stärker akzentuierter, fortdauernder tektonischer Aufwölbung liegen (untere Mur, Feistritz, untere Kainach; höhere Saggau, obere Lafnitz), drängt der Fluß auch noch gegenwärtig nach der Seite und erweitert dorthin seinen Alluvialboden durch dauerndes Annagen an den Steilgehängen und ist daher weiterhin an der Ausgestaltung der Talasymmetrie tätig; bei anderen fließt er innerhalb seines Schwemmbodens, aber asymmetrisch, mit der Achse seiner Mäanderbogen dem Steilgehänge angenähert verlaufend, während wieder in anderen Fällen, und zwar augenscheinlich in Bereichen mit nur geringer, rezenter Schrägstellung der Schollen, eine solche Beziehung sich nicht mehr feststellen läßt. Aber auch in den letztgenannten Tälern, wo gegenwärtig der Fluß mäandrierend mehr oder minder in der Mitte des Tales fließt, war er in einem früheren Abschnitt des Alluviums, als er im Übergang von der Eintiefung zur Aufschwemmung und stärkeren Seitenerosion begriffen und ihm noch eine größere Schurfkraft zur Verfügung gestanden war, ebenfalls an der Ausgestaltung der Talasymmetrie wirksam.

g) Allgemeines Entwicklungsbild.

In der Gegenwart, als einer „Interglazialzeit" oder „Nachglazialzeit", ergibt sich somit für den Mur- und Raabbereich, aber in analoger Weise auch für den Drau- und Savebereich, aus vorigem ein einheitliches Entwicklungsbild:

Sowohl der Murtalboden als auch jener seiner Seitentäler sowie die Talfluren an den Flüssen des Raabbereiches lassen innerhalb des steirisch-pannonischen (kroatischen) Beckens eine mächtigere jungalluviale Talauffüllung erkennen, welche an der Mur ganz vorwiegend aus Schottern, an all ihren Nebenflüssen und im Raabbereich (mit Ausnahme des Raababschnitts unmittelbar unterhalb des Gebirgsaustritts und des Feistritztales) nur an der Basis eine Schotter- und Kieslage, darüber aber eine mehr oder minder mächtige, nach oben zu durchschnittlich an Korngröße abnehmende Bedeckung von Sand und sandigen Lehmen aufweist[16].

Dieser Akkumulationsphase war überall eine solche des Einschneidens von Flüssen und Bächen in die würmeiszeitlichen bzw. späteiszeitlichen (oder älteren) Aufschwemmungen vorausgegangen, deren Ausmaß sich z. B. im Murtalboden bei Graz auf etwa 30 m beziffern läßt (*E. Clar*, 1931), überall aber ein solches von mindestens 12—15 m erreicht hatte.

Die Mächtigkeit des Alluviums und der Grad seiner Feinheit hängen vom tektonischen Zustand der Talstrecken (in den Tertiärbereichen), in denen sie fließen, ab. In den Einmuldungszonen (z. B. an der mittleren Laßnitz unterhalb von St. Florian in der weststeirischen Bucht; an der unteren Pinka im südlichen Burgenland) sind relativ bedeutende Schichtmächtigkeiten feststellbar. Auch am Gebirgsrand ist das Alluvium mächtiger.

Die Tektonik scheint während des Alluviums andauernd, im allgemeinen auch gleichmäßig, aktiv gewesen zu sein, indem sich ihre Auswirkungen, die sich an dem Ausmaß seitlicher Verlegungen der Flußläufe ausprägen, von der Taleintiefung an bis zur Gegenwart,

---

[16] Nur dort, wo aber in dem Profil das alte Flußbett selbst, das im seinerzeitigen Talboden jeweils mäandrierend hin und her gependelt hatte, angeschnitten wird, erscheinen auch in den höheren Niveaus der Talfüllung schmale Schotterzüge eingeschaltet. Sie nehmen aber, angesichts der meist nur einige Zehner von Metern betragenden Breite des Flusses gegenüber dem Querschnitt des Alluvialbodens von meist 0,5—2 km, nur einen sehr bescheidenen Anteil am Aufbau der höheren alluvialen Profilhorizonte.

dem Stadium bereits vorgeschrittener Aufschwemmung, in entsprechender Weise feststellen lassen.

Allerdings reagiert der Fluß auf diese endogenen Einwirkungen, die meist in Schrägstellung der Schollen bestanden haben (siehe S. 109 ff.), in verschiedener Weise: Zu Zeiten der starken Eintiefung, mit einem kräftigen Zug nach unten hin, waren die tektonischen Auswirkungen der seitlichen Verlegung verhältnismäßig gering. In den Zeiten stark vorgeschrittener Aufschwemmung, wie in der Gegenwart, sind sie — in den Bereichen außerhalb stärkerer tektonischer Beeinflussung — besonders an kleineren Flüssen und Bächen ebenfalls nicht bedeutungsvoll, meist sogar nicht oder nicht gut erkennbar; jedenfalls deshalb, weil die Flüsse mit geringem Gefälle auf breiten Alluvialböden laufen, naturgemäß die verfügbare Energie zur Aufrechterhaltung der Fließbewegung verwenden müssen und keine oder nur wenig überschüssige Kraft zur Seitenerosion zur Verfügung haben. Größere Flüsse und solche in Gebieten, in denen Anzeichen stärkerer, fortdauernder Verbiegung vorliegen, lassen aber auch in diesem vorgeschrittenen Entwicklungsstadium allenthalben kräftige Anzeichen des Fortwirkens einseitiger Seitenerosion erkennen.

Dagegen war, beurteilt nach dem geologisch-morphologischen Bild, in jener Zeitphase, in welcher der Fluß begonnen hatte, von der Tiefennagung zur Seitennagung und Aufschwemmung überzugehen, und in den ersten Stadien dieser letzteren die Auswirkung der tektonischen Vorgänge auf die seitliche Verlagerung des Flußbettes ganz allgemein eine sehr bedeutende. Ein Wechsel in der Intensität der tektonischen Bewegungen während des Alluviums kann jedoch aus diesem Erscheinungsbild nicht herausgelesen werden, da sich das verschiedene Ausmaß der Auswirkungen der Verbiegungen auf das Flußsystem aus dem jeweiligen sedimentologischen-morphologischen Entwicklungsbild des Tales hinreichend erklären läßt.

h) Ursache der frühalluvialen Tiefenerosion.

Als Ursache für die Entstehung der zum Teil schon in der Spätwürmzeit einsetzenden und bis ins Altalluvium andauernden, zeitweilig unterbrochenen Tiefenerosion am Mur-, Raab-, Drau- und Savesystem und für die nachfolgende, ebenso einheitliche mittel-jungalluviale Aufschwemmung kommen entweder nur ganz regional wirkende tektonische Hebungen bzw. Senkungen oder ebenso großräumig wirksame klimatische Ursachen oder schließlich die Auswirkungen eustatischer Verschiebungen eines innerpannonischen Seespiegels oder — indirekt — des Meeresspiegels (im Schwarzen Meer) in Betracht. Die erste Annahme erscheint als Hauptursache, wenn auch möglich, so doch unwahrscheinlich, da kaum zu erwarten ist, daß so geringfügige Niveauverschiebungen tektonischen Ursprungs in ganz gleichem Rhythmus über so gewaltige Räume hinweg — im allgemeinen gleichzeitig und einheitlich in den verschiedensten tektonischen Zonen — sich zur Geltung gebracht hätten. Außerdem sind die deutlichsten Auswirkungen der jüngsten Tektonik, wie ausgeführt wurde, an den Flußläufen nicht nur in den Zeitphasen stärkster Tiefenerosion, wie es zu erwarten wäre, wenn letztere auf eine verstärkte oder wieder auflebende Tektonik zurückzuführen wäre, zu verzeichnen, sondern allgemein, und so auch in jenen beginnender relativer Senkung (Aufschwemmung) der Talböden.

Bezüglich der eventuellen klimatischen beziehungsweise eustatischen Ursachen muß betont werden: Im allgemeinen werden im Umkreis vergletschert gewesener Gebirge die Glazialzeiten als solche der Akkumulation, die „Interglazialzeiten" aber als solche der Erosion aufgefaßt. Wenn eustatische Bewegungen als maßgebliche Faktoren für die Niveauverschiebungen der Flüsse herangezogen werden, so kommt bekanntlich der umgekehrte Rhythmus (Tiefenerosion in den Glazialzeiten, Aufschwemmungen in den Interglazialzeiten) zur Geltung.

Da wir am östlichen Alpenrand und in Pannonien in der Gegenwart, also in einer „interglazialen" Phase, ganz regional, Talbodenerhöhung durch Aufschwemmung feststellen können und dieser Vorgang auf klimatischem und tektonischem Wege nur schwierig deutbar ist, so wird die Frage nahegelegt, ob es nicht eventuell die indirekten Auswirkungen von holozänen Sohlenerhöhungen im Großen Alföld, letztere eventuell als Folge des nachgewiesenen subrezenten Anstiegs des Meeresspiegels im Schwarzen Meer, sind, die sich in der alluvialen und gegenwärtigen regionalen Akkumulation der Täler zu erkennen geben. Diese letztere Deutung, auf die ich als Möglichkeit 1953 verwiesen habe, möge, solange nicht durchlaufende Untersuchungen an den Alluvialböden bis zur Mündung der Donau vorliegen, nur als A n r e g u n g gelten. Das Problem hat aber eine größere allgemeine Bedeutung, da die Frage grundlegender Mitwirkung eustatischer Einflüsse an der Gestaltung des Talzyklus auch bei einem wesentlichen Teil der quartären Terrassierung zu prüfen ist, worauf ich bei Besprechung der letzteren noch zurückkomme (vgl. auch S. 130/131).

In dem Durchbruchtal der Mur oberhalb von Graz setzt, unterhalb von Bruck, dann die alluviale Aufschwemmung streckenweise aus und tritt dort, wie auch die Fundierung von Kraftwerksbauten ergeben hat, schon der Fels im Flußbett zutage (*J. Stiny*, 1948); doch haben Bohrungen zwischen Gratwein und Stübing noch Alluvialmächtigkeiten bis zu 20 m ergeben[17].

B. Die Entwicklung der Täler der Mur (außerhalb des Vereisungsgebiets) und der Raab in der Würmeiszeit und im Spätglazial.

1. Übersicht der Probleme.

Das obere Einzugsgebiet der heutigen Mur lag bekanntlich auch während der letzten (Würm-) Eiszeit unter einer mächtigen Eisdecke begraben. Die Endmoränen der Würmvereisung sind aber bereits bei Judenburg (*A. Penck & E. Brückner*, 1909, *A. Aigner*, 1906) gelegen[17a], wo sie (nach *F. Heritsch*, 1909, und *J. Stiny*, 1923 a) frühglaziale „Vorstoßschotter" überdecken. Ein mächtiger, rein aus Schottern bestehender Schwemmkegel des Letztglazials (nach *A. Penck & E. Brückner*, 1909) erfüllt das breite Judenburg—Knittelfelder Becken (*E. Worsch*, 1951) und läßt sich, wie aus den Untersuchungen von *A. Aigner* (1905), *J. Sölch* (1917), *J. Stiny* (1923, 1932) u. a. hervorgeht, über Leoben und durch das enge Murtal über Bruck und Frohnleiten bis Graz, als mehr oder minder schmale Talauffüllung, durch Leisten teilgegliedert, verfolgen. Bei letzterer Stadt mündet er dann in den großen Schwemmkegel des Grazer und des Leibnitzer Feldes. Nach den Studien von *V. Hilber* (1912), *J. Sölch* (1917), *A. Tornquist* (1928), *E. Clar* (1931, 1938) und eigenen (1939 b, 1943 c) ist die letztglaziale (würmzeitliche) Terrasse im unteren Murgebiet, unterhalb von Graz, nur im Bereiche des Grazer und des Leibnitzer Feldes, breit und typisch entwickelt. Bis zu ihrem unteren Ende, unterhalb von Leibnitz, sind ihr zwei bzw. weiter talabwärts nur mehr eine s p ä t g l a z i a l e T e r r a s s e eingeschaltet, welche ich — in Übereinstimmung mit analogen Beobachtungen und Deutungen von *R. Troll* im Draugebiet und an anderen alpinen Flüssen — als S c h w e m m k e g e l d e r S p ä t g l a z i a l z e i t auffasse.

Bei eigenen Begehungen konnte ich feststellen, daß der letztglaziale (spätglaziale) Schwemmkegel unterhalb von Leibnitz, wie schon angegeben, an Mächtigkeit immer mehr abnimmt und den alluvialen Ablagerungen Raum gibt bzw. von diesen an einer Erosionsfläche überlagert wird. Ich kenne k e i n e Stelle im Murtal, wo weiter flußabwärts irgendwelche sichere Reste der letzteiszeitlichen Akkumulation auftreten würden. Daraus und aus ähnlichen Beobachtungen im Pettauer Feld an der Drau und im Gurkfeld—Ranner Feld an der Save, glaube

---

[17] Aus diesen Darlegungen über die Verbreitung des Alluviums im Mur- und Raabbereich folgt, daß die von *J. Büdel* (1944) auf der Texttafel II ausgeschiedene Ausdehnung des Alluviums am östlichen Alpenrand und dessen Abgrenzung gegen das Pleistozän n i c h t zutreffend ist. Denn die meisten der von ihm als n i c h t g l a z i a l e Schotterfluren der Würmeiszeit und des Spätglazials ausgeschiedenen Flächen, welche die Böden des unteren (steirischen) Murtals und jene des Raabtals und seiner Nebentäler (vom Gebirgsrand bis tief in die Kleine ungarische Tiefebene hinein) umfassen, sind n i c h t eiszeitliche Fluren, sondern a l l u v i a l e Aufschwemmungen. Erstere treten ganz zurück, fehlen auf weite Strecken oder sind nur als schmale Randfluren entwickelt. Überall dominiert dort das nach den Bohrergebnissen 10—15 m mächtige Alluvium, das die breiten Talfüllungen bildet. Daß auch die höheren Fluren überwiegend nicht glazialer Entstehung sind, wird auf S. 39 näher begründet.

[17a] Vgl. hiezu *H. Spreitzer* 1953.

ich dem Schluß beipflichten zu können, daß die **großen Schotterterrassen**, welche an der Mur an den Endmoränen von Judenburg ihren Ausgang nehmen, **als glaziale, klimatisch bedingte Terrassen**, in erster Linie veranlaßt durch die bedeutenden Erosionsleistungen des Gletschers und durch die Überlastung seines Abflusses mit Geschieben, anzusehen sind und daß die eingeschachtelten tieferen Niveaus analogen, abgeschwächten Aufschüttungsvorgängen während der späteiszeitlichen Teilphasen ihre Entstehung verdanken.

Daß die Seitenflüsse der Mur (unterhalb von Judenburg), welche aus den in der Eiszeit keine oder nur kleine Lokalgletscher beherbergenden Randgebirgen herabgekommen waren, nur sehr schwache, oft kaum feststellbare letzteiszeitliche Schotterfelder erzeugt hatten, ist schon von dem hervorragenden Beobachter *F. Rolle* um die Mitte des vorigen Jahrhunderts (1856) festgestellt und späterhin auch von *J. Sölch* (1917) hervorgehoben worden. Nur an der höheren Raab und an der Feistritz wurden Schotterdecken festgestellt, welche den Talboden ganz wenig überhöhen und als letztglaziale Anschwemmungen angesehen werden können (siehe Taf. I und Abb. 1, zwischen S. 6/7). An der Feistritz reicht diese, den Talboden um 2—4 m überhöhende Schotterflur nur bis Fürstenfeld. Unterhalb von Fürstenfeld und in dem einmündenden Lafnitztal auch oberhalb ist die Fortsetzung dieser Terrasse kaum noch angedeutet bzw. vom Alluvium schwer abtrennbar.

Da die großen letztglazialen Schotteraufschwemmungen vom vergletscherten Murtal (und in analoger Weise im Drau- und Savetal) vorgebaut wurden, nicht aber in den ebenfalls wasserreichen Nebentälern der Mur und nur sehr gering im Raabbereich, so weist dies darauf hin, daß es in erster Linie die **Gletscher** und erst in zweiter die periglaziale Verwitterung gewesen sind, welche die Hauptmasse der Schotter erzeugt haben. Es soll aber damit eine, gegenüber den Interglazialzeiten und der Gegenwart etwas verstärkte Schuttanlieferung an die Bäche und Flüsse im Gefolge periglazialer Hangbewegungen, auf welche *J. Sölch* (1917) in den steirischen Randgebirgen besonders hingewiesen hat, und eine **mäßige** Überlastung der Flüsse mit dem Schutt und eine dadurch hervorgerufene bescheidene Akkumulation nicht in Abrede gestellt werden. Die Bedeutung dieser letzteren Vorgänge für den Schotterhaushalt der Flüsse darf aber meines Erachtens **nicht** überschätzt werden (vgl. *A. Penck*, 1938). Es wird sich auch aus den folgenden Ausführungen ergeben, daß weitaus die mächtigsten und verbreitetsten quartären Absätze am östlichen Alpenrand zwischeneiszeitlich (und nacheiszeitlich) entstanden sind und daß ihr Aufbau von jenem der durch Gletscherabflüsse gebildeten, ebenfalls mächtigen Schotterakkumulationen nach Aufbau und Entstehung verschieden ist.

Ohne auf die Frage der Glazialerosion hier näher eingehen zu wollen sei doch darauf verwiesen, daß Beobachtungen an den heutigen Gletschern zeigen, daß die Erosionswirkungen des Eises, **innerhalb gleicher Zeiträume**, jenen des Wassers und der übrigen denudativen Vorgänge, schon unter Berücksichtigung ihrer flächenhaften Wirkung, bei weitem überlegen sind. So ergaben zum Beispiel Messungen der Glazialerosion am Grindelwaldgletscher 5—30 mm/Jahr (nach *O. Maull*, 1938), was ein Mehrfaches der in nichtvergletscherten Hochgebirgen festgestellten Denudationswerte darstellt. Da ich in jahrzehntelanger Arbeit in den an Eiszeitgletschern freien Höhenbereichen der Ostalpen (besonders in den steirischen Randgebirgen) die Talbildung und ihre Fortschritte studieren konnte, gleichzeitig aber auch durch vieljährige Arbeit in den stark vergletscherten Julischen Alpen, in den Hohen Tauern und in der Dachsteingruppe die glaziale Prägung des Gebirgsantlitzes näher kennenzulernen Gelegenheit hatte, so glaube ich meiner persönlichen Überzeugung Ausdruck geben zu können, daß bezüglich der Wirkung der Glazialerosion zwar nicht die extremen Auffassungen, wie sie in den Arbeiten von *R. Lucerna* (1915, 1938) und *H. Heß* (1909) vertreten werden, wohl aber die eine mittlere Linie enthaltenden, wie sie in der Darstellung von *F. Machatschek* in seiner morphologischen Schau der gesamten Erdoberfläche (1938) und von dem gründlichen Kenner der Glazialprobleme *R. v. Klebelsberg* (1935, 1948) und auch von *O. Maull* (1938) befürwortet werden, zutreffen.

Die gewaltigen, durch Glazialerosion erzeugten Abtragsprodukte müssen sehr ausgedehnte Aufschüttungen zur Folge gehabt haben, wie sie sich bekanntlich in den von Endmoränen ihren Ausgang nehmenden glazialen „Übergangskegeln" ausprägen. Der Höhepunkt ihrer Aufschüttung entsprach offenbar dem maximalen Eisvorstoß. Im Rahmen des quartären Gesamtgeschehens an der Ostabdachung der Alpen erscheinen sie aber gewissermaßen als ein fremder Eingriff, welcher den Rhythmus von Aufschüttung stark lehmbedeckter Fluren und von Tiefenerosion unterbricht.

Bis dorthin, wo die glazialen (Würm- und Spätwürm-) Schuttkegel reichen, ist das subrezente Murtal (Alluvialboden) verhältnismäßig schmal, jedenfalls deshalb, weil hier die Eintiefung der Würm- und Spätwürmzeit mehrfach, und zwar zunächst durch den Einbau der Schotterdecken der letzten Glazialzeit und dann durch jenen der zwei spätglazialen Aufschwemmungen unterbrochen worden ist. Talabwärts, wo die glazialen und spätglazialen Schuttkegel aussetzen, nimmt — im Raume unterhalb von Leibnitz — die Breite der Alluvialböden bedeutend zu. In diesem Abschnitt des Murtales, bis zu seiner Mündung in den Drauboden, wurde im Jungquartär fast dauernd das Tal tiefer gelegt und gleichzeitig eine breite Sohle angelegt, da die ganze verfügbare Schurfkraft zur Tiefenerosion und zur Verbreiterung der Talsohle verwendet werden konnte.

2. Zum Auftreten periglazialer Verwitterung im Bereiche der steirischen Bucht.

Mit der hier vertretenen Einschränkung der Bedeutung periglazialer Verwitterung für die Akkumulationen der Glazialzeiten soll deren Verbreitung und deren Einfluß auf die Landformung auch für die Bereiche des steirischen Beckens nicht bestritten werden (vgl. auch J. Sölch 1917). Erscheinungen des Bodenfließens (C. Troll, 1944) treten besonders im Bereiche des basaltischen Stradener Kogels und auch an den Nordhängen der trachytischen Gleichenberger Kogel sinnfällig hervor. Besonders in ersterem Gebiete erscheinen die flachen und ausgedehnten Hänge unterhalb des Basaltsteilabfalls von einer mehrere Meter mächtigen Decke abgewanderter Basaltblöcke auf viele Quadratkilometer hin überzogen, Vorgänge, welche sich, im Sinne von J. Büdel (1937, 1944), in der Gegenwart nicht mehr erneuern, sondern einer eiszeitlichen (periglazialen) Formung entsprechen. Ich konnte ihre bedeutenden Auswirkungen auch im Bereiche rein sedimentärer Hänge im Tertiärhügelland beobachten, wo sie allerdings nicht so in die Augen springen, aber dennoch an der Formengestaltung der unteren Flachhänge der Täler eine wesentliche Rolle spielen. Die Bewegungen dieses Hangschuttes unter dem Einfluß fortwährenden Gefrierens und Wiederauftauens (Frostböden) erfolgten aber naturgemäß weitaus nicht so rasch als der Materialtransport in der Grundmoräne der großen Gletscher, an deren Stirn und weiter unterhalb die mit Schutt überlasteten Schmelzwässer bedeutende Schuttkegel aufzubauen vermochten. Daher die geringere Bedeutung von synglazialen Aufschwemmungen in Tälern, deren Hintergründe nicht vergletschert waren, wie es auch im steirischen Becken feststellbar ist! Schöne Beispiele von „Brodelböden" konnte H. Hübl (1935) aus dem Nordteil der steirischen Bucht beschreiben.

3. Zu den speziellen Entstehungsbedingungen der Würmaufschüttung.

Nach den von E. Clar (1931, S. 20—22) mitgeteilten Daten weist die Würmaufschüttung (Hauptflur) im Stadtboden von Graz Mächtigkeiten von 21,2 m bis 26,5 m auf. Ihre Sohle liegt allenthalben u n t e r h a l b der Oberfläche des Alluvialgeländes und, bei einer Alluvialmächtigkeit bis 12,5 m, nur wenig über der Basis der postglazialen Aufschwemmungen bei Graz. Im Leibnitzer Feld zeigte sich bei den von unserer Arbeitsgruppe durchgeführten Erhebungen (Ausführender: K. Bistritschan) eine Mindestmächtigkeit der späteiszeitlichen Schotterdecke von 11 m.

Es folgt daraus, daß bei und auch unterhalb von Graz eine bedeutende Tiefenerosion (von der letztinterglazialen Terrasse bis zur Sohle der Würmaufschwemmung) erfolgt sein muß, und zwar wahrscheinlich zu einer Zeit, als die Gletscher erst im langsamen Vorrücken begriffen waren[18] und ihre Schuttmassen hauptsächlich noch vor dem Gletscher, in obersteirischen Bereichen des Mureinzugsgebietes, liegen geblieben sind. Erst allmählich dürfte dann die Vorschüttung, indem sie, von dem erreichten Endmoränengürtel aus, das meist enge Murtal (unterhalb von Knittelfeld) rasch auffüllte, bis in das Grazer Feld vorgedrungen sein, um dort den synglazialen Übergangskegel fortzubauen. Mit diesem Tiefenschurf dürften, worauf noch verwiesen werden wird, ä l t e r e G r o ß r u t s c h u n g e n in der Oststeiermark zusammenhängen. D a s g l a z i a l e K l i m a dürfte hiebei an der Auslösung der Rutschungen mitgewirkt haben, indem

---

[18] Die Vorrückungszeiten der jeweiligen Vereisungen werden allgemein länger angenommen als die Abschmelzzeiten.

die Bodenbeweglichkeit an den durch die Tiefenerosion der Flüsse und Bäche in ihrem Gleichgewichtszustand immer wieder gestörten Hangbereichen gefördert war.

Die glaziale Hauptflur konvergiert talabwärts mit den beiden, in sie eingebauten spätglazialen Schuttkegeloberflächen, wobei sie erstere talabwärts (unterhalb von Wildon bzw. bei Leibnitz) weiterbauen und sich darüber lagern. Die spätglazialen Fluren senken sich dann gegen den Alluvialboden ab, sind aber von ihm, im Raum von Straß, noch durch eine niedrigere Erosionsstufe getrennt.

4. Spezieller Aufbau und Alter der Würm- und Spätwürmterrassen des Jungquartärs im unteren Murtal (Hauptterrasse des Grazer Feldes) (Taf. I und Taf. II, Fig. 1; Abb. 1, zwischen S. 6/7).

a) Allgemeines.

Die Hauptterrassen des Graz—Leibnitzer Feldes unterscheiden sich von den meisten höher gelegenen, in das frühe Jungquartär, Mittel- und Altquartär gestellten Terrassen dadurch, daß sie ausgesprochene **Schotterterrassen** mit fehlender Lehmbedeckung sind, während die höheren Fluren meist, zum Teil bis über 10 m mächtige Lehmhauben tragen.

Der Verwitterungsgrad der Geröllmassen der Würmterrassen ist, wie *Penck* für das Grazer Feld betonte und ich am Leibnitzer Feld feststellen konnte, auch im Murgebiet ein viel geringerer als bei den älteren Diluvialterrassen und die Zusammensetzung der Geröllablagerungen eine dem heutigen Murschotter recht ähnliche, wenn auch — nach *H. Mohrs* Beobachtungen (1927) in Graz — der Gehalt an Kalkgeröllen im Jungdiluvium ein größerer ist als bei den alluvialen Murschottern.

E. Clar (1938) ist dafür eingetreten, daß die von *Hilber* und *Heritsch* unterschiedenen Randterrassen im Grazer Feld (unterhalb der Hauptflur desselben) nur lokale Bedeutung hätten und als Erosionsleisten, entstanden bei der Eintiefung der Mur in ihren eigenen Schuttkegel, zu deuten seien. Die nachfolgenden Ausführungen werden zeigen, daß ich sie zwar auch nur als eine Teilerscheinung im Auf- bzw. Abbau des großen diluvialen Schuttkegels auffasse, ihnen aber doch eine prinzipielle Bedeutung in der jungen Flußgeschichte zuweise. Die zugehörigen Baustufen am rechten Ufer der Mur im Stadtboden von Graz zeigen nach *Clar* nach der „Bohrung 19" eine Mächtigkeit von 26,5 m Schotter, nach jener von Eggenberg III (etwa 2 km südlich der vorigen) eine solche von 21,2 m, schließlich nach jener von Eggenberg II (etwa 1 km nordwestlich der Brauerei Reininghaus) von 25,6 m Schotter. Die **Sohle der jungdiluvialen Aufschüttung** liegt im selben Talquerschnitt unterhalb von Graz etwa **10 m unterhalb der Oberfläche des Alluvialgeländes**.

Auf der Hauptflur des **Leibnitzer Feldes** hat auf meine Anregung hin *K. Bistritschan* die Brunnentiefen untersucht, welche im Schotter bis mehr oder minder nahe an die wasserundurchlässige Tertiärsohle hinabreichen dürften. Es ergaben sich folgende Brunnentiefen[19]:

Lebring 41	9,10 m[20]
Bachsdorf (obere Häuser)	9,45 m
Bachsdorf	8,50 m
Neu-Tilmitsch (Müllerwirt)	7,50 m
Straßengabel Leibnitz—Spielfeld	7,00 m

Bei Ober-Tilmitsch ergaben Bohrungen eine Mächtigkeit des Jungdiluviums von 11 m, welches hier um etwa 7 m unter das Alluvium der Sulm und auch noch unter jenes des Murbodens hinabtaucht. Bei St. Georgen an der Stiefing wurde bei der artesischen Wasserbohrung Zirngast ein etwa 14 m mächtiger grober, jungdiluvialer Schotter erbohrt.

Der südlichste Teil des Leibnitzer Feldes und dessen Ostsaum wird, wie später noch ausgeführt, von einer tieferen (jüngeren) Flur eingenommen, welche mit der Hauptflur südlich

---

[19] Es ist zu beachten, daß die hier angegebenen Ziffern nicht die Schottermächtigkeiten wiedergeben, sondern nur die Brunnentiefen, wobei bei größerer Stärke des Grundwasserstroms die Brunnen nicht bis an die Schottersohle hinabreichen dürften.

[20] Sämtliche vorgenannten geprüften Brunnen gehören zu Ortschaften auf der Hauptflur des Leibnitzer Feldes.

von Leibnitz verschmilzt. Hier sind die Brunnen noch seichter (nahe Bahnübergang bei Wagna 4,85 m).

Wie man sieht, ist die Schottermächtigkeit des Leibnitzer Feldes eine geringere als jene des Grazer Feldes. Ferner wird innerhalb der beiden Fluren eine Abnahme der Schottermächtigkeiten von Norden gegen Süden angezeigt. Die Mur scheint im Leibnitzer Felde vor Beginn der jungdiluvialen Hauptaufschüttung überall t i e f e r als die Oberfläche des heutigen Alluvialfeldes der Mur, und zwar um mindestens 4 m tiefer als dieses — nach den Bohrungen von Tilmitsch und St. Georgen zu schließen um etwa 7 m tiefer —, geflossen zu sein.

Die Hauptfluren des Grazer (und Leibnitzer) Feldes konvergieren talabwärts zum Alluvialboden der Mur. Bei Graz beträgt der Höhenunterschied 17,5 m, bei Abtissendorf 10 m, bei Kalsdorf 9 m, um sodann im Südteil des Grazer Feldes einen parallelen Verlauf zwischen Hauptterrassenoberfläche und Muraue erkennen zu lassen. Weniger scharf ausgesprochen ist die Konvergenz im Leibnitzer Felde.

b) Teilfluren der (Würm-) Hauptterrasse.

Es soll hier zunächst die Frage nach den Beziehungen von Grazer und Leibnitzer Feld bzw. der beiderseitigen Haupt- und Teilfluren näher erörtert werden. Schon aus der Darstellung auf der Original-Aufnahmssektion geht hervor, daß die zweithöchste Flur der Grazer Hauptterrasse (nach *Hilber* Niveau 10) murabwärts, und zwar am rechten Ufer bei Feldkirchen, mit der oberen Flur (*Hilbers* Niveau 9) verschmilzt[21]. Ich sehe in der schrittweisen Annäherung der im Südteile von Graz noch etwa 3 m tief unter die Hauptflur eingesenkten „Terrasse 10" und in ihrer Verschmelzung mit der oberen Flur im Raume südlich von Graz ein Anzeichen dafür, daß die Mur von ihrer Austrittsstelle aus der Talenge im Durchbruch durch die paläozoische Schwelle bei Gösting zuerst einen etwas steiler geböschten Schuttkegel aufgeschüttet hatte, daß sie aber danach begonnen hat, sich in diesen flußabwärts schrittweise einzuschneiden, wobei gleichzeitig damit der Bereich der Aufschüttung fortschreitend in den Südteil des Grazer Feldes verschoben wurde. Es würde sich also um eine Verschiebung des Normalwendepunkts der Mur (Wendepunkt zwischen Erosions- und Aufschüttungsbereich) gehandelt haben. Das würde bedeuten, daß das südliche Grazer Feld seinen weiteren Aufbau mit Schottermassen fortgesetzt hat, während sein nördlicher Teil — bei Schaffung der Terrassenflur 10 — vom Flusse schon zerschnitten wurde. Dabei wird schließlich die letzte Entstehung der eingesenkten Flurenoberfläche „10" einer wahrscheinlich relativ kurzen Unterbrechung im Tiefenschurfe der Mur bei Graz entsprochen haben.

Die Hauptflur des südlichen Grazer Feldes, nach Vorhergehendem wahrscheinlich hervorgegangen aus dem hier zusammengefaßten Aufbau des Niveaus 9 und 10 *Hilbers*, setzt sich südwärts offensichtlich in der Oberfläche des Leibnitzer Feldes fort. In diesem letzteren zeigt sich eine ähnliche Beziehung einer angelagerten Teilflur zur Hauptflur, wie es im Grazer Felde der Fall ist. Auf der Strecke von Lebring über Neu-Tilmitsch bis Wagna ist der Hauptterrasse eine fast ebenso breite und ausgedehnte tiefere Flur angeschaltet. Sie ist bei Lebring etwa 9 m, bei Strassengralla etwa 7 m, bei Leibnitz aber nur um etwa 2 m in die Hauptflur eingesenkt, um im Südteil des Feldes (bei Wagna) mit letzterer fast zu verschmelzen. Ich vermute, daß sich der aus dem Grazer Felde erwähnte Vorgang hier in einer jüngeren Phase noch einmal wiederholt hat: Als nämlich die Aufschüttung der großen Schwemmkegel des südlichen Grazer und des Leibnitzer Feldes ihren Höhepunkt erreicht hatte, begann sich die Mur vom Südteil des Leibnitzer Feldes aus talaufwärts einzuschneiden, bis in das Grazer Becken hinein und dann weiter talaufwärts, während gleichzeitig, im Südteil des Leibnitzer Feldes, die Aufschüttung fortging und die Hauptflur überbaut wurde. Es ist sonach möglich, daß die von *Hilber* noch als

---

[21] *Hilber* betrachtete bei dieser Sachlage die Flur 10 als die maßgebliche des Grazer Feldes, da sie sich am weitesten gegen Wildon zu verfolgen lasse.

jüngstdiluvial angesehene u n t e r e Teilflur im Grazer Felde (Terrasse des Lazarettfeldes) die weiter flußaufwärts gelegene Fortsetzung der breiten Vorterrasse von Gralla im Leibnitzer Felde darstellt. Bei Zutreffen dieser Annahme würde den Teilfluren des Grazer Feldes, unbeschadet ihrer engeren Zugehörigkeit zu den Hauptfluren, doch eine gewisse Bedeutung für die Entwicklungsgeschichte der Mur zukommen.

Die Vorterrasse des Leibnitzer Feldes (Terrasse von Gralla) weist nach den Erhebungen von *K. Bistritschan* von Norden nach Süden folgende Brunnentiefen auf:

Bachsdorf	7,65 m
Neu-Gralla (oberes Ortsende)	6,35 m
Kapelle-Gralla	6,15 m
Haus Nr. 42 in Strassengralla	6,05 m
Lindenwirt (Bahnübergang)	4,45 m
Leitring (unteres Ortsende)	3,40 m

Der Grundwasserspiegel steigt sonach auf der sich senkenden Flur des Leibnitzer Feldes nach Süden hin zur Oberfläche an, wobei die Schottermächtigkeit vermutlich abnimmt.

Am Ostufer der Mur setzt sich die jungquartäre (Würm-) Terrasse des Leibnitzer Feldes nur als schmaler Saum, aus dem Raume östlich von Wildon südwärts, gegenüber Unter-Gralla beginnend, über Gabersdorf bis Wagendorf fort. Nach der Höhenlage liegt hier unzweifelhaft das Niveau der Vorstufe (Terrasse von Gralla) vor. Sie erhebt sich im Norden noch etwa 10 m über das Alluvium, während bei Wagendorf der Unterschied nur mehr etwa 5 m beträgt. Der Aufbau dieser linksseitigen Terrasse ist der gleiche wie jener am rechten Ufer der Mur. Auch hier treten bis zur Oberfläche frische Schotter auf. Zwischen Landscha und Wagendorf verhüllt der Terrassenschotter einen zuerst von *T. Wiesböck* beobachteten Aufbruch von t o r t o n i s c h e m L e i t h a k a l k, welcher am Saume der Terrasse durch den Abbau in einer Schottergrube bloßgelegt wurde.

c) F e h l e n d e r W ü r m t e r r a s s e n u n t e r h a l b d e s L e i b n i t z e r B e c k e n s.

Unterhalb des Leibnitzer Feldes setzt die jungquartäre Hauptterrasse bzw. ihre Teilflur im Murtalboden aus. Am Südsaume des Feldes hat die süddrängende Mur alle jüngeren Terrassen zerstört, während am Nordsaume dieses Murtalabschnittes, zwischen St. Veit a. V. und Purkla, schon die ältere „Helfbrunner Terrasse" mit ausgesprochenem Steilrand an das Mur-Alluvialfeld herantritt. Nur am Westende des Abstaler Beckens, bei Miethsdorf-Seibersdorf, treten noch Reste jungquartärer Terrassen auf.

Hier erscheint es am Platze, die nähere Begründung dafür anzugeben, weshalb die ausgedehnte, fast auf 15 km Länge das heutige Alluvialfeld der Mur begleitende, breite Fläche des A b s t a l e r B e c k e n s, welche, wie schon erwähnt, einer 3—4 m über dem heutigen Boden gelegenen, schotterbedeckten Flur entspricht, n i c h t a l s F o r t s e t z u n g d e r W ü r m t e r r a s s e (= spätjungdiluviale Hauptterrasse) des Leibnitzer Feldes angesehen wird. Die Begründung ergibt sich aus folgendem:

1. Die Abstaler Flur erscheint ersichtlich als Fortsetzung der auf der gegenüberliegenden Seite des Murtalbodens sich ausdehnenden Flur von Straß, welche mit einem analogen kleinen Abfall sich über das Auenfeld an der Mur erhebt. Diese letztere, welche flußauf- und -abwärts ganz unmerklich in den heutigen Auenboden übergeht, ist, wie bei Wagendorf—St. Veit am Vogau feststellbar, bereits in die (tiefere) Flur der Leibnitzer Hauptterrasse eingesenkt, also j ü n g e r, und ins Altalluvium zu stellen.

2. Die „Abstaler Flur" liegt tiefer als eine bei Halbenrain auftretende jungquartäre (Würm?-)Terrasse.

3. Die Schärfe des bogenförmig in das Hügelland der Windischen Bühel eingekerbten Randes des Murtalbodens am Südsaum des Abstaler Beckens spricht für eine jugendliche, nachquartäre Entstehung dieser ausgeprägten Talkonkave.

Aus diesen Gründen wird die Flur von Abstal n i c h t als Fortsetzung der Niederterrasse (Hauptterrasse des Leibnitzer Feldes), sondern als Gegenstück zur altalluvialen Flur des Strasser Feldes angesehen.

Die österreichische Spezialkarte 1 : 75.000 zeigt im alluvialen Murbereiche oberhalb und unterhalb von Radkersburg einen Terrassenrest an: bei Oberau, südwestlich von Halbenrain, mit einer Erhebung von etwa 25 m. Diese existiert überhaupt n i c h t und beruht nur auf einem Fehler in der Kartendarstellung. (Nur Alluvialterrasse!).

d) **Das Alter der Hauptterrasse des Grazer und Leibnitzer Feldes.**

Der Versuch, die Altersfrage der Hauptterrasse an der unteren Mur zu lösen, muß auf die Altersdeutung der wahrscheinlich gleichaltrigen Terrassen im oberen Murgebiet Bezug nehmen, wo letztere sich mit den Moränen des Murgletschers im Judenburger Becken verknüpfen. Nach den älteren Arbeiten von *A. Böhm v. Böhmersheim* und *F. Heritsch* (1909) und nach den neueren Untersuchungen von *J. Stiny* (1923) zieht die jungquartäre (Würm-) Terrasse des Knittelfelder Beckens **unter** die Endmoräne von Judenburg hinein und erweist sich somit, letzterer gegenüber, als älter. *Stiny* vermutete auf Grund dieses Befundes das interglaziale (Riß-Würm-interglaziale) Alter der Hauptterrasse des Judenburg—Knittelfelder Beckens. Es ist sehr wahrscheinlich, daß — im Sinne *A. Pencks* und *J. Sölchs* — die jungen Hauptschotterfluren des Knittelfelder Beckens murabwärts im Grazer Felde, mit dem sie durch zahlreiche, von *Sölch* eingehender beschriebene Ablagerungsreste (besonders im Gebiete von St. Michael, Leoben, Bruck, Frohnleiten, Peggau und Gratwein) verknüpft sind, ihr Gegenstück finden, zumal nach Mächtigkeit, reinem Schotteraufbau und Frische der Gerölle vollkommene Analogien bestehen.

V. Hilber (1912) stellte die Hauptflur des Grazer Feldes, auf der Mammut gefunden wurde, in die Aurignac-Stufe, welche bekanntlich etwa dem älteren Teil der Würmeiszeit (vgl. *A. Penck*, 1938) entspricht[22]. Da aber das Mammut auch schon im Riß-Würm-Interglazial auftritt, ist eine Entscheidung, ob die Hauptterrasse des Grazer Feldes schon im letzten Interglazial oder während des Vorrückens der Würmvereisung (**vor** deren Höhepunkt) entstanden ist, daraus nicht möglich. Für ein frühwürmeiszeitliches Alter spricht der Fund von Murmeltierresten auf der jungquartären Terrasse von St. Michael bei Leoben (*Hoffmann*) unter dem Diluvialschotter[23]. Auch *Sölch* spricht sich für ein hochalpines Klima zur Bildungszeit der Schotterterrasse aus. Unter Berücksichtigung der großen glazialen Überformung der ostalpinen Bereiche durch die letzte Vereisung, welche gerade an dem Gegensatz zwischen den unvergletscherten östlichen Gebirgsteilen, gegenüber dem westlicheren, stark eiszeitlich umgestalteten, deutlich hervortritt, liegt es nahe, die gewaltige Schuttförderung der jungquartären Mur mit dem glazialen Abtrag der **vorrückenden Würmvereisung**[24] in Verbindung zu bringen. Auf Grund dieser Befunde und Erwägungen halte ich ein **frühwürmeiszeitliches Alter der großen jungen Murtalverschüttung** für wahrscheinlich. Größere Mengen des jungquartären Schutts blieben schon in den Knittelfelder Becken liegen, weitere füllten die Durchbruchstrecke der Mur zwischen Knittelfeld, Bruck und Graz auf, noch bedeutendere wurden nach dem Austritt der Mur aus ihrem Engtal oberhalb Graz in dem Grazer und Leibnitzer Felde mit stärker geböschter Oberfläche aufgehäuft. Ob die Ursache für die Bildung der Murtalverschüttung und des großen Schuttkegels im Grazer (Leibnitzer) Felde **nur** in der Überlastung der frühwürmeiszeitlichen Mur mit Geschiebemassen gelegen gewesen ist oder ob auch eine Mitwirkung tektonischer (besonders glazialer-isostatischer) Bewegungen anzunehmen ist, bleibe dahingestellt, doch dürfte erstere Ursache voll ausreichen.

e) **Alter der Teilfluren im Grazer und Leibnitzer Felde.**

Die in die Hauptterrasse des Grazer Feldes eingesenkte „Flur 10" (Dominikanerriegel-Stufe) hat nach *V. Hilber* urgeschichtliche Funde des **Solutréen** geliefert. Das Solutréen

---

[22] Nach *Zeuner* (1946) etwa vom Ende „Würm I" bis an „Würm II" heran (S. 155, S. 236/237).

[23] *Hilber* will zwar die Beweiskraft dieser Funde ableugnen, da der Murmeltierschädel nicht im Terrassenschotter selbst, sondern 6 Klafter unter demselben gefunden worden sei. Es erscheint aber doch sehr wahrscheinlich, daß der Fund der jungquartären Terrasse, in deren Bereich er erfolgte, zugehört.

[24] Hier läge eine Analogie zu den von mir näher untersuchten jungquartären Terrassen des Isonzotales vor. Diese letzten wurden, wie an der Geröllführung gezeigt werden konnte (1926b), zu einer Zeit aufgeschüttet, als der würmzeitliche Isonzogletscher im Vorrücken begriffen war, allerdings vor Entstehung der äußeren Endmoränenwälle, welche die Terrassenschotter schon überlagern.

gilt als zeitliches Äquivalent des zweiten Abschnittes der Würmvereisung, etwa von deren Höhepunkt angefangen bis zum Ende[24a].

Nach *K. Richter* ist der Beginn des Spätglazials (Anfang des großen Abschmelzens und des Eisrückzuges von der Brandenburger Phase) vor etwa 18.000 bis etwa 19.000 Jahren vor der Gegenwart, nach *De Geer* jener des Postglazials schon 15.000 Jahre vor heute anzusetzen[24b]. Die Zwischenzeit umfaßte den Zeitraum von der Brandenburger bis zur Pommerschen Phase, also eine relativ kurze Zeit. Auch nach *R. Grahmann* sind diese ersten und bedeutendsten Rückzugsphasen der Weichseleiszeit (= Würmeiszeit) sehr enge aneinanderzureihen[25].

Nach Analogie mit der nordischen Vereisung ist anzunehmen, daß auch in den Alpen sich der erste und große Gletscherrückzug in a n a l o g e n Z e i t e n vollzogen hatte, wobei damals die Gletscher von dem Höchststand der Würmvereisung und den äußeren Moränenwällen zu dem inneren Moränenkranz („Ammerseestadium") sich zurückgezogen haben. (Vgl. hiezu auch die 3 Phasen der Würmvereisung im Rheingebiet nach *F. Kimball & F. Zeuner,* 1944.)

Wenn, im Sinne früherer Ausführungen, die Aufschüttung des Hauptschotterkörpers des Grazer Feldes (und der tieferen Teile der Schotterkörper im Leibnitzer) in die Zeit der vorrückenden Würmvereisung verlegt werden, so kann die höchste Akkumulation des Schuttkegels des Grazer Feldes (und der flußaufwärts gelegenen Talstrecke) und das Hinausschieben des Aufschüttungsbereiches in das südliche Grazer Feld vielleicht auf Rechnung der Schmelzwasser der ausgehenden Würmvereisung gesetzt werden. Beim ersten längeren Rückzughalt des Murgletschers wäre sodann der Schuttkegel des oberen Grazer Feldes zerschnitten worden; bei neuerlich einsetzender Abschmelzphase, bei vergrößerter Wasserführung und Transportkraft der Mur, wurde der Ausgleichskegel talabwärts verschoben und dort die älteren Schuttkegel überbaut. Im Abschluß dieser Phase wären, die Terrassenoberflächen im südlichen Grazer Feld[26] und Leibnitzer Feld, bei Wiederholung dieses Vorganges, die entsprechenden, tieferen Teilfluren[27] geschaffen worden.

Das Alter der t i e f e r e n Vorflur im Grazer Felde, welche nach *Hilber* einen Höhlenbärzahn geliefert hat, dürfte jungpaläolithisch (Magdalenien) sein, in welcher Stufe Höhlenbären noch gelebt haben (vgl. hiezu *P. Wolstedt*). Das Alter dieser Terrassenflur kann mit 13.000 bis 14.000 Jahren angenommen werden. Da sich im Magdalenien, beim Rückzug der Alpengletscher in die oberen Teile der Alpentäler, noch große Abschmelzvorgänge ereignet haben[28], kann, nach Eintiefung in die obere Vorflur, der Aufbau der tieferen auf eine zeitweilig vergrößerte Erosions- und Transportkraft der Mur und ihrer Zubringer und vermehrte Schuttzufuhr aus dem Hochgebirge zurückgeführt werden. Der Hauptschuttkegel der Mur erscheint in dieser Phase wieder weiter murabwärts verschoben, wie sich aus der großen Verbreitung dieses Terrassenniveaus — im Sinne der früher vorgenommenen Parallelisierung — im Leibnitzer Felde[29] ergibt.

[24a] Nach *Zeuner* nur von kurzer Dauer (= Mittl. „Würm I"—„Würm II"), nach *M. Mottl* (1953) vom Würm-Interstadial I bis Würm III reichend. Die „exakte" zeitliche Aufgliederung der einzelnen Eiszeiten (nach der Strahlungskurve) betrachte ich im übrigen noch als vollkommen hypothetisch, ja nach den vorliegenden Befunden nicht einmal wahrscheinlich. Ähnliche Auffassungen wurden schon von *A. Penck* (1938) formuliert und von *W. Behrmann* (1944), *H. Flohn* (1952), *H. Gams* (1952), *H. Himpel* (1947), *R. v. Klebelsberg* (1948), *F. Klute* (1949), *K. Richter* (1937), *M. Schwarzbach* (1950) und *P. Wolstedt* (1954, S. 216, S. 336—342) vertreten.

[24b] Nach *M. Schwarzbach* (1948, S. 92) unter Gleichsetzung der pommerschen mit der südschwedischen Moränenphase, deren Altersstellung nach der Warvenzählung ziemlich gesichert erscheint!

[25] Auch nach *P. Wolstedt* erscheint es, nach den engen morphologischen Beziehungen zwischen W_2- und W_3-Moränen bzw. ihren nordischen Äquivalenten, u n m ö g l i c h, daß zwischen W_2 und W_3 ein Zeitraum von 25.000 Jahren, wie es die Strahlungstheorie verlangt, einzuschalten wäre.

[26] Terrasse 10 *Hilbers:* „Lazarett-Feld—Feldkirchner Flur."

[27] In der zweiten Teilphase: „Vorflur von Gralla."

[28] Etwa Abschmelzen von den randalpinen Rückzugsstadien des inneren Moränengürtels zum alpinen Schlernstadium.

[29] Ich betone aber ausdrücklich, daß in den tieferen Teilen der jungquartären Schotterkörper im Leibnitzer Feld teilweise auch die ä l t e r e n würmeiszeitlichen bzw. spätwürmzeitlichen Aufschüttungen vertreten wären.

Die "untere Terrasse" des Grazer und Leibnitzer Feldes — als Produkt der letzten großen Abschmelzperiode des Murgletschers aufgefaßt — würde sich danach nach 15.000 Jahren vor der Gegenwart, in den unmittelbar anschließenden Zeiträumen, gebildet haben.

Die "Allerödschwankung", vor etwa 10.000 Jahren vor Chr. beginnend, ist nunmehr durch die Radio-Karbonmethode zeitlich genau festgelegt. Sie muß jünger sein, speziell als die markante, inneralpine Vorstoßphase des Schlernstadiums (*O. Ampferers* "Schlußeiszeit").

f) Konvergenz der jungquartären Terrassen talabwärts.

Aus dem Gesamtüberblick über die jüngstquartären Terrassen an der unteren Mur ergibt sich folgendes: Mächtigkeitsabnahme der Gesamtablagerung murabwärts, die sich aber sprungweise, südlich von Graz und im Raume nördlich von Leibnitz, einstellt. Die jüngstquartären Terrassen konvergieren murabwärts zum heutigen Murspiegel. An bzw. jenseits der österreichischen Grenze liegt die weitere östliche Fortsetzung der jungen Terrassen wahrscheinlich unter Muralluvium begraben, wie dies auch *J. Sölch* (1917) — unter der Annahme junger tektonischer Einbiegungen im Mündungsbereich der Mur — vorausgesetzt hatte, soweit solche sich dort überhaupt noch gebildet hatten. Vermutlich setzte dann dort an Stelle der Akkumulation, talabwärts, Erosion im Talboden ein.

g) Die "Hauptterrasse" in den Seitentälern des unteren Murgebiets.

Das Niveau der "Hauptterrasse" (= Würm-Terrassengruppe) ist in den Seitentälern der unteren Mur nur in auffällig geringer Verbreitung nachzuweisen. Den mächtigen, den Tallängs- und -querschnitt beherrschenden Aufschüttungen des Grazer und des Leibnitzer Feldes lassen sich in den Seitentälern nur nahe den Mündungen in das Murtal gesicherte, kleinere, zugehörige Terrassenreste an die Seite stellen. Dies geht auch aus der Betrachtung der in unserer Gemeinschaftsveröffentlichung vom Jahre 1943 enthaltenen "Geologischen Übersichtskarte des deutschen Grabenlandes" hervor. Dasselbe gilt für die weststeirischen Seitentäler der unteren Mur (Sulm-Saggau, Laßnitz, Kainach), an denen nur in geringem Umfang und nur näher der Einmündung in den Murtalboden sichere Terrassen des Würm-Hauptniveaus sich feststellen lassen. Man gewinnt den Eindruck, daß durch den Rückstau der starken Akkumulation im Haupttal nur an den Unterläufen der Seitentäler bescheidene, gleichaltrige Talaufschüttungen erfolgen konnten, daß aber — im Gegensatz zu den älteren Lehmterrassen — die Aufschüttungen der Würm-Hauptterrassenphase sich in den Seitentälern nicht weit talaufwärts verfolgen lassen.

Betrachten wir die Sachlage im einzelnen:

Täler des deutschen Grabenlandes. In den von mir selbst näher untersuchten östlichen Tälern dieses Bereichs, im Lendbach-, Pleschbach-, Gleichenberger Sulzbach-, Poppendorfer und Gnasbachtal, sind, wie auch aus der schon angeführten Karte (1943) ersichtlich, keine Fluren der Hauptterrassenzeit (Würm) ausscheidbar. In den weiter westlich gelegenen Grabenlandtälchen, deren Terrassen von *Wiesböck* studiert wurden (vgl. Gemeinschaftsveröffentlichung 1943), wurden zwar in mehreren, aber verhältnismäßig beschränkten Bereichen Terrassen der "Hauptterrasse Würm" ausgeschieden. Ich habe diese Angaben für meine oberwähnte Übersichtskarte übernommen, bin aber auf Grund späterer Überprüfung, zum Teil an Ort und Stelle, zur Auffassung gekommen, daß diese "jungen" Terrassen teilweise schon der nächst älteren Terrassengruppe ("Helfbrunner Niveau") des älteren Jungquartärs (Mittelquartär) zugehören.

Dies soll für den Terrassensaum im Saßbachtal, dem größten Rest der von *Wiesböck* ausgeschiedenen "Niederterrasse" (= Würmterrasse), näher begründet werden (Terrasse Mettersdorf—Siebing). An der Mündung des Saßbachtals in den Murtalboden liegt die Oberfläche der "Helfbrunner Terrasse" in 255 m Seehöhe, der Alluvialboden in 245 m (10 m Unterschied). Eine Vertretung der "Würm-Hauptterrasse" fehlt hier. Bei Rohrbach befindet sich die Talsohle in etwa 264 m Seehöhe, darüber (10 m) eine Terrasse in 274 m Seehöhe, offenbar ein Äquivalent der "Helfbrunner Flur". Bei Mettersdorf weist die Talsohle die Höhe von etwa 275 m auf; die Terrasse, auf der der Ort liegt, die Seehöhe 287 m (12 m darüber). Die "Niederterrasse" im Saßbachtal ist daher — soferne von stellenweise sichtbaren, sekundären Stufungen abgesehen wird — gleichaltrig mit der Helfbrunner Flur und daher älter als die jungglaziale Hauptterrasse des Leibnitzer Feldes. Ähnliches dürfte auch für die übrigen in den Grabenlandtälern ausgeschiedenen Terrassen gelten[30].

Auf der geologischen Spezialkarte Blatt Marburg hatte ich (1931), von der Voraussetzung ausgehend, daß die „Helfbrunner Terrasse" ein zeitliches Äquivalent der Hauptterrasse des Leibnitzer Feldes darstelle, erstere als „Niederterrasse" ausgeschieden. Sie hätte ihren abweichenden Aufbau einer stärkeren Beeinflussung durch die feinen Bachsedimente der einmündenden Grabenlandtäler zu verdanken. Diese Auffassung erschien um so naheliegender, als die unzweifelhafte Fortsetzung der Helfbrunner Terrasse murabwärts in den nur etwa 12 m über den Auenboden des Murtals im Raum nördlich von Radkersburg sich erhebenden Fluren (insbesondere Rotlahnwald) anzunehmen ist, welch letztere ich auf Blatt Gleichenberg (1927) als jungquartäre (Niederterrasse) ausgeschieden hatte. Die Fortsetzung der Terrassenaufnahmen auf Blatt Wildon—Leibnitz zeigte aber, daß diese Auffassung eine irrige war. Die Helfbrunner Terrasse erwies sich als älter als die Hauptterrasse des Leibnitzer Feldes, aus Gründen, die bei Besprechung ersterer noch genau angeführt werden (vgl. S. 41). Sie ist, diesem Ergebnis entsprechend, schon auf den beiden Kärtchen in der Gemeinschaftsveröffentlichung 1943 als gesondertes, etwas älteres („mittelquartäres") Niveau hervorgehoben, somit von der jüngeren Hauptterrasse des Leibnitzer Feldes abgetrennt worden.

Westliche Seitentäler der unteren Mur. Ein Blick auf die von mir 1940 veröffentlichte geologische Karte des weststeirischen Laßnitzbereichs zeigt, daß in diesem breiten, von Terrassen gesäumten Tale, vom Austritt des Flusses aus dem Gebirge bei Deutschlandsberg, wo die Terrassen beginnen, bis zur Mündung der Stainz, keine Äquivalente der Hauptterrasse des Leibnitzer Feldes auftreten, sondern daß diese nur als spärliche Aufschüttungsreste durch den Stau vom hoch aufgeschütteten Leibnitzer Feld her im Raum von Hengsberg auftreten. An der Sulm erscheinen die Stauschotter vom Leibnitzer Feld her noch in dem Becken von Heimschuh und lassen sich von dort talabwärts durch den epigenetischen Durchbruch bei Seggauberg in kleinen Schotterresten bis Leibnitz verfolgen. Die talaufwärts an der Sulm und deren Zubringer, der Saggau, auftretenden tiefsten, deutlichen Terrassen, die von mir auf Blatt Marburg (1931) und Unterdrauburg (1928) als „Niederterrasse" ausgeschieden worden waren, stelle ich nunmehr nach Höhenlage und Aufbau ebenfalls bereits ins ältere Jungquartär („Helfbrunner Niveau").

h) Letzteiszeitliche Gehängelehmbildungen und ihre junge Zerschneidung.

Schon *J. Sölch* (1917) hat auf die Bedeutung quartärer Gehängelehmbildungen in den unvergletschert gebliebenen Teilen der steirischen Alpen verwiesen. Auch *J. Stiny* hat zahlreiche einschlägige Beispiele beschrieben.

Ich mache hier auf ein besonders eindrucksvolles Beispiel aus dem oststeirischen Basaltgebiet aufmerksam. An der Südost-, Nordost-, Nordwest- und besonders an der Westflanke des Stradener Kogels bei Gleichenberg ist ein Schuttmantel von basaltischem Gehängematerial verbreitet, welcher die flachen, aus sarmatischen Schichten aufgebauten Hänge in der Umrandung der basaltischen Lavadecke (im Bereiche der Gemeinden Plesch, Waltra, Jamm, Merkendorf, Wilhelmsdorf, Haag, Dirnbach) in mehr oder minder geschlossener, nur gelegentlich durch jüngere Erosionskerben unterbrochener Verbreitung überzieht. Die Bildung dieses Schuttmantels ist, von örtlichen Nachbrüchen am Steilrand der Basalttafel abgesehen, heute bereits abgeschlossen. Seine flächenhafte Ausbreitung kann, im Sinne der allgemeinen Ausführungen von *J. Büdel* (1931), als Auswirkung periglazialer Fazies angesehen werden. Sie hat sich in einer Zeit ereignet, als auch an den Flachhängen der oststeirischen Vulkanberge allgemein eine verstärkte Bodenbeweglichkeit zu verzeichnen war. Während der Alluvialzeit ist es nicht mehr zu einem Weiterwachsen dieses Schuttmantels gekommen, sondern vielmehr zu einer Zerschneidung desselben durch zum Teil tief eingreifende und noch in rückschreitender Erosion und Vertiefung begriffene Schluchten.

So wird der Schuttmantel auf den Flachhängen unterhalb der Basaltplatte bei Waltra und Jammberg durch die tief eingerissenen Waltragräben, welche auf über 30 m Tiefe unterhalb der Schuttdecke die sarmatischen Schichten entblößen, durch die junge Erosion zerschnitten. Das gegenwärtige Stadium der Rückverlegung der Erosionsschluchten kommt in der Entstehung einer nicht gesteinsbedingten Stufung zum Ausdruck. Im Hauptwaltragraben ist durch Rückverlegung einer Stufe innerhalb der letzten Jahr-

---

[30] Jedoch verbleiben einige tiefere Terrassenreste bei Wieden und Hart im Poppendorfer Tale und ein kleiner Terrassensaum südöstlich von Hürth (im untersten Pleschbachtale) als Äquivalente einer spätquartären Terrasse, welches Niveau sich übrigens auch, wie bereits angegeben, bei Halbenrain als tiefere Flur der höheren Helfbrunner Terrasse in einem Rest, auf dem der Ort Halbenrain gelegen ist, anschaltet.

zehnte eine Verlegung des oberhalb des Grabens querenden Güterwegs erforderlich gewesen. Ich vermute, daß die jugendliche Zerschneidung im Bereiche des Stradener Kogels die Auswirkungen einer alluvialen Hebung widerspiegelt, welche sich an dieser, schon in quartärer Zeit stärker gehobenen Scholle deutlich zum Ausdruck bringt.

Das Gegenstück zu den jungen Erosionsvorgriffen an der Nordwestseite des Stradener Kogels in dem Waltragraben bilden an dessen Nordseite die Schlucht des Teufelsmühlgrabens, an der Südseite der Höllischgraben und an der Westseite die südlich Wilhelmsdorf ausmündende Erosionsschlucht.

5. Allgemeine Ergebnisse zur würmzeitlichen-spätglazialen Talgeschichte der unteren Mur.

Betrachtet man die Gesamtverbreitung und den Aufbau der jungquartären Terrassen an der unteren Mur, so wird man wiederum auf den schon vor fast 100 Jahren von *F. Rolle* festgelegten Tatbestand, auf den später auch *J. Sölch* (1917) Bezug genommen hat, geführt: Die jungquartären Terrassen sind als mächtige und ausgedehnte Schotterfelder im Bereiche der aus den alpinen Vereisungsgebiet kommenden Mur, verhältnismäßig schwach und undeutlich, aber in den aus den unvergletschert gewesenen Teilen der östlichen Alpen herabsteigenden Tälern (Kainach, Laßnitz, Sulm, Saggau, an den Grabenland-Bächen und speziell an der Raab und Zuflüssen) entwickelt. Die Tatsache ihrer Ausbildung als r e i n e Schotteraufschüttungen im Hauptteil des unteren Murgebietes (Grazer Feld, Leibnitzer Feld) verleiht der Würm-Terrassengruppe gewissermaßen eine S o n d e r s t e l l u n g im quartären Terrassenaufbau des steirischer Tertiärhügellandes, welcher ansonsten mehr oder minder durch das Überwiegen oft mächtigerer Lehmdecken gekennzeichnet ist. Im Sinne von *Rolle, Penck* und *Sölch* halte ich an der g l a z i a l e n Entstehung der großen spätquartären Schotterausfüllung des unteren Murtales fest.

Die s e k u n d ä r e T e r r a s i e r u n g (T e i l f e l d e r) innerhalb der jungquartären Aufschüttung, welche in dieser Studie eingehender besprochen wurde, stimmt weitgehend mit den Verhältnissen überein, wie sie allgemein in vielen großen Tälern in der Umrahmung der Ostalpen durch *C. Troll* (1926) ermittelt wurden. *Troll* hat übrigens selbst schon (S. 236) auf die Analogie mit den Verhältnissen an der unteren Mur verwiesen. Für den Vergleich kommt insbesondere die junge Terrassengliederung an dem der Mur nahegelegenen Draubereich in Betracht. *Troll* beschreibt von der Drau — in Erweiterung der Darstellungen *A. Penck* und *J. Sölch* — das Vorhandensein von 2 Teilfeldern, welche in die jungquartäre Hauptschotterplatte eingesenkt sind. Er betont, übereinstimmend mit den Feststellungen an der Mur, daß auch diesen „jüngsten Terrassen" (= Teilfelder), „welche das Pettauer Feld durchziehen und von denen eine bei Schloß Ebensfeld westlich Pettau erlischt, eine weitere und oberste noch gegen Friedau hin zu verfolgen ist, flußabwärts Aufschotterungen entsprechen müssen" (S. 212). Er sieht diese letztere im „Unteren Pettauer Feld" (zwischen Pettau und Friedau) und im Warasdiner Feld markiert. Auch das Ergebnis *Trolls*, daß dort, wo die Teilfelder, trompetenförmig erweitert, mit dem Hauptschotterfeld verschmelzen, von Aufschüttungsflächen abgelöst werden, welche sich als flache Kegel über letzteres legen und daher jünger als die Hauptflur der Niederterrasse, aber gleichaltrig wie die eingesenkten Teilfluren sind, entspricht z. T. den für das Murgebiet geltenden Verhältnissen. D e r R h y t h m u s d e r T e r r a s s e n b i l d u n g s t e h e m i t d e m R h y t h m u s d e s E i s r ü c k z u g e s i n d i r e k t e m Z u s a m m e n h a n g. *Troll* konnte an der Münchener Ebene Beziehungen zwischen den Stillstandsphasen des zurückweichenden Würmgletschers und den Aufschüttungen bzw. zwischen den Rückzugsphasen des Eises und den Erosionsfluren auf der Niederterrasse ermitteln.

Analoge Beziehungen glaube ich auch für das Murgebiet annehmen zu können. Entspricht die Bildung der oberen Flur des Grazer Feldes (Terrasse „9" von *Hilber*) der einbrechenden Würmvereisung bis wesentlich über deren Höhepunkt hinaus (Aufschüttung durch die Schmelzwasser), so kann die eingesenkte höhere Talflur (Terrasse „10" von *Hilber*) bezüglich Bildungszeit ihres Schuttkegels eventuell in die Zeit zwischen dem Schlierenstadium und dem Ammerseestadium (am nördlichen Alpensaum) eingereiht werden[31].

Die u n t e r e Teilflur des Grazer Feldes (*Hilbers* Stufe 11) kann dann, zusammen mit der als gleichaltrig angenommenen Vorstufe des Leibnitzer Feldes, in die Phase des Abschmelzens des inneren Moränen- (Seen-)

---

[31] Nach Auffassung von *Bobek* (1935) sind Bühl- und Schlernstadium identisch. *W. v. Senarclens-Grancy* (1944) hat vor kurzem vorgeschlagen, „einen im wesentlichen einheitlichen Rhythmus der Vorstöße der Stadialgletscher und damit eine grundsätzlich einheitliche Gliederung der Stadialmoränen in den Alpen als Arbeitshypothese anzunehmen ...". Er trennt die Bühlstadien (nach *R. v. Klebelsbergs* früherer Auffassung) als typische Rückzugshalte von den typischen Altstadien („Schlernstadium"), welche, im Sinne von *O. Ampferer*, als eine besondere Vereisungsepoche („Schlußeiszeit") aufgefaßt werden. Vgl. bezüglich Schlernstadium und der Abtrennung einer „Schlußeiszeit" auch die eingehenden Darlegungen von *R. v. Klebelsberg* (1934). Nunmehr (1951) hält *v. Klebelsberg* die Abtrennung eines Bühlstadiums vom Schlernstadium nicht mehr aufrecht.

Gürtels des Nordalpensaums und noch vor das Schlernstadium gestellt werden. Eine Einreihung dieser Flur (*Hilbers* Terrasse 10) ins Magdalenien steht mit dieser Parallelisierung nicht im Widerspruch, da nach *Wiegers* das Magdalenien mit der Zeit der „inneren Moränenwälle" („Züricher Stadium") begonnen hat und seine Reste sich auch noch in den Bodenseeterrassenschottern finden, welche sich während des Eisrückzuges a u f die „Bühlmoränen" Bregenz—Dornbirn gelegt haben. Auch nach R. v. *Klebelsberg* (1948) reicht das Magdalenien noch in die frühe Postglazialzeit hinein. Das Gschnitzstadium wird mit den jüngeren mittelschwedischen Moränen (Ende [?] gotiglaziale Zeit) parallelisiert (P. *Wolstedt*, 1929, S. 313) und letzteren eine Bildungszeit vom Jahre 8000 bis 10.000 vor unserer Zeitrechnung zugemessen.

Der hier vorgenommene Versuch einer zeitlichen Parallelisierung der spätglazialen Terrassen kann natürlich nur als h y p o t h e t i s c h angesehen werden. Er geht von den Annahmen aus:

1. Daß die Erscheinungen der spätglazialen Rückzugsphasen, im Sinne der Auffassung von *K. Troll*, im alpinen Rahmen einem im großen und ganzen einheitlichen Rhythmus gefolgt waren.

2. Daß beim Vorrücken der Würmvereisung bis zu ihrem Höchststand zwar im Sinne der allgemeinen Auffassung fluvioglaziale Schwemmkegel aufgebaut wurden, daß diese aber, weiter entfernt von den Endmoränen, gegen die östlichen alpinen Randbecken zu, nur in ständig abnehmender Mächtigkeit vorgeschüttet wurden, und daß in letzteren während des Vorrückens und des Höchststandes der Vereisungen nur die t i e f e r e n Teile der dortigen Akkumulationen gebildet wurden. Im Sinne dieser Auffassung wären die höheren und höchsten Teile der östlichen randalpinen Schotterfelder erst in unmittelbarem Anschluß an den Höchststand, im Zeitpunkt des kräftig einsetzenden Abschmelzens der Eismassen, entstanden, als — bei bedeutenden verfügbaren Wassermengen — gewaltige Schottermengen durch die engen Randgebirgstäler durchgeschleust und — bei plötzlicher Talerweiterung und Gefällsverminderung — als Schuttkegel an den Säumen der Becken am Ostrand der Alpen, an der Mur, Drau und Save abgelagert werden konnten[32].

3. In den Zeiten während des Stillstandes und des Vorrückens der (älteren) Stadialgletscher wurden zwar sekundäre fluvioglaziale Schwemmkegel unterhalb des Gletscherrandes auf eine gewisse Erstreckung hin aufgebaut, in den gletscherferneren Randbecken aber aus der kombinierten Wirkung verringerter Wasserführung (bei dort nicht oder kaum vergrößerter Schuttzufuhr bzw. Transport), fortwirkender Hebung (quartäre Tektonik!), sowie besonders aber als Folge der sich noch geltend machenden Tiefenerosion von einer in der Würmzeit abgesenkten Erosionsbasis her erodiert und Talrinnen in die Hauptterrasse bzw. in die beiden vorher entstandenen Zwischenterrassen eigeschnitten.

4. Die Aufschüttungen im (älteren) S p ä t g l a z i a l in den östlichen R a n d b e c k e n erfolgten hingegen in den Zeiten des jeweiligen Abschmelzens der Eismassen der beiden ä l t e r e n Stadialgletscherphasen, eventuell den „Schlieren-" und „Ammerseestadien" entsprechend.

Bei dieser Parallelisierung werden danach die großen Aufschwemmungen außer den Gletscherbereichen (Randbecken am östlichen Alpensaum) — im Gegensatz zu den gletschernahen Gebieten — nur zum Teil, und zwar nur bezüglich der basalen Teile der Aufschwemmungen, in die Zeit der vorrückenden und den Höchststand erreichenden Vereisung hineinverlegt, überwiegend aber unmittelbar n a c h dem Höchststand der Vereisung und bei Abschmelzen der älteren Stadialgletscher, das ist in Zeiten, in denen gewaltige Schmelzwasser durch die stärkste Reduktion der Gletscher freigeworden sind. Bei den letzten Nachphasen der Würmvereisung, vom Schlernstadium angefangen, dürften hingegen die Abschmelzvorgänge, bei schon stark verringertem, schmelzendem Eisvolumen, keinen wesentlichen Einfluß mehr auf den Flußhaushalt in den östlichen Randbecken ausgeübt haben[33].

---

[32] Vielleicht entspricht die von *A. Penck* (1909, S. 63) beschriebene, derzeit leider nicht mehr aufgeschlossene Erosionsdiskordanz innerhalb des großen jungquartären Grazer Terrassenfelds der Grenze des in der Vorrückungszeit und beim Höchststand der Würmvereisung gebildeten Teils der Akkumulation und jener, welche in der unmittelbar anschließenden, ersten großen Abschmelzphase gebildet wurde.

[33] Die Frage, ob der äußerste Moränenkranz der Würmzeit, nach den Verhältnissen im schweizerischen, schwäbischen und bayrischen Alpenvorland, der Phase Würm I und der maximalen Ausdehnung der Vereisung entspricht oder schon der Phase der Würm II (bei Überfahrung der Moränen von I durch letztere), sowie ob das Schlierenstadium der Phase Würm II oder schon Würm III gleichzustellen ist und schließlich, ob das Ammerseestadium als Würm III anzusehen ist, kann hier nicht weiter erörtert werden (vgl. hiezu P. *Wolstedt*, 1948, C. *Troll*, 1951, F. *Weidenbach*, 1952). Es scheint allgemein angenommen zu sein, daß das „Schlierenstadium" als Abschluß der ersten Rückzugsphase dem Höchststand der Würmvereisung unmittelbar nachgefolgt ist. Aus dem Verlauf der oszillierend vor sich gegangenen „flandrischen Transgression", welche offensichtlich den Vorgang der klimatischen Schwankungen des Spätglazials und Postglazials widerspiegelt, wäre nach dem von F. E. *Zeuner* (1938) mitgeteilten Diagramm das Maximum der Vereisung in die Phase W ü r m I einzuordnen. Dies spricht zugunsten der Annahme, daß auch in der Alpenumrahmung Würm I dem Höchststand der Vereisung entspricht und daß noch ältere überfahrene Moränen s e k u n d ä r e n Vorrückungsphasen entsprechen (*K. Troll*, 1951) oder schon einer späteren Phase der Rißeiszeit zugehören.

Wenn wir die tiefere der beiden in den würmeiszeitlichen Schuttkegel des Grazer (und Leibnitzer) Feldes eingeschnittenen Terrassen mit der Zeit unmittelbar während und nach Entstehung des inneren Moränenkranzes des bayrisch-salzburgischen Alpensaums parallelisieren, so käme dieser sohin ein Alter von etwa 14.000—15.000 Jahren zu. Sie würde daher noch in die Übergangszeit zwischen Diluvium und Alluvium (im Sinne K. v. Bülows, 1930, S. 91) fallen. Noch j ü n g e r ist das E n d e der markanten Erosionsphase des Jungquartärs, welche den hernach im späteren Alluvium wieder durch Aufschwemmungen erhöhten Talboden an der Mur und ihren Seitenbächen allenthalben ausgekolkt hatte. Unter der Voraussetzung, daß diese Periode bedeutender Ausräumung der Würmterrassen bzw. der in diese eingeschalteten (älteren) Stadialterrassen (unter das Niveau der dem „Ammerseestadium" parallelisierten hinab) einen mehrere Jahrtausende umfassenden Zeitraum in sich einschloß, so kann ihr Ende etwa zwischen 12.000—13.000 Jahren vor der Gegenwart angesetzt werden. Angesichts der Größe dieser jüngsten Tiefenerosion, wie sie besonders deutlich an Mur, Drau und Save im Bereich der jungglazialen Schwemmkegel festzustellen ist (z. B. an der Mur 10—15 m unter dem heutigen Flußspiegel hinab), muß diesem Vorgang ein längerer Zeitraum zugemessen werden. Es kann vermutet werden, daß die anschließende postglaziale Aufschwemmungsperiode um 12.000—10.000 Jahre vor Gegenwart begonnen hatte (vgl. S. 15).

Es wird an verschiedenen Stellen dieser Arbeit auf das Fortwirken tektonischer Bewegungen bis in die Gegenwart eindringlich verwiesen und ihre Bedeutung gegenüber der seinerzeitigen Auffassung von C. Troll schärfer herausgehoben. Sind doch neuerdings — trotz auch mancher, vielleicht übereilter bezüglicher Schlußfolgerungen — zahlreiche Belege für die Fortdauer tektonischer Bewegungen im Quartär und für deren Einfluß auf die Entwicklung des gegenwärtigen Talnetzes bekanntgeworden (vgl. O. Wittmann, 1937, H. Quiring, 1926, 1930, J. Stiny, 1926, Winkler v. H., 1921, 1926 a), so daß an ihrer Realität nicht mehr gezweifelt werden kann. Allerdings haben, besonders bei der Ausbildung der glazialen Terrassen im Umkreise der Alpen, an den Hauptabflüssen der vergletscherten Bereiche k l i m a t i s c h e Einflüsse die tektonischen Auswirkungen oft überdeckt.

C. Allgemeines über Alter und Entstehung der höheren, lehmbedeckten Quartärfluren im Mur- und Raabgebiet (Taf. I und II).

1. Zur Nomenklatur.

Als ich im Jahre 1921 in einer dem Pliozän und Quartär der Oststeiermark gewidmeten Studie eine Gliederung auch der jungpliozänen und diluvialen Terrassen vornahm, unterschied i c h 1 2 T e r r a s s e n s t u f e n, wobei Stufe XII dem heutigen Alluvium entsprach, Stufe XI als „Niederterrasse", die Stufen X—VIII als Mittelquartär und die nächsthöheren Stufen VII—VI — im Sinne der seither überholten Altersbestimmung von Laaerberg- und Arsenalterrasse im Wiener Becken als Mittel- und Oberpliozän durch G. Schlesinger (1917) — schon ins Oberpliozän eingereiht wurden. Die Niveaus II—X weisen allgemein mehr oder minder mächtige, gelegentlich 10 m übersteigende Lehmbedeckungen auf. Die meisten dieser Niveaus zeigen darunter, als unteres Glied der Terrassenaufschwemmung, einen mehrere Meter mächtigen Schotterhorizont, dessen Fehlen bei den Hochfluren II und IV(—V) schon damals vermerkt wurde. An dieser Aufgliederung der Terrassen halte ich auch jetzt noch in den Grundzügen fest, wenn auch gewisse kleinere Verschiebungen in der Parallelisierung der tiefsten Niveaus zwischen Raab- und Murgebiet und in letzterem später (1943) vorgenommen wurden. Aus den neuen paläontologischen Feststellungen über das Alter der höhergelegenen Akkumulationsterrassen im Wiener Boden und in der Kleinen ungarischen Tiefebene ergibt sich naturgemäß auch eine Verschiebung in der Altersdatierung der oberen Niveaus im steirischen Becken und ihre teilweise Einordnung schon in das älteste Quartär (Villafranchien).

2. Interglaziales Alter der meisten mittel-altquartären Terrassen am östlichen Alpensaum.

Schon in den Arbeiten von A. Aigner (1906), V. Hilber (1912), A. Penck & E. Brückner (1909), J. Sölch (1916) und eigenen ist das Auftreten mächtiger l e h m b e d e c k t e r T e r r a s s e n bereits im Knittelfelder Becken in Obersteiermark, dann im Murdurchbruch, zwischen Bruck und Graz, an der Westflanke des Grazer Feldes und an der N- und O-Seite des Leibnitz—Murecker und des Abstal—Radkersburger sowie des Luttenberg—Unter-Limbacher Beckens erwähnt und von uns in seiner genaueren, riesigen Ausdehnung festgelegt worden. Daß diese Terrassen n i c h t glazialer, sondern i n t e r g l a z i a l e r Natur sind, ergibt sich aus folgenden Gründen:

a) Ihr Aufbau weicht völlig von den mächtigen, ausschließlich schottrigen Akkumulationen ab, wie sie die von den Würmmoränen abfließenden Massen erkennen lassen, aber auch von einer noch zu erwähnenden älteren Schotterdecke, die wahrscheinlich der Rißvereisung zugewiesen werden kann. Die mächtige Lehmbedeckung ist kennzeichnend. Schotter mit analoger mächtiger Lehmbedeckung bilden schon bei Knittelfeld, kaum 8 km von den Endmoränen des Würmgletschers entfernt, einige analoge Terrassen[34].

b) Die lehmbedeckten Terrassenfluren lassen sich — im Gegensatz zu den sicher glazialen — in analogen Abständen vom heutigen Murtalboden — bis w e i t i n d i e u n g a r i s c h e T i e f e b e n e h i n e i n — im großen und ganzen in gleichen Abständen über der Mur verfolgen, eine Feststellung, die mit bisherigen Annahmen in Widerspruch steht. Ich selbst konnte die Terrassen bis in den Raum von Nagykanisza—Tschakathurn (Čakovec) beobachten, wo sie an Mächtigkeit keineswegs abnehmen.

c) Den Terrassen, auch jenen welche dem Endmoränengebiet von Judenburg näher liegen, f e h l e n alle Anzeichen von gekritzten Geschieben oder von großen Blöcken, die auf einen glazialen Transport bezogen werden könnten.

d) Nach dem Ergebnis der pedologischen Untersuchungen von Bodenproben aus den quartären und pliozänen Lehmterrassen des unteren Murgebiets, welche *W. Kubiena* (derzeit Madrid) durchzuführen die Freundlichkeit hatte[34a], handelt es sich bei diesen um Bildungen eines ausgesprochen warmen Klimas, zum Teil sogar eines subtropischen. Keinesfalls seien sie in einer Glazialzeit entstanden.

e) In den höchsten dieser Terrassen, welche noch dem älteren Quartär zugezählt werden können, sind s i l i k a t i s c h e R o t l e h m e weiter verbreitet, was auf subtropische Klimaverhältnisse zu ihrer Entstehungszeit hinweist. Wenn dies auch auf die roterdefreien tieferen Terrassen nicht übertragen werden darf, so sind doch tiefere und höhere lehmbedeckte Terrassen, nach Aufbau und Entstehung, so eng miteinander verbunden, daß beide durch ä h n l i c h e U r s a c h e n bedingt sein müssen. Die oberen Terrassen können nicht vorglazial (oder ältestinterglazial), in einem warmen Klima, entstanden sein, woran aber nicht zu zweifeln ist, wenn die gleichartigen unteren Lehmterrassen glaziale Aufschwemmungen darstellen würden.

f) Leider haben die in Rede stehenden Fluren, trotz ihrer großen Verbreitung, noch keine Säugetierknochen und keine Flora geliefert, so daß vom paläontologischen Gesichtspunkte aus zur Frage ihrer Entstehung, aus der Steiermark und dem pannonischen Westsaum, kaum ein Beitrag geliefert werden kann. Jedoch liegen Angaben aus den mittelungarischen Bereichen vor. *E. v. Szadeczky* (1938) hat in Äquivalenten der Terrasse III, welcher schon als ältester pleistozäner Horizont angesehen wird, im Bereiche der Kleinen ungarischen Tiefebene — nebst Resten von Bison priscus — zahlreiche thermophyle Molluskenarten (nebst einigen nordischen Formen), wie Corbicula fluminalis und Lithoglyphus pyramidatus, angetroffen. Nach *E. v. Szadeczky* (1938) kann es sich hiebei wahrscheinlich n i c h t um eine glaziale Terrasse handeln. Auch die reichlich Säugetierreste führenden, etwas tieferen Terrassen bei Budapest, die noch ins ältere Quartär gestellt werden (Burgterrasse und nächst höhere Schotterterrasse), weisen k e i n e Formen auf, die unbedingt auf g l a z i a l e Einflüsse hindeuten würden. Allerdings bedarf die Frage des Fehlens kälteliebende Arten aufweisender Faunen im älteren Quartär noch weiterer Klärung (vgl. *M. Mottl*, 1942).

Jedenfalls sprechen aber die paläontologischen Befunde mehr für ein i n t e r g l a z i a l e s als für ein glaziales Alter der höheren, meist lehmbedeckten Quartärfluren Steiermarks.

g) Als besonders wichtiges Argument für die nichtglazigene Entstehung der Terrassen ist der Umstand hervorzuheben, daß die in der Postglazialzeit (Alluvium) gebildeten und sich heute noch weiterbildenden fluviatilen Sedimente, wie in Hunderten von Profilen in den steirisch-westpannonischen Tälern festgestellt werden kann, einen g l e i c h e n S c h i c h t a u f b a u und

---

[34] Gute Erhaltung der Terrassenfluren!
[34a] Briefliche Mitteilung.

eine analoge Mächtigkeit erkennen lassen wie die lehmbedeckten Quartärfluren. Es wäre widersinnig, aus dem Verband der in etwa 7 Niveaus übereinander auftretenden, mit Lehmen bedeckten Terrassen die heutige Alluvialflur, welche ihnen als 8. Niveau organisch zugehört, herauslösen zu wollen.

Diese Argumente reichen meines Erachtens aus, um für den Hauptteil der (höheren) Terrassen in der steirischen Bucht und in Westpannonien ein interglaziales Alter, für die höchste quartäre eventuell schon ein unmittelbar präglaziales Alter, anzunehmen.

Mit diesen Feststellungen soll aber das Vorhandensein von glazialen Terrassen auch aus dem älteren Quartär am östlichen Alpensaum nicht in Abrede gestellt werden.

D. Zur Entwicklungsgeschichte des Mur- und Raabbereiches im letzten Interglazial
(Taf. I und Abb. 6, S. 43, Abb. 7, S. 45, Abb. 8, S. 49, Abb. 10, S. 52, Abb. 11 b, c, S. 53, Abb. 12, S. 62, Abb. 13, zwischen S. 62/63, Abb. 14, S. 63).

1. Allgemeines über eine ? ins R.-W.-Igl. gestellte Terrasse im unteren Murgebiet (abwärts Graz).

Ein tiefstes Niveau lehmbedeckter Terrassenfluren läßt sich im unteren Murgebiet, etwa 10 Meter über der (spätglazialen T.) „Niederterrasse" des Leibnitzer Feldes, am linken Murufer, angefangen von Wagendorf bei Leibnitz, ununterbrochen bis über die Grenzen Steiermarks hinaus, auf über 40 km Länge verfolgen. Ich habe dieses Niveau als „Helfbrunner Terrasse" (1943) herausgehoben.

Für ein wesentlich höheres Alter dieser Flur, als die Würmterrassen, ist maßgebend[35]:

a) die völlig abweichende Ausbildung gegenüber den Schotterfluren der Würmzeit, insbesondere das Auftreten einer mächtigeren Bedeckung mit alten Aulehmen.

b) die nicht unwesentliche Überhöhung dieser Flur über die Würmterrassen.

c) die basalen Schotteraufschwemmungen dieses Niveaus, welche stellenweise, an der Grenze gegen die auflagernde Lehmdecke, stark verkrustete, eisenschüssige Bänke aufweisen, zeigen schon eine Verarmung im Geröllbestand, die sich in dem vollständigen Fehlen von Kalkgeröllen ausprägt.

Während die Schotter des Leibnitzer Feldes noch sehr frisch sind und einen reichlichen Anteil an Karbonatgeröllen (paläozoische und kristalline Kalke) aufweisen, sind die Schotter der „Helfbrunner Terrasse", besonders in den oberen Lagen (z. B. in der Schottergrube von Gabersdorf) stark zersetzt, alle weniger widerstandsfähigen Bestandteile in Gesteinsleichen (*J. Sölch*) umgewandelt und die karbonatischen Bestandteile vollkommen aufgelöst. Im übrigen ist aber ihr Charakter als Murschotter (Gneise, Hornblendegesteine, Buntsandsteine, paläozoische Quarzite) unverkennbar.

d) Die Basis des jungquartären Leibnitzer Schotterfeldes reicht bis unter die heutige Alluvialsohle hinab, während die Basis der Helfbrunner Terrasse schon etwas über dem heutigen Alluvialboden gelegen ist. Die Flur von Helfbrunn überhöht ferner dort, wo sie (bei Gabersdorf—Landscha) der Schotterterrasse des Leibnitzer Feldes nahekommt, diese um über 10 m. Hier lagert sich der lehmbedeckten Helfbrunner Flur ein schmaler, noch erhaltener Streifen der jungpleistozänen Leibnitzer Schotterflur mit typischem frischem Geröllmaterial mit etwa 10 m tieferer Fluroberfläche an. Auch mit dem gegenüberliegenden Oberflächenniveau des Leibnitzer Feldes besteht keine Übereinstimmung, indem ersteres bei Leibnitz eine Seehöhe von 275 m, die Helfbrunner Terrasse aber, gegenüberliegend bei Gabersdorf, 284 m Seehöhe aufweist.

e) Am Nordwestsaum des jungpleistozänen Leibnitzer Schotterfeldes erhebt sich bei Jöß—Stangersdorf—Klein-Stangersdorf über dieses eine höhere Flur um etwa 8 m, welche nach ihrem Aufbau und Höhenlage der Helfbrunner Flur entspricht (stärker zersetzte Schotter mit darübergebreiteter Lehmdecke; vgl. *Winkler v. H.*, 1940). Ebenso ist bei Ober-Tilmitsch, am Westsaum des Leibnitzer Feldes, eine in das gleiche Niveau einzuordnende Terrasse entwickelt, die von einem Vorläufer der Laßnitz aufgeschüttet wurde und in der Ziegelei Guidassoni gut aufgeschlossen ist (5 m Schotter, darüber 6 m Terrassenlehm).

f) Zwischen die Aufschüttung der Helfbrunner Flur und jene der Würmschuttkegel schaltet sich eine bedeutende Tiefenerosion ein, welche in dem hier zunächst in Betracht gezogenen Raum

---
[35] Vgl. hiezu die neuen Darstellung der Terrassengliederung in unserer Gemeinschaftsveröffentlichung über das untere Murgebiet (*Winkler v. H., Wiesböck*, 1943).

mindest 15—20 m erreicht haben muß, wobei im Leibnitz—Radkersburger Feld und weiter unterhalb damals ein 3—4 km breiter Talboden neu angelegt wurde.

Jedenfalls ist der Zeitraum, der seit Aufschüttung der Würmterrassen bis zur Gegenwart verflossen ist — nach dem Grade der Verarmung der Helfbrunner Schotter zu urteilen — ein wesentlich kürzerer gewesen als jener zwischen der Aufschüttung der Helfbrunner Flur und jener der Würmterrassen.

J. Sölch (1917) hatte die Fortsetzung der jungpleistozänen Terrasse des Leibnitzer Feldes (große Schotterplatte) westlich der Mur in dieser linksseitig über den Murboden sich erhebenden „Flur von Helfbrunn" (Wagendorf—Lind—Diepersdorf bis über Unter-Purkla) angenommen. Ich folgte ihm in dieser Zusammenfassung der Terrassenniveaus auf der Darstellung auf der geologischen Spezialkarte Blatt Marburg (1931) und in den dazugehörigen Erläuterungen 1938. Es wurde damals, wie angegeben, der ausgeprägte, breite und nur wenig zerschnittene Terrassensaum, welcher an der Nordseite des Murtals von Gabersdorf über Wagendorf, St. Veit am Vogau, Lind, Seibersdorf, Pichla, Hainzdorf, Oberrakitsch, M. Helfbrunn, Ratschendorf, Purkla bis westlich Halbenrain kontinuierlich, nur durch die Alluvialflächen der einmündenden Seitentäler unterbrochen, verfolgt werden kann, als „Niederterrasse" (mit der Signatur qn) ausgeschieden. Allerdings wurde schon seinerzeit ein abweichender Aufbau der beiden Terrassen erkannt: im Leibnitzer Feld Schotter bis zur Oberkante der Terrasse, in der Helfbrunner Flur nur b a s a l e Schotter mit mächtigerer Lehmdecke. Ich vermutete damals einen Übergang von dem Leibnitzer Schotterfeld zu den annähernd der Höhenlage nach entsprechenden lehmbedeckten Fluren am linksseitigen Murtalboden weiter unterhalb. Die seitherigen Begehungen im Leibnitzer Felde haben jedoch gezeigt, daß diese Annahme n i c h t zutrifft. Die lehmbedeckte Terrassenflur von Helfbrunn erweist sich als ä l t e r als die Schotterflur des eigentlichen Leibnitzer Feldes[36] und ist ins Präwürm (wahrscheinlich R.-W.-Igl.) einzureihen. Dadurch ist auch die Analogie mit Feststellungen im Raabtal eine noch ausgesprochenere.

2. Verbreitung und Aufbau des „Helfbrunner" Terrassenfeldes an der unteren Mur.

a) Unterhalb des Grazer Feldes (Abb. 6—8 a und Taf. I).

In dem schon angegebenen Hauptverbreitungsbereich des „Helfbrunner" Terrassenfeldes im unteren Leibnitzer bzw. im Abstaler Becken finden sich mehrerenorts größere Aufschlüsse: Im Nordwesten bei Gabersdorf (3 m Schotter, darüber mehrere Meter Lehme); bei St. Veit am Vogau stellte ich 4 m Schotter und 3 m Lehmbedeckung fest (*Winkler v. H.* 1938). In der Ziegelei Helfbrunn sind etwa 5 m mächtige Lehme erschlossen, die an ihrer Basis starke eisenschüssige Verkrustungen aufweisen. Darunter folgt Schotter. Eine Umwandlung der Terrassenlehme in typisch marmorierte Böden mit Knollenhorizonten, wie sie die höheren Terrassen kennzeichnet, ist in den Profilen durch die Lehmdecke der Helfbrunner Flur noch nicht deutlich entwickelt. Gegenüber den älteren Terrassen ist die etwas stärkere Beteiligung der Schotter am Aufbau und eine geringere Entwicklung der Lehmdecke kennzeichnend.

Verfolgen wir zunächst die Helfbrunner Terrasse murabwärts. Die Fortsetzung der Helfbrunner Terrasse erscheint bei Halbenrain, unterhalb des basaltischen Klöcher Berglandes, als breite vollkommene intakte Flur im Hürther Wald und im Rothlahnboden, mit ausgeprägtem Abfall zu den Murauen bei Halbenrain—Radkersburg. Sie liegt hier etwa 12 m über den Murauen. Bohrungen der Seismos, deren Proben ich einsehen konnte, geben Aufschluß über den Aufbau der Terrasse. Eine Bohrung bei Steinriegel, an der neueren Straße Halbenrain—Klöch gelegen, ergab eine Mächtigkeit der Terrassenablagerung von 6 m mit einer Lage von Basaltblöcken; an der Basis Lehm mit großen Geröllen; eine Schürfung auf derselben Flur zwischen Goritz und Pölten (Seehöhe des Schurfpunktes etwa 220 m) zeigte eine Diluvialmächtigkeit von 13 m. Unter 0,4 m Bleicherde folgten hier 9,30 m Tone und Lehme mit vermutlich zwei alten Bodenhorizonten[36a] und darunter 2,70 m Schotter. Die Helfbrunner Terrasse erscheint hier, beurteilt an den Schurfergebnissen, mit einer mächtigen Lehmdecke versehen, wobei aber zu berücksichtigen ist, daß es sich nicht um eine Aufschüttung des Murflusses handelt, sondern um eine solche des Kutschenitzabaches an der Einmündung derselben in den Murtalboden. 1 km westlich von Halbenrain wurde durch die Seismos eine weitere Schürfung in der Terrasse vorgenommen. Unter 3 m Terrassenlehm folgte eine 5 m mächtige Schotterschicht. Somit liegt ein Terrassensediment von 8 m Mächtigkeit vor, wo der Schotter vorwaltet.

Jenseits der österreichischen Grenze setzt sich die Terrasse an der Nordflanke des Murtales, auf jetzt jugoslawischen Boden, östlich des Kutschenitzatales, als schmaler Saum bei Karlsdorf (Cankova) fort, erweitert sich an der Mündung des Lend- (Lendva-) Baches in den Murtalboden und läßt sich östlich der

---

[36] An der Basis dieser Schotter wurde bei Wagendorf ein tortonischer Lithotamnienkalk bloßgelegt, den *T. Wiesböck* zuerst beobachtet hat.

[36a] Deutliche B-Horizonte!

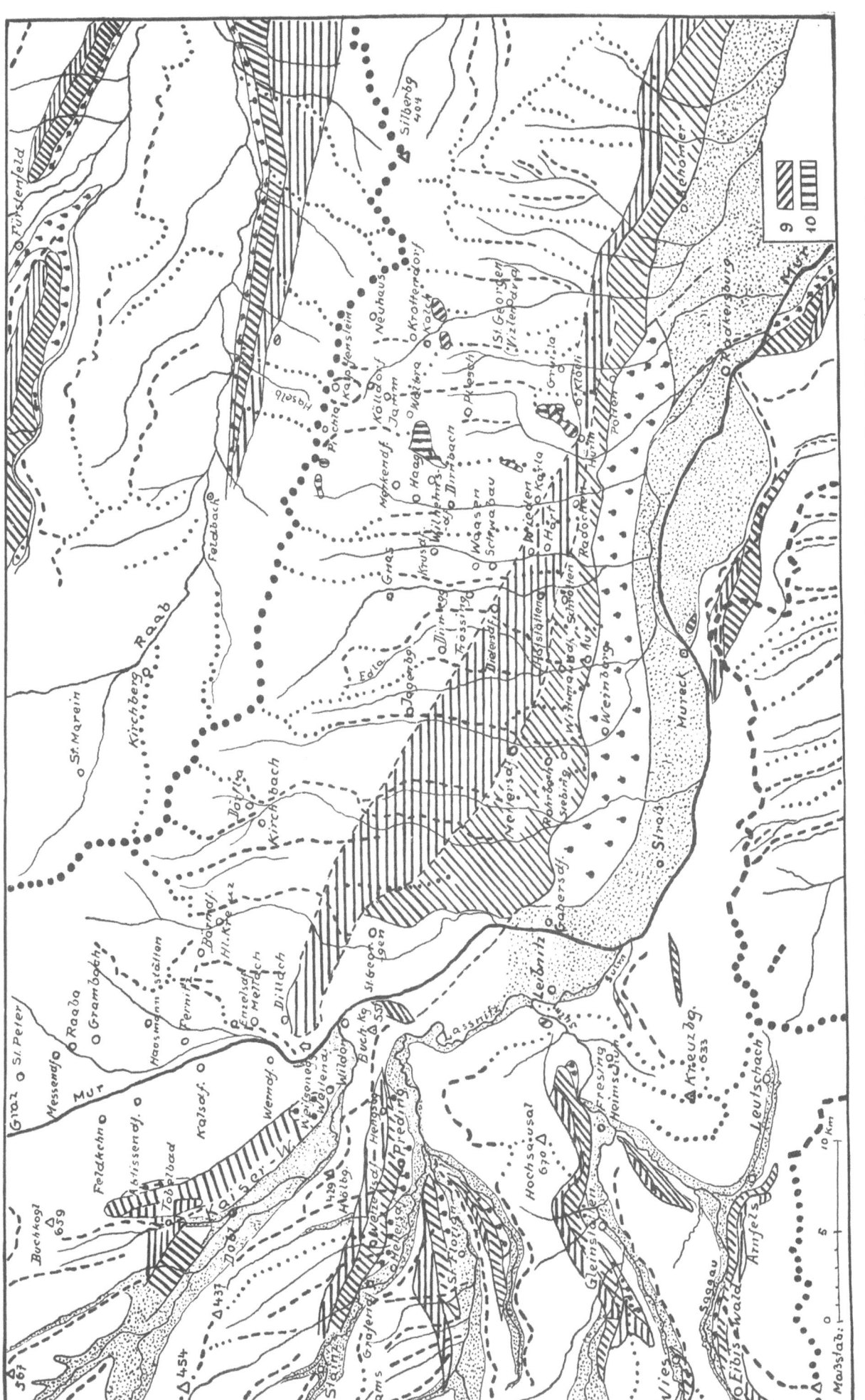

Abb. 6. Karte der quartären Terrassen und jungen Talverlegungen an der unteren Mur in der Richtung N—S (NO—SW) bzw. umgekehrt.
9 = Terrassenfluren mit Ablagerungsresten (z. T. mächtige Lehmdecken, z. T. Feinstgeröllreste) des obersten Pliozäns-Präglazials (IV—V).
10 = Terrassenfluren mit Ablagerungsresten (z. T. mächtige Lehmdecken, z. T. Feinstgeröllreste) des mittleren Oberpliozäns (Oberdag-Altlevantin).
Übrige Legende wie bei Abb. 7, S. 45.

Lendva nur mehr auf eine kurze Erstreckung hin bis westlich Lehomer (früher Felsö Strukoc) verfolgen[37]. Weiter gegen Osten hin treten bereits **höhere** Terrassen unmittelbar an den breiten alluvialen Murboden von Norden vor. Die Helfbrunner Flur liegt hier an ihrem Ende noch etwa 12 m über dem Alluvialboden.

Die Helfbrunner Terrasse zeigt auf einer Erstreckung 30 km aus dem Raum von Leibnitz bis ins Übermurgebiet ein Gefälle von etwa 2,2°/₀₀. Es findet **keine** Konvergenz zum heutigen Talboden statt, sondern die relative Höhe der Terrasse bleibt konstant, was mit dem bezüglichen Verhalten der älteren Terrassen etwas kontrastiert.

Im westlichen Winkel des (südlichen) Abstaler Beckens sind bei Proskersdorf Reste einer lehmbedeckten Terrasse erhalten, die der Helfbrunner Flur zugezählt werden können. Sie deuten an, daß die tiefe Konkave, welche die Mur im Bereiche des Abstaler Beckens in das Hügelland der Büheln eingekerbt hat, teilweise schon in jungdiluvialer Zeit angerissen war.

b) Die Äquivalente der Helfbrunner Terrasse im Grazer Feld.

Am Saum des Grazer Feldes sind besonders von *V. Hilber, A. Penck* und *J. Sölch* ältere Fluren beschrieben worden. *Penck* sieht in der lehmbedeckten Vorstufe des Kaiserwalds, am Westrand des Grazer Feldes, eine ältere diluviale Flur, welche er dem „jüngeren Deckenschotter" vergleicht. *V. Hilber* scheidet im Stadtgebiet von Graz eine über das „Grazer Schotterfeld" sich erhebende Flur „8" an beiden Seiten des Talbodens aus.

Diese, der Würm-Schotterplatte des Grazer Feldes gegenüber nächstälteren Terrassen finden sich insbesonders **am Ostrand der breiten Kaiserwaldterrasse**, die sich im Zwickel zwischen Grazer Feld und Kainachtalboden erhebt. Dort (zwischen Wildon und Graz) entspricht unserem Niveau die **untere Teilflur** der mit mächtigeren Lehmen überzogenen Schotterterrassen des Kaiserwaldes („Flur von Windorf", nach *A. Penck*), die von letzterem als „jüngere Deckenschotter" angesprochen worden war. Sie liegt etwa 15 m tiefer als die Hauptflur des Kaiserwaldes und erhebt sich um etwa 6—8 m über die spätquartäre Schotterflur. Demselben Niveau gehört ferner der im Zwickel zwischen Grazer Feld und unterstem Kainachtal gelegene breite Terrassenboden zwischen Ponigl—Wundschuh—Weitendorf und Steindorf an. Am Südwesteck dieses Bereiches, beim Basaltsteinbruch von Weitendorf, erhebt sich über die hier den Basalt übergreifende (lehmbedeckte) Schotterdecke der vorgenannten Flur ein Rest einer älteren Schotteraufschüttung[38]. An diesem Aufschluß ist deutlich erkennbar, daß die „Vorstufe" einer jüngeren, selbständigen Aufschüttungsflur gegenüber der Kaiserwaldterrasse angehört. Ihre Lehmdecke wurde hier nicht von der Mur, sondern von einer diluvialen Kainach, nahe deren Mündung auf den Murtalboden, aufgeschwemmt.

Anhangsweise verweise ich noch darauf, daß die von *Hilber* vom Nordende des Grazer Feldes unterhalb des Murdurchbruchs von Gösting bei Weinzödl—St. Veit erwähnten Terrassen ihrer Höhenlage nach ebenfalls der „Helfbrunner Flur" entsprechen dürften. (Vgl. auch die Erwähnung dieser Fluren bei *J. Sölch* [1917] und *F. Heritsch* [1921]).

c) Die Verbreitung der Terrassen des „Helfbrunner Niveaus" in den Seitentälern der unteren Mur.

Linksseitige Nebentäler der unteren Mur (= Grabenlandtäler).

Ich habe bereits auf S. 41 erwähnt, daß in den Grabenlandtälern Terrassen des „Helfbrunner Niveaus" in weitem Umfang auftreten, wie diese auch auf der „geologischen Übersichtskarte des D. Grabenlands" (*Winkler v. H.* 1943) und in dem, einen Ausschnitt aus diesem Bereich umfassenden Kärtchen von *Wiesböck* ausgeschieden erscheinen. Es sind danach auch die seinerzeit (1937) von mir als „Niederterrasse" auf der geologischen Karte „Blatt Gleichenberg" angegebenen Fluren im wesentlichen als Äquivalente der „**Helfbrunner Flur**" anzusehen. Die Fluren dieses Niveaus sind als unterer, mehr oder minder ausgeprägter Saum nicht nur im Steintal, im Gleichenberger Sulzbachtal, sondern auch im Ottersbachtal, im Saßbach- und Schwarzautal und schließlich im Stiefingtal ausgebildet.

---

[37] Das Fehlen der Terrassen weiter unterhalb (auf jugoslawischem Boden) ist jedenfalls auf die Seitenerosion des Lendbaches zurückzuführen, wodurch auch die älteren Terrassen (im Raume zwischen Olsnitz und Unter-Limbach (Alsolendva) immer stärker reduziert wurden und schließlich das Alluvialfeld unmittelbar an die pliozänen Hügel herantritt.

[38] Die Lagerungsverhältnisse im Basaltsteinbruch von Weitendorf habe ich im „Geologischen Führer" (1939) profilmäßig dargestellt.

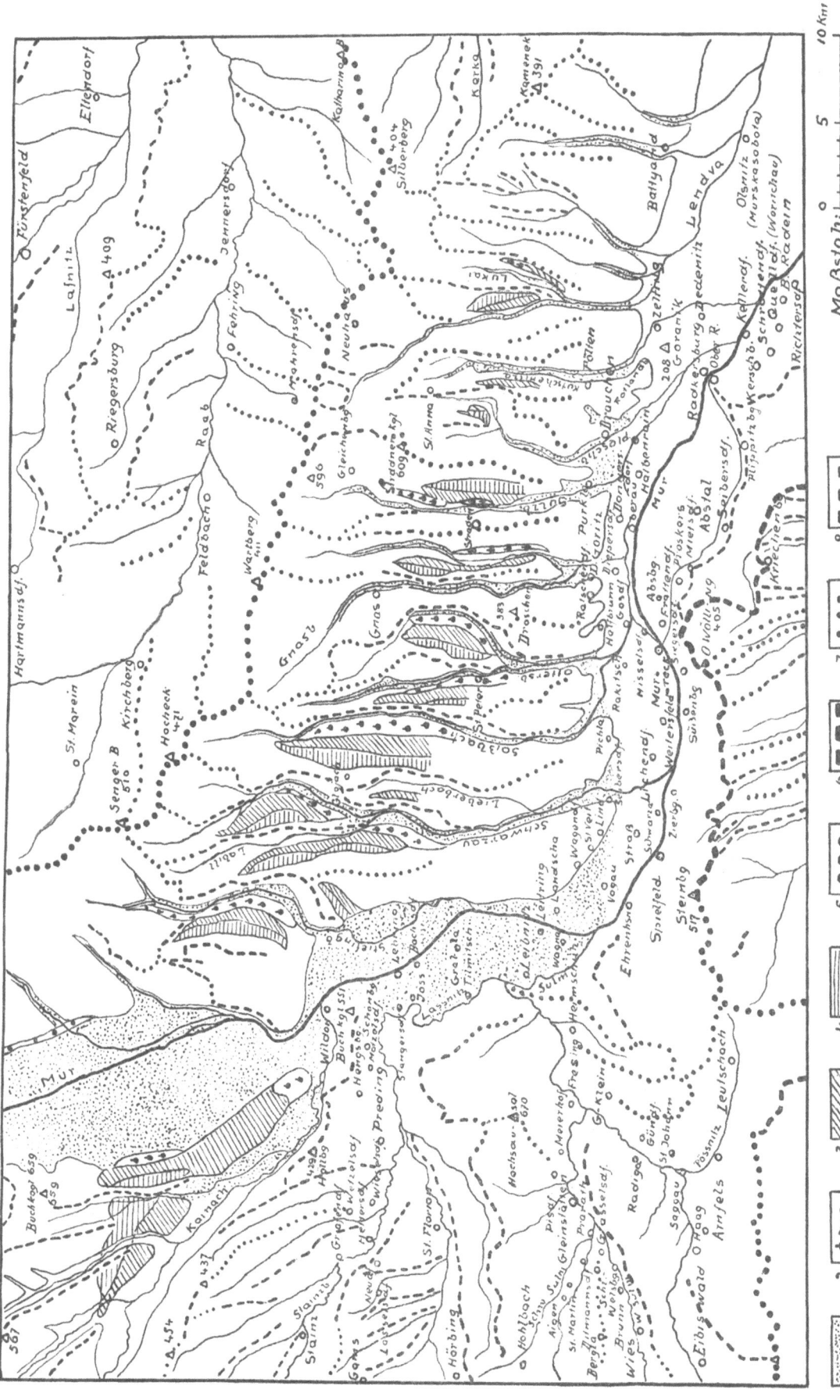

Abb. 7. Schematische Darstellung der Verbreitung der Quartärterrassen und Talverlegungen an den N—S (NNW—SSO) verlaufenden Tälern der Zubringer der unteren steirischen Mur.

1 = Würm-, Spätwürmterrassen und Alluvialfelder.
2 = Fluren des „Helfbrunner Niveaus" (vermutlich Riß-Würm-Interglazial).
3 = Fluren der mittleren Terrassengruppe (vermutlich Mindel-Riß-Interglazial).
4 = Fluren der oberen Terrassengruppe (vermutlich Altquartär).
5 = Hauptwasserscheiden, mit im allgemeinen noch ursprünglichem Verlauf.
6 = Hauptwasserscheiden durch seitliche Verlegung des Mur-Draulaufes und Zuflüsse verschoben.
7 = Nebenwasserscheiden, mit im allgemeinen noch ursprünglichem Verlauf.
8 = Nebenwasserscheiden seitlich verlegt.

Man kann aus Taf. I und der schematischen Darstellung auf Abb. 7 ersehen, daß der Terrasse „X" zugezählte „Helfbrunner" Fluren im Gleichenberger Sulzbachtale fast bis Gleichenberg talaufwärts verfolgbar sind, daß sie im Poppendorfer Tal einen breiten Saum bilden, im Ottersbach- und im Saßbachtale die Westflanke einnehmen und auch im Schwarzau- und Stiefingtale an der Westseite der Talböden auftreten[39].

Rechtsseitige Seitentäler im unteren Murbereich aus der Weststeiermark (Taf. I, Taf. II, Fig. V).

Im Laßnitztale wurde aus dem Leibnitzer Becken her eine 1941 als „Hochterrasse" bezeichnete Flur in fast ununterbrochenem Saume talaufwärts bis Groß-St. Florian verfolgt, ausschließlich auf der Nordseite des Tales verbreitet. Sie wurde als Fortsetzung der „Helfbrunner Flur" des Murtals ermittelt. Ich rechne diesem Niveau auch den breiten, verlassenen Talboden bei Deutschlandsberg zu. Er endet mit etwa 30 m hoher Stufe über dem heutigen Tal der Niederen Laßnitz[40].

Schon *J. Sölch* hatte (1927) darauf verwiesen, daß die Niedere Laßnitz früher über den genannten verlassenen Talboden von Leibenfeld zwischen Deutschlandsberg und östlich von Hollenegg der Sulm zugeflossen war. Es gelang mir nun, auf der lehmbedeckten Terrasse, zwischen den östlichen Häusern von Leibenfeld und der Eisenbahn, die Schotter der alten Talfüllung festzustellen, welche sehr groben Geröllen von Koralpenmaterial entsprechen.

Die Anzapfung der ursprünglich der Sulm tributären Niederen Laßnitz durch die Hohe Laßnitz (= Wildbach), ist jedenfalls dadurch zu erklären, daß die letztere sich bei Abgleiten von der Terrasse X, deren einseitige Verbreitung an der Hohen Laßnitz deutlich in Erscheinung tritt, der in etwas höherem Niveau fließenden Niederen Laßnitz sehr weit angenähert hatte. Durch rückschreitende Erosion von Seitengräben her, konnte dadurch die Niedere Laßnitz nordostwärts zu der Hohen Laßnitz abgelenkt werden. Der verlassene Talboden von Leibenfeld weist eine sanfte, aber deutliche Neigung quer zur alten Talrichtung von Westen nach Osten auf. Die spricht dafür, daß hier noch eine nachträgliche Schrägstellung Platz gegriffen hat. Für eine stärkere posthume Verbiegung dieses verlassenen Talbodens, auch in der Richtung von Norden nach Süden, spricht der Umstand, daß das alte Tal von der Anzapfungsstelle bei Deutschlandsberg sich ganz ohne Knick, aber deutlich südwärts zur Schwarzen Sulm, im Becken von Schwanberg, abdacht und in die ausgedehnte, lehmbedeckte Terrasse zwischen Sulm—Stulmeggbach und Leibenbach übergeht, welch letztere sich kaum 10 m über den heutigen Talboden (am Stulmeggbach) erhebt, aber offensichtlich die unmittelbare Fortsetzung des verlassenen Tals bildet. Das Gefälle des alten Talbodens beträgt zwischen Leibenfeld bei Deutschlandsberg und Hohlbach etwa 15⁰/₀₀, steigt aber im Mittelstück auf 20⁰/₀₀, was das normale Gefälle der heutigen Randflüsse des steirischen Beckens wesentlich übersteigt. Für eine nachträgliche Talverbiegung von Laßnitz zur Sulm spricht, außer diesem abnormen Gefälle des alten Talbodens, das einheitliche Süddrängen und südliche Abgleiten von Laßnitz, Gleinzbach und Schwarzer Sulm, das an der einseitigen Terrassenverbreitung erkennbar ist und auf tektonische Impulse schließen läßt (vgl. Ausführungen auf S. 118); ferner die deutliche **tiefere Lage der altersgleichen Terrassenfluren an der Sulm** gegenüber jener an der Laßnitz, schließlich die auffällige Breite (bis 2,5 km) des Beckens an der Schwarzen Sulm unterhalb von Schwanberg, was auf eine relative **Einmuldung** gegenüber dem Laßnitztal hinweist.

Das Niveau X wurde auch an den Tälern der beiden Hauptzubringer der Laßnitz, im **Stainztal** und im **Gleinztal**, verfolgt (vgl. hiezu *Winkler v. H.*, 1940). Dem Süddrängen der genannten Bäche entsprechend, sind, wie im Laßnitztal, auch dort die Terrassen einseitig auf der Nord- (Nordwest-) Flanke entwickelt.

Im **Schwarzen Sulmtal**, dem nördlichen, aus der Koralpe kommenden Quelltal des Sulmbereiches, treten ausgedehntere junge Terrassen auf, auf die schon *J. Sölch* (1917) **eingehender verwiesen hatte**. So ist unterhalb des Austritts des Flusses aus dem Gebirge das über das Alluvium nur wenig aufsteigende Schotterfeld zwischen Markt und Bahnhof Schwanberg als eine Vertretung einer vielleicht zugehörigen Terrasse anzusehen. Der alluviale Schotterkegel der Schwarzen Sulm ist an dieser Terrasse ziemlich hoch emporgewachsen. Das erwähnte Terrassenfeld auf der Nordseite des Sulmtalbodens, zwischen Leibenbach und Schwarzer Sulm (zwischen den Orten Hohlbach, Aigen und St. Martin-Dörfla), hatte schon *V. Radimsky* zutreffend erkannt und kartographisch dargestellt. Die geringe Höhe der Terrasse über dem Alluvialboden im Schwanberger Becken, das morphologische Bild der auffällig breiten Talsenke und das aus der Terrassenverbreitung erkennbare Drängen der Bäche von Norden her (Schwarze Sulm) und von

---

[39] Nach dem Bohrbericht einer artesischen Bohrung bei Dietersdorf im Gnasbachtal, welche auf der jungquartären Terrasse gelegen ist, ergibt sich eine Mächtigkeit der Aufschwemmung von 8 m Lehm.

[40] Es ist allerdings nicht ganz ausgeschlossen, daß dieser Talboden schon dem nächstälteren Niveau „IX" zugehören könnte.

Süden her (Saggau zwischen Vordersdorf und Altenmarkt) gegen dasselbe im Quartär, sprechen für das Vorhandensein einer, vom Saum der Koralpe ostwärts verlaufenden, jungen tektonischen Einbiegungszone, worauf schon verwiesen wurde.

An der Weißen Sulm konnte ich *Radimskys* Angaben über die Verbreitung von jungen Terrassen bestätigen. Sie beginnen im Becken von Vordersdorf und reichen hier bis zum Sulmdurchbruch von Wies. Sie finden sich hier an der Südseite (rechten Flanke) des Tales. Von Wies zieht dann am linken Talgehänge ein kontinuierlicher Terrassensaum bis Gasselsdorf, welcher sich dort noch 2 km in das Schwarze Sulmtal bis Welsberg hinaufzieht. Nach *Radimskys* Angaben weist die 8—10 m über dem Alluvialboden gelegene Terrasse eine Auftragsmächtigkeit bis 9 m (1,20 bis 1,50 m Schotter, darüber Lehm) auf.

Nach der Vereinigung von Schwarzer und Weißer Sulm läßt sich der Terrassensaum, an der Nordseite des Tales entwickelt, von Prarath über Gleinstätten bis zum Sulmdurchbruch von Maierhof verfolgen. Die lehmbedeckte Terrasse liegt etwa 10 m über dem Alluvialboden, zeigt große Breite und deutliche Entwicklung. Bei Prarath sah ich eine stärkere Schotterbasis und darüber die Lehmdecke aufgeschlossen. In der Talweitung zwischen dem zweiten und dritten Durchbruch der Sulm durch das paläozoische Sausalschiefergebirge breitet sich ein Rest der „Helfbrunner" Terrasse bei Heimschuh aus.

Das südlichste Flußtälchen des südweststeirischen Beckens, jenes der Saggau, die der Sulm zufließt, zeigt zwischen Eibiswald und Saggau einen deutlichen, zugehörigen Terrassensaum, und zwar höher über der Talsohle als an der Sulm (mächtige Lehmdecke!). Zwischen Oberhaag und Arnfels zieht dieser auch in das einmündende Peßnitztal ein. Dem jugendlichen Norddrängen des Flusses entsprechend, liegen sämtliche Terrassen ausschließlich auf der Südseite des Tales. In der Nord—Süd gerichteten Strecke des unteren Saggautales ist nur ein schmaler Terrassensaum an der Westflanke (zwischen Saggau und Radiga) entwickelt. Die Terrassen sind stark lehmbedeckt.

Auf den geologischen Spezialkartenblättern Unter-Drauburg und Marburg habe ich — im Bereiche der von mir kartierten steirischen Anteile — die „jungquartären Terrassen" an den Seitentälern der Mur, der Weißen und Schwarzen Sulm und der Saggau seinerzeit (1928, 1931) unter der Bezeichnung „Niederterrasse" hervorgehoben, während die zweifelsohne zeitlich zugehörigen Terrassen an der Laßnitz später (1940) von mir als Äquivalente der „Helfbrunner Flur" ermittelt und in Anlehnung an A. Pencks Nomenklatur als „Hochterrasse" bezeichnet wurden.

Welche Gründe sprechen nun dafür, wie es hier erfolgt, die an Laßnitz, Sulm und Saggau auftretenden unteren Terrassen nicht der Würm-Schotterdecke des Murtals, sondern der der nächstälteren „Helfbrunner Flur" (= Terrasse X) gleichzusetzen? Es sind folgende:

1. An der Laßnitz konnte aus dem Raum unterhalb von Deutschlandsberg über St. Florian und Preding eine offenbar einheitliche und zusammenhängende, lehmbedeckte Flur (mit Schotterbasis), welche 12—15 m über dem Fluß gelegen ist, bis nahe an das Leibnitzer Feld heran verfolgt werden. Zwischen St. Florian und der Ausmündung des Laßnitztals auf das Leibnitzer Feld zeigt sie ein sehr geringes Gefälle von unter 1°/₀₀, welches von dem auch unter 1°/₀₀ betragenden durchschnittlichen Gefälle des heutigen Talbodens im selben Abschnitt nur wenig abweicht. Wie noch später ausgeführt, verläuft in der weststeirischen Bucht, ihrem Ostsaum angenähert, eine Zone junger relativer Einmuldung, auf welche sowohl das so geringe Gefälle der Terrassen als auch das des heutigen Laßnitztalbodens zurückgeht. Die untere Laßnitzterrasse schließt nun mit ihrer Hauptaufschüttung und Hauptflur nicht an die Würm-Schotterkörper bzw. Terrasse des Leibnitzer Feldes an, sondern an die etwa 10 m darüber sich erhebende, höhere Flur von Jöß, welche nach Höhenlage und Aufbau den Helfbrunner Niveaus entspricht. Nur sekundäre Terrassen, schon eingesenkt in die untere Hauptflur an der (unteren) Laßnitz, entsprechen nach ihrer Höhenlage an der Würmaufschüttung des Leibnitzer Feldes.

2. Die untere Hauptterrasse an der Sulm gleicht — ebenfalls über der Schotterbasis mit mächtigeren Lehmen bedeckt — jener an der Laßnitz. Sie läßt sich talabwärts bis nach Heimschuh, somit nahe an das Leibnitzer Feld heran, verfolgen. Sie ist ersichtlich älter als jene kleinen Schotterterrassen, welche vom Leibnitzer Feld her (bei Silberberg) ins untere Sulmtal eine Strecke weit eingreifen.

3. Analoger Aufbau läßt annehmen, daß auch die untere Hauptterrasse an der Saggau gleichen Alters ist. Diese zwischen Eibiswald und Arnfels besonders deutlich ausgebildete Flur (mit mächtiger Lehmdecke) steigt noch etwas höher über den Talboden auf als die Sulmterrassen, was ich auf Rechnung noch im Jungquartär fortwirkender Schrägstellung und Aufwölbung am Saum der Remschniggantiklinale zurückführe, wofür das morphologische Bild eindeutige Hinweise gewährt (Taf. II, Fig. V).

Ich halte es demnach für wahrscheinlich, daß die unteren Hauptterrassen an Laßnitz, Sulm und Saggau gleichaltrig sind und der Helfbrunner Flur des Leibnitzer Beckens zeitlich entsprechen.

Von der Laßnitz-Sulm-Mündung bei Leibnitz erhält die Mur auf der Strecke über Spielfeld—Mureck—Radkersburg—Wernsee (Verseč), das ist auf einer Länge von etwa 58 km, keinen rechtsseitigen Zufluß. Erst bei Luttenberg mündet das untersteirische Stainztal ein, dessen Terrassen auch untersucht werden konnten (Taf. I und Abb. 6, S. 43).

Ein tieferes Hauptniveau setzt schon im Talabschnitt oberhalb von Plippitzberg (Plitvicki Vrh), (Radkersburg SW), auf beiden Talflanken entwickelt, ein, erreicht dort größere Breite und geht bis Meichendorf (Ihova); erscheint dann, auf etwa 8 km unterbrochen, zwischen Sulzdorf (Očeslavci) und Widem (Vidma) auf der rechten Talflanke, um unterhalb dieses Ortes über Werkofzen (Berkovci) bis an das Alluvialfeld oberhalb von Luttenberg (Ljutomer) heran, in abnehmender Höhe, auf der linken Talseite sich auszudehnen. Ebenso wie nordwestlich von Luttenberg die früher besprochene „Helfbrunner Terrasse" im Murtalboden von Ober-Radkersburg gegen Luttenberg, allmählich an Höhe abnehmend, zum Alluvialfeld absinkt, so verschwimmt auch die zweifelsohne zeitlich äquivalente „untere" Flur des (untersteirischen) Stainztals oberhalb von Luttenberg mit dem rezenten Schwemmland.

3. Anzeichen für das Auftreten einer spätinterglazialen Terrasse im mittleren Murabschnitt (bei Bruck an der Mur).

Nördlich von Bruck an der Mur, an der Ausmündung des Lamingtals, erscheinen, nach *A. Penck* (1909), mit mächtigerer Lehmdecke versehene Terrassen (= Golitzmayer Terrasse bei *J. Sölch*, 1917), etwa 35 m über dem Murspiegel. *A. Penck* faßte dieses Niveau als „Hochterrasse", *J. Sölch*, welcher das Auftreten älterer Fluren als jener der Würmzeit im Murgebiet nur in sehr beschränktem Ausmaß zugeben wollte, als „Hauptterrasse" (= Würmterrasse) auf. Diese letztere Deutung steht aber weder mit der Höhenlage der Flur, welche die von *Penck* als Würmniveau angesehene, ausgeprägte Schotterflur beim Bahnhof Bruck deutlich überhöht, noch mit der mächtigen Lehmbedeckung, die den Würmterrassen abgeht, in Einklang. Ich halte es für wahrscheinlich, daß die Golitzmayer-Flur einem jungen I n t e r g l a z i a l entspricht und vielleicht ein Äquivalent unserer „Helfbrunner Flur" bildet.

Ähnliche, die jüngsten quartären Schotter überhöhende, lehmbedeckte Fluren erscheinen an der Südflanke des Murtals oberhalb von Bruck, bei Oberaich, deren tiefere Niveaus vermutlich dem letzten Interglazial zuzuzählen sind. Hier kann auch die l e h m b e d e c k t e „Hochterrasse", welche *A. Penck* von Trofaiach anführt, angereiht werden.

4. Zeitliche Äquivalente der letztinterglazialen Terrassen im österreichischen und im ungarischen Raabbereich.

Im steirischen Raab- (Laßnitz-, Feistritz-) Bereich sind lehmbedeckte Schotterterrassen der tieferen Niveaus — nach Höhenlage, Aufbau — der Helfbrunner Flur zuzuzählen. Ihre Verbreitung ist aus den beiliegenden Kärtchen (Taf. I und Abb. 6, S. 43, Abb. 12, S. 62, Abb. 13, zwischen S. 62/63) zu ersehen.

Im Raabtal selbst liegt der obere Teil des Marktes Fehring auf dieser Flur, im Feistritztal die Stadt Fürstenfeld, woselbst die Terrasse eine sehr breite Flur bildet, die sich 20 m über dem Feistritzboden erhebt (Abb. 12, S. 62). Sie zeigt den typischen Aufbau (Liegendschotter und mächtigere Lehmdecke darüber). Im Raabtalboden setzt sich die zugehörige Flur über das südlichste Burgenland (Raum von Jennersdorf) in einzelnen Resten bis St. Gotthardt (Szentgotthard) fort (Abb. 13, S. 62/63) — hier im Gegensatz zu den älteren Terrassen — hauptsächlich auf der Nordflanke des Raabtales entwickelt. Bei dieser ungarischen Grenzstadt vereinigen sich die auf der Nordseite des unteren Lafnitztales herabziehenden Terrassen, darunter auch die tiefste (Helfbrunner) Flur, welche sehr ausgeprägt ist und auf welcher der burgenländische Grenzort Heiligenkreuz zum Teil gelegen ist, mit jenen des Raabtales und ziehen auf der Nordflanke des letzteren, bis zur Mündung des Pinkatales bei Körmend, weiter nach Osten (Taf. I und Abb. 13, zwischen S. 62/63). Sie setzen dort, etwa 20 m über dem Alluvialboden, breitere Fluren, am ebenfalls einmündenden Talboden der Strem und am Hügelzug zwischen letzteren und dem Raabtal zusammen.

Östlich von Körmend erscheinen — bei Ausweitung jüngerer Fluren gegen Norden hin — die Äquivalente der Helfbrunner Flur weiter dorthin verschoben. Auf der Südseite der Raab beginnt schon südwestlich von Körmend, als randliche Einkerbung in dem dort befindlichen ausgedehnten Schuttkegel des Altpleistozäns, ein Terrassensystem, daß sich ostwärts bis über die Bahnlinie Körmend—Zalalövö verfolgen läßt und dessen tieferes Niveau vermutlich der Helfbrunner Flur entspricht. Im ausgedehnten Raum nordwestlich (westlich) der Raab, zwischen Körmend—Sarvar und dem Alpensaum an der Rechnitzer Schieferinsel, glaube

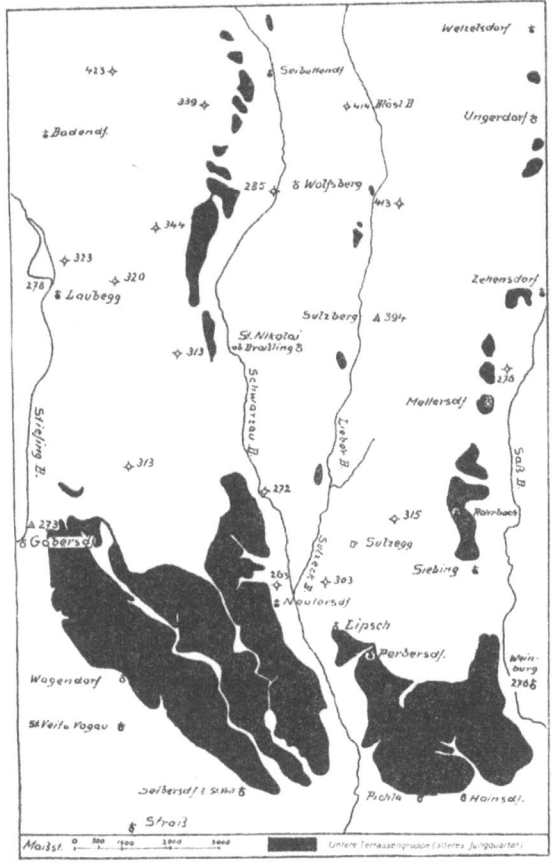
Abb. 8a.

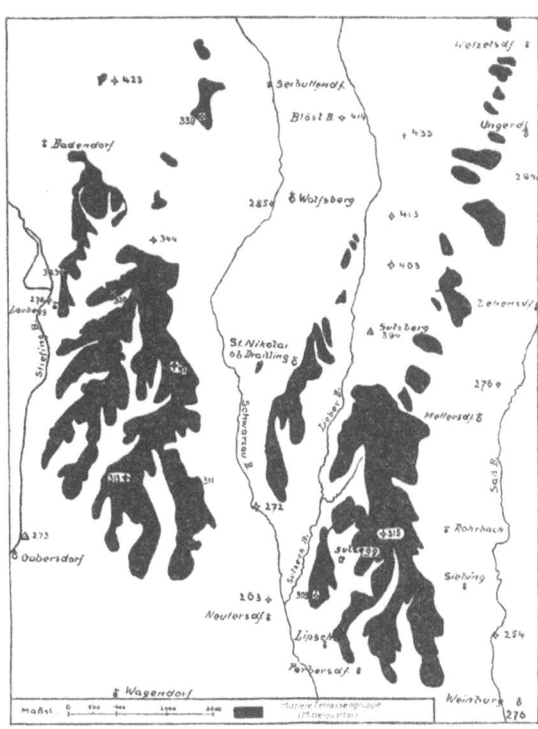
Abb. 8b.

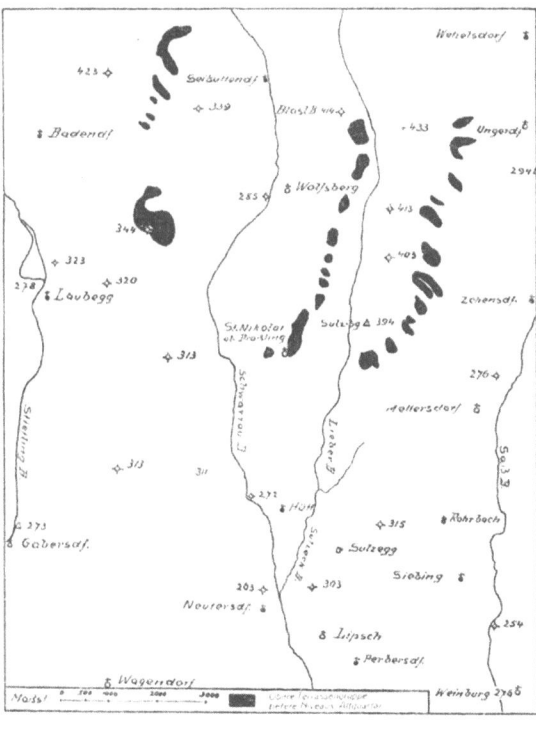
Abb. 8c.

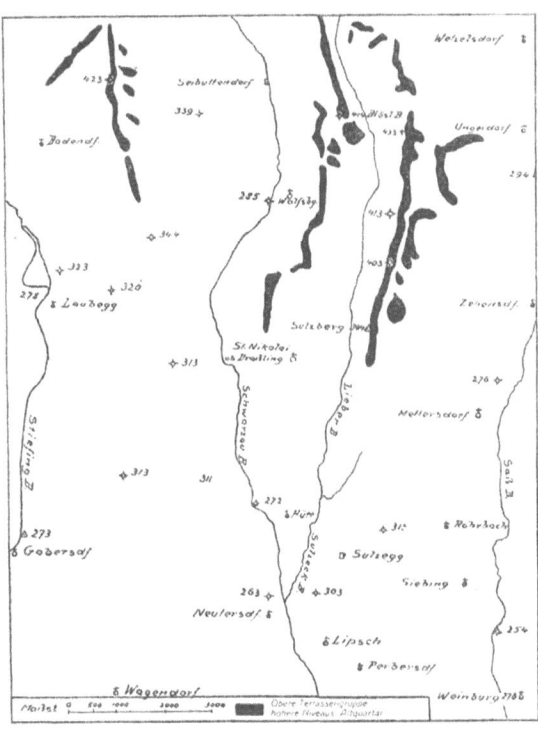
Abb. 8d.

Abb. 8a—d. Zur Veranschaulichung des verschiedenen Grades nachträglicher Zerschneidung der jung-, mittel- und altquartären Terrassen des unteren Murbereichs. Ausschnitt aus dem Terrassengebiet im Osten des Leibnitzer Feldes.

8a Jungquartäre, letztinterglaziale Terrasse. 8c Ältere quartäre Terrassen.
8b Terrassensystem des großen Interglazials. 8d Ältestquartäre Terrassen.

ich ebenfalls die Vertretung des in Rede stehenden Niveaus (Abb. 13, zwischen S. 62/63, Abb. 14, S. 63) feststellen zu können. Noch weiter Raabtal abwärts konnte E. von Szadecky (1938), bei seinen eingehenden Quartärstudien in der Kleinen ungarischen Tiefebene, mehrere tiefere Terrassenniveaus feststellen, wobei die älteren mehr gebirgswärts, die jüngeren mehr ostwärts (gegen die Raab zu) auftreten, aber, dorthin stark miteinander verfließend, unter das Raaballuvium absinken.

Im Zalatal konnten L. v. Loczy (1916), E. v. Cholnoky (1920) und J. Ferenczi (1923), unterhalb des großen, ältestquartären Schuttkegels, zwei Terrassen feststellen, von denen die tiefere bei Zalaszentgrot Reste von Elephas primigenius geliefert hat und sich in diesem Tale weit abwärts verfolgen läßt. Auf ein interglaziales und nicht auf ein glaziales Alter dieser tiefer gelegenen Flur weist auch der Umstand hin, daß sie allenthalben von jungeiszeitlichem Löß bedeckt ist. Ich vermute, daß sie der letztinterglazialen Flur zuzuzählen ist. Jedenfalls muß — in Übereinstimmung mit den genannten Autoren — ein **jungquartäres** Alter der Terrassen angenommen werden.

5. Das Alter der „Helfbrunner Terrasse" (Untere Terrassengruppe = Flur X).

Für das Alter der Helfbrunner Terrasse ergeben sich folgende Anhaltspunkte:

1. die Terrasse ist **älter** als die jüngstdiluviale Hauptflur, deren Entstehung hier mit der vorrückenden Würmvereisung in Verbindung gebracht wurde;

2. sie ist **wesentlich älter** als erstere, weil:

    a) Nach Ausbildung der Helfbrunner Terrasse der Murtalboden bis oder nahezu bis zur Oberfläche des heutigen Alluvialbodens eingetieft wurde und sonach zwischen die Entstehung von Flur X (= Helfbrunner Flur) und Flur XI (= jüngstquartäre Schotterterrasse) eine Zeit sehr bedeutender Ausräumung und nachfolgender jungquartärer Aufschüttung fällt.

    b) Die Schotter der Terrasse X oberflächlich stärker zersetzt sind als die jungquartären Schotter, so daß vermutet werden kann, daß der Zeitraum zwischen der Bildung der beiden genannten Schotterkörper ein wesentlich **längerer** gewesen ist, als der seit Aufschüttung der Würm-Terrasse XI verflossene.

3. Über der „Helfbrunner Flur" folgen an der unteren Mur, an der Raab und ihren Nebenflüssen noch eine ganze Anzahl **höherer**, überwiegend mit mächtigen Lehmdecken versehener **Terrassen**, die sich in drei Terrassengruppen zusammenfassen lassen. Sie sind, wie später näher ausgeführt wird, noch ins **Quartär** zu stellen. Es geht daraus hervor, daß der Ausbildung der Helfbrunner Terrasse schon ein wesentlich **längerer** Zeitabschnitt des Quartärs vorangegangen als nachgefolgt ist. Dies spricht nicht für eine Gleichsetzung der Helfbrunner Aufschüttung mit den im Innern der Alpen weit verbreiteten Ablagerungen des großen (Mindel-Riß-) Interglazials des höheren Altquartärs, sondern für ein **jüngeres** Alter. Da aber nach den Angaben laut Punkt 1—2. ein Präwürmalter nahegelegt wird, rückt für die Entstehung der „Helfbrunner Terrasse" ein Zeitpunkt des R.-W.-Igl. in den Vordergrund.

4. Nach derselben Richtung weist der Umstand, daß nach den Funden von M. Mottl in den Höhlen des Kugelsteins bei Peggau schon in einem Niveau, welches etwa 40 m über der „Hochterrasse" (= „Helfbrunner Niveau") gelegen ist, in fluviatilen Sedimenten Ursus spelaeus vorkommt, eine Art, die in primitiver Form im großen (M.-R.-) Interglazial auftritt. Dieser letzteren Zeit gehört also schon ein **oberhalb** der „Hochterrasse" gelegenes Flurensystem an.

5. Das **höhere** Alter der „Helfbrunner Terrasse" gegenüber dem Hauptteil der (darübergelegenen) ausgedehnten, noch stärker lehmbedeckten quartären Terrassen ergibt sich auch aus dem viel geringeren Grade der Zerschneidung der ersteren (Abb. 8).

Ergebnisse: Einheitliche im Mur- und Raabbereich verbreitete, als letztinterglazial betrachtete Terrassen erstrecken sich von dem Zungenbecken der Würm- und Riß-Vergletscherung, im obersteirischen Becken von Judenburg—Knittelfeld aus, über das Grazer Becken bis tief nach Südungarn; desgleichen analoge Fluren, welche, im Einzugsgebiet der Raab, an den nordoststeirischen Bergen ihren Ursprung nehmen, bis weit in die Kleine ungarische Ebene hinein. Der gleichartige Aufbau der Terrassen, auch noch in der Nähe des letzteiszeitlichen Endmoränengürtels, und die völlig abweichende Beschaffenheit gegenüber den sicher glazialen Terrassen, spricht für ein i n t e r g l a z i a l e s und speziell für ein letztinterglaziales Alter dieser hier besprochenen Terrassengruppe. Ihrer Ablagerung ist eine bedeutende Tiefenerosion vorausgegangen und, gleichzeitig und anschließend, eine Verbreiterung der Talsohlen erfolgt. Ein kräftiger Tiefenschurf ist noch v o r Entstehung der Würmterrassen nachgefolgt, dessen Hauptaktivität vermutlich in die frühen Phasen des Würms zu verlegen ist.

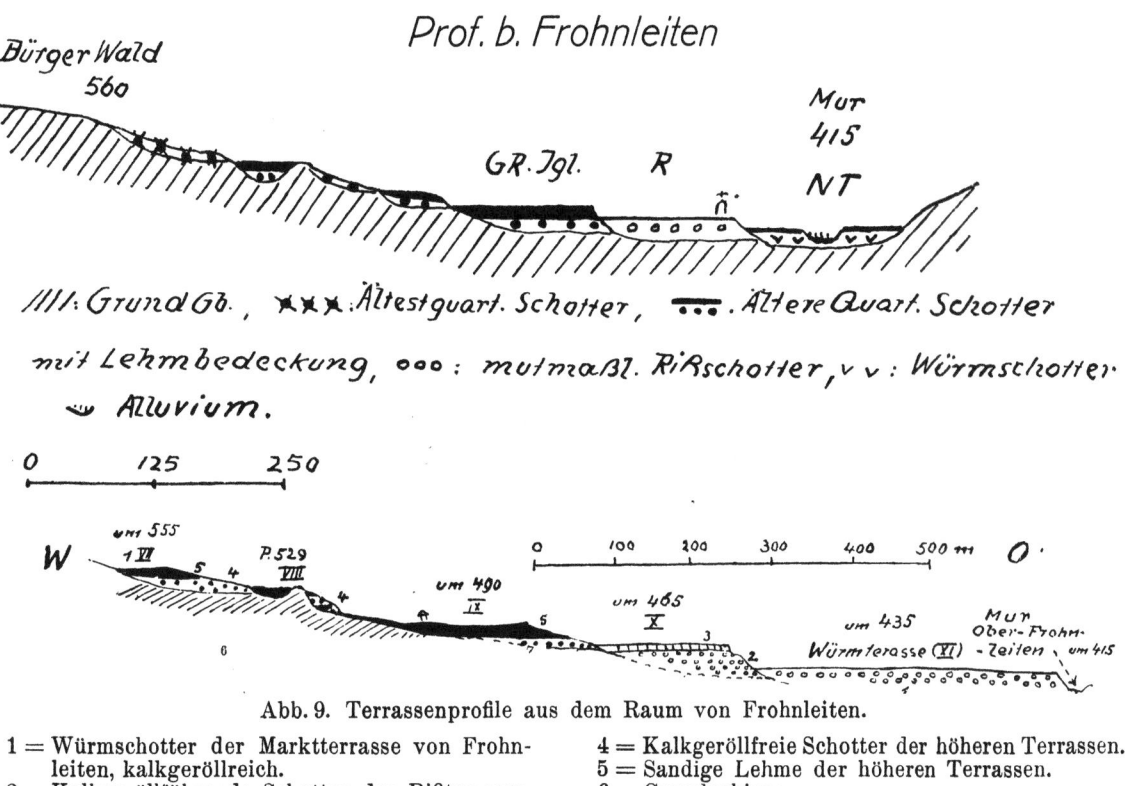

Abb. 9. Terrassenprofile aus dem Raum von Frohnleiten.

1 = Würmschotter der Marktterrasse von Frohnleiten, kalkgeröllreich.
2 = Kalkgeröllführende Schotter der Rißterrasse.
3 = Lehmige Sande der Rißterrasse.
4 = Kalkgeröllfreie Schotter der höheren Terrassen.
5 = Sandige Lehme der höheren Terrassen.
6 = Grundgebirge.

E. Rißeiszeitliche Ablagerungen im Murbereich.

1. Fluvioglaziale Bildungen aus der Rißzeit an der mittleren Mur.

Im Durchbruch der Mur zwischen Bruck und Graz konnte, bei einer gemeinsamen Begehung mit M. Mottl, etwa 20 m oberhalb der letzteiszeitlichen Terrasse, auf welcher sich der Markt Frohnleiten erhebt, eine schon von anderen Autoren erwähnte Terrassenflur als ä l t e r e f l u v i o g l a z i a l e B i l d u n g angesprochen werden. Durch ihren Aufbau fast ausschließlich aus Schottern, durch die relativ geringe Zersetzung der kristallinen Geröllkomponenten und durch das Fehlen einer Lehmdecke unterscheidet sie sich von den noch darüber auftretenden älterquartären Akkumulationen, durch ihre Höhenlage von der letzteiszeitlichen Niederterrasse (Abb. 9, S. 51). Wir glauben sie als R i ß a u f s c h ü t t u n g ansprechen zu können. Bei Bruck an der Mur haben schon A. Penck (1909), J. Sölch (1917) und J. Stiny (1923) höhere Quartärfluren, welche die Niederterrasse überragen, angeführt. Ich rechne die am Schloßberg bei Bruck, in einer Höhe von etwa 70—80 m oberhalb der Mur, auftretende, aus Schottern gebildete Terrasse, welche die jungquartäre Flur beträchtlich erhöht, dem erwähnten Niveau von Frohnleiten zu und vermute hier eine fluvioglaziale Aufschüttung aus der Rißzeit.

Die Schotterlagen im Sattel zwischen dem Greggerberg (Ruinenhügel) und dem Dürnberg bilden eine deutliche Terrassenflur. Das überkopfgroße Geröllmaterial besteht aus frischen Kalken, sehr reichlichen Werfener Schiefergeröllen, Porphyren, Grauwackengesteinen, Quarzen usw. Die Terrasse zeigt keine Lehmbedeckung. Die Oberfläche der Ablagerung befindet sich bei Bruck in einer um etwa 15—20 m größeren Höhenlage über der Mur als die vermuteten zeitlichen Äquivalente bei Frohnleiten, was auf steilere Böschung des sie aufbauenden Schuttkegels, der vermutlich aus dem Tragößtal vorgebaut wurde, wahrscheinlich aber auch auf eine jüngere, stärkere Aufwölbung zurückgeführt werden kann.

In den Höhlen des Kugelsteins, zwischen Peggau und Frohnleiten, welche an einem von der Mur schluchtartig durchsägten Kalksporn auftreten und welche von M. Mottl (1948) eingehend untersucht wurden, können vielleicht Sande und Kleinschotter in der „unteren Höhle", welche etwa 45 m über der Mur auftreten, der rißeiszeitlichen Aufschwemmung zugezählt werden. Durch Fund einer primitiven Form von Ursus spelaeus am Kugelstein, wie sie im Mindel-Rißinterglazial auftritt, schon 40 m über dem Niveau der Riß-Flur, erscheint ein jüngeres Alter als das Mindel-Rißinterglazial für vorgenannte Ausschüttung auch paläontologisch begründet.

Dieselbe Terrasse kehrt ferner im Becken von Deutschfeistritz wieder, von wo schon A. Aigner und J. Sölch Quartärfluren angegeben hatten. Sie zeigt auch hier an der Basis einen, sehr grobe Kalkgerölle

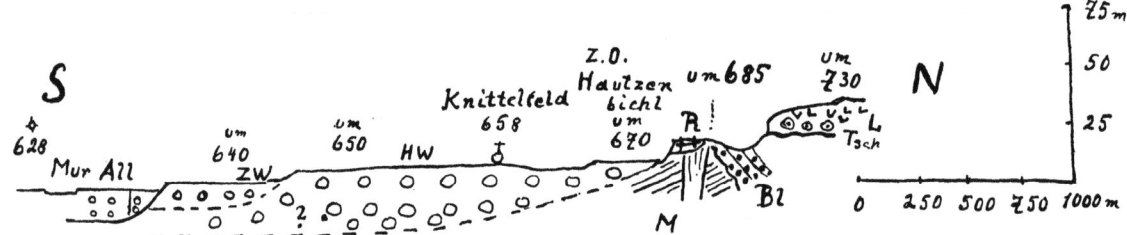

Abb. 10. Profile durch die Quartärablagerungen bei Knittelfeld.

M = Helvetischer Süßwassertegel des Miozäns.
Bl = Höhermiozäne Blockschotter.
Tsch = Älterquartäre Terrassenschotter.
L = Zugehörige mächtige Lehmdecke.
R = „Rißterrasse".
Hw = Hauptterrasse
Zw = Zwischenterrasse } des Würm.
Al = Alluvium.

führenden Schotter und darüber Mittel- und Kleinschotter mit Sanden. Sie trägt eine Flugsandbedeckung (lößähnlich).

Im Judenburger Becken wird, an seinem Südsaum bei Weißkirchen, das Auftreten von Rißmoränen vermutet.

An den Aufschlüssen der großen Ziegelei nördlich von Knittelfeld (westlich Schloß Hautzenbichl) (Abb. 10) konnte ich über dem Miozän, etwa 12—20 m über dem Niveau des oberen Stadtbodens (ob. Würmterrasse), die Auflagerung eines die Flur der Würmterrasse deutlich überhöhenden quartären Schuttkegels feststellen, welcher Blockeinschlüsse bis über 1 m Durchmesser aufweist (Granite und Granitgneise, Schiefergneise und Glimmerschiefer, Quarze usw.). Er unterscheidet sich durch die bedeutende Geröllgröße, die Frische des Materials und durch das Fehlen einer Lehmbedeckung sowie durch die geringere Höhenlage seiner Flur von der noch zu erwähnenden, am aufsteigenden Waldgelände einige 100 m weiter nördlich befindlichen Schotterterrasse mit mächtiger Lehmbedeckung. Ich halte diese Grob- und Blockschotter für eine Aufschüttung der Rißeiszeit.

2. Schotterterrassen aus der Rißeiszeit an der unteren Mur.

Im Murfeld unterhalb von Graz ist das Auftreten sicherer rißeiszeitlicher Ablagerungen noch nicht gesichert. Ich vermute, daß eine Schotterterrasse, welche keine Lehmbedeckung, wohl aber eine Auflagerung von Lößlehm zeigt, in den Ziegeleien von Waltendorf bei Graz, die schon H. Mohr (1919) beschrieben hat, und die sich deutlich, aber nur wenig über die letztglazialen Schotterfluren erhebt, als Aufschüttung aus der Rißzeit angesprochen werden kann (Abb. 11 a, S. 53).

In ersterem Bereiche sind die Aufschlüsse in den Ziegeleien von St. Peter, einem Vorort von Graz, besonders instruktiv. Wie aus Abb. 11 ersichtlich, läßt sich zwischen der Hauptschotterterrasse des Grazer Feldes und höhergelegenen, mit mächtigen Lehmdecken versehenen Terrassen ein Terrassenkörper feststellen, der vorwiegend aus Schottern und Sanden besteht. Diese, das Grazer Feld überhöhende Terrasse,

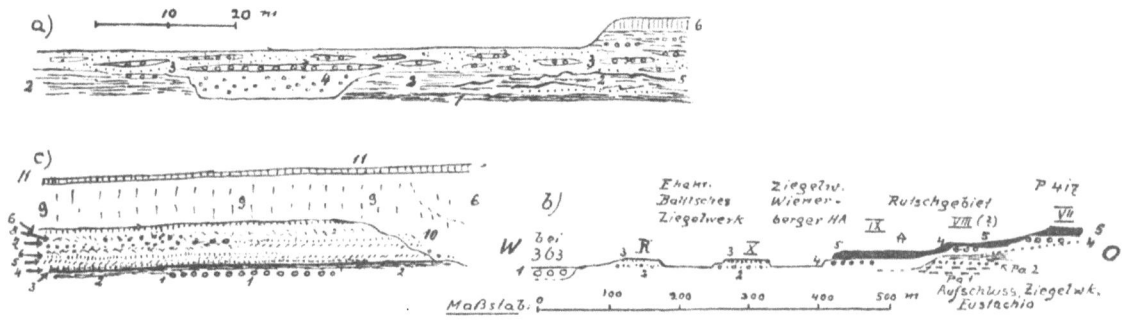

Abb. 11a. Aufschlußwand in der ehemals Baltlschen Ziegelei in St. Peter bei Graz (vermutlich Rißterrasse).

1 = Blaugrauer fester Lehm.
2 = Sandiger Lehm.
3 = Sand mit Schottermassen.
4 = Schotterfüllung.
5 = Eisenschüssige Streifen.
6 = Lehmiger Sand (Flugsand), lößähnlich (Lößlehm).

Abb. 11b. Schematisiertes Profil durch den Bereich der Ziegeleien von St. Peter bei Graz*).

1 = Würmschotter des Grazer Feldes (Hauptterrasse).
2 = Schotter, Kiese, Lehme (Riß).
3 = Äolische Hangendsande „Lößlehme" derselben (Riß).
4 = Schotterbasis der älteren Terrassen (IX—VII?).
5 = Lehmdecken der älteren Terrassen (IX—VII?).
Pa 1 = Pannonische Tegel, sandige Tegel, tegelige Sande mit konkretionären Sandsteinen und Steinmergellagen.
Pa 2 = Pannonische Schotter und Kiese.

Abb. 11c. Aufschluß im Ziegelwerk Hart bei Messendorf („Mittlere Terrassengruppe").

1 = Grober Schotter mit lehmigem Bindemittel.
2 = Blaugrüne plastische Lehme.
3 = Eisenschüssige Lage.
4 = Feinsandige Lehme mit Eisenkrusten.
5 = Dunkle Lehmlagen (begrabener B-Horizont?).
6 = Helle Lehmlagen (fossile Bleicherden?).
7 = Kleinschotter in Lehm.
8 = Graue Lehme.
9 = Dunkle sandige Lehme.
10 = Sandiger Lehm mit Sand und mit Geröllen.
11 = Äolischer lehmiger Sand.

auf welcher, wie schon *Hilber* angegeben, Teile von Waltendorf, dann St. Peter, Messendorf, Hart, Grambach und Berndorf gelegen sind, fällt von 371 m im Norden auf 346 m im Süden ab. Das Detailbild im derzeitigen Aufschluß der ehemals Baltlschen Ziegelei läßt feststellen, daß die vorherrschenden Schotter, Kiese und Sande des Terrassenkörpers taschenförmig in ebenfalls der Terrasse zugehörige Lehme und sandige Lehme eingreifen. Die Oberfläche der Terrasse bildet ein 1950 vom Abbau noch verschonter Rest sandig-lehmigen Materials (2—2,5 m), welches als Lößlehm[41] anzusehen und als solcher auch schon von *H. Mohr* (1919) angesprochen worden ist. *Mohr* fand darin Holzkohlenreste[42].

Auf Lößvorkommen im Gebiete des Murtales oberhalb von Graz haben weiters auch *W. Waagen* (1930) und auf solche aus dem Raum westlich von Graz *H. Hübl* (1943) verwiesen. Soweit mir diese Vorkommen von „Berglöß" bekannt sind, handelt es sich nicht um typische Löße mit der charakteristischen lockeren Beschaffenheit und Struktur, sondern um flugsandähnliche Bildungen.

Die starke Betonung der Schotter und Sande am Aufbau — bei Zurücktreten der typischen Terrassenlehme —, die größere Höhenlage gegenüber dem „Grazer Schotterfeld", die abweichende Geröllzusammensetzung (Fehlen von Kalkgeschieben!), die selbständige Stellung dieser mit seiner Basis unter die Oberfläche des Grazer Feldes hinabreichenden Baustufe (*V. Hilber*), ihre Überhöhung aber — wie bei Frohnleiten — durch Lehmterrassen spricht für ein **rißeiszeitliches** Alter.

Weitere Reste von Terrassen, welche mit ziemlicher Sicherheit der Rißzeit zuzuweisen sind, habe ich ferner unterhalb der Murenge bei Wildon, am linken Gehänge des Talbodens, bei St. Georgen a. d. Stiefing und, südlich davon, bei Badendorf festgestellt. Bei St. Georgen ist es ein älteren quartären Terrassen angelagerter Rest einer Schotterablagerung mit bis faustgroßen

---

*) Auf Abb. 11b Mitte soll statt X „R" stehen.

[41] *H. Mohr* nimmt an, daß 40% dieser Terrasse aus äolischem Material bestehen. Ich betrachte nur die 2—2,5 m mächtige Hangendlage als äolische Aufwehung, welche auch die von *Mohr* beschriebenen Holzkohlenreste aufweist. Die äolische Ablagerung muß älter sein als die Würmschotterfelder, von denen lößähnliche Sedimente nicht bekanntgeworden sind.

[42] Bezüglich der Frage der Lößbildung am Alpenfuß (vgl. *R. Rungaldier*, 1933) wird auf die Lößarmut Steiermarks verwiesen und diese auf die Windschutzlage dieses Raumes (gegenüber westlichen Winden) zurückgeführt.

Geröllen und relativ frischem, reichlich kristallinführendem Geröllmaterial und sonach mit geringer Auslese. Die kleine Flur liegt mindestens 15 m über dem Murtalboden. Am Gehänge bei Badendorf ist, knapp 20 m über dem Talboden, eine kleine Vorterrasse, an das Miozän angelehnt, welche über etlichen Metern Schottern eine Auflagerung von über 2 m sandigem Lehm vom Charakter eines Lößlehms aufweist. Vermutlich ist dieselbe Terrasse auch bei Neudorf (östlich von Leibnitz) vorhanden.

3. Mittelpleistozäne Terrasse am Südsaum des Olsnitz- (Murska Sobota-) Wernseer- (Veržejer-) Beckens, im Raume östlich von Radkersburg.

Knapp östlich des Hügellandspornes von Radkersburg setzt eine jüngerquartäre Terrasse, als ein etwa 500 m breiter Saum, unterhalb von Ober-Radkersburg in großer Deutlichkeit an. Sie lehnt sich hier an eine ältere (älterquartäre) Terrasse an und ist über Kellerdorf—Schrottendorf, Woritschau und Radein, Richterofzen, Siebeneichen, Eichdorf, Wolfsdorf, Alt-Neudorf, Igelsdorf bis Kreuzdorf zu verfolgen, wo sie — bei immer mehr abnehmender Höhe — mit dem Alluvialboden verschmilzt. Bei Ober-Radkersburg beginnt sie 16 m über dem Murspiegel, bei Radein liegt sie in etwa 10 m, bei Igelsdorf in etwa 8 m über demselben. Gegen Luttenberg (Ljutomer) hin sind nur mehr Andeutungen der Terrasse erkennbar.

Der Aufbau der Terrasse unterhalb von Ober-Radkersburg ist folgender: An der Basis lagert über tertiärem Tegel, der im Murbett (bei der Überfuhr von Ober-Radkersburg) zutage tritt, gröberer Schotter von mehreren Metern Mächtigkeit, darüber 2 m Sand, darüber eisenschüssige Lehme, steil geklüftet mit reichlich sandigen Lagen (etwa 5 m). Die Schotter sind typische Murschotter mit Geröllen bis Doppeltfaustgröße, die Lehme stärker sandige Terrassenlehme, zum Teil rostig verfärbt und von senkrechten, eisenschüssigen Röhrchen und Streifen durchsetzt. Oberhalb von Kellerdorf stellte ich die Mächtigkeit der diluvialen Aufschüttung mit 12 m fest.

Welches Alter kommt dieser Terrasse zu? Aus ihrer Einschaltung (Anlagerung an höher gelegene Lehmterrassen) geht ein j u n g q u a r t ä r e s A l t e r hervor. Der Höhenlage nach (etwa 220 m bei Ober-Radkersburg) könnte sie nur schwierig als Fortsetzung der Helfbrunner Terrasse angesehen werden, welche 7 km talaufwärts am Rand des Rothlahnbodens 225 m hoch gelegen ist. Damit erscheint das Gefälle zu gering. Das Vorwalten von Sanden und Schottern am Aufbau und der sandige Charakter der Lehmbedeckung sprechen für ein e i s z e i t l i c h e s Alter. Ich vermute, daß in der in Rede stehenden Terrasse ein Wiederauftauchen der „Rißterrasse" des Grazer Feldes vorliegt.

Auf der Nordflanke des unteren Murtals, am Nordsaum des Murecker Feldes, stellt sich, zwischen Weinburg und Deutsch Goritz, oberhalb der so deutlich ausgeprägten „Helfbrunner Flur" und unter der „mittleren Terrassengruppe" (älteres Mittelpleistozän), ein schmaler unterbrochener Saum eines Zwischenniveaus ein, das vielleicht als ein Bindeglied zwischen den in die Rißzeit gestellten Fluren bei St. Georgen a. d. Stiefing und jenen bei und unterhalb von Ober-Radkersburg angesehen werden kann.

Nach diesen Befunden hätte sich auch in der R i ß e i s z e i t, wie im Würm, ein vorwiegend reiner Schotterkegel aus dem Knittelfelder Becken murtalabwärts vorgebaut gehabt und sich, falls ihm die Schotter bei Ober-Radkersburg tatsächlich zugehören sollten, noch weiter gegen die Mündung der Mur zu erstreckt als die Würmschuttkegel.

F. Die „mittlere Terrassengruppe" des Quartärs im Mur- und Raabbereich (Niv. VIII—IX).
(Älteres Mittelpleistozän, vgl. Tabelle.)

1. Allgemeines. Die „mittlere Terrassengruppe" ist im gesamten Murbereich der steirischen Bucht, vom Durchbruchstal zwischen Bruck und Graz angefangen, bis zur Ausmündung in das Draufeld im jugoslawischen Übermurgebiet und ebenso an den zahlreichen Zuflüssen der Mur, ferner im Bereiche des Raabflusses und in jenen ihrer Zubringer (Lafnitz, Feistritz, Strem, Pinka) sowie schließlich im Gesamtbereich der südlichen Kleinen ungarischen Ebene (Raab und dortige Zuflüsse, Zala) entwickelt. Sie ist das v e r b r e i t e t s t e u n d k e n n z e i c h n e n d s t e T e r r a s s e n g l i e d d e s Q u a r t ä r s und mindestens in zwei Teilstufen aufgliederbar.

Im unteren Murbereich wurden als ihre charakteristischen Merkmale, die auch für die meisten anderen Teilgebiete als maßgebend anzusehen sind, nachstehende ermittelt (Taf. I):

a) Wesentlich **stärkere Zerschneidung** als die Helfbrunner Flur, aber geringere als bei den höheren, altquartären Fluren (Abb. 8 b, c, S. 49).

b) Eine noch **mächtigere Lehmbedeckung** über dem basalen Schotter als letztere (Stärke 10 m bis über 20 m).

c) Oberflächennahe Umwandlung der Terrassenlehme in eine Abart der „marmorierten Böden" (*W. Laatsch*), Bildung von mit Manganhäuten überzogenen Knollen[43].

d) **Bedeutendere Höhenlage** über den Muralluvialböden (40—70 m).

Die Schotter sind quarzreich und vollkommen frei von Karbonatgeröllen. Frische Aufschlüsse in den Schottern sind zwar selten; aber an einem solchen im Saßbachtal (bei Siebing) konnte ich feststellen, daß in tieferen Lagen des Schotters auch die typische Kristallin-Geröllgesellschaft und Buntsandsteingerölle in durchaus frischem Zustande, aber k e i n e Kalke auftreten. Quartäre und rezente Verwitterung haben also an der Oberfläche den g a n z e n Geröllinhalt ergriffen, während die Entkalkung bis zur Basis der Aufschüttung vorgedrungen ist. Wie vollkommen die Entkalkung zugehöriger Terrassenreste vor sich gegangen ist, zeigt ein Vorkommen im Pößnitztal oberhalb von Leutschach (Südweststeiermark), welches durch lokale Bäche aus dem hauptsächlich von Kalkgeröllmaterial zusammengefügten mittelmiozänen Schottergebiet seine Gerölle zugeführt erhielt, aber gegenwärtig vollkommen kalkfrei ist. Die Entkarbonatisierung muß, da die heutigen und würmzeitlichen Schotter diese nicht oder nur in sehr geringem Grade erkennen lassen, als ein v o r z e i t l i c h e r, wahrscheinlich durch ein wärmeres Klima i n d e r I n t e r g l a z i a l z e i t b e d i n g t e r V o r g a n g angesehen werden.

Zwischen die Entstehung dieser Terrassen und jene der Helfbrunner Flur schaltet sich eine **bedeutende Tiefenerosion** ein, welche bis nahe an das Niveau des heutigen Alluvialbodens gereicht hatte. Das Ausmaß beträgt 30—50 m. Die Entstehung beider Fluren ist demnach durch einen **längeren Zeitraum** getrennt. Es wird vermutet, daß in diesen hinein die Aufschüttung der nur noch in fraglichen Resten erhaltenen Rißschotter einzuschalten ist, wodurch zeitweilig eine Unterbrechung des Eintiefungsvorganges erfolgt wäre. Zur Zeit der Aufschüttung der „mittleren Terrassengruppe" lag die Sohle der Akkumulation an der unteren Mur schon 30—40 m über dem heutigen Talboden. Die Mächtigkeit der Aufschüttungen beträgt um 20 m, wobei der Hauptteil auf die Lehmdecke entfällt, während der basale Schotter, in einer Mächtigkeit von einigen wenigen Metern, nur an den Terrassenabfällen ausbeißt. Auf dem zugehörigen Teil der Kaiserwaldflur wurde nach *V. Hilber* (1912) 17 m in Lehm gebohrt.

Die Bildungsdauer dieses Flursystems kann — bei zweimaliger mächtiger Aufschüttung und zwischengeschalteter Erosion — sicherlich auf einen Zeitraum im Größenausmaß von mehreren 100.000 Jahren geschätzt werden. Die Terrassen sind fast in allen Talgebieten nur **einseitig** erhalten, aber auch schon während ihrer Bildungszeit, in bezug auf die älteren Fluren, asymmetrisch angelegt worden. Dabei sind Seitenverschiebungen an den größeren Flüssen (untere Mur, Raab) während der Entstehung dieses Systems im Ausmaß bis zu mehreren Kilometern anzunehmen.

Das **Klima** zur Entstehungszeit der mittleren Terrassengruppe dürfte ein **mediterranes** gewesen sein, wofür, nach *W. Kubiena*, die Beschaffenheit und Veränderung der Terrassenlehme spricht. Jedoch konnte ich typisch rotgefärbte Lehme in diesem Niveau **nicht** feststellen. Auf der Flur selbst konnte mehrfach — erstmalig gemeinsam mit *W. Kubiena* auf der Flur von Hürth bei Klöch, Bezirk Radkersburg, dann typisch in der Ziegelei von Hart bei Messendorf — eine Bedeckung der Terrassenlehme mit einer Schicht von Feinsand festgestellt werden, welche sich im ersteren Falle 0,3 m, im letzteren 0,7 m mächtig erwies. Ich betrachte dies als

---

[43] Besonders schöne Aufschlüsse in marmorierten Böden finden sich an dem vor einigen Jahren erbauten Güterweg Hürth—Klöch, die in mehrfacher Wiederholung auftretende, aus knollig-kugeligen Konkretionen gebildete, wahrscheinlich altersverschiedene „B-Horizonte" aufweisen.

äolische Bildung, als Aufwehung von Flugsand, welche sich nach Trockenlegung des alten Auenbodens bis heute gebildet hatte.

Wenn — unter Berücksichtigung des noch zu erwähnenden Mindel-Riß-Igl.-Alters der mittleren Terrassengruppe — die Zeitdauer seit Abschluß der fluviatilen Aufschwemmung auf der Flur mit etwa 300.000—400.000 Jahren angesetzt[44] und für die Aufwehung ein Durchschnitt von 0,5 m Mächtigkeit in Rechnung gestellt wird, so würde sich eine jährliche Staubzufuhr in einer Schichtdicke von 0,0017 mm/J bez. 0,0012 mm/J ergeben, wobei allerdings die wohl nicht bedeutende Verminderung der aufgewehten Masse durch Wegfuhr gelöster Substanzen nicht berücksichtigt erscheint. Die Ursache, warum die Aufwehung gerade an der mittleren Terrassengruppe deutlich festzustellen ist, erklärt sich meines Erachtens daraus, daß sie auf den jüngeren Terrassen wegen wesentlich kürzerer Dauer der seither verflossenen Zeit, und bei den höheren Fluren wegen schon stärkerer Denudation von derer Oberfläche nicht so klar in Erscheinung treten kann.

In dem von mir studierten Verbreitungsbereich der älterquartären (und jüngstpliozänen) Terrassen konnte immer wieder die enge Verknüpfung der liegenden Schotterdecke mit der meist mächtigeren hangenden Lehmbedeckung festgestellt werden, so daß an der Zusammengehörigkeit beider nicht gezweifelt werden kann.

So müssen auch die unmittelbar unterhalb der mächtigen Lehmdecke des Kaiserwaldes gelegenen Schotter, die zum Beispiel über dem Basalt von Weitendorf aufgeschlossen sind, der (mittelquartären) Kaiserwaldterrasse selbst zugezählt werden. Der Untergrund der letzteren wird im südlichen Teil, nach *Clars* wichtigen Feststellungen, durch fossilführende sarmatische Schichten gebildet, die übrigens auch in der Fortsetzung gegen Osten hin am linken Murufer (Hausmannstätten—Dillach) seit langem bekannt sind.

Die Schotterbasis der Terrasse beträgt nur einige wenige Meter. Der Verwitterungsgrad der Schotter ist besonders oberflächlich beträchtlich. Doch treten in tieferen Entblößungen auch noch frische Schotter auf, die allerdings keine karbonatischen Gerölle, die sie als alte Murschotter ursprünglich offenbar besessen hatten, aufweisen.

Von *V. Hilber* (1893) festgestellt und *E. Clar* (1938) ebenfalls hervorgehoben, steigen nördlich und nordwestlich der Kaiserwaldterrasse von pannonischen Schottern gebildete Höhen auf. Aus den Begehungen um Doblbad ergibt sich auch, daß pannonische Schichten den Sockel der Kaiserwaldterrasse in dessen Nordteil bilden. Trotzdem ist, gegenüber *J. Sölch* (1921), auf Grund tausendfacher eigener Erfahrungen bei den Aufnahmen an den Terrassenlandschaften von etwa 30 Tälern des steirischen Hügellands festzuhalten, daß ü b e r a l l — mit Ausnahme der höchstgelegenen Fluren flächenhafter Denudation (200—300 m über den heutigen Talböden des steirischen Hügellandes!) — d i e L e h m d e c k e n d e r T e r r a s s e n v o n m e h r e r e M e t e r m ä c h t i g e n G r o b s c h o t t e r n, d i e d i e s e n e n g z u g e h ö r e n u n d a u c h m i t d e n L e h m l a g e n w e c h s e l n, u n t e r l a g e r t w e r d e n. Dasselbe gilt naturgemäß auch für die Terrasse des Kaiserwaldes. Die Schwierigkeit in der Deutung der Verhältnisse am Kaiserwald konnte seinerzeit nur dadurch entstehen, daß dort der Terrassenschotter im Südteil zwar über brackischem Sarmat, wie *E. Clar* zeigte, lagert — im Südostteil des Terrassenbereiches (bei Weitendorf) übrigens über Basalt und über marinem Torton, in das letzterer eingedrungen ist —, daß aber im N o r d t e i l d e s K a i s e r w a l d e s d e r d e r T e r r a s s e z u g e h ö r i g e S c h o t t e r ü b e r ä h n l i c h a u s s e h e n d e n p a n n o n i s c h e n S c h o t t e r n z u l i e g e n k o m m t.

Die „mittlere Terrassengruppe" des unteren Murbereichs besteht aus zwei selbständigen, ineinandergeschalteten Akkumulationen, die allerdings beide zusammen, sowohl gegenüber den darüber aufsteigenden Schotter-Lehm-Terrassen als auch gegenüber der tieferen „Helfbrunner Flur" durch ihre engere Aneinanderschaltung als Einheit höherer Ordnung erscheinen. Die S o h l e der mittleren Terrassengruppe liegt stets wesentlich über den heutigen Talauen, meist 20—30 m bzw. 30—40 m darüber. Die Mächtigkeit des Aufschüttungskörpers beträgt bei beiden Fluren bis etwa je 20 m, wovon der überwiegende Teil auf die Lehmdecke entfällt. Während der Hauptzeit der Terrassenbildung war die Schotterförderung der Flüsse eine nur mäßige, offenbar im allgemeinen allein auf die schmalen Rinnen des Flußbettes selbst beschränkt, wie es übrigens auch gegenwärtig bei den meisten Flüssen und Bächen des steirischen Hügellandes (mit Aus-

---

[44] Die Schätzung gründet sich n i c h t auf die, meiner Meinung nach, nicht gesicherte Klimakurve von *Milankovitsch*, sondern auf die allgemeinen Schätzungen der relativen und absoluten Zeitdauer der Quartärabschnitte.

nahme von Mur und Feistritz) der Fall ist. Im breiten Inundationsbett wurde nur feiner Schlick und Feinsand ausgebreitet.

2. *Die Verbreitung der „mittleren Terrassengruppe" im unteren Murbereich.*
(Taf. I und Abb. 6, S. 43, Abb. 7, S. 45, Abb. 8, S. 49, Abb. 11, S. 53.)

a) Übersicht.

Die „mittlere Terrassengruppe" setzt unterhalb von Graz, in schmalen Leisten, zuerst am linken Murtalgehänge an, wo sie in den Ziegeleien von Waltendorf und Hart bei Messendorf als lehmbedeckte Flur entblößt ist, gewinnt aber dann auf der rechten Flanke des Murtalbodens, zwischen diesem und dem Kainachtale, in der breiten, mit mächtigen Lehmdecken überzogenen Flur des Kaiserwaldes (Ziegeleien von Premstätten), welche eine Fläche von 25 m² bedeckt, große Ausdehnung. Sie reicht nach Süden bis zum Basalt von Weitendorf, den sie überlagert (vgl. *Winkler v. H.*, 1939, S. 74, Fig. 5).

Nach eigenen Untersuchungen und jenen von *T. Wiesböck* (1943) setzen die Terrassen, die auch schon *J. Sölch* erwähnt hatte, nunmehr in großer flächenhafter Ausdehnung, aus dem Raum von Wildon, stets an der Nordseite des Murtales gelegen, bis zur steirisch-jugoslawischen Grenze und darüber hinaus sich ins Übermurgebiet, bis Bagonya, fort. Durch Gräben und Runsen und durch die linksseitigen Zubringer der Mur sind die Fluren zwar zerschnitten, bilden aber doch, im großen gesehen, noch eine deutlich erkennbare Einheit, die sich von Wildon bis Bagonya auf 75 km Länge erstreckt. Die Breite der Flur erreicht bis über 6 km. Aber auch noch ganz im Osten (östlich von Olsnitz [Murska Sobota]) liegt die Flur noch über 30 m über dem Talboden. Auf der 20 km langen untersten Talstrecke nimmt sogar der Höhenabstand zum Alluvialfeld um einige Meter zu. Eine Konvergenz mit dem Talboden findet daher nicht statt. Die Terrasse hat noch weiter gereicht, und ihr Ende ist nur durch Seitenerosion vom jüngeren Murtalboden her (Lendvafluß) bedingt.

Auf einer zeitlich gleichzustellenden Flur am rechten Murufer, in der Talkonkave zwischen Ober-Radkersburg und Radein, treten mächtige zugehörige Ablagerungen von Terrassenlehm, die in der Ziegelei von Ober-Radkersburg 12 m mächtig aufgeschlossen sind, auf. Dies beweist, daß zur Zeit der mittleren Terrassengruppe die Mur nach Südwesten hin gegen die Büheln ausgegriffen und dort das Gehänge bogenförmig zurückgedrängt hatte. Der Talboden muß damals in diesem Querschnitt um einige Kilometer breiter gewesen sein als das heutige Alluvialfeld, da seine Fluren, sowohl an der Nord- wie an der Südflanke des letzteren, in Terrassen erhalten geblieben sind.

In den Seitentälern der unteren Mur ist dasselbe Terrassensystem allenthalben entwickelt. Die Fluren an den linksseitigen Zuflüssen der Mur ziehen in den „Grabenlandtälern" bis tief in die Landschaft, nahe an die Wasserscheide zur Raab heran, hinein. Hier und ebenso an allen rechtsseitigen Nebentälern der Mur zeigt sich deutlich die asymmetrische Anordnung auch der Terrassen der „mittleren Gruppe", worauf ich bei Besprechung der Tektonik noch zurückkomme (Taf. I und Abb. 7). An der untersteirischen Stainz, die der Mur aus den Windischen Büheln zufließt, sind zugehörige lehmbedeckte Fluren, 24 m hoch über dem Talboden, entwickelt. An den weststeirischen Zuflüssen der Mur, an der Laßnitz, Sulm und Saggau, reichen zugehörige Terrassenablagerungen bis an den Alpenrand bei Deutschlandsberg, Schwanberg und Wies-Eibiswald heran.

b) Einzelausbreitung der Bereiche der „mittleren Terrassengruppe" im unteren Murgebiet.

Die „mittlere Terrassengruppe" im Rahmen bisheriger Forschungen.

Schon *A. Penck* hatte in den Alpen im Eiszeitalter auf die weit verbreiteten älteren Terrassen an der unteren Mur verwiesen, welche an der rechten Flanke des Grazer Feldes die breite Plateaufläche des Kaiserwaldes („Kaiserwaldterrasse") zusammensetzen und deren Entsprechung er talabwärts in den großen, auf der Nordseite des Leibnitzer Feldes verbreiteten Terrassenfluren des Schweinsbachwaldes, Kaarwaldes usw. erblickte. *J. Sölch* hat 1917 eine kurze morphologische Beschreibung der Terrasse des Kaiserwaldes gegeben (S. 379—380), die Terrasse selbst — im Gegensatz zu *Penck* — schon für tertiär gehalten. 1921 habe ich die besondere Bedeutung des „Terrassenniveaus IX" „mit seinen kilometerbreiten Fluren" im Bereiche des unteren Murgebietes (Nordsaum des Leibnitzer Beckens) betont und dieses profilmäßig dargestellt. Ich verglich diese Terrassenfluren schon damals mit dem Hauptniveau des Kaiserwaldes südlich von Graz (= Niveau 7 von *V. Hilber*). Auf Blatt Gleichenberg (1927) wurden hierher gehörige Terrassenreste an den nordöstlichen Zubringern der unteren Mur als „Mittlere Terrassengruppe des Quartärs" und — bezüglich des enger zugehörigen, höheren Terrassenniveaus — als „Hauptterrasse des älteren Quartärs" ausgeschieden (1927). Auf Blatt Unterdrauburg (1929) und Marburg (1931) wurden die entsprechenden Fluren für die Bereiche des Sulm- und Saggautales als „Terrassen des älteren Diluviums" angegeben.

E. Clar hat (1938) im Sockel der Kaiserwaldterrasse (Südwestende bei Dohl) sarmatische, fossilführende Ablagerungen festgestellt. Er vertrat die Auffassung, daß der Grobschotter der Terrasse, der durch seine Auflagerung auf Sarmat als nachsarmatisch erwiesen sei, den pannonischen Schottern entspräche und daß daher die die Flur bildende Lehmdecke, die er als jungpliozän ansah, vom Schotterkörper abzutrennen sei.

In unserer Gemeinschaftsveröffentlichung über das untere Murgebiet (1943) haben *T. Wiesböck* und ich eine „mittlere Terrassengruppe" herausgehoben und innerhalb dieser zwei Hauptfluren unterschieden, welchen die Niveaus VIII und IX meiner Gliederung von 1921 zugerechnet wurden.

Verbreitung im untersten steirischen Murtal (Taf. I und Abb. 6, S. 43). Die „mittlere Terrassengruppe" (Terrassen VIII—IX) bilden sehr ausgedehnte Fluren am Nordrand des Leibnitzer Feldes (Taf. II, Fig. 2—4) und des Abstaler Beckens. Die Verbreitung unseres Niveaus in Gestalt der breiten Flächen des Kaarwaldes, Schweinsbachwaldes, Weinburgwaldes, Glauningwaldes und des Steinriegelwaldes (zum Teil), letztere am Saum des basaltischen Klöcher Berglandes (Abb. 20, S. 82), ist aus den kartographischen Darstellungen bei *Wiesböck* und mir (1943) zu ersehen. Aus Taf. I und der Kartenskizze Abb. 6 ist zu entnehmen, daß ein wesentlicher Teil der Aufschwemmungen der mittleren Terrassengruppe der Mur seine Entstehung verdankt. Auch an dem bereits erwähnten günstigen Aufschluß nordöstlich von Siebing zeigen die Terrassenschotter die typische Zusammensetzung des heutigen Murschotters, mit Ausnahme des offenbar sekundären Fehlens der Karbonatgerölle.

Fortsetzung der „mittleren Terrassengruppe" ins Übermurgebiet. Die „mittlere Terrassengruppe" setzt sich mit besonderer Deutlichkeit und Breite — im Gegensatz zur jenseits der Grenze bald aussetzenden „Helfbrunner Flur" — auf der Nordseite des Murtalbodens, der von der Lendva durchflossen wird, fort.

Sie bildet auf über 20 km Länge einen breiten Saum, der nördlich von Kaltenbrunn (Cankova), nordöstlich von Radkersburg, über Lehomer und Battyand (nördlich von Olsnitz [Murska sobota]) fast bis Bagonya reicht, wo der Terrassensaum, sich allmählich verschmälernd, an dem an das Alluvialfeld herantretenden Steilabhang des pliozänen Hügellandes sein Ende findet. Seine Oberfläche liegt bei Battyand noch immer 30 m über den Lendvaauen (in 220 m Seehöhe), mit ausgeprägtem Abfall zu letzteren. Eigene Beobachtungen bei Battyand ließen die mächtige Lehmbedeckung der Terrasse feststellen. Die „mittlere Terrassengruppe" zeigt — östlich ihrer Abknickung zwischen den Ausmündungen von Gnasbach- und Kutschenitzatal — auf der 20 km langen Strecke zwischen Kaltenbrunn (Cankova) und Bagonya keine Konvergenz mehr mit dem heutigen Murtalboden; eher nimmt der Höhenabstand noch um einige Meter zu.

Fortsetzung der „mittleren Terrassengruppe" im ehemals untersteirischen (jetzt jugoslawischen) Anteil des Murtalbodens (Südsaum) zwischen Radkersburg und Luttenberg (Ljutomer). In diesem Bereich zieht ein breiterer Terrassensaum, in 2 Teilfluren gliederbar, von Ober-Radkersburg bis gegen Luttenberg fort.

Es sind lehmbedeckte Terrassenfluren, welche sich von der Ziegelei Ober-Radkersburg über Kerschbach, Krottendorf und südlich von Radein (Radinci) bis Siebeneichen (Turjanci) erstrecken. Auch an dem Zwickel, welcher den Murtalboden vom untersteirischen Stainztal trennt, sind hierher gehörige Terrassen in breiteren Flächen entwickelt. Dagegen fehlen Terrassierungen im Raume von Luttenberg selbst und am anschließenden Saum des Weingebirges, da hier die Mur bzw. Stainz in jüngerer Zeit scharf nach Süden gedrängt und ältere Fluren ganz beseitigt hat.

Diese der „mittleren Terrassengruppe" zugehörigen Fluren liegen südlich von Ober-Radkersburg bis über 20 m über der Mur, in dem Zwickel zwischen Murtalboden und Stainz (oberhalb von Luttenberg) immer noch bis über 16 m darüber. Stärker zergliedert erhebt sich darüber noch eine höhere Teilflur (um über 10 m). Die tiefere **Lage** der Hauptflur der mittleren Terrassengruppe an der Süd- (Südwest-) Flanke des Murtalbodens, gegenüber der um etwa 10—14 m höheren an der Nordflanke (an der Lendva), spricht für eine etwas stärkere Herauswölbung des letzteren Bereichs, was auch mit dem morphologischen Gesamtbild (jungtektonische Senke im Raum von Luttenberg—Stainztal) in Einklang steht.

Ist die prächtige Talkonkave des Abstaler Beckens, an welcher die Mur ein Segment aus den Windischen Büheln herausgeschnitten hat, wie angegeben, nachquartären Alters, so muß die Entstehung des ähnlichen, kleineren, aus dem Körper der östlichen Windischen Büheln durch eine hier nach Südwesten ausgreifende Mur herausgeschnittenen Segments zwischen Ober-Radkersburg und Radein schon in **altmittelquartäre** Zeit verlegt werden, wie die Umsäumung mit Terrassen der „mittleren Gruppe" zeigt.

3. Die „mittlere Terrassengruppe" im Grazer Feld.

a) Ostsaum.

So wie die „Helfbrunner Flur" ist auch die „mittlere Terrassengruppe" sowohl am Nordostsaum des Grazer Feldes, im Stadtgebiet bei St. Peter und bei Raaba als auch im Südwesten, die Fluren des Kaiserwaldes bildend, hier in breiter flächenhafter Entwicklung vorhanden.

In St. Peter in Graz sind in den Ziegelwerken der Wienerberger A. G. über der „Riß"-Aufschüttung weitere Reste von Terrassen, mit mächtiger Lehmbedeckung versehen, erhalten (etwa 10 m über der „Riß"-Flur, ein zweites Niveau etwa 28 m darüber). Sie lagern dem von pannonischen Sanden, Kiesen und Tegeln gebildeten Gehänge an. Die pannonischen Schichten sind in dem unmittelbar nördlich an die Wienerberger Ziegelei anschließenden Ziegelwerk Eustachio gut aufgeschlossen, da letzteres sein Rohmaterial im wesentlichen derzeit dem Pannon entnimmt, während die Wienerberger Ziegelei Terrassenlehme verwertet (Abb. 11, S. 53).

Südlich von St. Peter setzt der „mittlere Terrassensaum" eine Strecke weit aus. Erst bei Hart, südlich von Messendorf, ist an der Einmündung des Autales in einer Ziegelgrube wieder ein zugehöriger Terrassenkörper angeschnitten. Die Mächtigkeit der aufgeschlossenen Lehme beträgt etwa 12 m (Abb. 11 c), die Basis bildet eine Schotterlage mit lehmigem Bindemittel, welche noch tiefer hinabreichen soll, das Hangende der Lehme eine 0,7 m mächtige Lage von Feinsand, den ich als nachträgliche äolische Aufwehung auf die Terrasse ansehe. Am Ostrand der Grubenwand war zur Zeit des gemeinsam mit Frau *Mottl* durchgeführten Besuchs (Sommer 1948) die Anlagerung einer später gebildeten, lehmig-feinsandigen Masse an eine von der Hauptmasse der Lehme gebildete Erosionswand zu sehen. Wahrscheinlich handelt es sich hier um die Einkerbung einer Rinne und deren Wiederauffüllung durch einen mäandrierenden Bach bzw. durch dessen Aulehme während der Aufschüttung der Flur.

Die Oberfläche der Terrasse liegt in Hart bei 377 m, das ist 35 m über der Mur. Diese Flur und die vorbesprochene bei St. Peter bilden wohl das Äquivalent der Hauptflur des Kaiserwaldes, welche am gegenüberliegenden Gehänge des Grazer Feldes nördlich von Premstätten in einer Seehöhe von 370 m einsetzt.

In dem nur 500 m von der Ziegelei Hart entfernten Ziegelwerk von Tiefental ist, dem Hügellandsporn angenähert, eine **höhere Teilflur** erhalten, deren Oberfläche bei etwa 400 m Seehöhe gelegen ist, etwa 13 m über der tieferen. Sie zeigt die für die Oberflächen der höheren Lehmterrassen des unteren Murgebiets so charakteristischen Lagen knollig-kleinkugeliger Verhärtung, die als nachträgliche, diagenetische Veränderungen der alten Aulehme („B-Horizonte") anzusehen sind. Es treten also bei Hart zwei Terrassen übereinander auf, die nach Aufbau und Höhenlage der „mittleren Terrassengruppe" zugezählt werden können.

b) Die Hauptterrasse des Kaiserwaldes.

Auf die Zugehörigkeit des ausgedehnten Plateaus des Kaiserwaldes (Hauptflur) zur „mittleren Terrassengruppe" und auf die Zusammengehörigkeit von Schotterbasis und Lehmdecke habe ich bereits verwiesen. In der Ziegelei Premstätten sind, beobachtet anläßlich eines gemeinsamen Besuches mit Frau *Mottl*, wie bei St. Peter und Hart, an der nur 3,3 m hohen Wand ein zweimaliger Wechsel heller und dunkler Lagen zu sehen. Das Hangende bildet auch wieder eine als Aufwehung gedeutete Sandlage von 0,25 m. Aus einer Brunnengrabung bei Windorf kam der Basisschotter der Hauptterrasse zutage. Er erwies sich — wie ganz allgemein bei den Schottern des unteren Murbereichs, ausgenommen jener der Würmterrasse — als vollkommen **frei von Kalkgeröllen**, was auf eine sekundäre Verarmung desselben zurückzuführen ist. Im übrigen zeigte er aber die der Lösung widerstehenden Komponenten auch aus dem kalkalpinen Einzugsgebiet der Mur, wie Werfener Sandsteine, Präbichl-Konglomerat, dazu Semmering-Quarzite.

Im Aufstiege von der ausgedehnten Hauptflur des Kaiserwaldes zur Höhe östlich von Doblbad zeigt sich eine **höhere, etwas abgeböschte Flur** angedeutet, etwa 10 m über ersterer, die ich als obere Teilflur der „mittleren Terrassengruppe" ansehe (Terrasse VIII).

4. Die „mittlere Terrassengruppe" in den Seitentälern des unteren Murgebietes.

a) **Grabenlandtäler** (Taf. I und Abb. 7, S. 45). Aufschwemmungsterrassen der mittleren Gruppe sind im deutschen Grabenland, vom Schwarzautal im Westen bis zum Lendbachtal im

Osten, meist einseitig entwickelt, feststellbar. Größere Ausdehnung gewinnen sie besonders an der Ostseite des Gleichenberger Tales, wo breite Flächen, mit mächtigen Lehmhauben versehen, feststellbar sind (*Winkler-H.* 1913, 1927).

b) Rechtsseitige Zubringer der unteren Mur (Taf. I, Taf. II, Fig. V). An den weststeirischen (rechtsseitigen) Zubringern der unteren Mur sind Terrassen der „mittleren Gruppe" weit verbreitet. Sie sind besonders deutlich an der Laßnitz[45] entwickelt, wo sie in breiteren, allerdings schon stärker zerschnittenen Flächen zwischen Frauental, St. Florian, Preding und Hengsberg auftreten. Sie kehren im Stainz- und im Gleinztale wieder[45].

Im Sulmtale konnte ich hierher gehörige Terrassen und Unterbrechungen aus dem Leibnitzer Becken talaufwärts verfolgen[46].

Sie treten im unteren Flußabschnitt in der Weitung von Heimschuh auf. Oberhalb der Durchbrüche durch die Sausalschiefermassen bilden sie breite, flache Säume, nördlich von Gleinstätten und Haslach (Pistorf-Hartwald). An der Gabelung des Sulmtales treten sie im Weißen Sulmtal auf die Südseite des Talbodens über und bilden einen breiten Terrassensaum zwischen Gasselsdorf, Schloß Welsberg und Bergla (vgl. Darstellung auf der geologischen Spezialkarte Blatt Unterdrauburg, Wien 1929). Schließlich ist ein hierher gehöriger Terrassenrest unmittelbar östlich des Bahnhofes Schwanberg auf der kleinen, isoliert aus dem Alluvium aufragenden Kuppe des Angerkogels über untermiozänen Eibiswalderschichten erhalten[47].

An der Schwarzen Sulm sind über der jungquartären Terrasse auch die Fluren des Niveaus IX—VIII, und zwar zwischen Gasselsdorf und Brunn auf der Nordseite, talaufwärts aber (westlich von Wies) an der Südseite entwickelt.

An der Saggau schließlich, dem größten und einzigen rechtsseitigen Zubringer der Sulm, konnte ich dem Niveau IX—VIII zuzurechnende Terrassen im unteren Talverlauf (nord—süd-orientierte Strecke), an der Westflanke des Tales als schmalen Saum, an der talaufwärts anschließenden, ost—west-gerichteten Laufstrecke zwischen Eibiswald und Saggau, ausschließlich auf der Südseite, hier in breiten Flächen als Doppelterrasse entwickelt, feststellen. Noch am Nordwestsaum des Radelgebirges ist ein alter Schwemmkegel am Stammereggbach, SSW von Eibiswald, vorhanden, der anzeigt, wie weit ins Bergland hinein die intraquartäre Verschüttung gereicht hatte (vgl. die Darstellung in *Winkler-Hermaden.* „Radelgebirge". 1929 a). Hier steigen Terrassenaufschwemmungen bis 600 m Seehöhe auf.

Untersteirisches Stainztal. Schließlich sind im untersteirischen Stainztal auf etwa 40 km Länge Terrassen der mittleren Gruppe, vorwiegend linksseitig, entwickelt. Sie bilden — im Raum südlich von Mureck beginnend — bis in den Bereich von „Stainztal" einen breiteren Saum an der Nordseite des Tals, setzen sich, verschmälert, am Steilabfall des Radkersburger Hügellandes fort, treten zwischen Sulzdorf und Widem auf die rechte Talflanke über, um östlich von Widem, am Saume des hier absinkenden Hügellandes von Radkersburg—Kappellen, in die ausgedehnten Lehmfluren zwischen Stainztal und Murtalboden zu münden. Hier sind zwei Teilfluren (24 m bzw. 12—14 m über dem Auenboden des Stainztales) unterscheidbar, auf welchen die Orte Slabotinzen (Slabotince), Selusche (Selušči) und andere liegen; nur deren höhere wird der „mittleren Terrassengruppe" zugerechnet.

5. Die „mittlere Terrassengruppe" im mittleren Murbereich bei Frohnleiten (Abb. 9, S. 51) *und oberhalb.*

Im Murdurchbruch oberhalb von Graz tritt eine Terrasse bei Frohnleiten von gleichartigem Aufbau (stark verlehmte Schotter an der Basis, darüber mächtige Lehmbedeckung) in einer Seehöhe von 490—495 m, oberhalb der mit der Rißeiszeit parallelisierten Schotterflur, auf. Basale, grobe, verarmte Schotter (mit größeren Quarz-Gneis-Rollblöcken) werden von 15—20 m mächtigen Lehmen bedeckt. Dieses Niveau entspricht jenem im Durchbruch der Mur am Kugelstein (unterhalb von Frohnleiten), das dort durch eine Terrasse in der Seehöhe von 490 m angezeigt wird.

---

[45] Auf der geologischen Kartenskizze des mittleren und unteren Laßnitztales (*Winkler v. H.* 1941) sind mittlere und obere Terrassengruppe nicht getrennt dargestellt.

[46] Auf dem geologischen Kartenblatt Marburg (1931) und Unterdrauburg (1929) sind die Terrassen der mittleren Gruppe mit der Signatur qo versehen und in den Erläuterungen zu letzterem Blatt eingehend besprochen.

[47] Dieser Sporn stellt den Überrest einer alten Talwasserscheide zwischen Stulmeggbach und Weißer Sulm dar.

Bei Bruck an der Mur tritt, oberhalb der als Rißterrasse aufgefaßten Schotterflur, in etwa 575 m Seehöhe (etwa 100 m über der Mur), eine Schotterflur auf, die ebenfalls einem verarmten Schotter entspricht. Ich vermute, daß sie der „mittleren Terrassengruppe" zugehört. Im Mürztal stelle ich oberhalb Mitterdorf eine mit Lehmen bedeckte Terrassenflur fest, die ich dem hier besprochenen Niveau zuordne. Westlich von Bruck werden lehmbedeckte Terrassen an der Mündung des Utschgrabens, noch etwa 100 m über der Mur, angegeben. An Aufschlüssen an der Ingering, oberhalb von Knittelfeld, sind, östlich von Schönberg, zwei Terrassen übereinander entwickelt, welche schon von *A. Aigner* (1905) beschrieben wurden. Er wies darauf hin, daß dort über basalen Schottern eine mächtigere Lehmdecke auftrete. Die Oberfläche dieser Terrassen befindet sich (nach eigenen Feststellungen) 50—60 m über dem benachbarten jungglazialen (Würm-) Murboden und etwa 100 m über der Mur. Es ist festzustellen, daß an der höheren dieser beiden Terrassen, die von einem einmündenden Ingeringbach aufgeschüttet worden sein müssen, nur mäßig grobes Schottermaterial, ohne große Blöcke, und eine mächtigere Decke von Lehmen auftritt, während der heutige Bach nur gröberes und gröbstes Geröllmaterial in seiner alluvialen Flur aufschüttet.

Die Entstehung dieser Terrassen muß daher zeitweilig unter Verhältnissen, die von den heutigen abweichen, erfolgt sein. Es kann aber auch nicht angenommen werden, daß zur Bildungszeit dieser Schotterdecken die Stirn einer älteren Großvergletscherung im Judenburg—Knittelfelder Becken gelegen war. Da die Rißvereisung nach allgemeiner Auffassung, wie es übrigens auch für das Knittelfelder Becken angenommen wird, weiter gereicht hatte als die Würmvergletscherung[47a], ist im Bereich des ersteren die Entstehung einer normalen fluviatilen Terrasse mit mächtiger Feinsedimentbedeckung, ohne Anzeichen glazialer Beeinflussung, damals nicht gut annehmbar und daher ein (älteres) interglaziales Alter der Terrassen wahrscheinlich.

Nördlich von Knittelfeld stellte ich, am Gehänge nordwestlich von Schloß Hautzenbichl, eine, mit **sehr mächtiger Lehmdecke** überzogene Schotterterrasse fest (Abb. 10, S. 52), deren Oberfläche über 700 m hoch gelegen ist und offensichtlich jener der **höheren** Terrasse an der unteren Ingering (östlich von Schönberg) entspricht. Gerölle auch von roten Sandsteinen, welche ich darin auffand, weisen auf eine Zufuhr durch die obere Mur aus dem Stangalpengebiet. Die Terrasse lehnt sich an das von miozänen Schottern gebildete Hintergehänge an und überhöht die südlich davon gelegene Blockschotterflur, die wir als rißeiszeitlich ansprechen.

Analoge Terrassen finden sich im selben Becken, bei Fischering (bei Weißkirchen) im südlichen Murboden. In etwa 2 km Entfernung von dort erscheinen, in etwas tieferem Niveau, Moränenreste, die der Rißvereisung zugewiesen werden (*Aigner*, 1905). Die Höhenlage dieser älteren Fluren weist wohl darauf hin, daß ihre Aufschwemmung älter ist als die Rißvereisung und ins große Interglazial zu verweisen ist. Unterhalb des Knittelfelder Beckens sind die Prä-Würmterrassen des Kobenzer Waldes (*A. Aigner* [1905] und *J. Stiny* [1932]), welche 35 m über dem Muralluvium liegen, vermutlich dem „mittleren Niveau" zuzurechnen.

Unmittelbar oberhalb des Grazer Murdurchbruches, zwischen der Tertiärsenke von Gratwein—Gratkorn und dem Stadtboden, sind am linken Murgehänge in den Devonkalken schöne, **fluviatile Abtragsterrassen** deutlich zu sehen, die der Niveaulage nach der „mittleren Terrassengruppe" entsprechen.

6. Die Ausdehnung der „mittleren Terrassengruppe" im Raab- und Zalabereich.
(Taf. I und Abb. 6, S. 43, Abb. 12, S. 62, Abb. 13, zwischen S. 62/63.)

a) Raabgebiet.

An der Raab selbst beginnen zusammenhängende Terrassen dieser Gruppe schon bei Gleisdorf, am rechten Talgehänge, gewinnen aber unterhalb von Feldbach größere Breite. Im Raume südlich von St. Gotthard a. d. Raab sind Fluren bis 2 km Breite festzustellen. An der Lafnitzmündung (bei St. Gotthard) treten die Fortsetzungen der breiten, auch mit der Hauptflur zeitlich zugehöriger Terrassen des Lafnitztales in den Raabtalboden über und lassen sich an der Nordflanke desselben, bis zum Versinken des südburgenländischen Hügellandes an der Pinka, nördlich von Körmend, weiter verfolgen (s. Abb. 13, zwischen S. 62/63). Die Terrassen sind auch hier überall mit mächtigen Lehmdecken versehen.

Sehr große flächenhafte Ausdehnung erreichen die Fluren der „mittleren Gruppe" im Raum zwischen Feistritz und Lafnitz, zwischen Hirnsdorf, Kaindorf, Hartberg, Rohrbach a. d. Lafnitz und Fürstenfeld; ferner im Stremtal und Pinkatal sowie im Ritscheinbachtal. Im ersteren Gebiet verhüllen sie auf einer Fläche von über 100 km^2 Ausdehnung die unterlagernden pannonischen

---

[47a] Nach *H. Spreitzer* (1953) reichte bei St. Lambrecht die „Rißvereisung" 200 m höher als „Würm" hinauf.

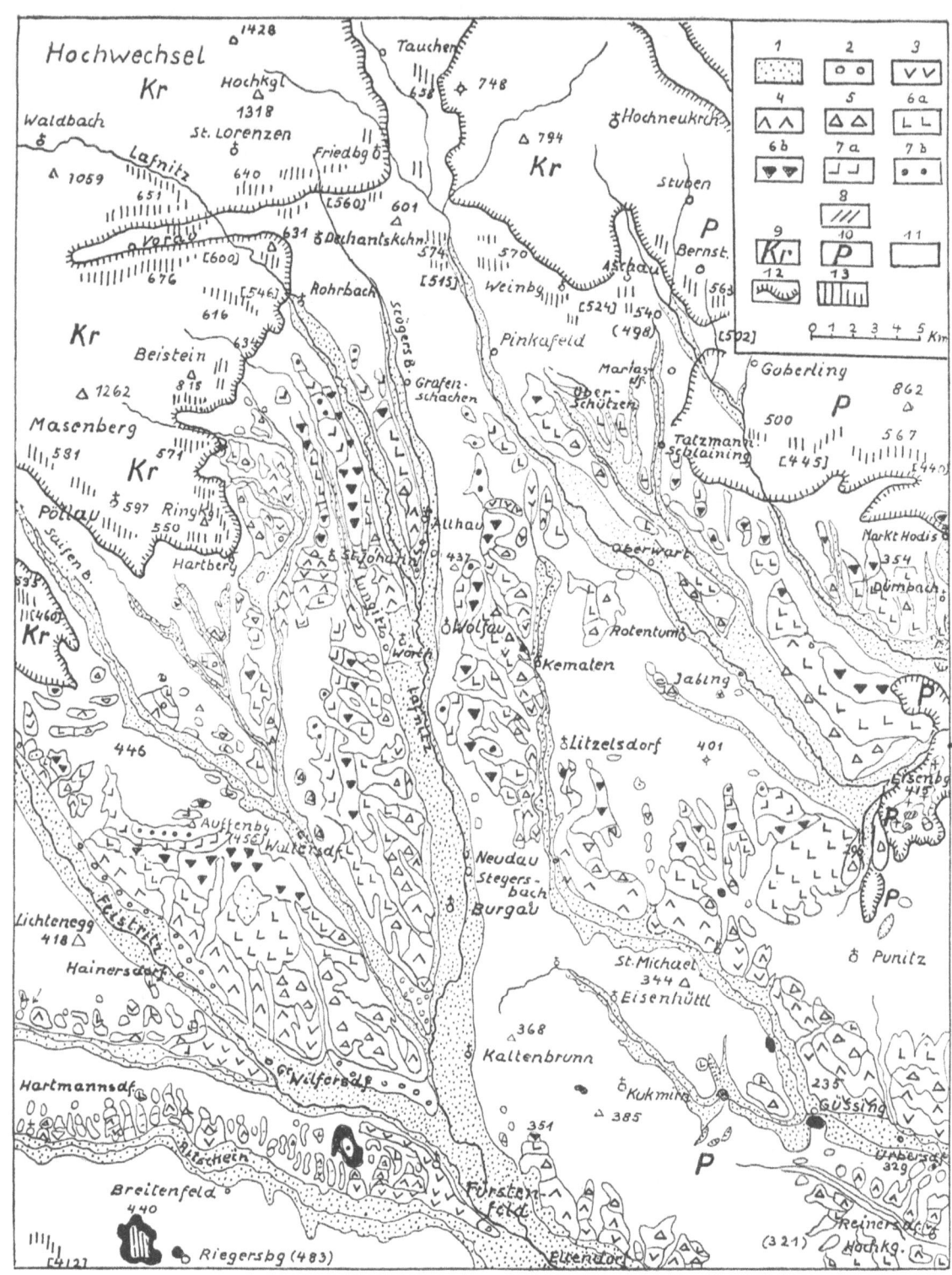

Abb. 12. Entwurf einer quartärgeologischen Karte des nordoststeirischen Teilbeckens (nordöstlicher Teil der Oststeiermark und südliches Burgenland). Nach eigenen Aufnahmen.

1 = Alluvium.
2 = „Niederterrasse".
3 = Untere Terrassengruppe (lehmbedeckte Fluren = „Helfbrunner Niveau")
4 = Tiefere Fluren der mittleren Terrassengruppe.
5 = Obere Fluren der mittleren Terrassengruppe.
6a u. 6b = Tiefere Fluren der oberen Terrassengruppe.
7a = Obere Fluren der oberen Terrassengruppe.
7b = Vorwiegend Schottermassen.
8 = Ältestquartäre(?) Kieselsinter am Eisenberg.
9 = Kristallines Grundgebirge.
10 = Paläozoisches Grundgebirge.
11 = Jungtertiär.
12 = Grenze des Grundgebirges gegen Jungtertiär.
13 = Oberstpliozäne und präglaziale Fluren.
Schwarz: Basalte und Tuffe.

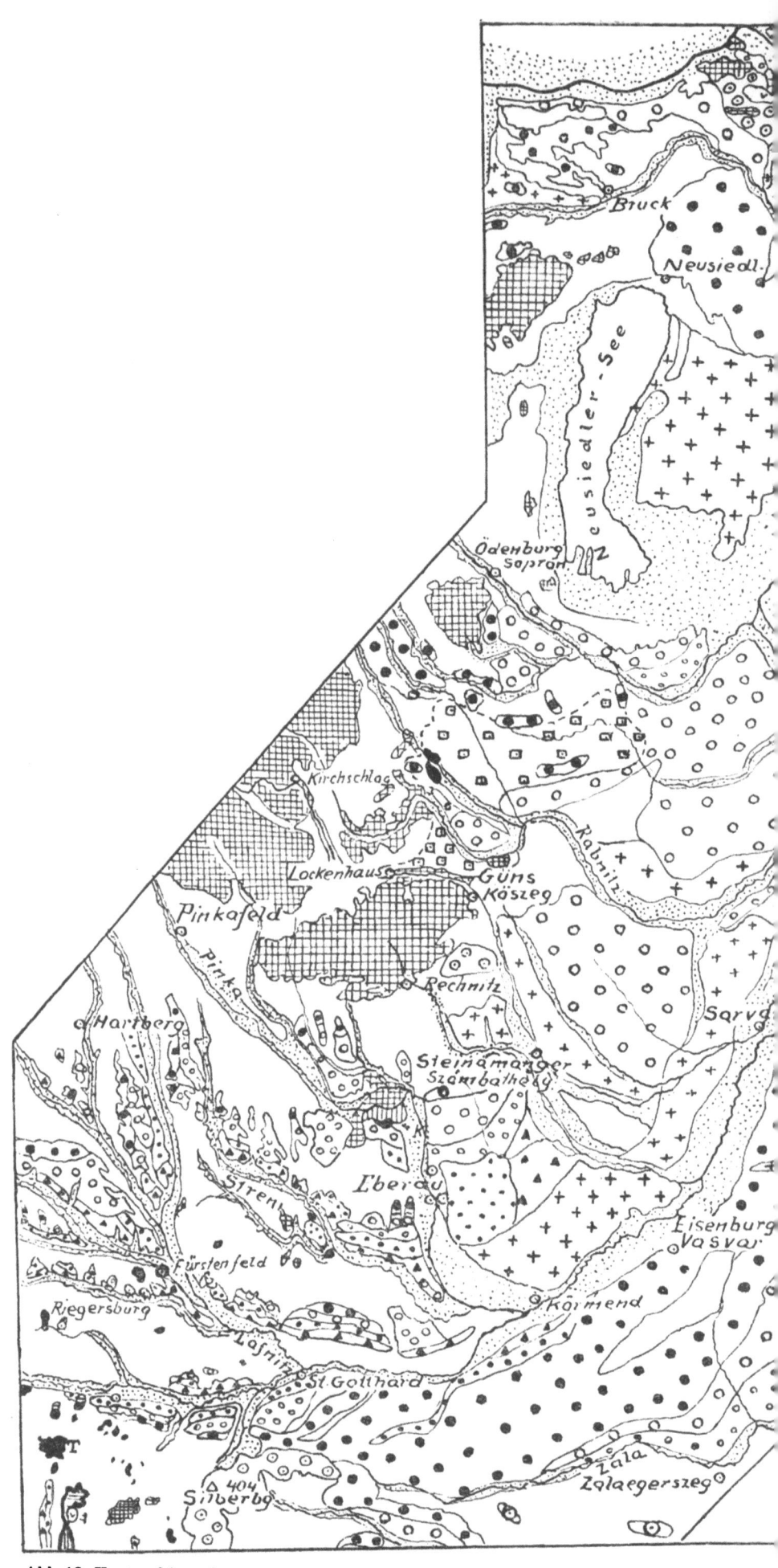

Abb. 13. Kartenskizze der quartären Ablagerungen der Kleinen ungarischen Tiefebene (mit
der Kartenskizze in E. v. Szadeczky-Kardoss, „Geologie der rumpfungarländische

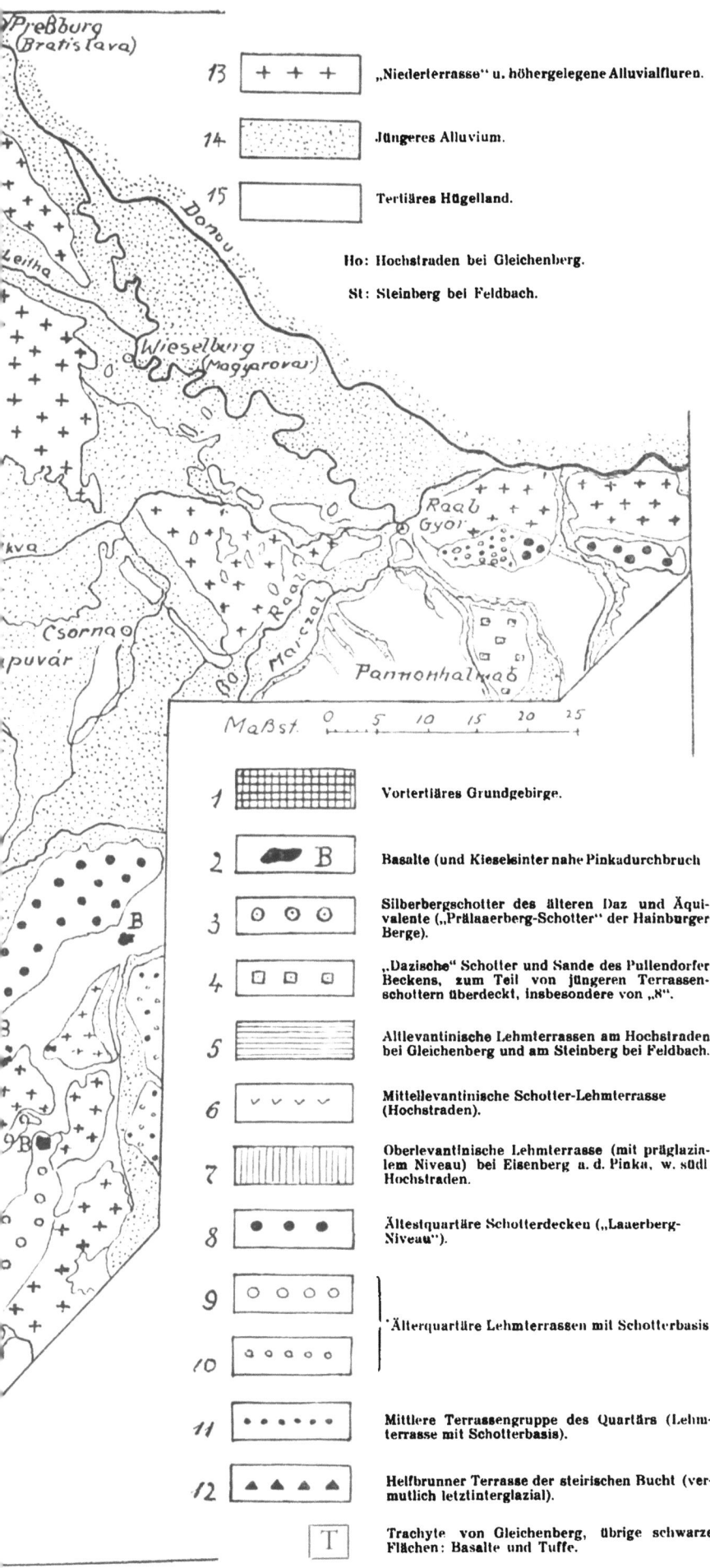

nd nördlicher Teil) samt anschließender Teile der steirischen Bucht. Unter Benützung en Tiefebene" 1938, und auf Grund eigener Begehungen zusammengestellt.

Schichten fast völlig (Abb. 12, S. 62). Überall weist ihre Verbreitung auf bedeutende, seit ihrer Entstehung erfolgte Talverlegung hin (vgl. S. 111 ff.).

Am rechten Gehänge der ungarischen Raab fehlen dagegen Terrassen fast völlig. Nur in einem Streifen westlich und östlich von Körmend treten sie als schmaler Flurensaum unterhalb der ältestquartären Schotterdecke zutage. Im Raum von Eisenburg (Vasvar) und Sarvar fällt die ältestquartäre Schotterdecke — ohne Zwischenschaltung von Terrassen der „mittleren Gruppe" — mit einem Steilabfall unmittelbar zum alluvialen Raabboden ab (Abb. 14, S. 63, und Abb. 17, S. 75).

Große Ausbreitung besitzt dagegen auch die mittlere Terrassengruppe im weiten Raum nördlich der Raab bzw. westlich der Raab und östlich der Pinka (Abb. 14), wo sie südlich von Steinamanger (Szombathely), zwischen letzterem Flusse, dem Günsflusse (Gyöngyes) und der Rabnitz (Repce), offenbar einen fortlaufenden Streifen zwischen höheren und tieferen Fluren, bilden, wie auf Grund eigener Begehungen und auf Grund der Mitteilungen von *E. v. Szadeczky-Kardoss* angenommen werden kann[48].

v. Szadeczky hält allerdings die in dem vorgenannten weiten Raum auftretenden Schotter und Lehme, wie es scheint in ihrer Gesamtheit, für älter oder nur zum Teil gleich alt mit den Schotterdecken am rechten Raabufer, welch letztere er dem „Arsenalschotter" des Wiener Beckens gleichstellte. Er gründete seine Auffassung darauf, daß die Terrassen nördlich der Raab, am Günsfluß (Gyöngyes), mit einem Steilabfall gegen Osten abbrechen, während die Schotterfelder rechts der Raab viel weiter nach Nordosten sich erstrecken;

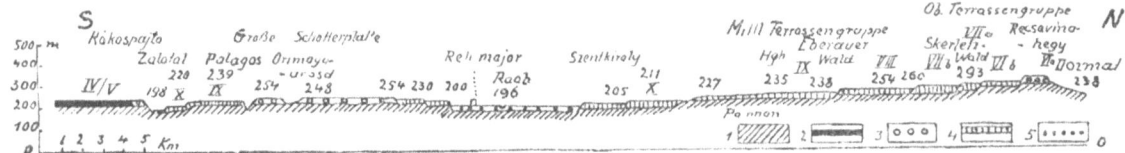

Abb. 14. Profil durch das westungarische Raabgebiet, östlich der unteren Pinka, über das Raabtal bis in den Zalabereich. Nach eigener Deutung der Terrassengliederung.

1 = Pannonischer Untergrund.
2 = Jüngstpliozäne (präglaziale) lehmbedeckte Denudationsflächen.
3 = Ältestquartäre Schotterdecken (vermutlich Laaerbergniveau).
4 = Alt-mittelpleistozäne, meist mit mächtiger Lehmdecke versehene Schotterterrassen (Niv. VI a—X).
5 = Schotter (und Lehme) der „Niederterrasse".
6 = Alluvialboden.

eine Erscheinung, die aber offensichtlich n i c h t auf ein jüngeres Alter der letzteren zurückzuführen ist, sondern auf stärkere junge Absenkungsvorgänge im Raum westlich und nordwestlich der Raab. Ferner führt *v. Szadeczky* als Begründung für seine Annahme an, daß auf der Schotterplatte südlich der Raab, bei Vasvar, Anzeichen für die Einmündung eines aus dem Nordostsporn der Zentralalpen herabkommenden Nebenflusses vorliegen, wie die reichliche Beimengung von Semmeringquarzitgeröllen dort erkennen läßt. Es scheint ihm offenbar schwer verständlich, daß dieser Schottervorstoß schon v o r Entstehung der Terrassierung im Raum südlich von Steinamanger erfolgt sein sollte.

Ich glaube aber, daß die Sachlage in anderer Weise gedeutet werden muß. Überall erweisen sich die mit mächtigen L e h m d e c k e n versehenen Schotterfluren als j ü n g e r, gegenüber den meist auch orographisch höher gelegenen, ältestquartären S c h o t t e r f e l d e r n. Auch im Raume nördlich der Raab treten, nach eigenen Beobachtungen (am Ostsaum des Pinkatales) und nach den Angaben *E. v. Szadeczky-Kardoss* südlich von Steinamanger (z. B. bei Jak), bis 20 m mächtige Lehmdecken auf. Wie ich schon 1938 betonte und nahezu gleichzeitig auch *v. Szadeczky-Kardoss*, in seiner Monographie des Kleinen ungarischen Alfölds, hervorgehoben hat, hat sich die Raab, unmittelbar nach Aufschüttung des großen, altquartären Schotterfeldes im Raum von Sarvar—Körmend, bei gleichzeitiger Eintiefung, nach Nordwesten und Westnordwesten bzw. Nordnordwesten verschoben. Die deutlich terrassierten und großenteils lehmbedeckten Flächen südlich von Steinamanger sind aber von Flüssen geschaffen worden, welche bereits ihren Lauf in die ältestquartäre Schotterflur eingesenkt hatten. Die u n t e r e P i n k a floß damals, von ihrem Durchbruch durch den Eisenberg, in ostsüdöstlicher Richtung in den Raum von Narai-Jak (südwestlich von Steinamanger). Der Raabtalboden lag zur selben Zeit (= Aufschüttung der „mittleren Terrassengruppe") weiter nordwestlich bzw. nördlich des heutigen, vermutlich mit jenem der unteren Pinka zu einem einzigen großen Aufschwemmungsfeld vereinigt. Erst hernach wendete sich, unter dem Einfluß einer jungquartären Randsenkung im Bereiche des heutigen unteren Pinkatales zwischen Eisenberg und Körmend, die Pinka nach W e s t e n

[48] *K. Jenkos* Darstellung dieses Gebiets (1948), welcher dort größtenteils pannonische Schichten angibt, erscheint, angesichts der zum Teil von mir beobachteten, teils aus *v. Szadeczkys* Darstellung zu entnehmenden geologischen Situation, unverständlich. Es kann keinem Zweifel unterliegen, daß der Bereich zum Großteil eine oberflächliche Bedeckung von quartären Terrassenablagerungen trägt.

(Südwesten), während sich die Raab — unter Auswirkung einer, der vorangegangenen Aufwölbung gegenüber als R ü c k s e n k u n g zu bezeichnenden Einmuldung — ihrem heutigen Talboden zwischen Körmend und Vasvar wieder zuwendete. Auf diese rückläufige Laufänderung der Raab haben übrigens E. v. Szadeczky und ich schon übereinstimmend 1938 hingewiesen.

Ich vertrete also, im Gegensatz zu v. Szadeczky, welcher an der unteren Pinka ein Abdrängen nach Osten annimmt, ein solches nach Westen und Westsüdwesten, das sich deutlich an der asymmetrischen Gestaltung der Talhänge und der Terrassen zu erkennen gibt. Schon dies zeigt, daß die untere Pinka zur Zeit der Entstehung der mittleren Terrassengruppe, und unmittelbar vorher, breite Schwemmfluren bis in den Raum südlich von Steinamanger aufgetragen hatte und daß ihr gegenwärtiger Lauf erst durch eine jungquartäre Verschiebung nach Westen und Südwesten zustande gekommen ist. Der genannte Terrassenbereich östlich der Pinka und nördlich und westlich der ungarischen Raab ist demnach im wesentlichen j ü n g e r als die ältestquartäre Schotterdecke südlich der Raab.

Wir befinden uns an der Raablinie St. Gotthard—Körmend—Vasvar, an der Nordgrenze jener noch im Quartär wirksamen a l p i n e n H e b u n g s w e l l e, welche von der steirischen Bucht her eine tektonische-morphologische Verknüpfung der Grabenlandwölbung mit der Aufwölbung des Bakonyerwaldes hergestellt hat; ferner — nördlich davon — im Winkel zwischen unterer Pinka und Raab in einem Raum, in welchem sich im jüngeren Quartär die Kleine ungarische Tiefebene, in ihrem Hauptsenkungsbereich, gegen das noch von quartärer Alpenhebung beeinflußte oststeirisch-südburgenländische Hügelland abgrenzte, wobei sich am Saum des letzteren eine spezielle Randzone stärkerer Einsenkung eingestellt hatte (vgl. Abb. 13, zwischen S. 62/63, Abb. 14, S. 63).

Weitere, der „mittleren Terrassengruppe" zurechenbare Aufschüttungen können, nach E. v. Szadeczkys Angaben, im Raum zwischen Güns (Köszeg) und Ödenburg (Sopron), auch noch östlich der Verbindungslinie beider Städte, besonders im östlichen Pullendorfer Bereich des mittleren Burgenlandes, angenommen werden. Schöne zugehörige Terrassenfluren sind an der Rabnitz, zwischen Unterpullendorf—Kloster Marienburg, verbreitet. Am Nordsaum dieser „Landseer Bucht" können vermutlich auch die tieferen, der hier von R. Janoschek (1932) beschriebenen Schotterterrassen eingereiht werden.

An der auch morphologisch kenntlichen Linie „Mittlere Rabnitz (östlich von Lutzmannsburg)—Marczal", welche einen Nordwest—Südost-Verlauf aufweist, sinken die mittelquartären Aufschwemmungen ostwärts unter Jungquartär und Alluvium hinab. Diese schon von L. v. Loczy (1916) angedeutete Störungslinie stellt, nach v. Szadeczky-Kardoss, den G r e n z s a u m d e r

Abb. 15. Talverlauf und Landschaftsmodellierung im Steirischen Becken in einem Mittelabschnitt des Quartärs (Entstehungszeit der „mittleren Terrassengruppe"). Zeichnung: H. Waschgler.

noch von alpiner, jungquartärer Hebung beeinflußten Teile der Kleinen ungarischen Tiefebene gegen ihre räumlich schon beschränkteren jüngsten Senkungsbereiche im Hansag und an der untersten Raab bis zur Donau dar.

Die Pinka hatte, nicht nur auf ungarischem Boden, in junger Zeit weitgehende Verlegungen ihres Talverlaufes erfahren, sondern auch im westlich davon gelegenen Mittelabschnitt, im südlichen Burgenlande, eine grundlegende Umgestaltung ihrer ursprünglichen Verlaufsrichtung. Wie aus Abb. 12, S. 62, Abb. 13, zwischen S. 62/63, Abb. 15, S. 64, und Abb. 16, S. 68, hervorgeht, floß sie zur Zeit der Entstehung der mittleren Terrassengruppe, indem sie, von ihrem, auch heute noch eingenommenen Tal des Oberlaufes aus, zwischen Pinkafeld und Oberwarth südwärts abzweigte, über das gegenwärtige obere Stremtal bis St. Michael, um von dort wieder ihr heutiges Tal, bei Durchbruch durch das Eisengebirge, zu erreichen. Ein etwa 20 km langer, bis fast 2 km breiter Trockentalboden zwischen Strem und Pinka lassen den Verlauf dieses alten Pinkaflusses deutlich erkennen. Über 40 m hoch bricht dieser zur heutigen Pinka bzw. zum Strembach ab. Das Einzugsgebiet des Strembaches ist daher jungen Datums und erst aus dem Zerfall des Pinkalaufes entstanden, der noch in der Zeit der mittleren Terrassengruppe von diesem Fluß benützt worden war. Die Pinka selbst hat in jungquartärer Zeit ihren Mittellauf verkürzt, indem sie nunmehr, statt auf einem Bogen, auf der Sehne desselben ihr breites Talbett eingekerbt hat (*Winkler-H.* 1926 c).

b) Zalagebiet.

Im oberen Zalagebiet kann die obere der beiden, von L. v. Loczy (1916), E. v. Cholnoky (1920), F. Ferenczi (1923) und E. v. Szadeczky (1938) erwähnten Terrassen, welche einen Rhinozerosrest geliefert hat, in die „mittlere Terrassengruppe" eingeordnet werden. Die Zala floß damals, in Fortsetzung ihres Ostnordost—Nordost gerichteten Oberlaufs, noch der heutigen Marczalsenke zu, wurde aber, unmittelbar nachher, von Süden her angezapft und dorthin abgelenkt. Aber auch noch dieser zur Drau gerichtete Verlauf wurde schließlich, an der Wende zur geologischen Gegenwart, vom Plattenseebereich her an sich gezogen und die Zala zum Balaton abgezogen.

Nach *B. Bulla* (1943), ist die Ablenkung der Zala aus ihrem, ins Marczalgebiet gerichteten Verlauf im Frühglazial (Mindelzeit), jene der unteren Zala zum Plattenseebereich in der Riß-Würmzeit erfolgt. Die Entstehung des Plattensees sei jünger als die Aufschüttung der Schotter von Kenese (am Ostufer des Sees), die dem Altquartär (St. Prestien) nach *M. Mottl* angehören, anderseits aber älter als der 6—8-m-Hochstand des Sees, der vor der letzten Vereisung bestanden hat. Die Bildung des Balatonsees geht demnach auf intraquartäre Senkungsvorgänge zurück, eine Auffassung, die auch jener L. v. Loczys (1916) entspricht.

7. Altersfrage und Entstehung der „mittleren Terrassengruppe".

Die „mittlere Terrassengruppe" ist wesentlich älter als die Helfbrunner Terrasse (letztere vermutlich dem „letzten Interglazial" zugehörig). Eine Phase bedeutender Tiefenerosion trennt die Entstehung beider. Sie ist anderseits nicht nur jünger als die höchste Schotterdecke, welche als mutmaßliches Äquivalent des ältesten Quartär gilt, sondern auch noch jünger als zwischengeschaltete, vielfach in Teilniveaus gliederbare, lehmbedeckte Schotterfluren. Die Einreihung ins jüngere Altpleistozän und — nach dem vorhergesagten — speziell ins große Interglazial wird durch diese Sachlage nahegelegt. Damit stimmt es auch überein, daß *M. Mottl* (1948) aus einem der Niveaulage entsprechenden Höhlenhorizont am Kugelstein bei Frohnleiten einen Höhlenbärenrest feststellen konnte, der primitive Züge aufweist und nach der genannten im Mindelriß-Interglazial aufscheint.

Die Entstehung der „Mittleren Terrassen" fällt offensichtlich in einen Zeitraum, in dem, im Laufe der Akkumulation, zeitweilig ein weitgehender Stillstand in der Tiefenerosion, ein geringeres Gefälle der Flüsse und mächtigere feinere Aufschwemmungen zu verzeichnen waren, welche Erscheinungen sich auch noch im Durchbruchstal der Mur (Bruck—Graz) feststellen lassen und in letzterem Bereiche in der Ausbildung breiterer Felsterrassen ihren Ausdruck gefunden haben. Dies läßt auf eine länger dauernde „Hebung der Erosionsbasis" in der Zeit des großen Interglazials, in welche wir diese Terrassengruppe einordnen, schließen.

Tektonische Verstellungen des Niveaus (Taf. II, Fig. 1). Die Terrassengruppe zeigt — geprüft an dem Verlauf des Niveaus IX — auf der Erstreckung von dem Kaiserwalde (unterhalb von Graz—Wildon — ein nur wenig geringeres Gefälle als das heutige benachbarte Alluvialboden der Mur, was auch noch an der Stelle ihres Wiederansetzens unterhalb der Murenge von Wildon, bei St. Georgen an der Stiefing, Geltung hat. Sie überragt auf der ganzen Erstreckung den Alluvialboden um zirka 40 m. Merkwürdigerweise zeigt jedoch die Terrasse an dem weiteren Verlaufe (unterhalb von St. Georgen bis Weinburg) überhaupt k e i n Gefälle. Dadurch erhöht sich der Abstand zwischen Murauen und Terrassenniveau IX auf 55 m. Zwischen Weinburg und Gnasbach setzt wiederum ein mäßiges Gefälle ein (geringer als jenes des heutigen Murtalbodens), und erst jenseits des Gnasbaches senkt sich die Terrasse stärker, und nunmehr mit einem, jenes des Murtalbodens wesentlich übersteigendem Gefälle ab (von 290 m im Glauningwald auf 256 m im Steinriegelwald bei Hürth). Die Absenkung hält in gleich starkem Ausmaße (etwa doppelt so groß wie beim heutigen Murtalboden) auch noch auf weiterer Erstreckung über die ungarische Grenze bis Kaltenbrunn (Cankova) an. Erst von dort, gegen den Raum nördlich von Olsnitz (Murska sobota) zu, wird das Gefälle wieder geringer. Die Folge der starken Terrassenabsenkung vom Gnasbachtale bis über die ungarische Grenze hinaus, bedingt eine Konvergenz der Terrassenflur IX gegen den heutigen Talboden (bis Kaltenbrunn = Cankova). Die Ursache des auffällig verschiedenen Verhaltens der „mittleren Terrassengruppe" östlich und westlich des Gnasbachtales kann auf m i t t e l q u a r t ä r e t e k t o n i s c h e B e w e g u n g e n zurückgeführt werden. Eine junge Aufwölbung im Bereiche des nördlichen Leibnitzer Feldes hat vermutlich das ursprünglich vorhandene Gefälle beseitigt und die beträchtliche Höhenlage der Terrasse bedingt. Der Effekt dieser Hebung klingt, unter Bildung eines stärkeren Abbiegungssaumes, allmählich gegen Ost hin ab, wo die Terrasse dann wieder parallel zur heutigen Talsohle weiterzieht.

G. Die obere Terrassengruppe im Mur- und Raabbereich.
(Abb. 6, S. 43, Abb. 7, S. 45, Abb. 8, S. 49, Abb. 12, S. 62, Abb. 13, zwischen S. 62/63, Abb. 14, S. 63, Taf. I und II.)

1. Allgemeines. Die 1943 von mir als „o b e r e T e r r a s s e n g r u p p e" zusammengefaßten Fluren, welche sich im Mur- und Raabbereich in weiter Verbreitung verfolgen lassen, kennzeichnen sich durch noch wesentlich stärkere erosive Zerschlitzung (Abb. 8 c, d, S. 49) als die „mittlere Terrassengruppe", weiters durch ihre größere Höhenlage gegenüber den vorhin besprochenen Terrassen und durch stärkeres Auftreten von silikatischen Roterdelehmen. Innerhalb dieses Komplexes können die t i e f e r e n Fluren von der o b e r s t e n herausgehoben werden. Die ersteren zeigen über ihren Schottern noch mächtigere Lehmbedeckungen, während die obersten Fluren vorwiegend s c h o t t r i g ausgebildet sind und in manchen Bereichen überhaupt keine Lehmbedeckung erkennen lassen. Außerdem erreicht diese Aufschwemmung eine bei den tieferen Fluren nicht in Erscheinung tretende Mächtigkeit der Schotterakkumulation bis zu 20 m und darüber. Die Verbreitung der Terrassenfluren der oberen Gruppe ist aus Taf. I, Abb. 12, S. 62, Abb. 13, zwischen S. 62/63, zu ersehen. Unterhalb von Graz sind ihre Spuren zunächst östlich der Mur, die Premstättner Flur überhöhend, am Westsaum des Kaiserwaldes zu beobachten und lassen sich dann, östlich von Wildon, ebenso wie die „mittleren" Fluren, bis in die südlichen Ausläufer des oststeirischen Basaltgebietes und von dort in das Übermurgebiet verfolgen. An der untersten Mur reichen die Fluren bis tief in den pannonischen Raum, bis ins südungarische Erdölgebiet von Lispe, hinein.

Im unteren Murgebiet ist die o b e r e T e r r a s s e n g r u p p e sowohl auf den stark zerschnittenen Kämmen des G r a b e n l a n d e s, als Aufschüttung eines alten, damals weiter nordwärts verlaufenen Murlaufes, als auch an den Flanken der Grabenlandtäler und an jenen der weststeirischen Talungen, in diesen letzteren von den Vorläufern der Nebenflüsse der Mur geschaffen, feststellbar. Die älteren Terrassenreste sind, gegenüber jenen der mittleren Gruppe, durch die Abtragung bereits weitergehend reduziert. Nur selten treten noch verhältnismäßig unversehrte Riedelflächen auf, wie sie beispielsweise am Droschen (östlich von St. Peter am Ottersbach) vorhanden sind (Taf. I und II).

Die Aufgliederung der „oberen Terrassengruppe" in Einzelniveaus begegnet naturgemäß gewissen Schwierigkeiten, da die Terrassenzusammenhänge oft durch die Erosion unterbrochen und weitgehend zerschnitten sind. An der Nordflanke des unteren Murtalbereiches, im Grabenlande, wurden, wie im Raabgebiete, 3—4 hierher gehörige Terrassenniveaus übereinander festgestellt, die nur teilweise über der Schotterbasis eine Lehmdecke tragen. Besonders bei den höheren Niveaus fehlt diese.

Die von der Mur aufgeschütteten Terrassen der oberen Gruppe breiten sich auf dem Grabenlandhöhenrücken bis 14—18 km vom heutigem Murlauf nordwärts aus. Sie liegen 80 bis 150 m über den Sohlen der nächstgelegenen Täler.

Roterden fand ich auf den Terrassenhöhen östlich von St. Georgen an der Stiefing, am Sulzberg bei St. Nikolai ob Draßling, am Droschen (östlich von St. Peter am Ottersbach) und in zugehörigen Schottern an den Gehängen der basaltischen südlichen Stradener und Klöcher Berge, sowie am Droschen.

Im Durchbruch der Sulm (rechtsseitiger Nebenfluß der Mur) durch das paläozoische Schieferbergland des Sausals, westlich von Leibnitz, ist unser Niveau durch Aufschwemmungen gekennzeichnet, welche bei Heimschuh mächtigere rot- und gelbgefärbte Lehme, in etwa 70—80 m Höhe über dem Talboden gelagert, aufweisen, welche als Rohmaterial zur Farberdeerzeugung dienten. Die Terrassenbereiche reichen an diesen weststeirischen Flüssen, wie jene der tieferen Fluren, bis an den Koralpensaum heran. Im Kohlenrevier von Wies sind hochgelegene Schotterreste derselben festzustellen. Im Raabbereich gewinnt die „obere Terrassengruppe" besonders große Ausdehnung.

2. Die Einzelverbreitung der „oberen Terrassengruppe" (Tiefere und obere Fluren) im unteren Murbereich.

a) Unterstes Murtal.

Östlich von St. Georgen an der Stiefing krönen Fluren der oberen Gruppe den Hügellandrücken, ziehen unmittelbar südlich bei Glojach vorbei, wo die nördliche Talwand des schotterführenden Flußbetts durch den Gehängeaufschwung an dem Kirchenhügel noch erhalten ist (Seehöhe der Schotterflur um 400 m); sie ist weiter östlich, schon mit Terrassenlehmen verknüpft, am Droschen (383 m), östlich von St. Peter am Ottersbach, als Kammbedeckung erhalten und tritt am Südsaum der Basalthöhen des Stradener Kogels und des Klöcher Berglands in Seehöhen von 390—370 m Höhe auf; in ersterem Bereiche, am Südsaum des Basalts von Neusetz, in 370—380 m Seehöhe, besonders deutlich feststellbar, dann am südöstlich davon gelegenen Klöcher Massiv — dort, wie alle Terrassenfluren, etwas abgesenkt —, am Güterweg auf den Seindl in 330—340 m Höhe und in ähnlichem Niveau als Krönung des Höhenrückens östlich des Hohenwarts. Östlich davon tritt sie ins Übermurgebiet über, wo sich auch diese oberste Flur noch weiter verfolgen läßt. Auf der geologischen Spezialkarte Blatt Gleichenberg habe ich die Terrassenniveaus (V, VI und VII) mit den Signaturen „p, p' und $\bar{p}$" ausgeschieden.

b) Zugehörige Seitenterrassen in den Tälern des Grabenlandes.

Während die höchsten Niveaus nur auf den wasserscheidenden Kämmen zwischen den einzelnen Grabenlandtälern als Reste alter Muraufschüttungen erhalten sind, ziehen die tieferen Niveaus der oberen Terrassengruppe, so wie die jüngeren Terrassen der „oberen Gruppe", tief in die Grabenlandtäler hinein (vgl. die schematische Skizze Abb. 7, S. 45, und *T. Wiesböck.* 1943).

c) Die Terrassen der oberen Gruppe in den rechtsseitigen Nebentälern der unteren Mur im weststeirischen Becken.
(*Winkler-H.*, 1929 b, 1938, 1939 a, b, 1940, 1943 c, 1951)

Im Mündungsbereich des Kainachtales in das Murtal treten beim Buchkogel bei Wildon, in der Einsattlung zwischen diesem Berge und dem Wildoner Schloßberge, höher gelegene Reste grober Quarzschotter auf, die vermutlich von einem alten Kainachlaufe aufgeschüttet wurden. Sie liegen etwa 100 m über dem Murtal[49].

Im Laßnitztale ist die obere Terrassengruppe, am Saum gegen die Koralpe, in größeren zusammenhängenden Flächen im Raume von St. Florian, zwischen Laßnitz und Stainz, entwickelt. 60—80 m über den

---
[49] Sie sind **nicht** mit den schon von anderen Forschern auf der noch höher gelegenen Plateaufläche des Buchkogels festgestellten Geröllfindlingen ident.

Haupttalböden wurden hier zwei Niveaus festgelegt. Talabwärts treten sie wiederum auf der Nordseite des Tales im Raume von Preding hervor. Der Nordrand der Ablagerung liegt hier 3—5 km vom Nordsaum des heutigen Alluvialfeldes entfernt.

Im Sulmtale (Taf. II, Fig. V) sind nahe dem Gebirgsfuß gleichaltrige Terrassen (60—80 m über dem heutigen Talboden) im Winkel zwischen Weißer und Schwarzer Sulm (Bereich des Wieser Kohlenbergbaus) verbreitet. Talabwärts bedecken die hierher gehörigen Terrassenaufschwemmungen die Oberflächen auf den Höhenrücken von Glanzholz und Fantschholz. In den Sulmdurchbrüchen durch das Schiefergebirge des Sausals treten zugehörige Terrassenreste auf dem Höhenrücken P. 385 nördlich von Fresing und an den östlich anschließenden Abfallsrücken der paläozoischen Schieferinsel des Sausal bis über Heimschuh auf. Sie zeigen an, daß die Sulm, auch in den beiden oberen Durchbrüchen durch das Schiefergebirge, in gleicher Weise ihr Tal im Laufe des Einschneidens — wenn auch entsprechend der größeren Widerstandsfähigkeit der Schiefergesteine in geringerem Maße — nach Süden verschoben hat. Der eingesenkte Mäanderbogen, welchen die Sulm zwischen Fresing und Heimschuh geschaffen hat, ist offensichtlich **späterer** Entstehung als die höheren Terrassen und erst im Zuge der letzten, starken Talvertiefung, geschaffen worden. Die Terrassen zeigen auf breiteren Fluren typische Terrassenlehme über Grobschotter, der einer Felsflur, etwa 400 m hoch, auflagert. Sulmabwärts sind nordwestlich von Heimschuh rotgefärbte, hierher zu stellende Terrassenlehme 70—80 m über dem Talboden verbreitet, auf die schon verwiesen wurde.

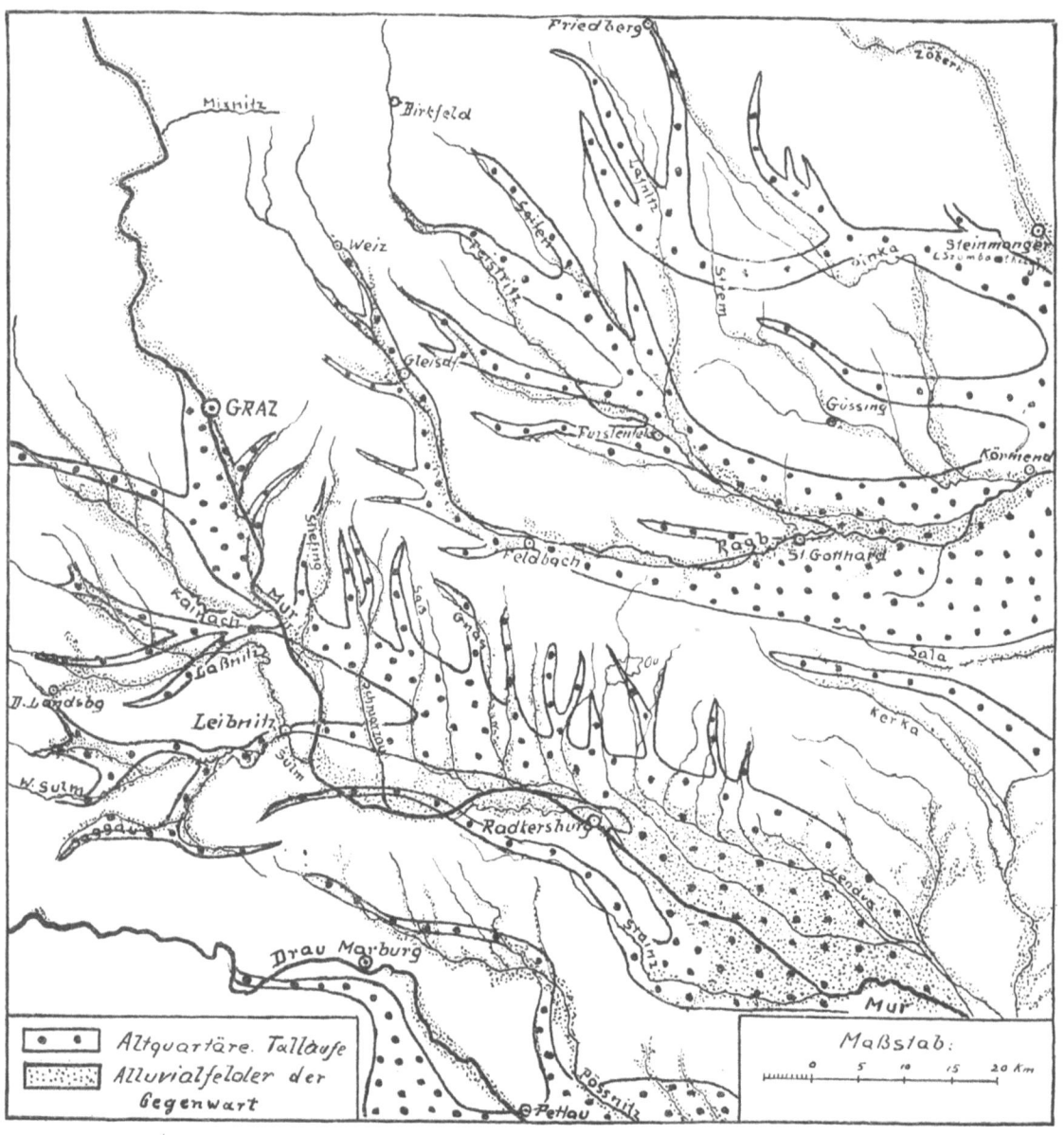

Abb. 16. Der Verlauf der Talzüge im Steirischen Becken während des ältesten Quartärs (höchste Schotterfluren).

An der Saggau schließlich, dem rechtsseitigen Hauptzubringer der Sulm, sind infolge stärkerer Zerschneidung an den Südhängen des Remschnigg nur spärliche Terrassenreste erhalten, talaufwärts aber (gegen Eibiswald zu) ausgedehntere, 70 m über dem Talboden gelegene Aufschüttungsniveaus. Auf den geologischen Spezialkartenblättern „Marburg" und „Unter-Drauburg" wurden die Terrassen der oberen Gruppe mit den Signaturen „p" bzw. „p̱" ausgeschieden. Im allgemeinen ist die relative Höhe der Terrassen eine etwas geringere als im unteren Murtal und im Grabenland (oberhalb von Mureck).

d) Die obere Terrassengruppe im untersteirischen Stainztal (Büheln).

Dieses im Raume südlich von Mureck im sarmatischen Hügellande der mittleren Büheln wurzelnde Tal weist an seiner Nordflanke die „obere Terrassengruppe" in größerer Verbreitung auf. Über der groben Schotterbasis lagern meist mächtigere Lehmdecken. Die Terrassen reichen bis über 120 m über den nahegelegenen Murtalboden hinauf. Im oberen Abschnitt dieses Tales ziehen breite, hochgelegene Terrassenfluren über Rosengrund, Lugatzberg und Wiesenbach talaufwärts bis an die Wasserscheide zur Mur (südlich von Mureck). Hier bricht die alte Terrasse mit ihrer Schotterbedeckung am jungen Erosionsabfall des Murtalbodens unvermittelt ab.

Das verbreitete Auftreten stärkerer Quarzschotterbänke im Bereich der höheren und tieferen Terrassen des Stainztales und auch noch auf der Wasserscheide zur Mur, erscheint zunächst schwer verständlich, da im heutigen Einzugsbereich der oberen Stainz keine Gesteine auftreten (auch nicht ältere Schotter), welche die Grobgerölle geliefert haben könnten. Die Erscheinung erklärt sich dadurch, daß die hochgelegenen Stainztalterrassen von einem alten Gamlitzlauf[49a], eines Baches, der heute bei Ehrenhausen in die Mur mündet, aufgeschüttet wurden, dessen Tal später von der südwestwärts drängenden Mur eingefächert wurde (Abb. 1, zwischen S. 6/7, Abb. 6, S. 43, und Abb. 16, S. 68). Darnach wäre also der altquartäre Vorläufer der Gamlitz[49a] über den Raum des heutigen Murtalabschnittes zwischen Leibnitz und Mureck in den Bereich des Stainztales geflossen, um an der Nordflanke des letzteren seine Terrassen zu hinterlassen. Die Wasserscheide zwischen Mur- und Stainztal liegt gegenwärtig etwa 110 m über dem Murtalboden in 320 m Seehöhe. Die Terrassenschotter finden sich, wie angegeben, im Wasserscheidebereich noch bis etwa 30 m höher. Die Quarzschotterführung der „tieferen Terrassen" der Obergruppe ist offenbar aus einer Umlagerung von hochgelegenen Terrassenschottern hervorgegangen. So zeigt gerade der Raum von Mureck, wie das schon J. Sölch erkannt hatte, weitgehende Talverlegungen in jüngerer Zeit.

Im unterhalb vom Rosengrund gelegenen Abschnitt des Stainztales wurde dessen früherer Einzugsbereich abermals durch eine große, durch Lateralerosion bedingte konkave Ausräumung des Murtales (Abstaler Becken) beeinflußt und beschränkt. Die auch hier weiter verfolgbaren oberen Terrassen, welche bis 100 m über dem heutigen Murtalboden auftreten, erscheinen bei Jauchendorf und in einzelnen Resten noch bis Plippitzberg auf der wasserscheidenden Höhe zur Mur. Noch weiter flußabwärts treten hochgelegene Terrassenschotter und Lehme im Stainztalabschnitt südlich von Radkersburg (bis über 90 m über dem Talboden) auf, welche die Abfallrücken des Hasenberges, Weigelsberges usw. bedecken.

3. Die obere Terrassengruppe im Bereich des Grazer Feldes.

In der Wienerberger Ziegelei in St. Peter (Graz) ist (im obersten Teil des vom Abbau seinen Ausgang nehmenden Rutschgebiets) eine „obere" Terrasse mit einer Flurhöhe von 417 m (wahrscheinlich schon etwas denudiert) ausgebildet (Abb. 11 b, S. 53), welche den typischen Aufbau — basale Schotterdecke mit bis faustgroßen Geröllen und darüber gelagerte Lehmdecke mit knolligem Anreicherungshorizont — aufweist. Hier liegt nach der Höhenlage ein Äquivalent der „oberen Terrassengruppe", und zwar wahrscheinlich deren tiefstes Niveau, vor.

Im Bereich des Kaiserwaldes, am Westsaum des Grazer Feldes, finden sich ebenfalls höhere Fluren, in zwei Niveaus übereinander, welche die breite Plateaufläche der „mittleren Terrassengruppe" am Westrand überhöhen.

Die tiefere der beiden Fluren krönt die Höhe unmittelbar östlich von Doblbad, bei einer Seehöhe von 400 m. Sie zeigt teils Schotter, teils eine mächtige Lehmbedeckung, welch letztere auch in dem Straßeneinschnitt oberhalb von Doblbad sichtbar ist. Die höhere Flur breitet sich, stellenweise flächenhafte Ausdehnung erreichend, mit Schotterbasis und Lehmbedeckung, auf dem Höhenrücken östlich des Doblbachtals, oberhalb von Doblbad, auf etwa 2,5 km nordwärts aus. Sie liegt in 420 m Seehöhe, wird aber durch eine, wahrscheinlich aus pannonischen Schottern bestehende Kuppe (P. 429) unterbrochen. Westlich des Doblbach-

---

[49a] Möglicherweise floß damals auch noch der Vorläufer der Sulm durch dieses Tal ab (siehe Abb. 17, S. 75).

tals gehören die ausgedehnten Fluren um Pfalzberg (425—421) demselben Niveau an, das sich im Einzugsgebiet auch der übrigen linksseitigen Zubringer der Kainach weiter ausdehnen dürfte, hier aber noch nicht näher verfolgt ist.

4. Hinweise auf die Ausbreitung der „oberen Terrassengruppe" im Murdurchbruch von Peggau—Frohnleiten, oberhalb Graz.

Am Kugelstein bei Peggau sind über dem oberen Höhlenniveau noch zwei höhere Niveaus feststellbar. Das tiefere der beiden bildet die prächtige Felsterrasse auf der Höhe des Kugelsteins mit angelagerten Sanden (Flugsanden?), 536 m Seehöhe, 120 m über der Mur. Am darüber aufsteigenden Gehänge lagert in etwa 570—580 m Seehöhe, wie von *M. Mottl* festgestellt, eine weitere Sandablagerung.

Bei F r o h n l e i t e n sind nach unserer Begehung analoge Terrassen deutlich, wiederum in zwei Niveaus, entwickelt. Das tiefere bildet eine Felsflur mit P. 529, an welche sich basale Schotter und darüber (bis zur Flurhöhe) lehmige Sande anlagern. Am darüber befindlichen Gehänge stellen sich die groben Basisschotter einer zweiten Terrasse ein, welche in etwa 560 m Seehöhe eine auch morphologisch ausgeprägte Lehmflur aufweist (Abb. 9, S. 51).

Es sind sonach bei Frohnleiten zwei obere, lehmbedeckte Terrassen vorhanden. Auffällig ist es, daß die Fluren am Kugelstein, also talabwärts, um einige Meter höher liegen als bei Frohnleiten. Ich vermute, eine nachträgliche stärkere Aufwölbung im Bereiche des klammartigen jungen Murdurchbruchs oberhalb von Peggau, gegenüber dem Becken von Frohnleiten.

Die „glaziale" Rißterrasse bei Frohnleiten ist bereits in die, unserer Auffassung nach, interglaziale, mit mächtigen Lehmen bedeckte Schotterterrasse des Großen Igl eingeschnitten. Die Basis der Rißterrasse liegt wesentlich tiefer als jene der lehmbedeckten Terrassen. Zu der Entstehungszeit der letzteren war das Murtal noch nicht bis zum Niveau des heutigen Alluvialfeldes, aber auch noch nicht bis zu jenem der Niederterrassenoberfläche eingekerbt worden. Ein Übergang von den ganz kalkgeröllfreien Basisschottern der lehmbedeckten Terrasse zu den angelagerten Rißschottern, mit ihrem reichlichen Gehalt an Kalkeinschlüssen, ist n i c h t zu beobachten. Auch am linken Murufer läßt sich die relative Höhenlage der Basis „der lehmbedeckten Terrasse" bei Laufnitzdorf feststellen, Aufschlüsse, welche anläßlich einer Exkursion im Herbst 1952, in Begleitung von Dipl.-Ing. Maurin, Dr. H. Flügel und Fräulein cand. phil. E. Podlesnik, welche sich mit dem Studium der Murterrassen zwischen Bruck und Graz befaßt, besichtigt wurden.

5. Die Verbreitung der oberen Terrassengruppe (tiefere Fluren) im Raabgebiet.

Die Verbreitung zugehöriger Fluren i m E i n z u g s b e r e i c h e der Raab (Lafnitz, Strem, Pinka) konnte auf österreichischem Boden genauer festgelegt werden (*Winkler-H.*, 1921) (Abb. 12, S. 62, Abb. 13, zwischen S. 62/63). Auf den Abbildungen ist die Verbreitung zu ersehen[50]. (Vgl. auch *Winkler-H.* 1926 c.)

6. Die „obersten Niveaus" der „oberen Terrassengruppe" (Schotter-Lehm-Niveaus).

a) B e d e u t u n g d e s N i v e a u s.

Die obere Terrassengruppe enthält unter ihren Teilfluren ein von den übrigen abweichend entwickeltes Niveau, in dem der Aufbau der höchsten Fluren durch eine größere Mächtigkeit der Schotter und — soweit bei der starken Denudation der hochgelegenen Ablagerungen noch feststellbar — meist durch Fehlen oder relativ geringere Entwicklung der hangenden Lehmdecke gekennzeichnet ist. Allerdings kann im Murbereich nur erst ein Versuch unternommen werden, dieses oberste Teilniveau herauszusondern, wobei für die genaue Abgrenzung noch weitere Beobachtungen zu machen wären. Doch können die im Raabbereiche gemachten Feststellungen über das Auftreten eines obersten Schotterniveaus auch für den Abtrennungsversuch im Murgebiet einen Hinweis geben.

---

[50] Im anschließenden ungarischen Gebiet ist dieses Niveau durch Abnahme seiner Flurenhöhe von der mittleren Terrassengruppe schwieriger abtrennbar, und wurde es nun für einen Teilbereich auf Abb. 13, zwischen S. 62/63, schematisch angegeben.

Im steirischen Raabgebiet, und zwar an der Raab selbst wie im Feistritz—Lafnitz-Bereich, konnte festgestellt werden, daß das „oberste" Niveau des terrassierten Hügellandes durch einen mächtigeren Schotter gebildet wird, auf welchem meist keine Lehme erhalten sind. Diese Schotterfluren erweisen sich als die talaufwärtige Fortsetzung der großen Schotterplatte zwischen Raab, Zala und Marczal in der Kleinen ungarischen Tiefebene. Diese zeigt, wie ich selbst bei meinen Begehungen im Raum von St. Gotthardt, Körmend und Eisenburg (Vasvar) feststellen konnte, über dem mächtigeren Schotterkörper nur eine unbedeutende Bedeckung mit meist stärker sandigem Lehm auf. Sie tritt dadurch in Gegensatz zu den tieferen Niveaus, die — auch in Bereichen, die dem Gebirgsrand ganz nahe liegen — eine mächtige Aulehmdecke tragen. Solche reine Schotterfluren finden sich ferner an der steirischen Raab, zwischen Feldbach und Fehring, etwa 130 m über der heutigen Talsohle, zwischen Fehring und Jennersdorf, etwa 125 m, um sich erst östlich von St. Gotthardt mit einem Knick tiefer (auf etwa 70—50 m über dem Talboden) abzusenken. Am Auffenberg bei Waltersdorf (zwischen Feistritz und Lafnitz) krönt eine mächtigere Schottermasse (mit Lehmen) die Höhe, bis 145 m über die benachbarten Talböden hinaufreichend.

Dieses obere Schotterniveau im Einzugsgebiet der Raab entspricht großen Schuttfächern, die in einer bestimmten Teilphase — wie wir sehen werden —, nahe der Grenze von Pliozän und Quartär, von den Alpen in die Kleine ungarische Ebene als weit ausgedehnter Schuttkegel vorgebaut wurden. Das Ausmaß der Schotterförderung und Aufstapelung ist in dieser Phase wesentlich größer als bei den nachfolgenden Terrassen. Es ist naheliegend, nach dem Äquivalent dieser verstärkten Schotteraufschüttung auch im unteren Murgebiet zu suchen, was allerdings dadurch erschwert wird, daß nur spärliche Reste der obersten Terrasse erhalten geblieben sind. Unverkennbar treten aber bei diesen auch dort stärkere Schotteraufschüttungen (gegenüber Lehmen) hervor.

b) **Versuch zur Festlegung der Verbreitung der „obersten Teilfluren" der „oberen Terrassengruppe" im unteren Murgebiet.**

Hochgelegene Schotterfluren im Grabenland.

Im Bereich des deutschen Grabenlandes sind Reste hochgelegener Schotter-Lehm-Fluren als alte Muraufschüttungen erhalten. Auf der Höhe Kurzragnitz, östlich von St. Georgen an der Stiefing, treten solche, mit rötlichem Bindemittel versehen, in einer Seehöhe von 420—443 m auf, durch die Denudation stark zugeschnitten. Sie liegen hier 120—150 m über dem Murtalboden (Niveau VI a). Der tiefere Teil der Ablagerung weist 10—12 m Schotter auf, worüber 8—10 m rote und blaue Lehme aufruhen. Die stark ausgelesenen Schotter zeigen Gerölle bis Doppelfaustgröße. Am nächst östlichen Höhenrücken, zwischen Schwarzau- und Saßbachtal, sind hochgelegene Schotter südlich von Glojach ·in Höhen von 420 bis über 430 m verbreitet. Südlich von Jagerberg sind am Höhenrücken zwischen Saßbach- und Ottersbachtal analoge Schotter um 400 m Seehöhe vorhanden, desgleichen am östlich davon gelegenen Hügelkamm zwischen Ottersbach- und Edlabachtal, hier etwas unter 400 m Seehöhe. Eine namhafte Absenkung des obersten Niveaus, wie wir sie schon im selben Raum für jüngere Niveaus angegeben haben, stellt sich östlich des Gnasbachtals ein. Am Höhenrücken zwischen Poppendorfer und Gleichenberger Sulzbachtal und an jenem zwischen letzterem und dem Steintal sind in Höhen zwischen 340—360 m zum Teil lehmfreie Schotterreste vorhanden, hier bis 120 m über den Talböden. Sie lagern im letzteren Bereich den südlichsten Ausläufern der Hochstradner Basaltdecke auf. Am Südsaum des basaltischen Klöchermassivs sind, östlich des Steintals, kleinere Schotterreste über den lehmbedeckten Fluren dem Seindlbasalt angelagert, während an der Südostecke des Vulkanberges, südlich Gruisla, schon über Sarmat gelagert — in etwa 340 m Seehöhe —, eine Decke von Terrassenschotter aufscheint. Schließlich sind die hochgelegenen Schotter auf der Höhe von Füxelsdorf, jenseits des die österreichische Grenze bildenden Kutschenitzatals, zu erwähnen, welche bis 350 m Seehöhe erreichen. All die genannten Aufschüttungen eines alten Murlaufs liegen **120—150 m über den benachbarten Talböden.**

An die genannten, dem Niveau VI a zugezählten Terrassen von zum Teil rein **schottrigem** Aufbau schließen sich als nächstjüngere Fluren Terrassen an, welche zwar noch durch das Vorherrschen der Schotter am Aufbau gekennzeichnet sind, aber doch häufig darüber schon eine **Lehmdecke** aufweisen. Ich bezeichne diese als Niveau VI b. Es erscheint als Schotterflur auf der Kuppe 387 östlich (oberhalb) von St. Georgen an der Stiefing, findet sich an der Westflanke des Stiefingtales — ebenfalls als Schotterterrasse — auf den Höhen westlich Heiligenkreuz a. W. in einer Seehöhe von 400 m; es bildet am langgestreckten Kammrücken östlich und nordöstlich von Wolfsberg im Schwarzautale eine Schotterflur mit hinzutretender Lehmbedeckung (über 400 m Seehöhe); es krönt in Seehöhen zwischen 400 und 410 m den nächstöstlichen Höhenrücken zwischen Lieberbachtal und Saßbachtal. Zwischen dem Saßbach- und dem Ottersbachtal wird der mehrere Kilometer lange Rücken zwischen Rosenberg und Wiersdorfberg (404 m) von demselben Niveau eingenommen, welches, zwischen Edlatal und Gnasbachtal, das Plateau des Droschen (383 m) bildet. Hier lagert eine Lehmdecke über mächtigerem Schotter (Roterden!). Zugehörige schotterreiche Fluren lassen sich weiter gegen Osten an den Höhen zwischen Gnasbach-, Poppendorferbach- und Gleichenberger Sulzbachtal, stärker abgebogen, bis ins Klöcher Bergland verfolgen, an dessen Südostabfall sie nur mehr in 325 m Seehöhe gelegen sind.

Ich betrachte dieses Niveau VI b vorläufig als einen Übergang von der mehr oder minder vorwiegenden Schotterfluren des Niveaus VI a zu den mit mächtigen Lehmen bedeckten Terrassen VII—IX. Es könnte zum Teil einer Altglazialzeit zugehören.

Hochgelegene Schotterreste an den Seitentälern der Mur. An den Zuflüssen der Mur aus der Weststeiermark (Kainach, Laßnitz, Sulm mit Saggau) können von den dort festgestellten Niveaus der oberen Terrassengruppe keine mit Sicherheit unseren höchsten (Schotter-) Fluren zugezählt werden. Dagegen sind solche im Einzugsgebiet der untersteirischen Stainz feststellbar, und zwar in dessen obersten Teil, südlich und südwestlich von Mureck. Auf den sich zum Stainztal abdachenden Höhenrücken sind hier bis 380 m Seehöhe erreichende Schotterreste über dem Niveau lehmbedeckter Terrassen vorhanden, fast 150 m über dem Murtalboden. Vielleicht gehören auch noch die etwas tiefer gelegenen, bis 350 m Seehöhe erreichenden Schotter in der Einsattelung zwischen Stainztal und Murtalboden (westlich Mureck) hierher. Das höchstgelegene, aus einer mehrere Meter mächtigen Schotterdecke bestehende ältestquartäre Terrassenniveau konnte ich auch noch weiter ostwärts, in dem Hügelland von Radkersburg, feststellen. Dort erscheint die Kuppenhöhe 302, oberhalb von Plippitzberg (WSW von Radkersburg), von einer Kappe groben Schotters gekrönt, welche den höchsten, in diesen Bereich noch erhaltenen Rest einer quartären Akkumulationsterrasse bildet, der von einem Vorläufer der „untersteirischen Stainz" aufgeschüttet wurde. Seine etwas geringere relative Höhenlage über dem Murtalboden, gegenüber den gleichaltrigen Schotteraufschüttungen bei Mureck (knapp 100 m westlich von Radkersburg, gegenüber bei 120 m bei letzterem Orte), erklärt sich aus der allgemeinen tektonischen Absenkung der Fluren, welche sich im Raum unmittelbar östlich von Mureck einstellt (eine nachträgliche Abbiegung um 25—45 m!). Diese ist auch nach dem allgemeinen morphologischen Bild des unteren Murgebietes durchaus wahrscheinlich, zumal auf gleicher Höhe nördlich der Mur eine analoge, nach Osten hin erfolgende Abbiegung der Terrassen feststellbar ist und weil die Höhenflur des Radkersburger Hügellandes — trotz gleichartigem Schichtaufbau — um etwa 100 m niedriger liegt als jene des Murecker Hügellandes.

Auf Grund dieser Feststellungen kann vermutet werden, daß auch im unteren Murgebiet besonders die I. Teilphase bei Bildung der oberen Terrassengruppe einer bedeutenden Schotterförderung entsprochen hat, analog den noch deutlicher im Raabbereich festgestellten Verhältnissen.

Im Murdurchbruch zwischen Bruck und Graz können bei Frohnleiten auftretende, sich über die vorerwähnten Fluren erhebende Schotterreste und die in entsprechender Niveaulage sich befindende Terrasse am Kugelstein (500 m Seehöhe) als Äquivalente dieses ältestquartären Horizontes angesehen werden (Abb. 9, S. 51). An der Ausmündung des Badelgrabens bei Peggau kann eine Schotterablagerung mit Rotlehmen, die hoch über der Mur auftritt, zugerechnet werden (mit roterdigem Zement).

c) Die Verbreitung der oberen und obersten Terrassenflur im mittleren Murbereich.

Einzugsbereich der mittleren Mur sind hochgelegene quartäre Schotterterrassen nicht so sehr im Murtal selbst, wo sie vermutlich durch jüngere Ausräumung entfernt wurden, als vielmehr in den seitlich davon gelegenen Becken von Trofaiach und von Seckau ausgebildet.

J. Stiny (1931) hat auf der von ihm aufgenommenen österreichischen geologischen Spezialkarte, Blatt Bruck a. d. Mur—Leoben, an der Ausmündung des Vordernberger Tals in das Murtal hochgelegene Reste von Quartärschottern, in einer Seehöhe von etwa 700 m, etwa 150 m über dem heutigen Talboden, ausgeschieden. Im Trofaiacher Becken, nordwestlich von Leoben, sind hochgelegene Reste von Schotterdecken erhalten, welche nach ihrem Aufbau und dem Zusammenhang mit jüngeren, in sie eingeschalteten Terrassenbildungen als Altquartär anzusprechen sind und als solches auch von *J. Stiny* kartiert wurden. Sie krönen insbesondere den Höhenrücken des Kehrwaldes (807 m) und jenen bei Scharsdorf (nördlich davon), an welch letzterem sie am Fuß des Reitings, als abgeböschter Schuttkegel, bis über 900 m Seehöhe ansteigen. Letzterer wurde offenbar aus dem Kaisertale in das Trofaiacher Becken hinein vorgebaut. In Aufschlüssen bei Scharsdorf beobachtete ich Gerölle bis Doppelfaust-, selten Kindskopfgröße, zu etwa 99% Kalke, und eine flache Lagerung.

Da sich diese Schotterdecken bei Leoben—(Donawitz), in bedeutender Höhenlage (Konglomerate des Annenberges!), bis an den Murtalboden heran erstrecken, ist anzunehmen, daß auch letzterer von gleichaltrigen Schottern überdeckt war.

Analoge, ausgedehnte und höher hinaufreichende Schuttkegel erscheinen, wie schon *A. Aigner* (1924) hervorgehoben hat, im westlichen Seckauer Becken, woselbst sie bis über 900 m Seehöhe aufsteigen (K 908, östlich von Bischoffeld) und flächenhaft die miozänen Ablagerungen überdecken. *Aigner* wollte ihre Höhenlage auf eine nachträgliche Hebung zurückführen. Einem Schlußabschnitt der altquartären Schotteraufschüttung im Seckauer Becken rechne ich die Entstehung des eindrucksvollen, schon von *A. Aigner* (1925) beschriebenen Trockentalbodens zu, welcher südwestlich von Seckau auftritt und welcher einen Teil des alten Unterlaufs des aus den Tauern kommenden Zinkenbaches bildete, welcher damals noch nicht direkt zur Ingering, sondern ostwärts über das Seckauer Becken abgeflossen war. Er wurde erst hernach, aber noch vor dem Mittelquartär, zur Ingering abgelenkt, um gemeinsam mit letzterer durch den epigenetischen Durchbruch (*J. Sölch*, 1918) zwischen dem kristallinen Ausläufer des Hölzelbergzuges und dem „Trenning" des Tremmelberges, den Murtalboden zu erreichen.

Diese, stellenweise mindestens 80 m mächtigen Aufschüttungen weisen für ihre Entstehung auf eine vorangegangene Aufwölbung des Gebirges und auf eine anschließende Verschüttung besonders bestimmter, zu tektonischer Niederbiegung und Ausräumung neigender Schollenbereiche (Trofaiacher und Seckauer Becken) hin. Diese Erosion und Schuttförderung stelle ich mit jenen analogen Vorgängen zeitlich in Parallele, welche im frühesten Quartär **allgemein am östlichen Alpensaum** feststellbar sind und als unmittelbare Folge „walachischer" orogenetischer Bewegungen angesehen werden. Sie könnten aber auch altglazialer Entstehung sein.

d) Das Oberniveau der „oberen Terrassengruppe" (Schotterfluren) im Raabgebiet.

Allgemeines. Das oberste Niveau der quartären Terrassierung im steirischen Raabbereich kennzeichnet sich im allgemeinen durch seine **besonders starke Zerschneidung**, durch das Auftreten nur mehr in einzelnen, hochgelegenen Terrassenresten und durch das stärkere Hervortreten, gelegentlich durch das alleinige Vorkommen von mächtigeren Schotterhorizonten, die bis über 20 m Stärke erreichen können. Die gegenwärtige Höhenlage der Flur über dem Talboden beträgt im Nordostteil der steirischen Bucht bis 120 m (Auffenberg bei Waltersdorf [bei Hartberg]), wo die Schotter 455 m Seehöhe erreichen; 130 m im Raabtale bei Fehring, wo sie bis über 400 m Höhe aufsteigen. Die gleichaltrigen Schotter sinken im ungarischen Bereich an der unteren Raab gegen Osten bzw. Nordosten **sprungweise** auf Höhen unter 200 m ab. Rotes lehmiges Bindemittel der Schotter wird von *E. v. Szadeczky-Kardoss* aus dem Raum von Sarvar an der unteren Raab erwähnt. Zwischen Raab und Zala bzw. Marczal ist die Schotterplatte — im Gegensatz zu ihrer talaufwärtigen Fortsetzung an der südburgenländischen und steirischen Raab — nur sehr wenig zerschnitten und gewährt den Eindruck einer ausgesprochenen Plateaulandschaft.

Der Umstand, daß die Geröllgröße dieser Schotter, wie zum Beispiel Beobachtungen bei St. Gotthardt ergeben haben *(E. von Szadeczky-Kardoss* [1938]) im Durchschnitt von gröberer Beschaffenheit sind als die heutigen Raabschotter im selben Abschnitt; ferner das Auftreten und die bedeutende Mächtigkeit vorwiegender **Schotterablagerungen**, das Zurücktreten der Lehme gegenüber den grobklastischen Elementen und die Einlagerung in ein schon erodiertes, spätpliozänes Abtragsrelief lassen schließen, daß der Entstehung dieser höchsten Aufschüttungsflur **bedeutsame tektonische Bewegungen** vorangegangen waren, welche einen großen Schutttransport von den nordöstlichen Zentralalpen her in die Kleine ungarische Tiefebene eingeleitet hatten. Hiebei wurden sehr breite, unmittelbar vorher entstandene Erosionsrinnen hauptsächlich mit Grobmaterial verschüttet. Da wir in dieser Zeit an der Wende von Tertiär und Quartär stehen, so können die verstärkten Bewegungen auf die „**walachische Phase**" bezogen werden. Das Ausmaß dieser Tiefenerosion (von der Oberfläche der jüngstpliozänen Abtragsfläche bis zur Basis der Schotteraufschüttung herab) kann im Raabbereich, an der steirisch-burgenländischen Grenze, auf etwa 40 m geschätzt werden (im unteren Murgebiet, nördlich von Radkersburg, auf 25—30 m). Am Saum der steirischen Randgebirge ist sie etwas höher zu veranschlagen.

7. Einzelverbreitung des obersten quartären Niveaus im Raabgebiet.

Im Einzugsgebiet von Feistritz, Lafnitz, Pinka setzen die hochgelegenen Schotterfluren im Norden schon südwestlich von Friedberg, und zwar oberhalb von Lafnitz, in Seehöhen bis über 510 m an (*W. Brandl*, 1932) und erscheinen, südlich davon bei Wagendorf, am Höhenrücken zwischen Lungitz und Lafnitz in 485—487 m Seehöhe. Es sind Grobschotter, welche an letztgenanntem Punkte, nach *Brandl*, Geröllblöcke bis über 60 cm Durchmesser aufweisen, Feststellungen, die wiederum einen Hinweis auf das **bedeutende Gefälle der zubringenden Flüsse und auf eine vorangegangene tektonische Bewegungsphase** abgeben.

Südlich von Hartberg setzen sie am Auffenberg (455 m Höhe) an und ziehen von hier, wie die lehmbedeckten tieferen Fluren der oberen Gruppe, aber nördlich von diesen, in OSO-Richtung zum früher beschriebenen alten Pinkatal hinüber. Auch hier konnte ich, auf den Höhen östlich von Stegersbach, einen reinen Schotteraufbau an dieser Hochflur feststellen. Der vereinigte Feistritz-Pinka-Fluß hatte, wie angegeben, seinen Weg, unmittelbar nördlich des heutigen Pinkadurchbruchs durch den Eisenberg, in die Kleine ungarische Ebene (bei Steinamanger [Szombathely]) genommen (vgl. Abb. 16, S. 68), wobei sich im Raum nördlich von Fürstenfeld in dieser Phase auch ein älterer **Feistritzlauf**, quer über das heutige Saifenbach- und Lafnitztal bis zum Stremtal annehmen läßt. Diese ältestquartäre Feistritz nahm sohin ihren Lauf nicht über das Fürstenfelder Becken zur Raab, wie gegenwärtig, sondern floß der damals noch das obere Strembachtal benützenden Pinka zu (Abb. 6, S. 43, 12, 13, S. 62/63, 15, S. 64). Es folgt daraus, daß **in diesen oststeirisch-westungarischen Bereichen noch junge Talverlegungen in quartärer Zeit Platz gegriffen hatten**.

Am Csatterberg, östlich von Kohfidisch, treten an zwei kleinen benachbarten Kuppen (Csatter- und Hochcsatterberg) Kieselsinter (Hydroquarzite) auf, die schon F. *Stoliczka* (1862) als perlitische Schlacken erwähnt hatte, die dann aber in Vergessenheit geraten waren. Sie wurden von mir schon anfangs der zwanziger Jahre studiert, als Sinterbildungen von heißen Quellen erkannt und in ihrer Verbreitung festgelegt (unveröffentlichte Beobachtungen). An der westlichen Kuppe sind es rein weiße Sintergesteine, die in geringer Mächtigkeit dem paläozoischen Serpentin auflagern. Es konnte aber auch im Waldgelände am Nordabfall dieser Kuppe, in einem Grabenaufschluß, Kieselsinter festgestellt werden[1]. Die östliche Kuppe wird von einer ausgedehnteren Scholle eines vorwiegend sehr eisenreichen Geysirits gebildet. Seither hat L. *Benda* (1929), bei geologischer Darstellung des Eisenbergs (Vashegy), das Kieselsintervorkommen, allerdings unvollständig, auf seiner geologischen Karte eingetragen. Verkieselte Pflanzenreste, welche in bräunlichem Kieselsinter, nebst Landschnecken, reichlich auftreten, wurden von E. *Hofmann* (1928, 1929) beschrieben und als **altquartär** angesprochen. Ein solches Alter wäre auch wahrscheinlich, da der Kieselsinter am Gehänge des Serpentins tiefer hinabreicht als die unmittelbar benachbarten, mit Lehm bedeckten jüngstpliozänen Abtragsfluren, aber, mit bei einer Basishöhe von etwa 300 m, schon über etwa 100 m über den heutigen Talsohlen gelegen ist. Doch scheinen gegen ein quartäres Alter, wie F. *Kümel* betont hat, die von E. *Hofmann* daraus bestimmten Reste von Taxodium sequoianum und Taxodium taxodianum zu sprechen, welche dort, nebst Resten von Linden und Eschen, vorkommen. Das Auftreten der erstgenannten ist in der Tat in Quartärablagerungen befremdend. Nun ist aber zu beachten, daß in den obersten, ins Quartär gestellten Terrassenniveaus Steiermarks und Westungarns Roterden weiter verbreitet sind, welche auf ein noch wärmeres Klima hinweisen. Deshalb und wegen der allgemeinen Feststellung, daß am Beginn der calabrischen Villafranca-Stufe des ältesten Quartärs (im Sinne der neueren Gliederung) noch ein warmes Klima in Mitteleuropa herrschend war, kann den Bedenken gegen ein ältestquartäres Alter der Kieselsinter keine unbedingte Beweiskraft zugebilligt werden. Die Frage, ob es sich um eine ältestquartäre oder um eine jungtertiäre Bildung handelt, muß daher vorläufig noch offen bleiben, jedenfalls weist das Vorkommen auf das seinerzeitige Ausfließen heißer Quellen hin, welche, bei Auslaugung des von diesen durchsetzten Serpentins, den Hydroquarzit entstehen ließen.

---

[1] Anstehend?

Die größte Ausdehnung erreichen die oberstquartären Schotterdecken an der Raab selbst. Dort konnte ich hochgelegene zugehörige Fluren schon unterhalb von Gleisdorf feststellen und sie dann ab Feldbach im fortlaufenden Zug nach St. Gotthardt a. d. Raab verfolgen, wobei sie von über 400 m Seehöhe (bei Feldbach) auf 300 m Seehöhe bei St. Gotthardt a. d. Raab (am Körites) absinken (Abb. 13, zwischen S. 62/63, Taf. I). Nun folgt, auf einem Saum von etwa 5 bis 6 km Breite ein scharfer Gefällssprung, wobei die hier noch immer stärker zergliederte Terrasse zu dem schon erwähnten, wenig zerschnittenen Plateau in über 250 m Seehöhe abfällt (Abb. 17). Aber fast ohne weiteres Gefälle setzt sich dann dieses in dem Raum östlich von Körmend fort (*Winkler v. H.*, 1938). Erst dann erfolgt wieder ein stärkerer Abfall, wobei die Platte, nach *E. v. Szadecky-Kardoss*, auf 200 m Seehöhe und darunter absinkt. Im Raum von Sarvar nähert

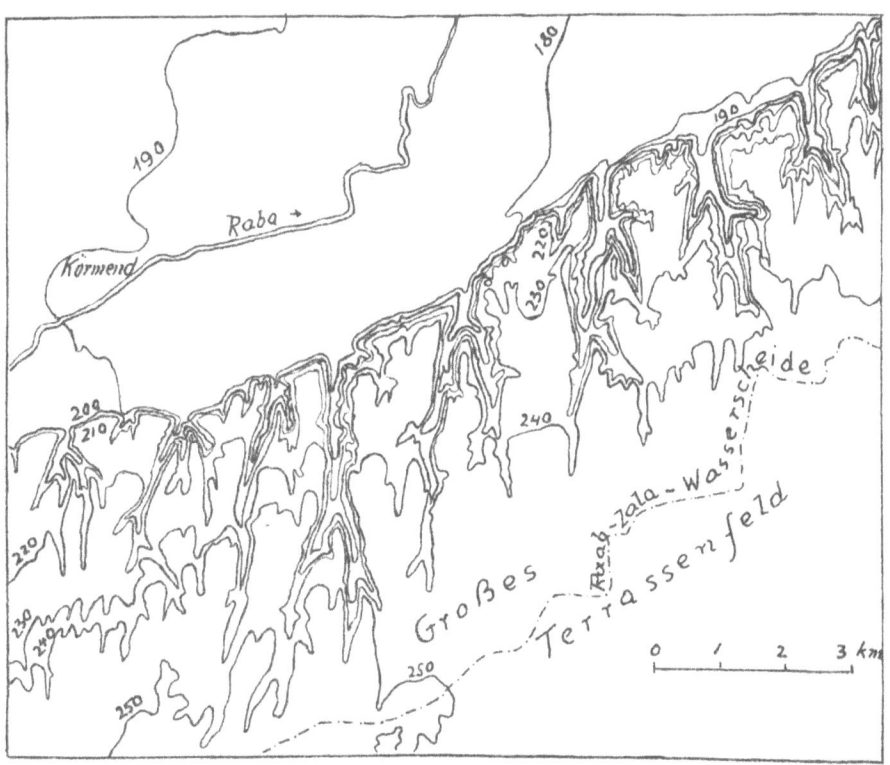

Abb. 17. Die große Schotterplatte des ältesten Quartärs im oberen ungarischen Raabgebiet und ihre Zerschneidung.
Aus *E. von Cholnoky*: Resultate der wissenschaftlichen Erforschung des Balatonsees. 1. Band, 2. Teil. „Hydrographie des Balatonsees"; Wien, 1920. S. 140.

sie sich schließlich dem heutigen Raabtalboden. Die Sprünge im Terrassengefälle entspringen j u n g e n t e k t o n i s c h e n V e r s t e l l u n g e n.

Die Terrassenfluren nehmen im wesentlichen den ganzen Raum zwischen Raabtal und oberem Zalatal ein. Sie greifen aber noch ein wenig, aber nur streckenweise, auf das Gehänge südlich der Zala, in der niedrigen Hügellandschaft des Göcsei, über, woselbst sich die Schotter, nach den Profilen von *L. v. Loczy* (1916, S. 497) zwischen Öriszentpéter und Zalalövö, dem auftauchenden Pannon anlagern (Abb. 14, S. 63). Die Mächtigkeit der Schotterplatte beträgt im Westen bis zu 20 m, nimmt aber gegen Nordosten auf etwa 12 m ab. Da die Zala sich nur am Südrande der Schotterplatte, nach deren Zerfall, eingeschnitten hat, die Raab aber nach Ausbildung derselben sich gegen Norden verlegt hat, so dürfte ein wesentlicher Teil der ältestquartären Schotterakkumulation erhalten geblieben sein, wenn sie auch an ihrem Nordsaum durch die Raaberosion der jungquartären Zeiten nicht unbeträchtlich zurückgeschnitten worden sein muß. Die Schotter weisen noch im Raum von Körmend nuß- bis hühnereigroße Gerölle auf.

In diesen westpannonischen Bereichen ist die S c h o t t e r f l u r, ebenso wie in den oststeirischen, wie die Verhältnisse im Zalatal anzeigen, i n d i e s p ä t e s t p l i o z ä n e A b t r a g s f l ä c h e e i n g e s c h n i t t e n. Dabei kann die Erosionstiefe, welche vor Ablagerung der Schotterdecke in letzterer erreicht wurde, mit 30—35 m angenommen werden. Die Oberfläche der Schotterakkumulation blieb aber nur wenig hinter dem Niveau der südlich der Zala sich ausdehnenden, mit jüngstpliozänen Lehmen überzogenen Denudationsflur zurück. Die mit der walachischen Phase parallelisierbare Hebung hätte sich danach noch bis in die inneren Teile der Kleinen ungarischen Tiefebene hinein geltend gemacht.

8. Das Alter der oberen Terrassengruppe. (Siehe Tabelle.)

a) Allgemeines. Für die Altersbegrenzung der oberen Terrassengruppe können folgende Hinweise gegeben werden: 1. Die Terrassen sind älter als die Niveaus VIII—IX der mittleren Terrassengruppe, deren mittelquartäres Alter wahrscheinlich erscheint. 2. Sie sind jünger als das im nächsten Abschnitt zu besprechende spätoberpliozäne Abtragsniveau flächenhafter Entwicklung im Bereiche der steirischen Tertiärbeckenlandschaft, in welches unsere obere Terrassengruppe schon mehr oder minder eingesenkt ist. Die oberen Terrassen sind daher entweder in das jüngste Pliozän oder schon in das älteste Quartär einzureihen. Für erstere Annahme spräche die bedeutende Höhenlage der Terrassen, worauf besonders *Sölch* Wert legte. Besonders zeugte bisher zugunsten eines pliozänen Alters der „oberen Terrassengruppe" der Umstand, daß die dieser offenbar (mindestens zum Teil) äquivalenten Laaerbergschotter des Wiener Beckens, nach *Schlesingers* Begutachtung darin aufgefundener Fossilreste, als mittelpliozän anzusehen wären, also ein verhältnismäßig hohes Alter besitzen würden (insbesondere nach dem Fund Elephas planifrons Falc.). Doch standen der Annahme eines mittelpliozänen Alters der hochgelegenen Schotter im steirischen Becken seit jeher gewisse Schwierigkeiten entgegen, welche darin beruhten, daß eine ausreichende Vertretung für die Zeit des Mittelpliozäns schon in noch älteren Schotterdecken, in feinen fluviatilen Aufschüttungen und in Abtragsflächen längerer Bildungsdauer gegeben erschien. Neuere Untersuchungen, welche zeigten, daß auch der oststeirische Basaltvulkanismus, sein Aufleben, sein Vergehen und der Beginn der denudativen Zerstörung seiner Bauten mittelpliozänen Alters sind, verstärkten die Bedenken gegen die Einreihung der erwähnten, noch wesentlich jüngeren Schotterdecken ins Mittelpliozän (vgl. *Winkler-H.*, 1951). *Szadeczky-Kardoss* ist im Wiener Becken zu ähnlichen Ergebnissen gelangt, indem er feststellte, daß zwischen Pannon und Laaerbergschottern ein bedeutender zeitlicher Hiatus bestehe.

Die Laaerbergschotter lieferten Reste von Elephas planifrons und Mastodon tapiroides-americanus. Nach *Kretzoi* und *M. Mottl*, 1942, ist Elephas planifrons für die Stufe des Arnien kennzeichnend, somit für einen Horizont, der teils dem Oberpliozän, teils dem ältesten Quartär zugezählt wird. Nach *Mottl* (1942) sind die Laaerbergschotter den „Mastodonten Schottern" gleichzustellen, welchen in Ungarn die Schotter von Pestszentlörincz, Rákoskeresztur, Köbánya usw. zugehören (mit Mastodon arvernensis; M. borsoni; M. americanus, f. praetypica; Dicerorhinus megarhinus; Equus). Sie würden den Stufen des Auvergnien-Arnien entsprechen. Letztere werden als Äquivalente der Prägünz-Günzzeit angesehen. Sie sind älter als die Schotter mit Elephas meridionalis, welche in die nächst jüngere Stufe des St. Prestien eingereiht werden und deren Vertretung im Wiener Becken in den „Arsenalschottern" gesucht wird.

Nach diesen neueren Feststellungen, denen sich auch *A. Papp* u. *E. Thenius* (1949) angeschlossen haben, ist die Einordnung der Schotterdecken des Raab—Mur-Gebietes wohl hinreichend geklärt, indem diese als Bildungen der Auvergnien-Arnien-Stufe zu betrachten sind. Die tieferen Teilfluren des Raab—Mur-Gebietes sind dann vermutlich die Äquivalente der Höbersdorfer und der Arsenalterrasse im inneralpinen Wiener Becken, welche das St. Prestien (nach *M. Mottl*) umfassen.

Es ist mehr eine Frage der Nomenklatur, ob man die dieser Stufe angehörigen Bildungen noch ins oberste Pliozän oder schon ins älteste Quartär stellt. Nach *M. Mottl* (1942), die sich mit dieser Frage näher befaßt hat, wäre die Grenze zwischen Pliozän und Quartär aus faunistisch-stratigraphischen Gründen schon tiefer als das Auvergnien-Arnien zu ziehen und daher letzteres ins älteste präglaziale Quartär einzureihen. Vom Standpunkt der tektonischen Zyklenlehre aus wäre man auch geneigt, die Grenze zwischen Pliozän und Quartär schon in der Zeit nahe v o r Herabsteigen der großen Schuttkegel des Laaerbergniveaus in die Kleine ungarische Tiefebene anzusetzen, da die Hebungen, welche diesen Schutttransport veranlaßt haben, als Einleitung eines neuen geologischen Teilzyklus anzusehen sind.

Es sei hier ferner darauf verwiesen, daß als marine Äquivalente für die Stufe des Arnien das „C a l a - b r i e n" anzusehen ist, das bekanntlich schon in der Molluskenfauna nordische Einschläge aufweist, ein weiterer Fingerzeig dafür, unsere Schotterdecken schon ins ä l t e s t e Q u a r t ä r zu stellen. Von den Forschern, die sich mit der Quartärgeologie der Mittelmeerbereiche besonders befaßt haben, C. Blanc (1942) und M. Pfannenstiel (1944), wird das Calabrien schon als ältestes Quartär angesehen. Von Pfannenstiel wird es hiebei als Äquivalent von „G ü n z" (Tabelle S. 423), von Blanc als unmittelbar „P r ä g ü n z" betrachtet. Nach Pfannenstiel (S. 424) sei die „kalabrische Stufe" „die Zeit der großen Bruchtektonik, welche Mittelmeer und Schwarzes Meer ergriffen hatte", worauf hier unter Bezugnahme auf die Phase verstärkter Hebung während Aufschüttung der Arnien-Schotterdecken am östlichen Alpenrand verwiesen sei.

F. Zeuner (1945) setzte die Grenze zwischen Pliozän und Quartär vor die erste Phase seiner „Early glaciation" (etwa = Günz) und datiert diese Zeit mit 600.000 Jahren vor der Gegenwart, was mit der von A. Penck angegebenen Dauer des Quartärs harmoniert, wobei ich aber — angesichts der wohl noch keineswegs gesicherten Vollgliederung des Quartärs im Sinne der Milankovitchschen Strahlungskurve und ihrer Ausdeutung durch W. Sörgel[51] — dieser zeitlichen Feststellung keinen höheren Wert beimessen möchte als der Schätzung A. Pencks.

Diese, hier schon vor Jahren niedergeschriebene Auffassung über die Abgrenzung von Pliozän und Quartär steht im vollen Einklang mit jenen maßgeblicher Forscher, welche anläßlich des internationalen Geologenkongresses in London 1948 in der zur Bereinigung dieser Grenzfrage eingesetzten speziellen Kommission geäußert wurden (Movius, Hoopward, Migliorini, Selli, Ruggieri, Ribera-Faig). K. P. Oakley berichtete über den Vorschlag der Kommission, daß für die Festlegung der Pliozän-Quartär-Grenze die Gliederung in Italien die Grundlage abgeben und als Basis des Quartärs die marine Formation des C a l a b r i a n s und ihre terrigenen Äquivalente, die Villafranca-Stufe, gelten sollen (vgl. Tabelle).

D i e a n g e f ü h r t e n n e u e n E r g e b n i s s e b e g r ü n d e n d i e E i n r e i h u n g d e r h o c h g e l e g e n e n S c h o t t e r t e r r a s s e n d e s M u r - u n d R a a b g e b i e t e s i n s ä l t e s t e Q u a r t ä r.

b) Z u r P a r a l l e l i s i e r u n g d e r o b e r s t e n S c h o t t e r f l u r e n i m R a a b - g e b i e t. Die Schotterfluren zwischen Raab und Zala wurden von E. v. Szadeczky-Kardoss dem A r s e n a l s c h o t t e r des Wiener Beckens gleichgestellt, der dort noch dem (jüngeren) Altquartär zugezählt wird, nachdem bereits die ungarischen Geologen, anläßlich der geologischen Aufnahmen in den siebziger Jahren des vorigen Jahrhunderts, diese Schotterplatten, im wesentlichen zutreffend — wenn zum Teil auch noch mit Einbeziehung jüngerer Niveaus —, als „jüngstpliozäne oder ältestpleistozäne Ablagerungen" auf ihren Karten ausgeschieden hatten. Ich selbst vermutete 1938, daß die talaufwärtige Fortsetzung des Schotterfeldes zwischen Raab und Zala — bei Annahme des gleichen geringen Gefälles — ihre Fortsetzung in der quartären Hauptflur (= mittlere Terrassengruppe) im steirischen Anteil des Raabtales finden würde. Unter dieser Voraussetzung wurde ein Anstieg der Flur von 250 m im Raum von Körmend bis auf 300 m bei St. Gotthardt, und auf 320 m bis Fehring, angenommen. Ich hatte aber bei dieser Deutung außer acht gelassen, daß durch die junge diluviale Tektonik, auf die ich übrigens auch gerade in der zitierten Arbeit für andere Fälle hingewiesen hatte, eine starke Aufbiegung der Schotterplatte zwischen Körmend und St. Gotthardt Platz gegriffen hatte und daß daher die Fortsetzung der ersteren auf steirischem-südburgenländischem Boden erst in größerer Höhenlage anzunehmen ist. Ich halte daher diese seinerzeitige Parallelisierung nicht mehr aufrecht und vertrete die Deutung, daß die stärker gehobenen und kräftiger modellierten obersten Schotterfluren im österreichischen Raabbereich mit den weniger hoch aufgebogenen und von ersterem durch eine Abbiegungszone getrennten, gleichartigen Schotterplatten zwischen Zala und Raab in zeitliche Parallele zu stellen sind. Aus der allgemeinen geologischen Situation heraus sehe ich mich veranlaßt, dieses altquartäre Schotterniveau mit dem ältestquartären

---

[51] Vgl. hiezu die Stellungnahme von M. Schwarzbach (1948) zu den interessanten Büchern von F. Zeuner, wobei bei sachlich kritischer Prüfung verschiedene Unstimmigkeiten zwischen „Strahlungskurve" und geologischen Befunden bzw. Altersdatierungen auf anderer Grundlage angeführt werden.

Laaerbergschotter des Wiener Beckens (= Mastodontenschotter des Arnien) und nicht mit dem Arsenalschotter gleichzusetzen (siehe S. 156).

9. Der Rauminhalt der ältesten quartären Schottermassen (im Bereiche der Kleinen ungarischen Tiefebene) und das Ausmaß des damaligen flächenhaften Abtrages in den alpinen Einzugsgebieten.

E. v. *Szadeczky-Kardoss* hat die Masse der auf ungarischem Boden (im Raum südlich der Raab) zur Zeit der Schotterdeckenbildung abgelagerten grobklastischen Produkte auf 16,5 km^3 geschätzt. Sicherlich ist damit nur ein B r u c h t e i l der in dieser Phase im Einzugsbereich der Raab aus den Alpen (auch unter Außerachtlassung der von den nordöstlichen Zuflüssen der Raab [Güns, der Rabnitz und der Ikva]) herabgetragenen Schuttmassen erfaßt worden. Berücksichtigt man, daß speziell am Nordsaum der großen Schotterplatte starke Beschneidungen durch nachträgliche Denudation erfolgt sein müssen, ferner daß bedeutende Schottermassen, welche *v. Szadeczky* in seine Berechnung nicht einbezogen hat, im Raum westlich von Steinamanger, an der Pinka, Lafnitz und Feistritz und oberen Raab, abgesetzt wurden und auch heute dort noch in Resten vorhanden sind, so dürfte mindestens eine Verdoppelung des Ausmaßes für die damalige Schotterakkumulation im Bereiche der steirisch-westungarischen Raab (ohne jene der nordöstlichen Zuflüsse) anzunehmen sein. Wir wollen hier einen Schätzungswert von 30 km^3 zugrunde legen. Ein weiterer Teil der Schottermassen, der leider kaum sicher feststellbar ist, ist sicherlich, über den Bereich der von *v. Szadeczky* berechneten Schotterdecken hinaus, der ältestquartären Donau zugeführt und weitertransportiert worden. Er soll aber bei der Abtragsberechnung außer Betracht bleiben.

Wie die Beobachtungen an der heutigen Raab und ihren Zuflüssen zeigen, wird ein überwiegender Anteil von Abtragsprodukten von diesen Flüssen nicht in Geröllform, sondern als Schlamm (Flußschlick) und in gelöster Form mit sich geführt. Nach den Ermittlungen von *J. Stiny* bei Feldbach a. d. Raab (1919) kann vermutet werden, daß es sich hiebei um die zweieinhalbfache Menge handelt. Nun darf allerdings dieser Wert auf die ältestquartäre Erosionsphase nicht ohne weiteres übertragen werden, da in dieser offensichtlich ein relativ wesentlich größerer Schottertransport als gegenwärtig erfolgt ist, wodurch auch prozentual das Verhältnis zwischen Geschiebeführung und Schlickgehalt zugunsten der ersteren verschoben gewesen sein mußte. Wir wollen daher der nachstehenden Berechnung nur die doppelte Schlickführung, gegenüber der Geschiebefracht, in Rechnung stellen. Danach hätte die Raab (einschließlich Feistritz, Lafnitz und Pinka) im ä l t e s t e n Q u a r t ä r aus den nordöstlichen Alpen einen Abtrag von 90 km^3 [52] bewirkt gehabt. Dies ergibt auf ein Einzugsgebiet von 4000 km^2 verteilt eine flächenhafte Denudation desselben um 25 m während dieser Aufschüttungszeit. Hätte die Abtragung und Aufschüttung für die Bildung der Schotterplatte 100.000 Jahre benötigt, so würde daraus eine jährliche Abtragung von 0,23 mm resultieren; bei einer Dauer derselben von 50.000 Jahren eine solche von 0,44 mm/J sich ergeben. Man wird wohl kaum einen längeren Zeitraum als 100.000 Jahre, auf Grund heutiger Erfahrungen über Flußakkumulationen, für die Bildungsdauer der ältestquartären Aufschüttung in Betracht ziehen können. Berücksichtigt man, daß die oben erhaltenen Denudationswerte nur M i n d e s t w e r t e darstellen, so folgt daraus, daß in der ä l t e s t e n P h a s e d e s Q u a r t ä r s e i n e b e s o n d e r s s t a r k e A b t r a g u n g d e r s t e i r i s c h e n R a n d g e b i r g e zur Geltung gekommen sein muß, welche mindestens doppelt so groß gewesen war als jene der Gegenwart, welche nach *J. Stiny* mit 0,1 mm/J angenommen werden kann. Dies weist auf die B e d e u t u n g d e r u n m i t t e l b a r v o r q u a r t ä r e n, „w a l a c h i s c h e n B e w e g u n g e n" auch in den nordöstlichen Alpen hin.

---

[52] Zu verringern um den Unterschied zwischen spezifischem Gewicht der abgetragenen Gesteine und den aufgeschütteten bzw. weiterverfrachteten Lockermassen!

10. Talverlegung unmittelbar nach Entstehung der oberen Terrassengruppe an der Mur.

Im unteren Murgebiet sind, unmittelbar nach Entstehung der oberen Terrassengruppe, namhafte Talverlegungen entstanden. An der Wasserscheide zwischen unterer Mur und untersteirischem Stainztal finden sich, bei Mureck in zwei Niveaus, bis 140 m über dem heutigen Fluß und in einer tieferen Einsattlung bis etwa 90 m über demselben, Reste einer Schotterdecke, welche anzeigen, daß damals vom Murtalboden her ein Wasserlauf zur Stainz gegangen ist, und zwar der später durch Einfächerung dem Murtal eingegliederte Gamlitzbach, dessen Oberlauf die westlichen Ausläufer der Windischen Bühel entwässert[52a].

Erst durch das Süddrängen der Mur, auf das auch J. *Sölch* (1919) hingewiesen hat, ist in mittel- und jungquartärer Zeit das Gamlitztal unmittelbar zur Mur hereingezogen worden (Abb. 1, zwischen S. 6/7, Abb. 6, S. 43, Abb. 16, S. 68).

H. Die jüngstpliozänen (spätlevantinen) — präglazialen Denudationsflächen.
(Taf. I und Abb. 18, 19, S. 80).

1. Allgemeines.

Zur Abrundung des Bildes gebe ich hier einen kurzen Überblick über dieses wichtige morphologische Landflächensystem, das ich übrigens auch schon in der „Geologie der Ostmark" (1939) bzw. in der „Geologie von Österreich" (1951) entsprechend gekennzeichnet habe (vgl. 1955).

Schon 1921 habe ich, bei der Beschreibung des oststeirischen Vulkangebietes, eine besonders deutlich entwickelte Abtragsfläche an den paläozoischen Schieferinselhöhen von Neuhaus—St. Georgen (östlich von St. Anna a. A.) die in über 400 m Seehöhe gelegene Flur als **morphologische Ausgangsform** für die Modellierung der heutigen Landschaft im oststeirischen Tertiärbereich herausgestellt. Seither konnte ich dieses Niveau weiter verfolgen und in seiner Bedeutung schärfer erfassen.

Das „Abtragsflächensystem IV" beginnt im Osten am Silberberg (400 m), nahe dem Dreigrenzpunkt zwischen Österreich, Ungarn und Jugoslawien, wo es eine auffällige, schon von

[52a] Eventuell auch noch der Sulmfluß.

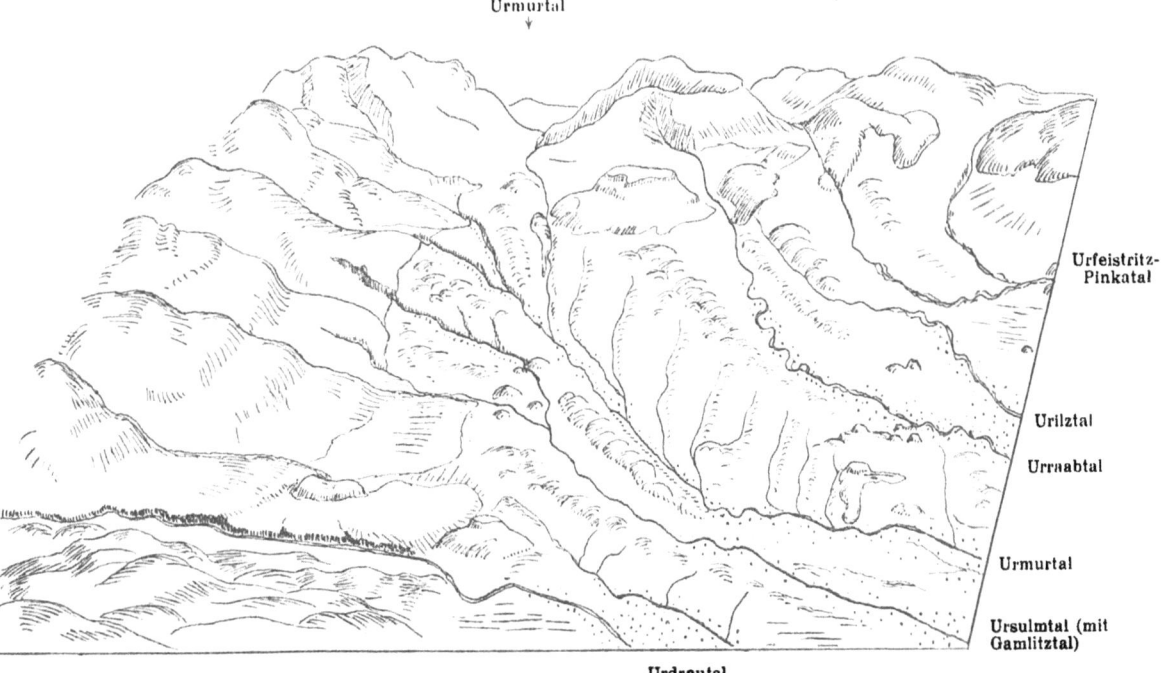

Abb. 18. Das Steirische Becken in der präglazialen (oberstpliozänen) Einebnungszeit. Zeichnung: H. Waschgler.

L. v. Loczy (1916) erwähnte hochgelegene Flachlandschaft im Quellgebiet von Zala, Kerka (Mur) und Raabbächen bildet. Diese 380—390 m hohen, breiten Fluren greifen hier über die höherpliozänen (dazischen) „Silberbergschotter" über. Sie erscheinen als Kammflur an der paläozoischen Schieferinsel „Neuhaus—St. Georgen" (413 m). Das Niveau findet sich ferner an der Nordost- und Südostflanke des Basaltplateaus von Hochstraden und an seinen südlichen Ausläufern (Neusetz) in Seehöhen von über 400 m; besonders markant im basaltischen Klöchermassiv in Höhen von 370—390 m; um 400 m in der Umrandung der trachytischen Gleichenberger Kogeln; ferner auf der Höhe des aus Nulliporenkalk bestehenden Wildoner Schloßberges, am Saum des Buchkogels bei Wildon (um 470 m), und auf dem Leithakalkplateau des Steinberges bei Ehrenhausen (um 460—480 m).

2. Die Höhenflur der Beckenlandschaft.
a) Übersicht (Abb. 19).

Blickt man von irgendeinem Aussichtspunkt der Oststeiermark, etwa vom Kapfensteiner Kogel oder von der Riegersburg, nach Osten und Westen, so reiht sich beiderseits eine große Kette von einzelnen Höhenzügen aneinander, welche gegen oben hin allenthalben durch eine **Höhenflur** begrenzt erscheinen (Taf. III, Fig. 2, 4). Diese Flur überschneidet von West nach Ost die verschiedensten Horizonte des Miozäns und des Pliozäns: in der (süd-)weststeirischen Bucht die Eibiswalder Süßwasserschichten (Unterhelvet), höherhelvetischen Schlier und zugehörige, nur wenig darüber aufragende Schotterserien und das Torton; in der oststeirischen Bucht das untere, das mittlere und das obere Sarmat, das tiefere Pannon (A- und B-Horizont), das höhere Unterpannon, das Mittel- und das Oberpannon und schließlich — jenseits der Grenzen Österreichs — auch noch die Schotter der dazischen Stufe. (Rekonstruktionsversuch des Landschaftsbildes in der oberstpliozänen präglazialen Einebnungsphase auf Abb. 18.)

In eindrucksvoller Weise haben hier, auf riesig ausgedehnter, das ganze steirische Becken und das westungarische Göcsei umfassender Fläche, welche bis an die Grenzen Österreichs eine Längserstreckung von 120 km und in weiterer Fortsetzung in Ungarn, bis an den Saum des Bakonyer Waldes heran, eine solche von ferneren 100 km aufweist, im großen gesehen, die **morphologischen Denudationskräfte die Jungtektonik überwäl-**

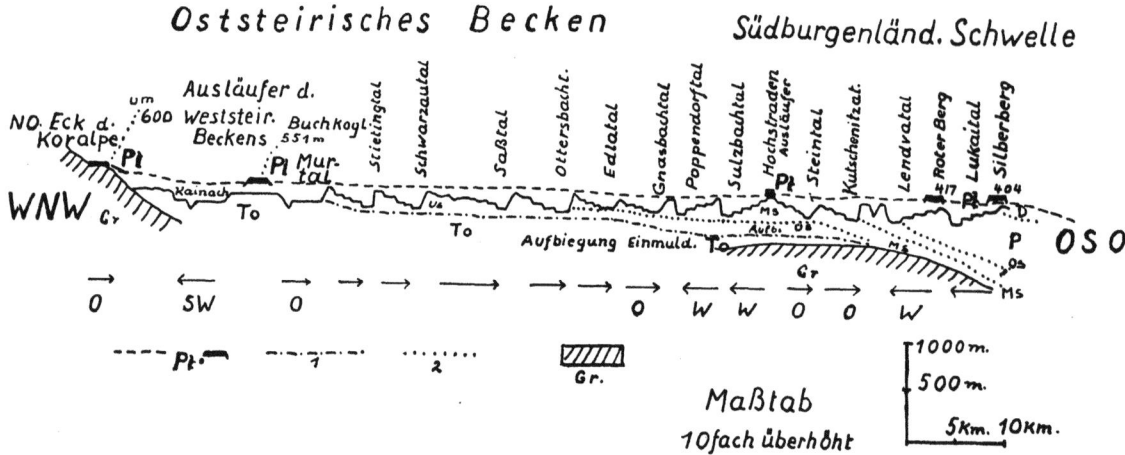

Abb. 19. Schematisches Profil der Höhenflur im Steirischen Becken, unter Angabe der oberstpliozänen Flur, als vorpräglazialem Ausgangsniveau.

Pl = Oberstpliozäne Denudationsflur.
1 = Grenze zwischen tortonischen und sarmatischen Schichten.
2 = Grenze zwischen sarmatischen Teilstufen und zwischen Sarmat und Pannon sowie zwischen Pannon und Daz.
Gr = Kristallines und paläozoisches Grundgebirge.

To = Tortonische Meeresschichten.
Us = Untersarmatische Schichten.
Ms = Mittelsarmatische Schichten.
Os = Obersarmatische Schichten.
P = Pannonische Schichten.
D = Dazische Schotter.

tigt, soweit diese durch Hebung und Verbiegung in den einzelnen Teilschollen auch eine orographische Höhendifferenzierung hervorzurufen trachtete. Die im Pliozän entstandenen Großwölbungen und Einmuldungen werden von einer einheitlichen „Höhenflur", welche als Tangente an die höchsten Erhebungen an den einzelnen Rücken aufgefaßt wird, überzogen. Nur einzelne Härtlinge, wie die basaltischen Vulkankörper, das Gleichenberger Trachytmassiv, die paläozoischen Schieferinseln des Sausals bei Leibnitz und des Eisenbergs bei Pinka und einige aus miozänen Leithakalken aufgebaute Höhenrücken (Buchkogel bei Wildon, Steinberg bei Spielfeld) sowie im Westen auch noch einige mittelmiozäne und pannonische Schotterrücken, ragen darüber auf.

Die Höhenflur senkt sich aus dem Raum von Graz, wo sie mit fast 600 m ihre größte Höhe erreicht, bis zur österreichisch-ungarischen Grenze (im südlichen Burgenland) auf etwa 420 m, weiters am Silberberg, südwestlich von St. Gotthardt (Szentgotthard), auf 400 m und sodann im oberen Zalatal (bei Öriszentpeter—Zalalövö) auf 260 m ab, um westlich und östlich von Zalaegerszeg (am Kandiko, 302 m, bzw. am Botfa, 305 m) wieder auf über 300 m anzusteigen. Schließlich erreicht die Flur östlich des unteren Zalatales, am Saum der Basaltberge von Tatika, nur mehr 235 m. Sie läßt daher vom steirischen Beckenrand bis zum Saum des Bakony eine Absenkung von über 350 m erkennen. Gegen Nordosten erscheint der Flurenbereich durch das untere Pinka- und durch das ungarische Raabtal begrenzt, wobei, jenseits beider, tiefergelegene, quartäre Fluren sich ausdehnen. Im Südosten bricht das in zahlreiche, schmale Kulissen aufgelöste und mit einer tiefen Einbuchtung (Becken von Lenti) versehene Hügelland zum untersten Mur- und Drautalboden bzw. zur südlichen Kleinen ungarischen Tiefebene bei Nagykanisza, südwestlich des Balatons, ab, während gegen Osten hin die Triasdolomit- und Basalthöhen des westlichen Bakony zum Teil flach, zum Teil schroff darüber aufsteigen.

b) Die Entstehungszeit der Höhenflur ergibt sich einerseits aus dem Überschneiden nicht nur der miozänen, sondern auch der gesamten pliozänen Horizonte, einschließlich des (älter-) oberpliozänen Silberbergschotters, anderseits aus ihrer höheren Niveaulage als die ältesten quartären Terrassen, welch letztere in sie bereits eingeschnitten sind. Die Grundanlage der Höhenflur, aufgefaßt als jüngsttertiäres Denudationsniveau, fällt daher ins höhere Oberpliozän, ihre heutige morphologische Gestaltung reicht hingegen bis in die Gegenwart.

Es gilt nun festzustellen, ob die genannte Höhenflur tatsächlich das Abbild eines nach obigem im Jungpliozän entstandenen Abtragsniveaus darstellt, das durch quartäre Denudation umgestaltet wurde, oder ob hier etwa ein „oberes Denudationsniveau" (im Sinne von A. Penck, 1919) vorliegt, dessen Ausgangsform eventuell in bedeutender Höhenlage darüber anzunehmen wäre und dessen Form unbekannt ist. Eine sichere und einwandfreie Beantwortung dieser Frage ergibt sich aus der Feststellung eines mit fluviatilen Lehmdecken überzogenen Abtragssystems an Härtlingen, das in eindeutiger Beziehung zu der um 10—40 m darunter erniedrigten Höhenflur des steirischen Hügellandes steht. Ersteres ist als morphologische Ausgangsform der Höhenflur anzusprechen. Daraus geht hervor, daß die Höhenflur tatsächlich eine, durch quartäre Denudation und Erosion etwas erniedrigte und mehr oder minder stark zerschnittene jüngstpliozäne Landoberfläche widerspiegelt, die im Bereich der tertiären Füllung des steirischen und des westungarischen Beckens weithin zur Entwicklung gekommen ist.

3. Die Einzelverbreitung der jüngstpliozänen (präglazialen) Denudationsflächen.
(Niv. IV/V der Tabelle.)

a) Im südoststeirischen Basaltgebiet (Abb. 1 und Taf. I, Taf. II, Fig. 1, 2, 4, Taf. III, Fig. 1).

Im steirischen Basaltgebiet zwischen unterer Mur und Raab erscheint an zahlreichen der dort auftretenden Basalt- und Basalttuffhöhen, am Gleichenberger Trachytberg und schließlich an der paläozoischen Schieferinsel von Neuhaus—St. Georgen (östlich von Gleichenberg) ein in zwei Teilfluren auflösbares System von Abtragsflächen, welches über den höchsten ältestquartären Schotterterrassen gelegen ist und zum Teil noch ausgedehntere Reste einer alten (quarz-glimmerhaltigen) Aulehmdecke aufweist.

Die paläozoische „Schieferinsel Neuhaus—St. Georgen" wird von einer prächtigen Abtragsfläche (obere Teilflur des Systems) gekappt, welches Niveau — im Gegensatz zur Lagerung der diese Altscholle umgürtenden miozänen und pliozänen Sedimentdecke — eine vollkommen horizontale Fläche bildet (Abb. 18, S. 79; Taf. I, Taf. III, Fig. 1); ein geradezu ideales Beispiel eines jungen, fluviatilen Denudationsniveaus.

Es wurde im vorliegenden Falle durch einen Vorläufer der Lendva (Lendbach) geschaffen, der dieses heute in engem Tal mitten durchschneidet. Die Höhenlage dieser oberen Teilflur beträgt 416—418 m (Roter Berg) bzw. 413 m (Stadelberg). Sie überragt die angrenzenden, aus jungtertiären Schichten aufgebauten höchsten Erhebungen im Westen (sarmatischer Bereich, auch mit etwas widerstandsfähigeren Kalken im Berggerüst, am Saum der Aufwölbung des Stradener Kogels) um 15—18 m, im Norden, Süden und Osten (pannonische Bereiche) um 30—40 m. Letzterer Wert gibt überhaupt das Durchschnittsmaß der Denudation der Höhenflur an den von pannonischen Schichten aufgebauten Hügeln im oststeirischen Vulkangebiet, seit Ausbildung der jüngstpliozänen Abtragsflur (oberes Niveau), an.

35—40 m unterhalb dieses Niveaus erscheint, in einer Seehöhe von 375—378 m, an der vorerwähnten Schieferinsel eine deutliche und breitere Terrassenflur eingeschnitten. Sie ist nicht nur im Durchbruchstal durch das Paläozoikum, sondern auch in der Umsäumung der Schieferinsel, insbesondere auf der

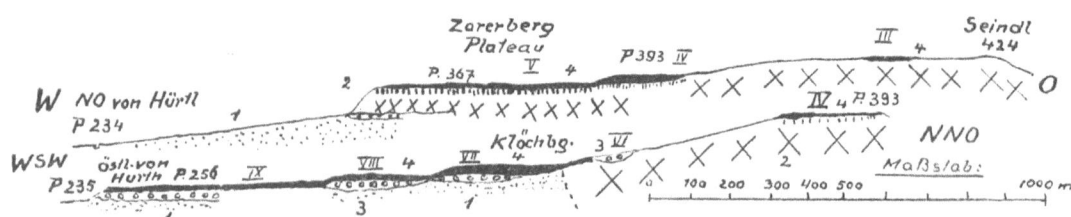

Abb. 20. Terrassenprofile vom Basaltmassiv von Klöch.

1 = Sarmatische Schichten.
2 = Basalte und Basalttuffe (dazische Stufe).
2a = Tiefgründig zersetzte Basaltwackentone (präglaziale, oberpliozäne Verwitterung) = senkrechte Schraffen.
3 = Basisschotter des Eruptivs bzw. Schotter der mittel- bis altquartären Terrassen.
4 = Lehmdecken der mittelquartären, altquartären und präglazialen Terrassen.

Südseite des Stadelberges, entwickelt. Auch bei ihrer Entstehung muß es sich um eine, wenn auch angeschaltete Phase flächenhafter Denudation handeln (vgl. Taf. III, Fig. 1). Diesem tieferen Flurenniveau gehören im jungtertiären Hügelland westlich der Insel der horizontale Kamm bei St. Anna a. A. (um 400 m) und, östlich derselben, jener des Pelcarek (380 m) an.

An dem basaltischen Bergland von Klöch ist unser Flurensystem besonders ausgeprägt entwickelt (Abb. 20). Basalte und Tuffe werden an der Südwestflanke des Vulkanmassivs, auf der Höhe des Zarer Berges (= Zamberg der Karte) in einer Seehöhe von 370 m von einer, eine Fläche von etwa 150.000 m² bedeckenden, ebenen Flur gekappt (vgl. auch Abb. in Winkler[-H.] 1913 c, S. 494), worüber sich in etwa 385—390 m Seehöhe ein schmaler, höherer Flurensaum erhebt. Beide sind mit glimmerreichem Aulehm, welcher auch vereinzelte, eingestreute Quarzgeröllchen aufweist und mehrere Meter Mächtigkeit erreicht, bedeckt. Die Terrasse wurde von einem Vorläufer des Gleichenberger Sulzbachs, an dessen Ausmündung in das damals noch ganz an den Südsaum des Vulkanmassivs herangerückt gewesene Alluvialfeld der oberstpliozänen Mur, geschaffen. Anläßlich eines Güterwegbaues auf dieses Plateau war die unregelmäßige Auflagerung dieser Aulehme auf tiefgründig verwitterte Basalte, teilweise auch mit Resten von Roterden, gut aufgeschlossen[52b]. Die Basalte sind auf viele Meter hinab in „Basaltwackentone" mit Basalteisensteinen umgewandelt worden, was auf eine längerdauernde, tiefreichende Zersetzung der Eruptivgesteine schon vor Aufschwemmung der Aulehme hinweist.

Ein weiterer Verbreitungsbereich hieher gehöriger, mit mächtigen Aulehmen überzogener Fluren findet sich am selben Vulkanmassiv in 370—390 m Seehöhe, in der flachen Einmuldung zwischen dem Kindbergkogel (459 m) und dem Seindl (424 m). Sie zeigen an, daß das untere Steintal, das am basaltischen Stradener Kogel wurzelt, damals noch, quer durch das Klöcher Basaltmassiv, südostwärts, in der Richtung nach Klöch,

---

[52b] Subtropische Reliktböden nach W. Kubiena (1954).

auf das Murfeld ausgemündet hatte. Es wurde aber, wie die Verbreitung der diluvialen Terrassen erkennen läßt, noch im ältesten Quartär in seine heutige Laufrichtung, direkt nach Süden, abgelenkt. Auch an der Nordostflanke des Basaltmassivs lagern Lehmdecken, welche dem Schwemmkegel eines alten Aigenbaches entsprechen, in Seehöhen knapp unter 400 m. Der Zeit der tieferen Teilflur entspricht dort ein etwa 3 km langer Trockentalboden, das „Langwiesental", geschaffen von einem Seitenbach, dessen Quellgebiet seither von Norden her enthauptet wurde (vgl. *Winkler [-H.]* 1913, S. 492).

Gleichaltrige Abtragsflächen treten am südlichsten Ausläufer des Stradener Kogelrückens, am Basalt von Neusetz, wieder in zwei Teilfluren gliederbar, mit alten Aulehmbedeckungen versehen, auf und überhöhen hier um etwa 15—35 m die höchsten, ältestquartären Schotter-Lehmterrassen. An der Nordflanke des Hochstradener Kogels ist unser Abtragssystem als schon etwas abgeböschte, alte Denudationsflur im sarmatischen-pannonischen Bereich, in Seehöhen zwischen 380 und 420 m, breit ausgebildet (Jametzaiberg, südöstlich von Gleichenberg), im tieferen Teilniveau noch mit erhaltenen Resten der zugehörigen Lehmaufschwemmung, entwickelt.

An der Westflanke der Gleichenberger Kogel ist eine gleichaltrige, mit Lehmen bedeckte Terrassenflur auf dem Plateau nordwestlich von Schloß Gleichenberg, in 410 m Seehöhe, verbreitet. Das Schloß selbst steht auf einer zugehörigen Felsflur. Am pannonischen (sarmatischen) Sedimentsaum, an der Ostflanke der Gleichenberger Kogel, dehnt sich, auf etwa 3,5 km Erstreckung, unmittelbar oberhalb und unterhalb des Weinkogels (450 m), die höhere bzw. die tiefere Teilflur unseres Systems in breiten, durch die Denudation schon etwas erniedrigten Rückenfluren aus. Das spätoberpliozäne Denudationsniveau ist ferner, ostwärts des Gleichenberger Trachytmassivs, am höheren Gehänge der Basalttuffkuppe von Kapfenstein (an der Wasserscheide zwischen Raab und Mur) angedeutet. Weiter ostwärts, jenseits der österreichischen Grenze, auf der Höhe des Silberbergs (Sredni breg, Esztü hegy, 410 m), sind, im Bereiche der dazischen (Silberberg-) Schotter, noch deutliche Reste sowohl des höheren wie des tieferen Niveaus unseres Denudationssystems, auf der höchsten und innersten Erhebung des wasserscheidenden Kamms zwischen Raab, Zala und Kerka, erhalten geblieben.

Die beschriebenen Fluren weisen, infolge ausschließlicher Lehmbedeckung, darauf hin, daß die Flüsse, die sie geschaffen hatten, durch äußerst geringe Gefälle gekennzeichnet gewesen sein müssen und auch in ihren Hochwasserbetten nur feineres Material zu transportieren in der Lage waren. Das völlige Fehlen von Schotterdecken auf den Fluren im oststeirischen Vulkangebiete ist besonders kennzeichnend.

An der aufgeschlossenen Basis der fossilen Aulehmdecke im Klöcher Massiv konnte ich, an der Sohle mächtiger Lehme, nur eine dünne Sandlage mit bis erbsengroßen Geröllchen feststellen. Gelegentliche spärliche Einstreuungen bis kirschkorngroßer, selten etwas größerer Gerölle in den Lehmen führe ich auf eine Verfrachtung auf Treibholz zurück.

Die Tatsache ausgedehnter Verebnungen an der Basis der Lehmdecken, das Fehlen grobkörniger Flußsedimente und die tiefgründige Verwitterung des Untergrundes weisen auf eine langdauernde, in zwei Hauptteilphasen zerfallende Epoche des Aussetzens tektonischer Einwirkungen und regionaler, flächenhafter Denudation hin. Das ganze südoststeirische Becken war demnach im obersten Oberpliozän vollkommen eingeebnet. Einzelne Härtlinge erhoben sich bis um 160 m über die (obere) Flur des Denudationssystems.

b) Die Fortsetzung des spätoberpliozänen Flächensystems an der Nordseite des Murbereiches bis in den Raum von Wildon
(Abb. 19, S. 80; Taf. I und Taf. II, Fig. 1).

In dem Hügelland an der Nordflanke des unteren Murtals sind, talaufwärts des Klöcher Bereiches, Flurenreste unseres Niveaus im Einzugsbereich des Gnasbachtales und in den westlich folgenden Grabenlandtälern deutlich erkennbar.

Südwestlich von Gnas erscheinen sie in 435 m Höhe am Dirnegg, im Raum westlich und nordwestlich von Gnas am Bockberg (435—443 m) und bei Lichtenegg (breite Fluren um 460 m hoch). Weiter westlich ist das Niveau inmitten des deutschen Grabenlandes, bei Glojach, in einer Flachlandschaft in 440 m Seehöhe (Unterniveau), mit einer darüber aufragenden Kuppe (469 m), mit dem Oberniveau, feststellbar. Gegen Wildon zu tritt es auf dem Höhenrücken Kurzragnitz (um 440 m) mit dem etwas abgetragenen Unterniveau auf und ist schließlich am Wildoner Schloßberg 450 m hoch, erkennbar und am Gehänge des Buchkogels (555 m) in ähnlicher Höhenlage anzunehmen. Unterhalb der Fluren, die dem höheren Teilniveau des obersten Pliozäns zugerechnet werden, sind allenthalben Reste der tieferen Teilflur erkennbar.

Die Zusammengehörigkeit der erwähnten Fluren nördlich des unteren Murtales und ihre Einordnung in das jüngstpliozäne Flächensystem ergibt sich aus dem Umstand, daß die Talbodenreste — zum Unterschied von den tieferen Fluren — einer Phase weitgehender Verebnung der Landschaft, mit nur einzelnen schwachen Aufragungen darüber, entsprechen, welche eine einheitliche Formengemeinschaft bilden; weiters daraus, daß sie der Höhenlage nach unmittelbar an die postbasaltischen und spätpliozänen, 370—400-m-Fluren des Klöcher Vulkangebietes räumlich anschließen; ferner daraus, daß am Droschen (383 m), bei St. Peter am Ottersbach, schon die ältestquartären Schotter-Lehm-Decken bis nahe an 400 m Seehöhe hinaufreichen, weshalb die in der Nachbarschaft unmittelbar darüber gelegenen Fluren des in Rede stehenden Abtragssystems einem zeitlich nur wenig älteren Horizont angehören müssen; schließlich aus der Tatsache, daß die Flurenreste an der Flanke des Buchkogels bei Wildon etwa 100 m unterhalb eines noch deutlicher ausgeprägten Niveaus (verkarsteten Kalkplateaus) auftreten, welch letzteres, wie an anderer Stelle angeführt wird, schon im älteren Oberpliozän entstanden ist. **Die Einheitlichkeit des Flurensystems und seine Zuordnung ins obere Oberpliozän erscheint dadurch gegeben.**

c) **Die jüngstpliozänen (präglazialen) Fluren an der Südseite des unteren steirischen Murtales (Fortsetzung ins jugoslawische Murgebiet).**

An der Grenze der **mittleren und östlichen Windischen Bühel**, im Raum um und südlich und südwestlich von Radkersburg, erreicht die höchste Flur, ohne Sedimentbedeckung, am Berry-Stöckl, 338 m Seehöhe; südlich der unteren Stainz, an der Wasserscheide zur Pößnitz (Pesnica), bei Kirchberg (Cerkevnjak) 336 m, weiter südwestlich, bei St. Urban bei Pettau, 375 m (mit bis 378 m Höhe aufragender Kuppe); nahe der Drau, am Stadtberg von Pettau (Ptuj), 360 m (369 m); in den letztgenannten Gebieten sind es Bereiche, welche der Abtragung gegenüber etwas widerständigere pannonische Schottermassen aufbauen.

Diese Flurenreste können als Äquivalente der **höheren jüngstpliozänen Niveaus** angesehen werden, und zwar aus folgenden Gründen:

1. Die allgemeine Höhenflur in diesem Abschnitt der Windischen Bühel erscheint, im Vergleich zu jener im gegenüberliegenden Raum nördlich der Mur (Klöcher Gebiet), um etwa 50 m flächenhaft abgesenkt, wobei sich junge Bruchstörungen im Grenzraum einstellen, die sich auch durch Säuerlingsreihen (bei und östlich von Radkersburg und im untersteirischen Stainztale) markieren.

2. In diesen Bereichen geringerer Reliefenergie in den östlichen Abschnitten der Windischen Bühel (Radkersburger, Kirchberger, Pettauer Hügelland) kann eine **etwas günstigere Erhaltung** jüngstpliozäner Flurenreste erwartet werden als im stärker zerschnittenen Grabenland nördlich der Mur, da die rückschreitende Erosion in ersterem etwas abgeschwächt ist, so daß die erwähnten und andere Niveaureste unserem jüngstpliozänen Abtragssystem (**höhere Teilflur**) zugeordnet werden können.

3. Die **höchstgelegenen** Aufschüttungen des ältesten Quartärs liegen im Bereiche der östlichen Windischen Bühel um 35 m bis 40 m tiefer als vorgenannte Fluren (bei Radkersburg in Seehöhen um 300 m).

Die Hochniveaus sind daher schon als **jüngstpliozän** anzusprechen.

Das **tiefere** Niveau des oberstpliozänen (präglazialen) Flurensystems ist im Raum von Radkersburg in über 310 m Seehöhe gut vertreten (Kammrücken des Pöllitschberges, mit darüber aufragender Kuppe 329; Hasenberg usw.). Die Niveaus zeigen im mittleren Abschnitt der Windischen Bühel ein Ansteigen gegen Südwesten, gegen den Raum von Pettau zu, an, was auf eine junge Aufwölbung in der nördlichen Randzone des Pettauer Feldes hinweist. In den „östlichen Windischen Büheln" sinken die Fluren aus dem Raum von Radkersburg ostwärts schwach ab. In dem pannonischen Hügelland von Kappellen, südlich von Bad Radein (Radinci), erreichen Flächenreste, die ich dem höheren Niveau des oberen Pliozäns zuzähle, nur mehr 300 m Seehöhe (mit darüber aufsteigender Kuppe des Kapellenberges, 309 m). Jenseits (südöstlich) einer mit dazischen Schottern erfüllten Zone kehren unsere Fluren **im Luttenberger Weinbergland** wieder, das einem nördlichsten Ausläufer des Drau-Save-Faltensystems entspricht und in dem Erdölgebiet der Murinsel seine tektonische und morphologische Fortsetzung findet. Im untersteirischen und im Murinselanteil dieser Ausläuferfalte sind, im Bereiche des dort auftauchenden tortonischen Leithakalks, gut erhaltene Flurenreste vorhanden, so bei Lehomer in 330 m, ferner in jenem pannonischer Kiese bei Robati in 333—339 m Seehöhe. Ich halte diese, die Umgebung deutlich überragenden Fluren für Reste des o b e r e n jüngstpliozänen Niveaus, während etwa 25 m t i e f e r gelegene, nach Westen etwas ansteigende Fluren dem unteren zugezählt werden. Sie überhöhen die quartären Terrassenfluren am Nord- und Südsaum des Luttenberger Weinberglandes um etwa 40 m.

Die oberstpliozänen (präglazialen) Fluren lassen demnach im Raum von Radkersburg und im Luttenberger Weinbergland eine etwas größere Höhenlage als in den östlichen Windischen Büheln erkennen, was auf junge Verbiegungen hinweist. Sie kappen im Weinbergland-Murinselgebiet die gesamte Schichtfolge vom Torton bis zum Oberpannon und überschneiden auch die über 1000 m mächtigen, steiler aufgerichteten Schichten des letztgenannten.

M i t t l e r e W i n d i s c h e B ü h e l. Bei Verfolgung der Höhenfluren vom Raum von Radkersburg aus in die mittleren Windischen Bühel bleibt das Höhenniveau auf etwa 10 km gegen Westen ziemlich konstant. Erst auf der Linie Mureck—Kriechenberg—St. Leonhard (Sv. Lenart) erhebt es sich, ziemlich unvermittelt, um etwa 70 m. Bei Mureck sind, im Bereiche sarmatischer, sandiger und schottriger Schichten, deutliche alte Flächen in und etwas über 400 m Seehöhe feststellbar (Lugatz, Oberwölling 405 m, Lillachberg 409 m). Der Anstieg gegen Westen erfolgt offenbar an einer flachen Flexur, welche dem jungen Bruch Mureck—St. Leonhard (Sv. Lenart) parallel läuft[52c] und als Nachbewegung an dieser Störungslinie anzusehen ist. Im Südabschnitt der Bühel (westlich von Pettau) macht sich das westwärtige Ansteigen der Höhenflur noch stärker bemerkbar. Am Hohenburger Kogel an der Drau, etwa 10 km nordwestlich von Pettau, sind zugehörige Fluren in etwa 430 m Seehöhe (mit aufragender Kuppe 459), in einem Bereich schotterführender pannonischer Schichten, entwickelt. Noch weiter nordwestwärts erhebt sich der aus tortonischen Leithakalken bestehende Hum zu 424 m Seehöhe und bildet in diesem Niveau ein p r ä c h t i g e s, a u s g e d e h n t e s, v o n D o l i n e n b e s e t z t e s P l a t e a u, wiederum ein untrügliches Zeichen für den Bestand eines jüngstpliozänen Einebnungssystems, und zwar für das Oberniveau desselben, während das tiefere, besonders ausgeprägt, am lehmbedeckten Höhenrücken St. Barbara (390 m)—Neuberg (um 400 m) erkennbar ist.

Im Schliergebiet des Raumes von Marburg (Maribor) stärker abgetragen, läßt sich unser Flurensystem immerhin am Koschaker Berg (421 m) und westlich davon an den Tuffithöhen des Wiener Berges (425—430 m) wiedererkennen.

Zu *J. Sölchs* T e r r a s s i e r u n g d e r W i n d i s c h e n B ü h e l. Da in den vorangehenden Ausführungen die Terrassen des Stainztales und damit der Bereich der Windischen Bühel berührt wurde, so soll hier kurz an die 1919 von *J. Sölch* für die Windischen Bühel mitgeteilten Beobachtungen angeknüpft werden. *Sölch* hatte bei Beschreibung der Formung der Windischen Bühel das Auftreten von Talasymmetrien, besonders in bestimmten Teilgebieten, gewürdigt und die Bedeutung der Rutschungen für die Ausgestaltung der Landschaft besonders hervorgehoben. *Sölch* unterschied einen neunstufigen Terrassenbau, dessen Einzelgliederung aus der Tabelle zu ersehen ist. Die weite und einheitliche Verbreitung der einzelnen Niveaus wurde festgelegt.

Die Annahme einer Herausmodellierung der Landschaft der Windischen Bühel aus einer „F a s t e b e n e" wurde schon von *J. Sölch* (1917), in voller Übereinstimmung mit den hier vertretenen Auffassungen, begründet (speziell für den Raum östlich der Südbahnlinie Spielfeld—Marburg). Er wies ferner zutreffend darauf hin, daß letztere vielfach schon unter das Niveau der Ausgangsform erniedrigt worden sein muß. Von den 9 Niveaus, welche er in der Treppung des Hügellandes (im Raum zwischen Spielfeld und Mureck) unterscheidet, wurden die höchsten (IX und VIII seiner Gliederung) von ihm dem jüngsten Pliozän zugerechnet. *Sölchs* höchste Flur (IX), welche an der Wasserscheide zwischen Mur und Drau im Raum südwestlich von Mureck besonders ausgeprägt ist (z. B. Oberwölling 404—405 m), entspricht nach Höhenlage und Ausbildung unserem Niveau V, also dem tieferen Teilniveau der von uns angenommenen (letzten) Ausgangsform für die quartäre Reliefformung. Wie aus der Tabelle zu ersehen, parallelisiere ich die Niveaus, welche *Sölch* 1919 in

---

[52c] Vgl. *Winkler v. H.* 1951, S. 55.

den Windischen Büheln unterschieden hat und die er 1922 auf den Murbereich bei Graz übertragen hat, in ähnlicher, aber nicht ganz gleichartiger Weise miteinander. *Sölchs* Niveau IX in den Windischen Büheln wird dem Niveau VIII desselben Forschers in der Umgebung von Graz gleichgesetzt. Demgemäß erscheinen auch die übrigen Niveaus in der Parallelisierung zwischen dem Raum von Graz und den Windischen Büheln etwas verschoben. Die von mir durchgeführte Parallelisierung geht von der Annahme einer etwas stärkeren Tiefenlage der Niveaus im Bereiche der Windischen Bühel gegenüber dem Murtalboden beiderseits von Graz aus, was ich auf die geringere junge Aufwölbung der mittleren und östlichen Bühel zurückführe.

Was die von *J. Sölch* angenommene Fortsetzung der von ihm unterschiedenen Niveaus nach Osten anlangt, so ist zu betonen, daß er diese — unter Zugrundelegung eines schwachen Primärgefälles — nach der analogen Höhenlage mit jenen der mittleren Bühel parallelisierte, daher die jungen Verbiegungen der Fluren n i c h t in Rücksicht gezogen hatte. Daraus ergibt sich auch das unnatürliche Bild, daß die höheren Niveaus der mittleren Windischen Bühel in den östlichen, nach *Sölch*, fehlen sollten. Auf Grund der h i e r durchgeführten Parallelisierung der Fluren erscheint nicht nur den tektonischen Befunden jungen Fortwirkens der Verbiegungen, sondern auch einer Einheitlichkeit der Denudationsgröße seit dem Oberpliozän in östlichen und westlicheren Bereichen der Windischen Bühel entsprechend Rechnung getragen.

d) D a s o b e r s t p l i o z ä n e - p r ä g l a z i a l e F l u r e n s y s t e m i n d e n w e s t l i c h e n W i n d i s c h e n B ü h e l n u n d a m S a u m d e s S a u s a l s.

In den westlichen Windischen Büheln markiert sich das Niveau an allerdings schon seither etwas abgetragenen Fluren im Raum nördlich von Leutschach im Bereiche mittelmiozäner Schottermassen und Schliersande als beherrschende Oberflächenform, in Gestalt einer welligen Landschaft, in einer Seehöhe von 450—490 m. Es wird von einzelnen, aufgesetzten Resten eines älteren Flurensystems überhöht. Es kehrt am Tertiärsaum des kristallinen Remschnigg in Eckfluren in 470—490 m Seehöhe wieder.

An dem epigenetischen D u r c h b r u c h d e r S u l m d u r c h d e n S ü d s a u m d e s p a l ä o z o i s c h e n S c h i e f e r b e r g l a n d e s d e s S a u s a l s, das aus dem Miozänbereich als „Insel" aufragt, sind die beiden oberstpliozänen Niveaus, in paläozoische Gesteine eingekerbt, deutlich entwickelt: ein höheres am Burgstall um 460 m, am Mattelsberg in 448 m und am Nestelberg in 445 m Seehöhe; ein tieferes am Königsberg (425 m) und am Weißheimberg in 423 m Seehöhe. Auch das tiefere erhebt sich noch über die ausgedehnten, lehmbedeckten, altquartären Schotterterrassen, welche nur knapp bis 400 m Seehöhe hinaufreichen. An der Nordflanke des Sausals konnte ich zugehörige, mit einer Lehmdecke versehene Fluren in etwa 450 m Seehöhe feststellen (am Nordabfall des Mandlkogels). Die Schieferhöhen des Sausals steigen über die obere der genannten Fluren um 230 m auf. Ihr Südrand war im obersten Pliozän mit einem Randterrassensaum von mindestens 3 km Breite versehen. Auch nordöstlich des Sausals überziehen zugehörige Fluren die dort auftretenden Leithakalke (Dexenberg—Burgstall) in 425—450 m Seehöhe.

e) O b e r s t p l i o z ä n e F l u r e n r e s t e i n d e r s ü d w e s t s t e i r i s c h e n B u c h t.

In der südweststeirischen Miozänbucht, welche sich westwärts des Sausal—Buchkogelzuges ausdehnt, ist dank des dort auftretenden, besonders leicht zerstörbaren Schichtmaterials (Tone und Feinsande) die jüngstpliozäne Höhenflur wohl zur Gänze bereits abgetragen. Dem tieferen Niveau kann die Flur am Höllberg, nahe bei Preding (429 m), zugerechnet werden. Die morphologischen Verhältnisse am Ostsaum der nördlichen Koralpe lassen wiederum ein Flurensystem zwischen 450 m und 550 m festlegen. Hier, am westlichen steirischen Beckensaum, zwischen Stainz und Ligist, glaube ich das schon von *P. Beck-Mangetta* (1952) beschriebene Flächensystem in einer Höhenstufe über 500 m, am Höhenrücken von Greisdorf (bei Stainz) in 550 m Seehöhe, überragt von der K 586, am Hochneuberg bei St. Stefan (514 m), und in Hochstraß (unterhalb Steinberg) um 550 m annehmen zu können[52d], während eine tiefere Teilflur durch das auffällige Niveau südwestlich von Ligist (K 476, K 488) im Grundgebirge und durch die Kammflur des Zirknitzberges (454 m) im Bereich des anschließenden Tertiärs — dort etwas

---

[52d] Auf die Fluren zwischen 500—600 m bei Ligist-Stainz hat *J. Morawetz* (1952, S. 75/76) verwiesen.

abgebogen — repräsentiert wäre. Im Raum von Deutschlandsberg—Schwanberg erscheint das Flurensystem besonders bei Laufenegg, nördlich von Deutschlandsberg, westlich Schloß Hollenegg, ferner nördlich des unteren Stullmeggbachs, von 500 m auf 600 m Seehöhe aufsteigend, schließlich durch die Niveaus von Mainsdorf (K 566) bei Schwanberg in seinem oberen Teilniveau angezeigt. Das Niveau ist schließlich, ganz im Süden, in der Umrahmung des Eibiswalder Teilbeckens (Kammfluren in 450—480 m Seehöhe, darüber zum Beispiel bei Mitterstraßen in 520—550 m Seehöhe) und im Nordwesten im Köflach—Voitsberger Kohlenbecken verbreitet.

f) **Die Fortsetzung der jüngstpliozänen Fluren von der Murenge bei Wildon bis zum Murdurchbruch unmittelbar oberhalb von Graz.**

War der Anstieg des in Rede stehenden Flurensystems vom Klöcher Vulkangebiet bis in den Raum von Wildon nur ein mäßiger, zum Teil kaum merkbarer, so steigt es in den Raum von Graz mit wesentlich stärkerem Gefälle an. Rechtsseitig der Mur fehlen — infolge des breiten Kainachtalbodens und der quartären Kaiserwaldterrasssen — Flurenreste bis zum Auftauchen des paläozoischen Plabutschzuges, der spornartig in das Becken vordringt.

An diesem letzteren tritt das Flurensystem am Südende des Devonrückens, am Florianiberg bei Straßgang, in über 500 m hoch gelegenen, Dolinen tragenden Flächen, in 2 Teilniveaus gliederbar, auf (bis über 535 m Seehöhe). Nördlich des Buchkogels (am Plabutschrücken, 657 m), welcher das jüngstpliozäne Flurensystem beträchtlich überragt, sind insbesondere am Ölberg, westlich von Wetzelsdorf, zurechenbare Fluren in 555 m, und an der Ostflanke des Plabutsch (Hubertuskogel) solche über 560 m Höhe deutlich ausgeprägt. Schließlich ist im Murdurchbruch, oberhalb Graz-Gösting, am Admonter Kogel, das gleiche Niveau in 560 m Höhe, desgleichen gegenüber, unmittelbar unterhalb der Ruine Gösting, entwickelt. Es bildet hier, wie schon J. Sölch (1921) und F. Heritsch (1921) betont haben, besonders markante Fluren.

Nach dieser Zusammenfassung der Niveaus erhält man ein Flurensystem, das von Wildon aus bis zum Florianikogel mit 3,8—4,0°/₀₀, von dort bis zum Murdurchbruch oberhalb von Graz mit 4,4—4,5°/₀₀ ansteigt (Taf. II, Fig. 1). Die Niveauparallelisierung erscheint begründet, da im Raum von Graz der Grundgebirgssaum — insbesondere westlich der Mur auch der paläozoische Sporn des Plabutsch— in altpliozäner Zeit nachweislich um einige 100 m relativ gegen Süden abgebogen wurde, weshalb im selben Bereich noch an der Pliozän-Quartär-Wende (und während des Diluviums) abgeschwächte Nachbewegungen zu erwarten sind. Die Abbeugung kommt auch in dem morphologischen Bild des Plabutschrückens, in der absinkenden Höhe des paläozoischen Kamms von 763 m (Plabutsch) auf 657 m (Buchkogel) und auf 539 m (Bockkogel), zum Ausdruck.

Es ist ferner festzustellen, daß sich im Hügelland **östlich** des Grazer Feldes ein ähnlicher Aufschwung der Höhenflur von Süden und Südosten her gegen Norden und Nordwesten erkennen läßt. So zeigen die höchsten Flurenreste nordöstlich von Wildon, am Ziegelberg, eine Höhe von etwa 470 m, am Kerscheck (509 m), Ostsüdost von Graz, eine solche von schon über 500 m, um östlich und ostnordöstlich von Graz bis auf 570 m Höhe (Kreuzleitenberg an der Ries) aufzusteigen. Schließlich ist an der **Wasserscheide zwischen Mur und Raab**, vom oststeirischen Vulkangebiet bis an den Grundgebirgssaum südöstlich des Schöckls (Graz Nordnordost), ein analoger, andauernder Anstieg der Höhenfluren bzw. der hochgelegenen Niveaureste erkennbar. Auf der Höhe Lichtenegg bei St. Stephan im Rosentale sind die Fluren, ebenso wie am Hochegg, in 470 m Höhe gelegen. Sie erreichen knapp unter der Kuppe des Senger Berges (westsüdwestlich von Kirchberg an der Raab, 510 m) fast 500 m; erheben sich am Buckelberg (südlich der Laßnitzhöhe) zu 546 m und an den Fluren von Hönigtal zu 550 m. Schließlich können noch weiter nordwestlich, am Reindlweg in 580 m Höhe, von flachen Kuppen überragte Flurenreste beobachtet werden. **Die genannten Niveaus erweisen ihre Zusammengehörigkeit durch den Umstand, daß sie ein analoges Ausmaß der Denudation der Hügelflur, bei deren Ausbildung in weitgehend gleichartigen, schotterreichen pannonischen Schichten, erkennen lassen und daß sie allenthalben dem höchsten, in diesem Bereich auftretenden Flächensystem entsprechen.**

Es wird bei Besprechung der Jungtektonik noch darauf verwiesen werden, daß diese Schrägstellung der Landscholle nach Süden und Südosten, die in der geneigten Höhen- und obersten Terrassenflur zum Ausdruck kommt, sich auch noch an jüngsten (quartären — rezenten) einseitigen Talverschiebungen desselben Bereichs gegen Südosten hin, insbesondere am Autal und Ferbesbachtal, widerspiegelt. Bei der Parallelität der Erscheinungen westlich und östlich des Grazer Feldes, bei Betrachtung des tektonischen-morphologischen Gesamtbildes, das eine Aufbiegung der Fluren von Süden her zum Gebirgsrand nahelegt, und bei dem Vorhandensein von Hinweisen auf eine Fortwirkung der Schrägstellung bis in die Gegenwart hinein, halte ich **die vorgeschlagene Verknüpfung der Flächensysteme und deren speziell durch nachträgliche Verbiegung bedingtes, rascheres Ansteigen beiderseits des Grazer-Feldes und an der Mur-Raab-Wasserscheide gegen Norden bzw. Nordwesten hin für ausreichend begründet.**

g) Die spätoberpliozänen (präglazialen) Flächenreste im Durchbruchstal der Mur Bruck—Graz.

Die weitere Verfolgung des Flurensystems vom Murdurchbruch Graz aufwärts läßt in ungezwungener Weise eine Reihe deutlicher Fluren, welche — abgesehen von den quartären Akkumulationen — das tiefstgelegene ausgeprägte Niveau repräsentieren, an den Talhängen verfolgen.

Hieher gehört am **Nordsaum des Gratkorner Tertiärbeckens** das ausgedehnte Flächensystem von Jasen, eingeschnitten zum Teil in pannonische Schotter, zum Teil aber übergreifend auf das paläozoische Grundgebirge, dessen Höhenflur um 580 m (Ferstelkogel, 586 m, K 583), eine tiefere um 555 m gelegen ist. Westlich der Mur sind die paläozoischen Höhen im Raum von Gratwein am Kugelberg (566 m, mit Dolinenlandschaft) und, am gegenüberliegenden Rücken nördlich des Ortes, korrespondierend, in 567 m, von deutlichen Fluren gekappt. Eine Reihe von Niveaus vermittelt die Verknüpfung mit den schon über 600 m Seehöhe gelegenen, tieferen Flächen am Hiening (paläozoischer Schieferberg), welche dort auch den Rötschgraben, mit Gesimsen in 620—640 m Höhe, an seiner Nordseite säumen. Zwischen diesen und den südlich davon, etwa 35—55 m tiefer gelegenen Fluren bei Jasen kann eine auch noch postpliozäne Aufbiegung (entlang des Rötschgrabens) angenommen werden, welche einem Fortwirken jener, noch viel bedeutenderen Flexur zu entsprechen scheint, welche im Laufe des Pannons das Gratkorner Becken am selben Scharnier hinabgebogen hatte.

Am Kalkplateau der **Tanneben bei Peggau** kann unser Flurensystem in der alten Talung bei Mitteregg (620—654 m), am Mautbühel (vermutlich tieferes Niveau in 612 m Höhe) sowie in der Hochtalung des Fuchswiesengrabens wiedererkannt werden, welchem auch westlich der Mur Terrassen in Höhen um 640—650 m entsprechen. Bei **Frohnleiten** sind **östlich der Mur** ausgedehntere Fluren an der Ausmündung des Tyrnauer Grabens (K 667, Schöller 690 m, Terrassensporn beim Schlögl um 700 m), **westlich** derselben das Plateau am Bürger Wald (um 700 m) und die Flächen von Rothleiten gleichzustellen.

Bei **Mixnitz** sind rechtsseitig der Mur die schon von J. Stiny (1932) erwähnten Terrassen beim unteren Gunacker (über 700 m) und beim unteren Goisser hervorzuheben, linksseitig jene am Rötelstein und Moscher Kogel in gleicher Höhenlage (G. Götzinger, 1926). Bei Kirchdorf und Übelstein, südöstlich von Bruck, sind das ausgedehnte, fast 1½ km breite Terrassenniveau am Liesberg (769 m) und — am gegenüberliegenden, rechtsseitigen Murgehänge — die Flur beim Kolmitscher erwähnenswert. Bei Bruck selbst entsprechen der Diemlachkogel (735 m, 747 m), das Geieregg bei Kapfenberg (750 m), die Höhen südlich und südöstlich von Utschtal (Bruck Westsüdwest) und anschließende, gegen Leoben allmählich zu 800 m Seehöhe ansteigende Fluren dem tiefsten, ausgeprägten Talsystem.

h) Die mutmaßlichen Äquivalente der spätestpliozänen Fluren im obersteirischen Murgebiet.

Die weitere Verfolgung dieses Niveaus über Leoben ins Knittelfeld—Judenburger Becken führt zu 800 m und etwas darüber gelegenen Fluren im Murdurchbruch zwischen Leoben und St. Michael (Flater Berg 838 m, Aichberg). Unmittelbar bei St. Michael glaube ich einen etwa 50 m betragenden Knick in der Terrassenhöhe im Tallängsprofil feststellen zu können, wodurch sich das Hauptniveau westlich der Liesingmündung auf 867 m (Liesingberg) bzw. bei St. Stephan-Kraubath, südlich der Mur, auf 880 m (unterer Liechtensteiner Berg) und auf 891 m (897 m) am Plateau des Windberges emporwölbt und weiterhin, nördlich der Mur, am Serpentinplateau des Gulsenberges (um 890 m Seehöhe infolge des widerständigen Gesteins) gut ausgeprägt ist. Da dieser Gefällssprung mit der zweifelsohne noch im Mittelpliozän wirksamen

Schollenabsenkung im Raum von Leoben—Trofaiach (*J. Stiny*, 1931, S. 277, *K. Metz*, 1947) zusammenfällt, kann er auf eine posthume Abbiegung an einer älteren Störungszone zurückgeführt werden.

Es liegt nahe, die talaufwärtige Fortsetzung des spätestpliozänen Terrassensystems in ausgedehnten Fluren im Knittelfelder-Judenburger Becken zu erblicken, welche dort um und über 900 m Seehöhe auftreten. Wir finden sie oberhalb der bis über 750 m Seehöhe hinaufreichenden, schon als mittelquartär (jüngeres Altquartär) betrachteten Schotter-Lehm-Terrassen, beiderseits der Ingeringmündung, das obere Niveau in Fluren über 900 m Seehöhe und besonders, südlich der Mur, in der 3 km langen Flur des Liechtensteinberges (bei Judenburg) in 952—969 m, am Schoberegg bei Weißkirchen und am Königsbauerberg (938, 936 m) wieder. Die Flächen des Obdacher Sattels (945, 951 m) bzw. die unmittelbar darüber sich ausweitenden Fluren werden ebenfalls dem jüngstpliozänen (oberen) Niveau zugerechnet. Auf junge Verlagerungen der Wasserscheide am Obdacher Sattel ist bereits durch *H. Slanar* (1916), *N. Krebs* (1922), *J. Sölch* (1928) verwiesen worden. Es ist ersichtlich, daß die beiden Hauptbäche, welche gegenwärtig dem Obdacher Sattel zustreben (Granitzenbach, Kienbergbach), deren Oberläufe ausgesprochen dem Lavanttal zugewendet sind (*N. Krebs*), noch bis ins oberste Pliozän dem letzteren Bereich tributär gewesen und erst an der Wende von Pliozän und Quartär, jedenfalls unter Mitwirkung tektonischer Verbiegungen (posthume Aufwölbungen in der Umrandung des Judenburger-Knittelfelder Beckens bzw. Absenkungen in letzterem), zur Mur eingefächert worden sind[53].

Oberhalb des Knittelfelder Beckens setzen sich die in Rede stehenden Fluren offensichtlich in ausgeprägten Talböden fort, welche ausgedehnte Niveaus im Raum von Judenburg, Oberwölz, St. Peter am Kammersberg und Murau bilden. Es sei hier nur auf die in etwa 1000—1100 m Seehöhe auf das Wölzer Tal ausmündenden Terrassenfluren im Schöttlbach-, Hinteregger Bach- und Eselsberger Bachtal sowie auf die westlich des letzteren gelegenen, sehr ausgedehnten Fluren (über 1000 m Seehöhe) bei St. Peter am Kammersberg und Pöllau verwiesen; ferner auf die analogen Flurenreste an der Stolzalpe und an der Nordflanke des Karchauner Ecks, ebenfalls bei Murau, mit flachen oberen Talbodenresten in über 1000—1100 m Seehöhe (St. Martin).

Auch die breite Senke des Neumarkter und des Perchauer Sattels, deren morphologische Gliederung durch *R. Mayer* (1926) eine eingehende Beschreibung erfahren hat, kann in ihren (tieferen) Hauptniveaus unserem Flurensystem zugezählt werden. Der Bereich des Neumarkter Sattels (864 m), der glazial stark überformt wurde, läßt zwei tiefere Flächensysteme erkennen, und zwar ein unteres, in etwa 930—950 m Seehöhe gelegenes (Mariahof), und ein oberes, in über 1000 m Höhe (Rainberg, 1028 m, 1031 m, Terrassensaum Bischofberg—Greith zwischen 1000 m und 1100 m Höhe). Auch *R. Mayer* hat die genannten Fluren als oberpliozäne Niveaus angesprochen und ein schwaches Ansteigen derselben gegen Süden hin auf nachträgliche tektonische Verstellung zurückgeführt.

Schon *G. Geyer* (1890) hatte die Auffassung vertreten, daß die obersteirischen Tauernbäche (oberhalb von Judenburg) über den Neumarkter bzw. über den Perchauer Sattel nach Süden, nach Kärnten zu, abgeflossen wären. Auch *R. Mayer* und *J. Sölch* (1928, S. 154) pflichteten dieser Auffassung bei und nahmen an, daß der Katschbach (und wohl auch die übrigen Zubringer der obersten Mur überhaupt) über den Neumarkter Sattel nach Süden, der Oberwölzer Bach aber über den Perchauer Sattel zu letzterem geflossen waren. Nach unserer und *R. Mayers* Altersfestlegung dieser (tieferen) Sattelniveaus müssen diese Abflußverhältnisse noch im jüngsten Pliozän maßgeblich gewesen sein. Sonach wären erst an der Quartärwende ganz bedeutende Umgestaltungen im Flußnetz im obersteirischen Murbereich eingetreten, die auf junge tektonische Aufwölbungen an der Zirbitzkogel—Grebenzescholle und auf relative Einsenkungen im Knittelfelder Becken und besonders in der Trofaiach—Leobener Tiefzone zurückgeführt werden können.

A. Penck hat (1909) im Gebiete von Murau den „präglazialen Talboden" — nach der Stufenmündung des Laßnitztales — in 850—900 m angenommen; im Katschtal in etwa 800 m Seehöhe. Diese genannten, übrigens nicht besonders ausgeprägten Niveaus, sind aber zweifelsohne schon jünger und gehören vermutlich einem interglazialen Talboden an. Dies geht auch daraus hervor, daß schon die lehmbedeckten „mittelquartären" Fluren im Raum von Knittelfeld, 25—30 km unterhalb der Katschtal- bzw. Laßnitzmündung, bis 750 m Seehöhe hinaufreichen, daß in diesem Raum unser „oberstpliozäner" Talboden bereits in Seehöhen zwischen 850 m und 880 m gelegen ist, und schließlich, daß die altquartären Schuttkegel im Seckauer Becken, nördlich von Knittelfeld, bis über 900 m Seehöhe erreichen. Im Raum von Murau—Oberwölz sind vielmehr die „oberstpliozänen" („präglazialen") Fluren in den ausgedehnten Niveaus zwischen 1000 m und 1100 m Seehöhe (in letzterer das obere Teilniveau) anzunehmen.

---

[53] Ein Überfließen der Mur über den Obdacher Sattel zum Lavanttal, wie es *K. Oestreich* (1899) und *H. Slanar* (1916) angenommen sowie *J. Sölch* erwogen hatte, erscheint mir durch Beobachtungstatsachen nicht belegt und nicht wahrscheinlich. Auch *N. Krebs* hatte (1928) zum Ausdruck gebracht, daß der Obdacher Sattel einer Störungslinie folge und nicht unbedingt auf einen alten Murlauf zum Lavanttale zu beziehen sei.

An den Längsprofilen der meisten Zubringer des oberen Murbereiches lassen sich vorhandene Stufungen auf bereits weit zurück geschnittene und auch mehr oder minder schon tiefer gelegte, jüngerpliozäne Talbodenreste beziehen. Besonders deutlich sind die bezüglichen Verhältnisse an den südlichen Zubringern der Mur, im Raum zwischen Bruck—Leoben und St. Michael, festzustellen. Fast alle größeren Täler, wie jene des Silberbrunngrabens, der bei Niklasdorf ins Murtal mündet, des großen und des kleinen Gößgrabens, des oberen Schladnitzgrabens, des hinteren Lainsachtales, des Lobminger Grabens usw., zeigen im Unter- und Mittellauf deutlich ein gestuftes Längsprofil. Auf eine der Grabenmündung nähergelegene, zum Teil mehrere Kilometer lange Talstrecke, in welcher die Sohle jener des Haupttales angepaßt ist, folgt, grabenaufwärts, ein 150 m bis 250 m und darüber betragender Gefällsknick, welcher durch eine Schlucht zu einem, meist zwischen 800 m und über 900 m gelegenen, höheren, flachen und breiteren Talboden hinaufführt (besonders deutlich ausgeprägt an den beiden Gößgräben und in der hinteren Lainsach). Das Auftreten dieser Gefällsbrüche hat nichts (unmittelbar) mit jungen Störungen zu tun. So überschneidet zum Beispiel die bedeutende Pöller-Störung die Gößgräben mitten im Bereiche der Hochtalböden, während sie den Schladnitzgraben bereits in der unteren, dem heutigen Murtal angepaßten Talstrecke quert. Ich erblicke in diesen, nur aus einem einzigen Bereich hier besonders angeführten Erscheinungen, die aber allenthalben im steirischen Randgebirge feststellbar sind, im Sinne von *J. Sölch,* Anzeichen für die Existenz älterer, wenn auch schon durch die Erosion stärker beeinflußter Talbodenreste im Längsprofil der Gräben, welche durch die rückschreitende Erosion von der jüngsten Talsohle aus noch nicht zerstört werden konnten (Stufenbildung durch in mehreren Stockwerken hintereinander rückgreifende Erosionskerben mit Gefällssteilen!). Dadurch ist auch ein Hinweis für das Vorhandensein eines höher gelegenen jüngstpliozänen Talbodens mit ausgeglichener Gefällskurve gegeben. Freilich sind diese Niveaus dort nicht mehr in der ursprünglichen Höhenlage erhalten, sondern durch, wenn auch abgeschwächte, Tiefenerosion etwas tiefer gelegt, stehen aber im deutlichen Kontrast zu den noch jüngeren vom heutigen Talboden aus vorgreifenden Erosionseinschnitten. Schon *J. Stiny* (1926) hatte auf dieses Erscheinungsbild der gestuften Täler hingewiesen und dieses auf junge Hebungen zurückgeführt, Vorgänge, welche sich meines Erachtens nicht bzw. nur streckenweise an jungen Dislokationen vollzogen haben, sondern auf eine allgemeine, wenn auch keineswegs gleichmäßige postpliozäne-altquartäre Aufwölbung der östlichen Alpen zurückgehen, welche der Tiefenerosion neue Impulse gegeben hat.

Auch in dem Tal des linksseitigen Zubringers der Mur, der Liesing, welches bei St. Michael in das Murtal einmündet, treten im mittleren und oberen Talabschnitt jungpliozäne Talbodenreste auf, während sie im unteren fehlen, woselbst nach *K. Metz* (1949) steile Hänge, ohne Terrassierung, gegeben sind. Besonders sind im Quellgebiet, im Seitental von Melling, nordwestlich von Kallwang, ausgedehntere Fluren, und zwar tiefere zwischen 900 m und 1000 m, erhalten geblieben. Die Entstehung dieser, auf der so markanten Querlinie im östlichen Zentralalpenkamm auftretenden Flurenreste, die auch an der Südseite des oberen Liesingtales ihre Entsprechung finden, sind nach *K. Metz* in ihrer Entstehung durch das Auftreten leicht denudierbarer (z. T. karbonischer) Schiefergesteine begünstigt worden und jene an der Melling speziell auch durch das Durchstreichen einer Störungslinie mit Gesteinszerrüttung. Zweifellos ist aber die Ausbildung der Fluren viel jünger als die Anlage dieser Dislokation (Mellinglinie nach *K. Metz*) und wird diese letztere bereits von dem pliozänen Flächensystem übergriffen[54].

In Übereinstimmung mit *J. Stiny* (1932) und *K. Metz* (1949) halte ich es für sicher, daß das Trofaiacher Becken und die anschließenden Grundgebirgsschollen bis zur Mur bei Leoben—St. Michael (Traidersberg 987 m, Reiterer Kogel 985 m, Dirnberg 939 m usw.), die orographisch tiefer liegen als das westlich und südlich gelegene Bergland des Steinecks (1296 m)—Fressenberges (1155 m), diese Niveaulage nicht nur durch junge Ausräumung, sondern besonders durch junge Senkung erhalten haben. Nachwirkungen dieser Bewegungen bis in jüngste Zeiten sind nicht von der Hand zu weisen, und ich halte es auch mit *K. Metz* für möglich, daß die durch diese Niederbiegung belebte Schurfkraft der vom Steineck (1296 m) herabkommenden Bäche an den Phyllithängen junge Terrassenreste zerstört hat.

i) Ergebnisse über die Verbreitung und Entstehung des jüngstpliozänen Flurensystems im Murbereich.

Im voranstehenden wurde Verbreitung, Ausdehnung und Entwicklung des jüngstpliozänen Flächensystems eingehend behandelt, weil es eine der **wichtigsten morphologischen Marken in den östlichen Alpen und deren Randgebieten** bildet. Das

---

[54] Die Murtalenge unterhalb von St. Michael erfordert aber meines Erachtens nicht die Annahme einer jungen Störung auf dieser Strecke, sondern ist ausreichend durch den Durchbruch durch widerständigere granitische Gesteine erklärbar.

Flächensystem wurde vom Mündungsgebiet der Mur in die Drau, im jugoslawischen Murinselbereich—Prekmurje, über das untere steirische Murland (Deutsches Grabenland, Windische Bühel) in das Grazer Feld und in dessen Umrahmung hinein talaufwärts verfolgt. Wir haben es sodann im Durchbruchstal Graz—Bruck festzulegen versucht und seine mutmaßliche Fortsetzung in den Fluren in der Umrahmung des Murtalbereichs St. Michael—Knittelfeld—Neumarkt angenommen, woselbst es die beherrschende Form an den beiden, nach Kärnten führenden, zentralalpinen Sätteln (Obdacher und Neumarkter Sattel) bildet. Damit haben wir das Flurensystem bis in den Bereich der diluvialen Vereisung verfolgt, in dem sich, talaufwärts, weitere, zum Teil recht ausgedehnte Flurenreste anschließen, welche allerdings mehr oder minder stark glazial überarbeitet sind. Sie können dort als präglazialer Talboden angesprochen werden, liegen aber höher als die von *A. Penck* als „präglazial" angesprochenen Fluren.

Es hat sich ergeben, daß unser Flächensystem im steirischen Beckenbereich auf eine Erstreckung von über 100 km als ein Niveau flächenhafter Denudation, also im wesentlichen als Rumpfebene, aufzufassen ist, über welche nur niedrige Wellen aus jungtertiären Sedimenten und einzelne, aus vulkanischen, aus paläozoischen Gesteinen (Sausalinsel) sowie aus miozänen Lithothamnienkalken (Buchkogl bei Wildon, Steinberg bei Spielfeld) aufgebaute Höhenrücken örtlich aufgeragt haben. Das „Oberniveau" unseres Flurensystems entsprach für den Großteil der steirischen Bucht einer Phase weitgehender Einrumpfung, während das „Unterniveau", nach schon begonnener, wenn auch nur mäßiger, regionaler Tiefenerosion, eine sekundäre Phase der Verebnung markiert. Für die Bildung dieser spätpliozänen Fastebene und der sie überragenden Härtlinge und Restberge sind zweifelsohne auch die klimatischen Verhältnisse, wie sie noch im obersten Pliozän geherrscht hatten, mit in Rücksicht zu ziehen. Wenn auch die fossile Flora des oberen bzw. obersten Pliozäns aus dem Bereich der östlichen Alpen und ihres Vorlandes noch fast unbekannt ist, so spricht doch das Auftreten der erhaltenen Reste tiefgründigster Verwitterung und das gelegentliche Vorkommen von silikatischen Roterden, besonders an den oststeirischen Basaltbergen, dafür, daß damals noch ein wesentlich wärmeres Klima als gegenwärtig (und zum Teil auch noch in den Interglazialzeiten) herrschend gewesen war.

Ich halte es für besonders wichtig, daß in der Oststeiermark und am Eisenberg des südlichen Burgenlandes festgestellt werden konnte, daß die jungpliozänen Verebnungen dort keine Schotterreste tragen, sondern nur von ursprünglich flächenhaft sehr ausgedehnten Aulehmdecken überzogen sind (südoststeirische Basaltberge, Höhen südlich von Mureck, Sausal z. T.); ein deutlicher Hinweis, daß das Gefälle der Flüsse ein sehr geringes gewesen ist, wie es ja auch für die Entstehungszeit der jüngstpliozänen „Rumpfflächen" gefordert werden muß. Die große Verebnung hat jedenfalls, aus der südweststeirischen Bucht heraus, den gesamten Raum von dem Saum der darüber aufsteigenden Höhe des Possrucks, Remschniggs und der Koralpe über den Sausal bis über die Grenzen der östlichen Steiermark und des südlichen Burgenlandes hinaus umfaßt gehabt. In diesen ausgedehnten Sedimentgebieten war ihre Ausformung durch das Auftreten der leicht zerstörbaren, miozänen-altpliozänen Lockermaterialien, und in der weststeirischen Bucht auch durch die Tendenz zu relativer Einmuldung sehr erleichtert.

Bei Eintritt in das Gebirge stellen sich im Niveau unseres Systems mehr oder minder ausgeprägte Terrassen ein, wie wir sie insbesondere im Murdurchbruch Bruck—Graz und in Teilen des obersteirischen Murbereiches nachzuweisen versucht haben. In das Niveau des oberen Oberpliozäns wurden auch die Hauptfluren am Obdacher Sattel und an der Neumarkter Senke eingereiht. Die jungen Talverlegungen, welche eine Erweiterung des Einzugsbereiches der Mur, auf Kosten jenes der Drau (Enthauptung der obersten Quellbäche der Lavant von der Mur her; mutmaßliche Ablenkung des Einzugsbereiches der obersten Mur aus ihrem, früher über die Neumarkter Senke nach Kärnten gerichteten Verlauf zur Mur), zur Folge hatten, wären darnach erst nach Ausbildung der oberstpliozänen Fluren, im ältesten Quartär, vor sich gegangen.

Die oberpliozänen Terrassenfluren des Murbereiches lassen Knicke im Längsprofil bezeichnenderweise gerade dort erkennen, wo junge Störungen das Gebiet queren (Taf. II, Fig. 1). Im oberen Murgebiet wird ein Knick bei St. Michael vorausgesetzt und mit einer posthumen Senkung der Trofaiacher—Leobener—Brucker Bereiche in Verbindung gebracht. Eine zweite Zone der Aufbiegung läßt sich im Murdurchbruch zwischen Bruck und Mixnitz annehmen, woselbst ein steileres Gefälle der Fluren und eine gefällsreiche Engtalstrecke zu verzeichnen ist; eine dritte im südlichen Teil des Murdurchbruchs oberhalb von Graz, im Raum von Peggau—Gratwein, feststellen[54a], in welcher die jungtertiäre, nachweislich im Pliozän noch aktive Einmuldung von Gratkorn sich gegen Norden heraushebt; ein vierter Gefällsknick wird unmittelbar südlich des Stadtgebietes von Graz angenommen, wo — konform mit dem Absinken des paläozoischen Plabutschzuges gegen und unter die Kainachsenke — die Fluren, gegen den Raum von Wildon zu, niederbiegen; ein fünfter im Raum von Mureck, wo die junge Höhenflur (südlich der Mur) um etwa 70 m gegen die östlichen Teile der Windischen Bühel (Raum von Radkersburg) abtaucht; ein weiterer in den östlichen Windischen Büheln bzw. — im Gelände nördlich der Mur — zwischen Klöcher Vulkangebiet und dem Lendvatale. Im Luttenberger Weingebirge—Murinselhügelland macht sich hingegen wieder eine schwache Emporwölbung der Fluren, in einem mittelpliozänen (altoberpliozänen) Faltengebiet, geltend. Noch weiter östlich erfolgt, im Hügelland beiderseits der Mur — in deren Mündungsbereich in den Drautalboden —, im Raum westlich von Nagykanisza und am Ostfuß des Murinselhügellandes (nördlich von Czakathurn) ein letztes, und zwar bedeutendes Hinabbiegen des jüngstpliozänen Flächensystems unter das Quartär und unter die Alluvionen der Drauebene. Diese **tektonische Staffelung** ist es, welche — abgesehen von dem nur mäßigen Primärgefälle — die heutige Höhenlage des Flurensystems bestimmt: 900 bis etwa 1000 m im Bereiche des Judenburger—Knittelfelder Beckens, 700—800 m im Raum von St. Michael—Leoben—Bruck—Frohnleiten, 650—580 m zwischen Gratwein und Graz, 450—400 m zwischen Wildon und Mureck, 340—330 m östlich Mureck bis Radkersburg (im Bereich südlich der Mur), um 300 m in den östlichen Windischen Büheln, in etwa 330 m Seehöhe im Luttenberger Weinbergland und in jenem der „Murinsel"; schließlich unter 200 m im Mündungsbereich der Mur in den Drautalboden.

Aus diesen Feststellungen erhellt der morphologische Charakter des obersten („vor- bzw. intrawalachischen") Pliozäns als solcher einer, in zwei Teilphasen gliederbaren **Epoche flächenhafter Denudation** in den Beckenbereichen und weitgehend ausgeglichener Gefällsverhältnisse der Flüsse innerhalb des Gebirges, also als Zeiträume **stark abgeschwächter tektonischer Aktivität.**

k) **Das spätoberpliozäne Flurensystem im Einzugsgebiet der österreichischen (unteren und mittleren steirischen) Raab.**

An den basaltischen Tuffhöhen südlich von Fehring (Zinsberg, Waxeneck, Burgfeld) erscheint unser Denudationsniveau in deutlicher Ausbildung, wobei es die vulkanischen Gesteine in etwa 420 m (oberes Teilniveau) bzw. in etwa 400 m Höhe (tieferes Teilniveau) kappt. Auf letzterem fanden sich auch noch Reste der Lehmbedeckung. Das ausgedehntere Basalttuff—Tuffitgebiet von Pertlstein wird am Schloßberge und am Stollberg, in etwa 390 m Seehöhe, von einer Abtragsfläche überzogen. Hier liegt allerdings nicht mehr das ursprüngliche, jüngstpliozäne Denudationsniveau (untere Teilflur) vor, sondern bereits ein, in diese etwas eingesenkter, mit ältestquartären Schottern bedeckter Talbodenrest, dessen Entstehung aber durch die vorher gebildete Denudationsfläche vorgezeichnet war.

Nördlich der unteren steirischen Raab, zwischen dieser und dem Ritscheinbachtal, sind zugehörige Niveaureste auf den Kammfluren des aus pannonischen Schichten und aus Basaltstufen (Höhen westlich der Riegersburg) bestehenden Hügellandes mehrfach feststellbar. Die talaufwärts des oststeirischen Basaltgebietes im Hügelland rechts der Raab, besonders an der Wasserscheide zur Mur auftretenden, jüngstpliozänen Flurenreste sind bereits bei Besprechung der gleichaltrigen Abtragsniveaus des Murbereichs

[54a] Von dort hat *V. Maurin* (1953) junge Verstellungen wahrscheinlich gemacht.

besprochen worden. Im linksseitig der Raab gelegenen Hügelland können, im Raum zwischen Feldbach—Gleisdorf und Weiz Ost, ausgedehnte Fluren von Oberfladnitzberg (Gleisdorf SO: K 452, K 456, K 460, K 473 der österr. Karte 1 : 50.000) bis über den Tackernberg hinaus (in etwa 460 bis 470 m Höhe), welch letzterer als Kuppe (K 483) darüber aufragt, verfolgt werden; sie treten ferner am Hochberg (502 m), nordöstlich von Gleisdorf, und schließlich auf den Anhöhen östlich von Sankt Ruprecht a. d. R., besonders bei Prebuch (tieferes Niveau in 471 m, höheres in über 490 m Seehöhe), auf, auch hier noch von flachen Kuppen (Neudorfberg K 512 m) etwas überhöht.

5 km oberhalb St. Ruprecht a. d. R. beginnt der **Durchbruch der Raab durch das nördliche Randgebirge des steirischen Beckens**, wobei zuerst in engem, steilwandigem Tal das kristalline Massiv des Steinbergs (632 m) und dann in großartiger Erosionsschlucht, mit begleitenden Wänden und Steilgehängen von fast 800 m Höhe, die devonische Kalkscholle, auf eine Länge von 7 km, durchschnitten wird. Die Anknüpfung der jüngstpliozänen Beckenfluren an jene des Berglandes erfolgt vermittels deutlicher **Niveaus im Durchbruchsgebiet der Raab durch den kristallinen Steinberg**. An letzterem erscheinen sie — beiderseits des Flusses — in einem höheren Niveau in um 550 m Seehöhe (im anliegenden Tertiärbereich des Breitecks—Hochecks, stärker abgetragen, in 527—531 m, mit einem tieferen Niveau in 500 m Seehöhe). Die Terrassen im Durchbruch der Raab durch das Paläozoikum wurden schon von *A. Aigner* (1916) vermerkt und dann von *H. Hübl* (1943) angeführt, welch letzterer besonders die Fluren eines „Systems von 630 m" herausgehoben hatte. Ich parallelisiere die Terrassen zwischen 600 m und fast 700 m Seehöhe, die im Durchbruchsbereich durch die Devonkalke deutlich entwickelt sind, mit den vorerwähnten Talbodenresten in 500—550 m Seehöhe am kristallinen Randbereich des Steinbergs, am unmittelbaren Beckensaum.

Hiefür sind folgende Umstände maßgebend:

1. Die entsprechenden Fluren an der Raab steigen, schon im unteren Klammbereich, beiderseits desselben, von Mortantsch stärker talaufwärts an. Während sie an den Hängen des Steinbergs und an jenen nördlich von Kleinsemmering noch in Höhen von etwa 550 m (K 554, K 556 der österr. Karte 1 : 25.000) aufscheinen, so finden sich offenbar zugehörige Reste westlich, oberhalb Schloß Gutenberg, schon in etwa 600 m (Buchberg 609 m) und beim Ort Buchberg in 638 m, 653 m, 650 m Seehöhe. Sie treten beim „Jägerhaus", nördlich von Garrach, als ein mit Dolinen besetzter Trockentalboden eines Seitentälchens auf, welcher von 680 m flach auf 640—650 m Seehöhe absinkt und in letzterem Niveau an den Klammwänden abbricht. Raabaufwärts schließen sich, am Ostgehänge, die Fluren bei Haselbach (K 638) und weiter oberhalb die breiten Niveaus bei Schachen (K 670, K 667, K 650) an, welche ihre großräumige Entwicklung dem Auftreten leichter erodierbarer paläozoischer Kalkschiefer verdanken. Noch weiter oberhalb, im engsten Teil des Durchbruchtales, fehlen zugehörige Niveaus, aber nur auf eine Erstreckung von 2,5 km, um sodann am oberen Ausgang der Raabklamm, im Raum von Arzberg in 700 m Seehöhe, wieder anzusetzen (Terrassen am Wiedenberg [Oberflur in 683 m, 688 m] und am Pamerhof [640 m, tieferes Teilniveau], beiderseits der Raab, und am Abfall des Hundsberges etwa 650 m [unteres Teilniveau], alle oberhalb des westlichen Raabzubringers [Schrems-Modenbach], und schließlich noch weiter westlich bei Neudörfel [706 m, oberes Niveau]). Die Zusammengehörigkeit vorgenannter Fluren erscheint durch ihre unmittelbare Verfolgbarkeit und ihr Aneinanderschließen sehr wahrscheinlich.

2. Der unmittelbare Eindruck, den man bei Betrachtung des Landschaftsbildes erhält, der ein kontinuierliches Ansteigen der Terrassenflächen, raabaufwärts, vermittelt, wobei die hier als jüngstpliozänes Niveau zusammengefaßten Fluren das jeweils sichtbare **tiefste** Niveau der oberpliozänen Terrassierung repräsentieren. Besonders deutlich erscheint der stetige, flache Geländeanstieg im Raum westlich Mortantsch, von Unter-Rossegg (K 564) über Ober-Rossegg (K 598) bis unter Loretto (631 m), welcher den Eindruck einer schräggestellten Terrasse erweckt.

3. Der Umstand, daß der bezügliche Raabstreifen gerade am Abfall des paläozoischen Randgebirges zum steirischen Becken gelegen ist und daß die Zone stärksten Gefälles der Fluren (zwischen Grünbichl und Mortantsch) der pliozänen Aufbiegungszone entspricht, an welcher sich das Randgebirge über das Becken und dessen Füllung herausgehoben hat[55].

4. Daß die wasserreiche Raab gerade in dem vorgenannten Talstück in einer cañonartigen Klamm den Gebirgsrand durchschneidet, was auf junge, langdauernde Aufwölbung in diesem Bereich schließen läßt.

---

[55] *F. Angel* hat im Raabdurchbruch (nach *W. Pillewizer* 1942) an einer Stelle eine bruchförmige Verstellung der Terrassen beobachtet.

Denn bei ruhiger oder nur schwachbewegter Scholle hätte der Fluß im Laufe des Quartärs schon eine Talsohle anlegen müssen.

5. Schließlich fügt sich die Annahme einer Aufbiegung der Terrassen im Bereiche des Raabdurchbruches auch dem morphologischen Bild im nördlich anschließenden Passailer Becken ein, in welchem allgemein eine höhere Niveaulage der jungen Flurenreste zu konstatieren ist.

Darnach erscheint die Raabklamm, ähnlich wie der Durchbruch der Mur oberhalb Peggau —Gratwein, an eine Zone junger aktiver Aufwölbung bzw. an deren Südsaum geknüpft, an welcher im ältesten Quartär noch kräftige Hebungen, später noch schwächere Nachbewegungen stattgefunden haben müssen. Die Raab hat sich in der gehobenen Scholle, am Verbiegungssaum selbst, in enger Klamm, talaufwärts in einem steilwandigen, von Felswänden eingesäumten Tal, eingeschnitten.

Nach dieser Parallelisierung erfährt das jüngstpliozäne Flurensystem (Oberniveau) im Durchbruchstal der Raab einen Anstieg von über 580 m am Beckensaum auf etwa 690 m Seehöhe am Passailer Becken, was ein Gefälle von etwa 18 $^0/_{00}$ ergibt, das ich hauptsächlich auf junge Verstellung zurückführe, die sich insbesondere im oberen Teil der Schluchtstrecke zur Geltung bringen würde.

Die jüngstpliozänen Phasen weitgehender Lateralerosion hatten demnach vom oststeirischen Becken durch den Raabdurchbruch hindurch ins Passailer Becken hinein ausgegriffen. Wenn sie auf kurzer Distanz im Engtal durch den Hauptzug des Schöckelkalks aussetzen, so ist damit nicht gesagt, daß im jüngsten Pliozän in diesem Raum keine Talverbreiterung eingetreten war. Das Querprofil war aber dort offenbar infolge des widerständigen Gesteins ein schmäleres als oberhalb und unterhalb, und sind die zugehörigen Talbodenreste infolge kräftigerer jüngerer Tiefenerosion schon der Zerstörung anheimgefallen.

l) Jüngstpliozäne Terrassen im Durchbruchgebiet des Weizbaches (Taf. III, Fig. 5).

Ein Gegenstück zur großartigen Klamm der Raab bildet der schluchtartige Durchbruch des Weizbaches durch die Schöckelkalke oberhalb der Stadt Weiz.

Unmittelbar westlich von Weiz kann unserem oberstpliozänen Niveau (höhere Teilstufe) die breite Höhenflur des aus pannonischen Schottern bestehenden Göttelsberges (K 586) und nördlich davon die Sattelflur bei Birchbaum (um 600 m) zugezählt werden, welche sich am rechten Weizbachgehänge in den tieferen Fluren von Affenthal, von K 630 über K 643 zu K 673 talaufwärts aufsteigend, fortsetzt. Am linken Talgehänge des Weizbaches rechne ich die prächtige Plateaufläche unterhalb des Landschaberges (K 724) zu, die als eine, letzteren umsäumende Flur in über 600 m Höhe (K 623), in fast 500 m Breite und in über 2 km Längserstreckung, eine Bastion bildet. Ihre Entstehung war vermutlich durch eine in diesem Raum vorhandene mittelpannonische Brandungsplattform z. T. einigermaßen vorgezeichnet, welche im obersten Pliozän überarbeitet wurde. Weiter östlich schließt sich am Südsaum des Raasberges eine analoge Vorflur an (K 623, K 610), während gegen Norden hin, am linken Talgehänge des Weizbaches, sich die ausgedehnten Fluren von Naas (600—640 m) anreihen, um weiter nördlich (Gössenthal) auf etwa 680 m anzusteigen.

Talaufwärts vom Gössenthal setzen die Terrassen, im Klamm-Durchbruch des Weizbaches durch den Schöckelkalk, auf 2 km aus, stellen sich aber unmittelbar oberhalb des letzteren, am Südostsaum des Passailer Beckens, in den Fluren westlich von Haufenreith (um 690 m) und am Eingang der Weizklamm (um 700 m Seehöhe gelegen), wieder ein.

m) Jüngstpliozäne Terrassen im Passailer Becken.

Im Passailer Becken selbst, das nach allgemeiner Auffassung einem Bereich relativ junger Einmuldung entspricht und das gegen Westen hin sich an einer starken Depression der Höhenfluren zwischen dem Hochtrötsch (1238 m) und Schöckel (1440 m) einerseits und der Rotwand (südlicher Ausläufer des Hochlantsch mit 1500 m Seehöhe) anderseits auf 1100—950 m heraushebt, kann ein Fortwirken schwacher relativer Einmuldung bis in junge Zeiten aus morphologischen Indizien erschlossen werden. Die Bäche fließen in breiten Böden dahin, und südlich von Passail stellen sich, auf den Haldenwiesen, ausgedehnte versumpfte Flächen ein. Am Nordsaum des Passailer Beckens sehe ich das Äquivalent unserer oberstpliozänen (oberen) Flur in den deutlichen Niveaus zwischen Tober und Passail (St. Anna 724 m, Flächen östlich von Tober über 730 m) und östlich davon in dem fast 1 km langen Niveau um 710—715 m, im Sattel unter Kramersdorf. Am Westsaum des Beckens schließen sich zahlreiche, etwas über 700 m hoch gelegene Fluren an, die unmittelbar über dem Westrand der tertiären Beckenfüllung gelegen sind.

Damit können wir im Passailer Becken ein Flurensystem in einer Höhenlage feststellen, welches jenem des oberstpliozänen Talbodens (Oberniveau) entspricht, das in dem nur etwa 5 km von diesem entfernten Murtalbereich beschrieben wurde.

J. Sölch (1928) hatte das über 700 m Seehöhe gelegene Flurenniveau im Passailer Becken ins Unterpont (Pannon), *A. Aigner* (1925/26) die Terrassen in 750 m Seehöhe in die pontische Stufe eingereiht, während er die darunter auftretende tiefere Stufe für jünger hielt. Auch *G. Götzinger* unterschied (1931) im Passailer Becken zwei tiefere Terrassenniveaus, in 750 m und in 700 m Seehöhe, welchen er mit *F. Heritsch* (1921) ein „pontisch-pliozänes Alter" zuschrieb.

Unsere Parallelisierung und zeitliche Einordnung der Fluren gründet sich auf die Verfolgung des Niveaus vom Beckenrand her und auf die Berücksichtigung der aus dem allgemeinen geologischen und morphologischen Bild sich ergebenden jungen Deformationen der Fluren, schließlich auf eine einander entsprechende Höhenlage derselben über den heutigen Talböden und über den ältestquartären Ablagerungen, was ein o b e r s t p l i o z ä n e s A l t e r für das tiefste ausgeprägte Flurenniveau ergibt.

n) Die jüngstpliozänen Terrassenniveaus an der Feistritz.
(Abb. 12, S. 62, Abb. 18, S. 79.)

Am Austritt der Feistritz aus dem Gebirge springt der kristalline Grundgebirgssporn des Kulmberges (976 m) in das oststeirische Becken vor. Er wird von der Feistritz in dem engen Durchbruchstal der Freienberger Klamm durchsägt, welche an den darüber gelegenen Hängen von jüngstpliozänen Fluren begleitet wird.

Ein höheres Niveau (obere Teilflur) des tiefsten Systems setzt an den Ausläufern des Kulms, oberhalb von St. Johann, in einer prächtigen Flur, welche K 579 trägt, an, erreicht an dem südlichen Vorberg, bei Lang, deutliche Ausprägung (K 583, 585), steigt bei Freienberg, an der Nordostflanke des Berges, auf über 600 m an und erscheint besonders an der West- und Nordwestseite des Kulms an Ecken und Gesimsen in der Höhe von 620—640 m. Auf der Nordseite der Freienberger Klamm läßt es deutliche Fluren in 630—650 m Seehöhe erkennen.

Eine t i e f e r e T e i l f l u r ist besonders an der Nordflanke der Freienberger Klamm, etwa 50—60 m darunter (K 592, K 576, K 581), feststellbar und senkt sich am Südabfall des Kulms auf etwa 500 m Seehöhe herab.

In der D u r c h b r u c h s s t r e c k e d e r F e i s t r i t z, weiter oberhalb Anger, sind, besonders auf der rechten Talseite, Talbodenreste entwickelt, so an der Ausmündung des Naintschgrabens ins Feistritztal (K 642), südlich Schloß Frundsberg (Wieden 645) und nördlich davon, bei Kogelhof (K 668), und schließlich unmittelbar oberhalb von Birkfeld in 690—700 m Seehöhe. *R. Schwinner* (1935, S. 98/99) hat diese Niveaus im Durchbruch unterhalb von Birkfeld bereits verfolgt, wenn er auch die Teilfluren in etwas abweichender Weise, als es hier erfolgt, miteinander verknüpft hat.

In der B e r g l a n d d e p r e s s i o n v o n B i r k f e l d erscheinen flache Terrainwellen, welche über die hier ebenfalls auftretenden, unserem jüngstpliozänen Flächensystem zurechenbaren ausgedehnten Fluren mäßig aufragen. Hierher gehört der Höhenrücken von Piregg (K 776), an dessen Flanke sich Terrassenfluren bei Puckenberg (östlich von Birkfeld) und bei Gallbrunn (nördlich von Birkfeld, K 745) ausdehnen. Die Niveaus lassen sich talaufwärts, zwischen Birkfeld und Ratten, weiter verfolgen, wobei sie bei Waisenegg 750 m Höhe, bei Falkenstein 800 m erreichen. Am östlichen Feistritzgehänge dehnen sich, unterhalb von Strallegg, bei K 789 und im Raum von Feistritz (über 800 m hoch), Terrassensäume aus, während sich, noch weiter talaufwärts, im Raum von Ratten—Rettenegg, schon höhere und ältere Flurensysteme an das steilwandige Tal herantreten. Der Ort Birkfeld selbst (623 m) und Aschau (643 m), westlich davon, stehen schon auf einer tieferen Teilflur, die auch im Durchbruch da und dort angedeutet ist.

Aus dieser Darstellung folgt, daß sich in der Birkfelder Berglanddepression speziell ein h ö h e r e s Niveau unseres Flurensystems deutlich verfolgen läßt und daß der schroffe Gegensatz zwischen den breiten, jungpliozänen Talfluren und den engen, mehr schluchtartigen Tälern der heutigen Flüsse den großen Unterschied in den morphologischen Verhältnissen während der Bildungszeit unseres Flurensystems und jenen der Gegenwart hervortreten läßt. Die Auswirkungen eines längerdauernden tektonischen Stillstandes und eines dadurch bedingten weitgehenden Ausreifens der Täler — besonders ausgeprägt in Zonen schwächerer tektonischer Aufwölbung — lassen sich sonach im Feistritzgebiet b i s i n d i e i n n e r e n T e i l e d e r nordöstlichen Zentralalpen, auf eine Erstreckung von mindestens 35 km vom Beckenrand entfernt, erkennen.

Nach der hier erfolgten Zusammenfassung der Niveaus läßt das oberstpliozäne Flurensystem (obere Teilstufe) ein stärkeres Gefälle im Durchbruchsbereich durch den Kulm südöstlich von Anger (von etwa 650 m auf 550 m Seehöhe), dem randlichen Knick am Beckensaum entsprechend, erkennen, weiters oberhalb von Anger bis Birkfeld wiederum — nach einer zwischengeschalteten Zone schwächeren Anstiegs — ein steileres Gefälle der Fluren festlegen, während oberhalb von Birkfeld die Niveaus mit mäßigem Gefälle gegen Ratten zu sich talaufwärts verfolgen lassen.

o) **Das jüngstpliozäne Abtragsflächensystem im Nordostteil der steirischen Bucht** (Nordoststeiermark und anschließendes südliches Burgenland). (Abb. 12, S. 62, Abb. 21, S. 109.)

Eine deutliche Marke der jüngstpliozänen Denudationsniveaus findet sich im Nordostteil der steirischen Bucht auf den paläozoischen Höhen des Eisenberges, der am Pinkadurchbruch als Inselberg aus dem Pannon auftaucht. Auch hier treten wieder zwei Teilfluren, eine höhere in etwa 375 m Seehöhe (K 376, K 373), eine tiefere in etwa 350 m, auf. Die Flächen sind mit einer mächtigeren Decke von altem Aulehm versehen. Letztere wurde von einer jüngstpliozänen Pinka aufgeschüttet, welche damals noch nicht dem heutigen Durchbruchstale gefolgt war, sondern südlich der Kuppe des Eisenberges (415 m), über das obere Stremtal, in die Kleine ungarische Tiefebene abgeflossen war, aber schon im ältesten Quartär (zur Zeit der obersten Schotterfluren) ihren Weg nahe über dem heutigen Talweg genommen hat (siehe S. 74).

Im Theilwald, nordöstlich von Khofidis, sind die Fluren auf etwa 3 km Ostwest-Erstreckung, in Form einer nur wenig zerschnittenen Plateaufläche, erhalten. Auch am Nordwest-Abfall des Eisenberges ist eine zugehörige, breitere Terrasse, vermutlich die Flur eines spätpliozänen Tauchenbaches, vorhanden. Im Raum weiter südlich des Eisenberges kehrt unser Niveau (tiefere Teilstufe), als Höhenflur des aus Devondolomit gebildeten Hohensteinmaisberges, des südlichen Ausläufers der Grundgebirgsinsel des Eisenberges, wieder.

Am nordöstlichen Gebirgssaum der steirischen Bucht, zwischen Hartberg—Friedberg—Pinkafeld—Oberschützen und dem Südsaum des Rechnitzer Berglandes, läßt sich unser Flurensystem allenthalben, als mehr oder minder breites Gesimse am Grundgebirge und zum Teil auch noch an höher hinaufragenden Tertiärlappen feststellen. Das Flurensystem umzieht, schon von *W. Brandl* (1933) geschildert und auf einem Kärtchen ausgeschieden, als Randterrasse den kristallinen Grundgebirgssporn des Ringkogels bei Hartberg in einer Höhe um 550 m. Es entspricht dem von ihm besonders herausgehobenen „500—700-m-Niveau", dem er ein jüngeres pannonisches Alter zuschrieb.

Es erscheint, deutlich ausgeprägt, dort an dem vom Wullmenstein (874 m) nach Süden, ins Becken, vorspringenden Höhenrücken in 522—569 m Seehöhe, dann bei Schloß Neuberg (K 558, 532), oberhalb der Stadt Hartberg in 571 m Höhe, bei Penzendorf 549 m hoch. Es bildet allenthalben ein mehrere 100 m breites Gesimse. Eine **tiefere Teilflur** ist an dem vorerwähnten Grundgebirgssporn in 469—465 m Seehöhe, also rund 60—70 m tiefer, im Westteil des Terrassenbereiches und in analoger Höhe als schmales Gesimse auch an dem Gehänge unmittelbar oberhalb der Stadt Hartberg vorgeschaltet[56].

Für das **Alter dieser Fluren** ergeben sich folgende Anhaltspunkte: Sein ungestörter Verlauf kontrastiert mit den ausgesprochenen Schichtneigungen (bis zu 10° und mehr), welche die dem Hartberger Grundgebirgssporn angelagerten sarmatischen — unterpannonischen Sedimente aufzeigen. Es ist daher zumindest jünger als das untere Pannon. Die **ältestquartären Schotter** erreichen etwa 12 km südlich vom Hartberger Gebirgssporn, im Becken am Auffenberg — bei denudierter Oberfläche — eine Seehöhe von 455 m und 6 km NNO

---

[56] Auch bei diesem Niveau kann die Vorzeichnung der so auffällig breiten, im höheren Teil abgeschrägten Flur schon durch eine pannonische Abrasionsterrasse vermutet werden. Jedoch ist die kennzeichnende Flur von etwa 540 m Seehöhe erst in jüngstpliozäner Zeit in den vermutlich schon gestuften Abfall eingearbeitet worden.

von Hartberg (östlich von Grafendorf) eine solche von 487 m. Das obere Niveau unseres Flurensystems liegt daher bei Hartberg — unter Berücksichtigung eines Primärgefälles vom Auffenberg von 4°/₀₀ dorthin und einer eventuellen Einbiegung am Saum vor dem Hartberger Gebirgssporn — nur 50 m bis höchstens 70 m darüber, während das tiefere schon in annähernd gleiche Höhenlage wie die jüngstquartären Schotterfluren zu liegen kommt. Dies läßt für den Flurensaum am Hartberger Ringkogel—Wullmenstein ein jüngstpliozänes Alter annehmen. Damit steht es auch in Übereinstimmung, daß zugehörige Niveaus im Raum Friedberg—Dechantskirchen schon in pannonische Ablagerungen eines etwas jüngeren Horizonts eingekerbt sind.

Wie schon *W. Brandl* (1933) angegeben hat, steigt unser Flurensystem an der Ostflanke des Masenbergrückens (1272 m) kontinuierlich gegen Rohrbach um etwa 80 m an, woselbst es bei Kleinschlag 616 m hoch auftritt und auf dem aus dem Jungtertiär aufragenden Kristallinsporn des Schlagriegels in 633 m Höhe entwickelt ist. Es mündet auf die breite Plattform am Südsaum des Hochkogls (1318 m), des südlichen Ausläufers des Hochwechsels, aus. Hier ist insbesondere die tiefere Teilflur in 560—580 m Seehöhe bis Friedberg ausgebildet. Westwärts von Rohrbach ziehen sich zugehörige Terrassen als breite Fluren in den Raum von Vorau hinauf, wobei sie bis 670 m ansteigen und eine charakteristische Plateaulandschaft, durchschnitten von den über 150 m tiefen und engen Tälern des Voraubachs und der Lafnitz und umrahmt von dem noch höhere Flächensysteme tragenden Masenberg (1272 m) und des Tommer (1049 m), bilden.

Südöstlich von Friedberg, am Saum des burgenländischen Bernsteiner Hügellandes, lassen sich, wie aus Abb. 12 zu ersehen, zugehörige Flächenreste von Sinnersdorf (Bucheck, 574 m) über solche, nordöstlich von Pinkafeld, zwischen 550 m und 520 m (Weinberg) und über die Höhen südlich von Bernstein (541—522 m) zum Sattel von Holzschlag in 540—560 m und in 503 m Höhe (zwischen Bernsteiner Serpentinbergland und Rechnitzer Schieferinsel) zum Neustiftberg bei Stadt Schlaining (491 m) verfolgen. Begleitende tiefere Terrassen treten auch hier auf.

Es ist in der nordoststeirischen Bucht darnach ein höheres und ein tieferes Teilniveau ausscheidbar. Im Sattelbereich zwischen dem Günser Bergland (Rechnitzer Schieferinsel) und den Bernsteiner Serpentinhöhen breitete sich im jüngsten Pliozän eine breite Tallandschaft aus, deren Reste heute noch auf 5—6 km Länge feststellbar sind.

R. Mayer (1929) hat, im Rahmen seiner monographischen Bearbeitung der morphologischen Verhältnisse des mittleren Burgenlandes, auch die Flächengliederung des Bernsteiner Berglandes behandelt und hiebei die Bedeutung des Niveaus zwischen 500 m und 550 m Seehöhe, das er bis zu 600 m aufsteigen läßt, als „Hangterrasse" der Buckligen Welt behandelt. Ich stimme seiner Gliederung für das mir aus eigenen Studien gut bekannte Gebiet im allgemeinen zu, so auch in der bereits von ihm vorgenommenen Teilgliederung dieses „Hangstufenniveaus". Er weist darauf hin, daß die Fluren vom Südostsaum der Serpentinhöhen gegen Norden hin ansteigen und führt dies — entsprechend der eigenen Deutung — auf eine schwache junge tektonische Verstellung zurück.

Über den Sattel von Holzschlag greift unser Niveau in die Tertiärbucht von Pullendorf (mittleres Burgenland) ein, wo es nördlich und nordwestlich von Lockenhaus sehr ausgedehnte Fluren zwischen 400 m und 450 m Seehöhe an Kristallinseln bildet. Innerhalb der jungtertiären Beckenfüllung wird es von einer tieferen Flur in 370—350 m Seehöhe begleitet. Letztere überragt nur wenig die von Osten her eingreifenden, aus vermutlich dazischen Schottern bestehenden Höhen (Kirchberg, 336 m), welche Ablagerungen den pliozänen Basalt von Pullendorf überdecken. Meiner Auffassung nach liegt hier ein Übergreifen des Flurensystems über schon etwas darunter abgetragene dazische Schotter vor.

An der Südseite der Rechnitzer Schieferinsel (Günser Sporn von *E. Sueß*) lassen sich die spätpliozänen Fluren deutlich erkennen (Abb. 12, S. 62, Abb. 13, zwischen S. 62/63). Eine obere Flur schließt sich unmittelbar nordöstlich, oberhalb von Stadt Schlaining, in einer Seehöhe um 500 m (Schönau, K 501) an. Sie setzt sich ostwärts in Niveaus zwischen 500 und 570 m Höhe gegen die Mitte des Rechnitzer Berglandes, etwas ansteigend, fort (K 567 nördlich von Althodis). Es folgen ostwärts die deutlich gegen Süden geneigten, vermutlich dorthin abgebogenen Fluren oberhalb von Rechnitz (K 550, Budyriegl K 533, K 524, K 523) und oberhalb von Poschendorf (von K 587 südwärts abfallend) und schließlich jene oberhalb von Güns (K 497). Ein tieferes Teilniveau reicht von Westen her (oberhalb von Weiden und Markt Hodis), in über 400 m Seehöhe, in den Raum nördlich von Rechnitz, bis nördlich Poschendorf (428 m), und bis oberhalb von Güns (Köszeg, K 397, Kalvarienberg, 393 m). Eine noch tiefere Flur (vermutlich schon altquartär) überzieht die Hügel südlich von Deutschdorf (Doroszlo), deren Schotter Reste von *Mastodon arvernensis* geliefert haben (*M. v. Mottl*, 1939), in Höhen von 342—331 m Seehöhe. Die junge Abbeugung am Saum der jungpliozänen „Großfalte" des Rechnitzer Berglandes gegen die Senke südlich von Rechnitz bedingte eine südgerichtete Neigung der Fluren, eine weitergehende Zerstörung derselben und eine teilweise Überdeckung mit quartären Ablagerungen.

Die Verfolgung unseres Flurensystems in der nordoststeirischen Teilbucht hat somit ergeben, daß sein **unteres Teilniveau** unmittelbar über den höchsten quartären Sedimenten die Höhen überzieht, auf oberpliozäne (vermutlich dazische) Ablagerungen übergreift und nur geringere Störungen und eine relativ gute Erhaltung aufweist, was für ein jungpliozänes Alter spricht. Die höheren Teilfluren senken sich aus dem Raum von Vorau—Friedberg im NW von 650 m Seehöhe auf 400 m im SO ab und sind, nach kontinuierlicher Verfolgung, als ein **einheitlicher, nachträglich verstellter Formenkomplex** zu betrachten. **Auch das nordoststeirische Becken war somit im jüngsten Pliozän, mitsamt den am Eisenberg a. d. Pinka aus der Beckenfüllung auftauchenden paläozoischen Höhen, in eine Rumpflandschaft verwandelt gewesen, auf welcher träge Flüsse, nur mit gebirgsferner Schlammförderung, dahinflossen.** Die Randgebirge erhoben sich als Hügel- und niedere Mittelgebirgslandschaft darüber.

p) **Die jüngstpliozänen Abtragungsniveaus im westungarischen oberen Zala—Raab-Gebiet (Göscei)** (Taf. I; Abb. 13, zwischen S. 62/63, Abb. 14, S. 63).

Im voranstehenden hatten wir das oberstpliozäne Abtragssystem aus der steirischen Bucht bis an die Erhebungen an der Wasserscheide zwischen Raab und Kerka, an den Silberberg (Esztü hegy; Sredni breg, 410 m) verfolgt und auf diesem, aus dazischen Schottern bestehenden Höhenrücken das Hauptniveau (in 395—400 m Seehöhe) und das tiefere, speziell am Katharinaberg (in um 370 m Höhe), festgelegt. Von diesem Meridian nach O senken sich die Höhenfluren der Landschaft sowohl im Raum zwischen Raab und oberer Zala als auch in jenem zwischen oberer Kerka und Mur mit auffälligem Knick ostwärts ab. Zwischen Raab und Zala stellt sich an Stelle der zerschnittenen Hügellandschaft des Silberbergbereiches die so ausgedehnte, ältestquartäre Schotterplatte, als beherrschende Form der Landoberfläche, ein, auf die bereits verwiesen wurde, welche rasch auf etwa 250 m absinkt (Abb. 21, S. 109).

Südlich davon (südlich der obersten Zala) breitet sich, in Höhen zwischen 260 m und 267 m (Rakospajta, 260 m, Farkas irsa, 257 m), **eine von einer Lehmdecke überzogene Plateaulandschaft** aus, über welche sich erst OSO von Zalalövö, am Cigany hegy (285 m) und am Kandiko (302 m), flurentragende Kuppen ein wenig erheben. Das Gerüst dieser Landschaft wird von pannonischen Schichten gebildet, an welche sich — nach den Profilen von L. v. Loczy (1916) — die vorerwähnte altquartäre Schotterdecke, in Resten noch unmittelbar südlich des oberen Zalatales erhalten, an einem Erosionsrand anlagert. Auch bei meinen eigenen Begehungen in diesem Raum gewann ich den Eindruck, daß hier eine ausgedehnte Denudationsfläche die pannonischen und am Kandiko auch die dazischen Schichten überzieht, die zwei Teilniveaus erkennen läßt und dem vom Silberberg ostwärts herabgebogenen, präglazialen Flurensystem entspricht. Die Niveaus am Kandiko (302 m) würden dem oberen Niveau zugehören. Die feinen Sedimente der 260-m-Höhenflur, südlich des heutigen oberen Zalatales, mögen von einem alten Kerkalauf aufgeschwemmt worden sein, welcher dort in den damals weit ausgedehnten Raabtalboden einmündete. Da die ausgedehnte, ältestquartäre Schotterflur zwischen oberer Zala und Raab deutlich und regional einer **Erosionsfläche** auflagert und da ihr Basisniveau um etwa 20—30 m tiefer gelegen ist als die vorgenannte, ihr in der Entstehung **zeitlich vorangegangene Abtragsflur**, so kann angenommen werden, daß die Schotterdecke bereits in ein mindest 15 km breites Erosionsfeld, das in die oberstpliozäne Flur zu Quartärbeginn eingeschnitten worden war, eingebaut wurde. Das obere Akkumulationsniveau der Schotterdecke erreichte nahezu die Höhe der etwas älteren Denudationsfläche südlich des oberen Zalatales.

Nach Süden zu senkt sich die jüngstpliozäne Terrassenlandschaft an der unteren Kerka und am Kebele zum Einsenkungs- und Ausräumungsbecken von Lenti (nördlich von Alsolendva) ab, hebt sich aber südlich des letzteren in der oberpliozänen, aus pannonischen Schichten aufgebauten, faltigen **Aufwölbung von Oberlimbach** (Alsolendva) wieder empor. Die Oberfläche dieser letzteren erweist sich deutlich als eine alte Abtragsfläche, welche in einer Seehöhe von 320—330 m die pannonischen Schichten kappt (*L. Strauß*, 1943). Ich betrachte sie als zeitliches Äquivalent des jüngstpliozänen Denudationsniveaus, das hier — gegenüber seiner Niveaulage im oberen Zalatal — nachträglich etwas stärker emporgehoben wurde.

q) **Die jüngstpliozänen Abtragsfluren in dem Raum zwischen Zalaegerszeg und den Basaltbergen von Tatika (beiderseits der unteren Zala) und im westlichen Bakonyer Wald**[57]
(Abb. 13, zwischen S. 62/63).

An den drei Nord—Süd streichenden Hügelkämmen, welche — aus pannonischen Sanden aufgebaut — sich zwischen Valicka-, Sarviz-, Foglar csatar- und unterer Zalatalung erstrecken, können an den höchsten Kämmen Reste eines Denudationsniveaus festgelegt werden, die ich dem oberstpliozänen zuzähle.

Sie finden sich, südöstlich von **Zalaegerszeg**, in über 300 m Seehöhe (K 304.5) und damit etwa 160 m über den heutigen Talböden. Das Hügelland ist aber im übrigen durch junge Erosion stärker zergliedert. Südwestlich von Zalaszentgrot erhebt sich über eine analoge, in etwa 290 m Seehöhe entwickelte Hochflur der Gipfel des Bezeredi hegy (338 m) noch um fast 40 m, wohl ein Restberg auf der Höhe der alten Wasserscheide aus der Zeit des jüngstpliozänen Denudationsniveaus, zwischen Zala und Foglar csatar.

Östlich der unteren Zala steigt (südlich von Sümeg) die westliche Gruppe der Balaton-Basaltberge vom Kovacsi hegy und Tatika (413 m) auf, welche allseitig mit schroffen und höheren Wänden zur Pannonunterlage, der die Basalte und Tuffe aufruhen oder die sie durchbrechen, abfallen (vgl. geol. Karte des Balatongebietes *L. v. Loczy*, 1924, und *L. v. Jugovics*, 1948). Die Basalthöhen selbst tragen die an anderem Orte zu beschreibenden höher gelegenen Abtragsflächen, weisen aber, besonders in der Einsenkung zwischen den beiden östlichen Abzweigungen des Kovacsi hegy sowie zwischen letzterem und der Tatika-Basalthöhe, ausgedehntere Reste eines **Flurenniveaus in etwa 250 m Seehöhe** auf. Unmittelbar südlich der genannten Basaltberge erhebt sich der aus Dolomit gebildete Meleghegy (427 m), dem Nordsaum der Triasscholle von Keszthely zugehörig (= westlicher Ausläufer des Bakonyer Waldes), an dessen Nordostflanke ebenfalls Fluren, zum Teil auf Dolomit, zum Teil auf anlagerndem Pannon, in etwa 250 m Seehöhe festzustellen sind. Ich halte diese Flurenreste, welche die heutigen Talböden um mehr als 100 m überhöhen, für solche des jüngsten Pliozäns.

Eine viel größere Ausdehnung gewinnt ein tiefliegendes Flächensystem im **Raum östlich und südöstlich von Sümeg**, in Richtung gegen Tapolcza, das in über 200—230 m Seehöhe eine viele Quadratkilometer bedeckende Einebnungsfläche bildet, welche Trias und älteres Pannon durchschneidet. Höhenrücken, welche deutlich aufgesetzt sind, bestehen teils aus Triasdolomit (Harmashegy, 293 m), teils aus Eozänkalken (Höhe 369, nördlich von Sümeg)[58].

Gegen die Basaltdecke des **Agartetö** (nordöstlich von Tapolcza) zu, einem jungen Hebungsgebiet, steigen die Fluren auf etwa 300 m Seehöhe an. Ich vermute, daß auch die großen, tieferen Fluren auf der Basaltdecke nördlich von Nagyvaszony und bei Pula, die ich 1936, unter der freundlichen Führung von Prof. *M. Vendl*, kennenzulernen Gelegenheit hatte, die sich in einer Seehöhe über 300 m (bis 350 m) ausdehnen und die durch eine Gefällsstufe von dem höher gelegenen Plateau des Kabhegy abgegrenzt sind, ebenso dem **jüngstpliozänen Denudationsniveau** zugehören, wie die Oberfläche der schönen Basaltplatte des Somhegy, südlich von Pula (312 m). Am nordwestlichen Ausläufer des Kabhegyer Basaltgebietes, am Szölöh, (südlich von Ajka), greifen — nach der geologischen Karte des Balatongebietes — Fluren in etwa 340 m Seehöhe (K 339), 110 m über dem Talboden gelegen, über den Basalt und, südlich davon (bei Padrag). auch über pannonische Schichten über, welch letztere noch über das Niveau aufsteigen. Dadurch ist für alle Fälle ein **postpannonisches Alter** der Fluren sichergestellt. Die Fluren überragen die benachbarten Haupttalungen um 100—120 m.

[57] Vgl. hiezu geologische Karte der Umgebung des Balatonsees (*L. v. Loczy* und Mitarbeiter), ferner Abb. 13 dieser Arbeit.

[58] Die ausgedehnte flächenhafte Entwicklung des jungen Abtragsniveaus im Dolomitbereich war hier offenbar durch die Wiederaufdeckung einer pannonischen Denudationsfläche wesentlich erleichtert. Die gegenwärtige Form der Flur muß aber auf einen jüngstpliozänen Abtragsprozeß zurückgeführt werden.

Ich glaube auf Grund dieser hier mitgeteilten Verhältnisse annehmen zu können, daß auch das Basalt- und Triasgebiet des (westlichen) Bakonyer Waldes in spätestpliozäner Zeit einem Einebnungsvorgang unterworfen gewesen ist, welcher — offenbar unter der Einwirkung eines noch subtropischen Klimas — breite Denudationsflächen geschaffen hatte, über welche sich steilwandig basaltische Härtlinge, schon stärker rückgewittert, und einzelne Restberge, besonders von Dolomit und Eozänkalk, unvermittelt erhoben hatten. Aus dem Gesamtüberblick ergibt sich das Bild einer weitreichenden Einrumpfung, welche aus dem oststeirischen Hügelland (Gleichenberger Vulkanlandschaft) über das Göcsei zu den Basaltbergen Tatika—Agaretö—Kabhegy und zu den Triasbergen des westlichen Bakonyer Waldes gereicht hat. Von der Höhe des Silberberges (400 m) senkt sie sich mit dem höheren Niveau ostwärts auf etwa 300 m (Höhenflur am Kandiko) und darunter, mit dem tieferen auf etwa 260 m und tiefer ab, erscheint östlich der unteren Zala an den basaltischen Höhen des Tatika, am südlich angrenzenden Dolomitterrain, in 250 m Höhe, und noch etwas tiefer an der großen Flur östlich von Sümeg, um sich an den Basaltdecken der Agaretö und des Kabhegy wieder auf über 300 m Seehöhe emporzuwölben. Ich nehme an, daß diesen Niveaudifferenzen in erster Linie jugendliche Verbiegungen zugrunde liegen. In der schon erwähnten Senke von Lenti, am Kisbalaton und in der Depression des Balaton selbst ist das Flurensystem noch tiefer abgesenkt. Im Norden (Nordwesten) des Bakonyer Waldes erscheint es durch junge Denudation stärker zerstört und von der großen ältestquartären Schotterdecke zwischen Raab und Marczal und von jungquartären Ablagerungen überdeckt. Vielleicht können auch an den Gehängen des aus der Ebene vor dem Nordwest-Bakony auftauchenden, basaltischen Somlyo hegy (435 m) stark zerschnittene Flurenreste in dessen sedimentärer Ummantelung, in 280—290 m Seehöhe, dem jüngstpliozänen Niveau zugezählt werden. Weiter nördlich (nordwestlich) muß sich das Flurensystem bis an und unter die Talsohle der Raab absenken. Vielleicht kann die Denudationsfläche, an welcher die ältestquartären Schotterdecken die Basalttuffe von Magasi und Sitke inmitten der Kleinen ungarischen Ebene[59], schon knapp über den heutigen Talsohlen, übergreifen, als nur wenig veränderter Bestandteil des jüngstpliozänen Abtragssystems angesehen werden.

Im Nordostteil des Bakonyer Waldes dürfen die tieferen Teile der weit verbreiteten, in Triaskalke eingearbeiteten Plateaufläche von Veszprém—Hajmasker, die sich zwischen unter 260 m und über 300 m Seehöhe ausdehnen, dem gleichen Niveau zugezählt werden. Es entspricht deutlich einer gegen Nordosten schräg gestellten Platte, welche im Südwesten mit einem um 350 m Seehöhe (mit einer tieferen Teilflur um 300 m) gelegenen Flächensystem beginnt, nördlich von Nagyvászony, um 320 m ausgebildet, gegen Veszprém auf über 300 m absinkt, um bei letzterer Stadt mit der Hauptflur noch über 300 m Seehöhe aufzuscheinen; östlich derselben aber am ausgedehnten Hauptdolomitplateau von Liter, das eine Dolinenlandschaft trägt, um 250 m (K 259, 243, 251) sich auszubreiten und um schließlich noch weiter nördlich, am Plateau des Sukori hegy, westlich Peremarton, in gleicher Höhe zu erscheinen. Es wird von einer tieferen Flur begleitet, welche sich vom unteren Stadtboden von Veszprém (etwa 240 m Seehöhe) gegen Hajmasker, in breiten Flächen ausgebildet, auf 210 m absenkt. Dieses Flächensystem wird von, bis über 500 m Seehöhe aufsteigenden mesozoischen Höhen, welche Reste noch älterer Flächen tragen, überragt.

Analoge Fluren dehnen sich am Abfall des östlichen Bakony zum Balatonsee, besonders im Bereiche der Dolomithöhen, in ähnlicher Höhenlage aus. Am West- (Nordwest-) Ufer des mittleren Balatons sind Flurenreste im Raum südwestlich von Balatonfüred, in einer Seehöhe um 250 m, auf der Plateaufläche des Kaptalani erdö, nur wenig zerschnitten, auf über 10 km verfolgbar. Die tiefere Lage deutet die Abbiegung gegen den See an, welche sich, noch näher diesem, in dem kaum zerschnittenen Dolomitplateau zwischen Balatonudvari und Szt.-Antalla, das sich in einer Seehöhe von 160—170 m — nur 55 m über dem Seespiegel — befindet, zum Ausdruck bringt.

r) Allgemeine Höhenlage des präglazialen Niveaus.

Diese hier etwas ausführlicher dargelegte Verbreitung der jüngstpliozänen Fluren erscheint für die Kenntnis der jungen Alpen- und westpannonischen Entwicklung von grundsätzlicher

---

[59] Ich verdanke die Kenntnis dieser fast völlig verschütteten basaltischen Tuffgebiete der freundlichen, schon vor vielen Jahren stattgefundenen Führung von Prof. *L. v. Jugovics* (Budapest).

Bedeutung: Sie läßt erkennen, daß die Talsohlen unmittelbar vor Beginn des Quartärs n i c h t, wie mehrfach — in nicht zutreffender Ausdeutung quartärgeologischer Befunde — geschlossen worden ist, schon bis zum Niveau der heutigen Täler ausgeschürft worden waren, sondern weist darauf hin, daß sie in den näher betrachteten Teilen der östlichen Zentralalpen und ihres Beckensaums 150—300 m über den jetzigen Talböden und auch noch in großen Teilen Westpannoniens 100—200 m über letzteren anzutreffen sind. Erst in einem mittleren Abschnitt des Quartärs (speziell im Mindel-Riß-Interglazial) hatte in vielen Bereichen der östlichen Alpen die Tiefenerosion die Talsohle der Gegenwart ganz oder nahezu erreicht.

I. Die quartäre (oberstpliozäne) Tektonik und ihr Einfluß auf die Talentwicklung am Ostabfall der Zentralalpen und in Westpannonien.

1. Allgemeine Belege für die quartäre Tektonik
(Taf. II, Fig. 1; Abb. 1, zwischen S. 6/7, Abb. 21, S. 109).

J. *Sölch* (1918) hat das Verdienst, als erster auf die mutmaßliche Mitwirkung tektonischer Bewegungen (Schrägstellungen) bei Ausgestaltungen des Formschatzes im mittelsteirischen tertiären Hügelland, besonders an dem Beispiel des Deutschen Grabenlandes, verwiesen zu haben. Er sieht in t e k t o n i s c h e n Vorgängen auch eine der wesentlichen Ursachen für die Entstehung der im Grabenland so ausgeprägten, von *Hilber* beschriebenen und auf andere Weise gedeuteten Talasymmetrie. Wenn *Sölch* in seiner, am eingehendsten mit dem Problem befaßten Studie von 1918 auch noch andere Möglichkeiten für die Entstehung der Talungleichseitigkeit heranzog, so hat er doch die tektonischen Beeinflussungen schon damals treffend gekennzeichnet. Ich habe, auf Grund meiner geologischen Untersuchungen im oststeirischen Vulkangebiet, 1921, die Bedeutung der tektonischen Bewegungen für Entstehung und seitliche Verlegung des Murtales und Raabtales und jener ihrer Seitentäler besonders hervorgehoben.

Im Jahre 1924 (S. 101) habe ich kurz darauf verwiesen, daß die Aufwölbung des Possruck-Remschnigg-Radel, am Südsaum des weststeirischen Beckens, und die relative Einmuldung des nördlich vorgelagerten Hügellandes zwischen Saggau und Sulm bis in ganz jugendliche Zeiten fortgedauert habe. Dies ergebe sich aus einem, gegen die Achse dieser Einmuldung gerichteten Andrängen der vorgenannten Flüsse und aus dem damit verbundenen Abgleiten der Saggau von der jungen Wölbung des Remschnigg-Radel in quartärer Zeit.

Im selben Jahr hat *J. Stiny* — unter speziellem Hinweis auf die Täler des weststeirischen Beckens — auf die Beeinflussung des Talnetzes durch junge Aufwölbungen verschiedenen Ausmaßes hingewiesen.

In einer speziell diesem Problem gewidmeten Arbeit habe ich im Jahre 1926 (a) die j u n g e n T a l v e r l e g u n g e n i m g e s a m t e n s t e i r i s c h e n B e c k e n, unter Nachweis der engen Beziehungen zu jungtektonischen Vorgängen, die als Ursache für die weitgehenden seitlichen Verlegungen der Talböden angesehen wurden, zur Darstellung gebracht. Das damals entworfene Bild bedarf kaum irgendeiner Abänderung, wohl aber kann es in einigen Punkten ergänzt werden.

Die tektonischen Bewegungen, welche sich nach Entstehung der oberstpliozänen Denudationsflächen im steirischen Becken, seinen Randgebirgen und in Westpannonien ereignet haben, können nur in seltenen Fällen aus unmittelbar sichtbaren Lagerungsstörungen der Sedimente, vielmehr meist nur aus indirekten morphologischen Anzeichen erschlossen werden. Aber auch bruchförmige Verstellungen quartärer Fluren sind nur schwierig eindeutig feststellbar. Es wurde auf eine solche verwiesen, welche F. *Angel* (W. *Pillewizer*, 1928) im Raabdurchbruch zu erkennen glaubt. Ich habe die Möglichkeit eines Fortwirkens von Bewegungen am Bruch von Gnas (westlich von Gleichenberg) im Quartär ins Auge gefaßt, da sehr bedeutende Geländebewegungen in sarmatischen Schichten (Hangrutschungen auf etwa 1 km Erstreckung) gerade dort zu beobachten sind, wo die Störung dem Westsaum des Gnaserbachtales parallel läuft[56a].

Viel umfangreicher sind die Anzeichen für regionale oder lokale Bewegungen in der Quartärzeit, welche aus dem F o r m e n b i l d u n d d e r T a l e n t w i c k l u n g erschlossen werden können. Hierher gehören:

1. Die Verstellungen der Verbiegungen des jungen Abtragssystems, das nicht in so ungleichen Höhen, wie es gegenwärtig auftritt, entstanden sein kann, sondern als randalpine „Rumpffläche" primär nur sehr geringe Höhenunterschiede aufzuweisen hatte.

[56a] Auch östlich von Mureck!

2. Die vielfachen direkten Anzeichen von Schrägstellungen der Terrassenflächen, die feststellbar sind.

3. Die auffälligen Beziehungen der quartären Talentwicklung in den Beckenbereichen zur Epirogenese, insbesondere eine weitgehende seitliche Verlagerung der Flußläufe vom jüngsten Pliozän bis zur Gegenwart, die oft in frappierender Weise mit älteren tektonischen Tendenzen der betreffenden Schollenstücke in Übereinstimmung steht, so daß die Ursache für das Seitwärtswandern der Flüsse auf gebirgsbildende Impulse zurückgeführt werden muß, zumal andere Ursachen für die seitliche Verlegung des Talnetzes meist nicht in Betracht gezogen werden können.

4. Das Auftreten unreifer, schlucht- und klammartig gestalteter Talläufe, speziell am Gebirgsrand, gerade in jenen Bereichen, in welchen eine auffällige Höherschaltung der Schollen des Berglandsaums und seiner Terrassierung auf Grund der Tektonik der miozänen und pliozänen Schichten anzunehmen ist.

5. Die häufige Übereinstimmung eines gegenwärtigen **geringeren Flußgefälles** mit Bereichen von tieferer Niveaulage der Terrassen und Abtragsflächen mit den durch den geologischen Bau markierten Anzeichen jugendlicher Senkung.

Diesen speziellen Gründen, für welche im folgenden einzelne Belege angeführt werden, kann noch ein allgemeiner, wichtiger Gesichtspunkt hinzugefügt werden: Die Ostalpen sind, wie es nun allgemein angenommen wird, aber schon von *A. Heim*, später von *E. Brückner* (1923), *H. v. Staff* (1912), *J. Sölch* (1916), von mir selbst (1914, 1924 a) u. a. zum Ausdruck gebracht worden war, im wesentlichen erst **nach ihrer Hauptfaltung**, speziell im Pliozän (schollenförmig), in die Höhe gehoben worden. Dieser letztere Vorgang, welcher das ganze Pliozän hindurch (mit Unterbrechungen) angedauert, also während des letzten Tertiärabschnittes in der Dauer von 12—14 Millionen Jahren die alpine Tektonik beherrscht hat, und der aus vielen geologischen und morphologischen Indizien erschließbar ist, kann **nicht** kurz vor der Gegenwart, an der Grenze von Pliozän und Diluvium, seinen Abschluß gefunden haben. Vielmehr erfordert die Kontinuität des Geschehens, daß die vorwiegend epirogenetischen Bewegungen des Pliozäns im Quartär ihre Fortsetzung gefunden haben müssen, dies um so mehr, als in gewissen Randzonen der Alpen und ihrer Becken (speziell in den östlichen Savefalten) sogar noch ausgesprochene **Faltungserscheinungen** (der „walachischen Phase" der Quartärwende zugehörig) nachgewiesen sind. Der etappenweise und mit Rückläufigkeiten versehene Vorgang der jungtertiären Höherschaltung des Alpenkörpers hat demnach im Quartär, wie schon aus der beschriebenen Deformierung der oberstpliozänen Fluren hervorgeht und wie im Gegensatz zu manch anderen Ausführungen hervorgehoben sei, noch eine bedeutsame Weiterentwicklung mitgemacht und ruht auch gegenwärtig nicht.

2. Detailbegründung der Quartärtektonik.

Zu den einzelnen Beweispunkten für eine quartäre Tektonik und für eine Beeinflussung der Talbildung durch diese füge ich noch folgende Belege an:

a) **Zu Punkt 1.: Verstellungen jüngstpliozäner Abtragsflächen.** Wir haben bereits angegeben, daß das jüngstpliozäne Abtragsflächensystem aus den inneralpinen Bereichen des höheren Murgebiets über den Durchbruch Bruck—Graz, über den Raum von Wildon bis in die östlichen Windischen Bühel sprungweise an Knickungen absinkt und daß an den Abbiegungszonen deutliche Verstellungen des Jungtertiärs festzustellen sind. Ich verweise auf den Terrassenknick oberhalb der Gratkorner Senke (Graz Nord), an jenen am Grundgebirgssaum der Weiz (am Raab—Weizbach-Durchbruch), beide einer pliozänen Flexur folgend, auf die konform mit der Verbiegung der oberstpliozänen Abtragsniveaus Hand in Hand gehende Aufbiegung der jungen Schichtfolge (einschließlich des Pannons) um 250—300 m von Hartberg bis Dechantskirchen am Wechselfuß; auf die Abknickung der präglazialen Flur im Raum unmittelbar östlich von Mureck, welche mit dem stärkeren Absinken des Tortons und

Untersarmats unter höheres Sarmat parallel geht; auf eine ähnliche Flexur, mit welcher das oberstpliozäne Flächensystem östlich von Radkersburg — übereinstimmend mit dem stärkeren Absinken des Obersarmats unter Unterpannon — absinkt; auf die größere Höhenlage der genannten Fluren im Luttenberger Weinbergland und in dem gegenüberliegenden Hügelland von Alsolendva (Unterlimbach) im Bereiche junger Faltenwellen; weiters auf das starke Ansteigen unseres Flurensystems an den offensichtlich kräftiger herausgehobenen Schollen der Gleinalpe und des Rennfeldes; schließlich auf die relativ gleichbleibende Niveaulage der jüngstpliozänen Terrassen in der tektonischen Depressionszone Bruck a. d. M.—Leoben—(St. Michael) und auf den angenommenen Knick im Flurenverlauf an der Grenze letzterer gegen den Hebungsbereich der Seckauer Tauern, unmittelbar an der Liesingmündung.

In Westungarn kann die Aufbiegung der unserem jüngstpliozänen Niveau gleichgestellten Terrassen an den Basalthöhen und an der Dolomitscholle von Keszthely im westlichen Bakonyer Wald und ihre Tiefenlage in der markanten, den mesozoischen und basaltischen Bereich in der Nordnordwest—Südsüdost-Richtung durchziehenden Senkung von Sümeg—Tapolcza angegeben werden, welch letztere, südlich des Plattensees, in der jungquartären-rezenten tektonischen Depression des Nagyberek ihre südöstliche Fortsetzung findet (S. *Maros*, 1925/1928).

b) Zu Punkt 2.: Die Feststellung von schräggestellten Aufschwemmungsterrassen, die nicht primär in der gegenwärtigen geneigten Lage gebildet wurden, läßt sich ziemlich allgemein am steirischen Quartärflurensystem machen.

So lassen die (mittelquartären) Terrassen an den Südhängen des Raabtales bei Fehring eine deutliche Neigung gegen Norden erkennen, welche der Verlegungstendenz des Flusses dorthin im Diluvium und Alluvium und seinem Abdrängen vom Nordflügel der pliozänen „Grabenlandaufwölbung" entspricht. Besonders deutlich konnte ferner an der Terrassenflur, welche das Safenbachtal, unterhalb von Hartberg (bei Sebersdorf), an der Westflanke begleitet, eine ostgerichtete Neigung der Fluren festgestellt werden, die auch an den, weiter östlich, das obere Stremtal begleitenden, lehmbedeckten Niveaus zutage tritt; in beiden Fällen in voller Übereinstimmung mit der Richtung junger Talverschiebung nach dem Osten und mit dem jungtektonischen Bau dieses Gebietes, welch letzterer in den genannten Bereichen der Ostflanke einer jungen Aufwölbung, in der südlichen Fortsetzung des Hartberger Kristallinsporns (mit sarmatischem Kern), entspricht (Abb. 21, S. 109). Ein weiteres Beispiel gewährt die deutliche, nach Osten gerichtete Schrägstellung der Schotterflur eines verlassenen, jüngerquartären Talbodens südlich von Deutschlandsberg (alter Laßnitzlauf), welche konform mit den Hebungserscheinungen jungen Datums am Koralpensaum geht (vgl. S. 46).

Im großen Stile lassen sich die gleichen Erscheinungen an dem Absinken der ältestquartären Schotterfluren im Raum von südlich Jennersdorf bis südlich von St. Gotthardt a. d. Raab (Ivanc) feststellen, woselbst — auf 20 km Erstreckung — eine Senkung der Terrassenflur von 370 m Seehöhe im Westen auf 260 m Höhe zur großen Schotterplatte zwischen oberer ungarischer Raab und Zala erfolgt. Das Gefälle von 6⁰/₀₀, welches sich hier ermitteln läßt, ist für ein ursprüngliches viel zu groß und weist auf eine tektonische Abbiegung hin. Dies wird dadurch bekräftigt, daß auf der unmittelbar anschließenden Erstreckung des Schotterplateaus, auf weitere etwa 20 km Länge, dieses praktisch überhaupt kein Gefälle erkennen läßt, also gegensinnig zur Flußrichtung verstellt worden ist (*A. Winkler-H.*, 1938, *E. v. Szadeczky-Kardoss*, 1938). Auch in diesem Falle entspricht die Verbiegung der Schotterterrassen dem jungtektonischen Bau, der sich im Raum westlich von St. Gotthardt in dem Absinken mittlerer und tiefoberpannonischer Schichten unter höheres Pannon ausprägt.

Die Jungtektonik kommt weiters in der Anzapfung der untersten Zala, welche noch im jüngeren Quartär dem Draubereich tributär gewesen war, von seiten der jüngstquartären-rezenten Senkung des Plattensees (Balaton) aus, zum Ausdruck (*L. v. Loczy*, 1916, *J. Ferenci*, 1924). Schließlich kann hier die sehr jugendliche, wahrscheinlich erst im Spätquartär und im Altalluvium eingetretene Verbiegung der scharf meridional verlaufenden, breiteren Täler im Raum von Zalaegerszeg—Pacsa angeführt werden, welch letztere sich — trotz einheitlich durchlaufender, flacher, allerdings noch mit Anzeichen von Resten alter Wasserscheiden versehener, alluvialer Talsohlen — im Nordteil nordwärts, im Südteil südwärts entwässern (Valickatal, Sarviztal, Foglar-Nagycsartornatal), während sie in unmittelbar vorangehender Zeit im wesentlichen noch dem Draubereich tributär gewesen waren (*A. Winkler v. H.*, 1938, S. 36). Die junge tektonische Aufwölbung, auf deren Rechnung die Änderung in der Gefällsrichtung der Täler zu setzen ist, kann bei diesen als Fortsetzung der posthumen, axialen Aufwölbung des Göcseibereichs, welcher Gleichenberger Vulkangebiet und westlichen Bakonyer Wald verknüpft, gewertet werden (Abb. 1 in *A. Winkler v. H.* 1938).

Besonders deutlich erscheint die Umkehr der Gefällsrichtung in dem etwa 15 km langen, nach Norden sich entwässernden Nordteil der Foglartalung, der östlichen der drei genannten, an dem zum gegenwärtigen Talverlauf vollkommen entgegengesetzt gerichteten, nach Südwest und Südsüdwest orientierten Verlauf der Seitentäler (insbesondere der bei Gyürüs, Padár und Nagykapornak ausmündenden). Die Wasserscheiden zwischen den drei genannten Tälchen und dem Mittellauf der Zala lagen, mindestens bis ins Jungquartär, nur etwa 2—4 km südlich der Zalastrecke Zalaegerszeg—Zalaber, wo sich an den Nord—Süd-Talungen Verengungen im Querprofil und — im Valickatal, unmittelbar südöstlich von Zalaegerszeg — auch Reste der alten Wasserscheide in Gestalt sich erhebender Hügel feststellen lassen.

c) Zu Punkt 3.: Tektonisch bedingte Asymmetrie der Täler. — Kritische Stellungnahme zu anderen Deutungen (Abb. 19, S. 80, Abb. 21, S. 109).

J. Sölch hat bereits 1918 in einer theoretischen, aber auf die Verhältnisse im steirischen Tertiärbecken (Deutsches Grabenland im unteren Murgebiet) Bezug nehmenden Studie den Einfluß tektonischer Bewegungen, und zwar auch nur geringfügiger, wenige Grade Neigung umfassender Schollenverstellungen, auf die seitlichen Verschiebungen der Flußläufe abgeleitet. Er kam zur Auffassung, daß, nebst anderen Ursachen, insbesondere den tektonischen Bewegungen an der Entstehung der „Talungleichseitigkeit" eine entscheidende Rolle beizumessen sei. Ich habe 1921 darauf verwiesen, daß sich, während des Eintiefungsvorganges des gesamten Talnetzes, der Vorläufer der Mur nach Süden, jener der Raab aber nach Norden verschoben hatte, und zwar „in Etappen eines, durch tektonische Verbiegung und Schrägstellung bedingten seitlichen Abgleitens", wodurch „der in 12 Phasen zu gliedernde Stufenbau der Landschaft geschaffen" wurde (S. 37/38). (Vgl. Taf. I und Abb. 1, zwischen S. 6/7, Abb. 21, S. 109.) Im Jahre 1926 habe ich die seitlichen Verlegungen der Flußsysteme unter dem Einfluß jungtektonischer Bewegungen für das gesamte steirische Becken an Hand einer Übersichtsskizze, dargelegt und später (1927 a, 1943 c) noch einige Ergänzungen hinzugefügt.

V. Hilber hatte 1882 auf die asymmetrischen Täler des steirischen Grabenlandes verwiesen und 1886 für ihre Entstehung, und für ähnliche Erscheinungen in Podolien, folgende Deutung gegeben: Jedes talabwärts in ein Haupttal einmündende Seitental stelle dem oberhalb einmündenden Seitental gegenüber eine tiefergelegene Erosionsbasis dar. Infolgedessen werde die Wasserscheide zwischen den Seitentälern vom talabwärts gelegenen Seitental her von einer tieferen Erosionsbasis, von dem talaufwärts gelegenen hingegen von einer höher gelegenen angegriffen. Dadurch werde die Wasserscheide zugunsten des in bezug auf das Haupttal weiter abwärts gelegenen Seitentals durch stärkere rückschreitende Erosion zurückgeschoben und müsse das Einzugsgebiet sich erweitern, während das im Sinne des Haupttals talaufwärts blickende Gehänge eine entsprechende Reduktion seines Areals erfahren müsse. Diese Erklärung — auch als *Hilber*sches Gesetz bezeichnet — wurde von *R. Schwinner* noch in letzter Zeit befürwortet.

Im einzelnen stellte sich *Hilber* (1886) den Vorgang folgendermaßen vor: Bei der Eintiefung paralleler (Seiten-) Flüsse erhält der im tieferen Niveau fließende, welcher meist in bezug auf das Haupttal der talabwärts gelegene ist, ein verstärktes Gefälle, gegenüber dem talaufwärtig einmündenden Seitenfluß. Das führe zunächst zu einem steileren Hanggefälle auf seiten des tiefer gelegenen Seitenflusses und dadurch dort zu einer verstärkten Hangabtragung und Gefällsausgleichung. Die größere Tiefenlage der lokalen Erosionsbasis in dem talabwärts gelegenen Seitentale gegenüber dem talaufwärtigen bedinge die Entstehung einer Talasymmetrie, wobei die steileren Hänge jeweils auf den im Sinne des Haupttales talaufwärts blickenden Abfällen der Zwischenrücken sich entwickeln. Erst durch sekundäre Vorgänge bilde sich nach *Hilber* die Talasymmetrie weiter aus. Denn durch die stärkere Hangabtragung auf den zum nächst höheren Seitental gelegenen Talhängen vergrößere die Denudation die Oberfläche des Einzugsgebietes dieser Talflanke und bedinge dadurch den Anfall vermehrter Niederschläge. Daraus resultiere ein Zurückschieben der Zwischenwasserscheide zugunsten des tiefer gelegenen Seitentales und die von *Hilber* an verschiedenen Beispielen illustrierte, häufig feststellbare Talasymmetrie mit Heranrücken der Wasserscheide an das mit Bezug auf das Haupttal aufwärtig gelegene Seitental.

Gewiß sind *Hilbers* Ausführungen anregend, aber, wie schon seinerzeit von verschiedenen Seiten betont wurde, in theoretischer Hinsicht nicht einwandfrei. Auf Grund der Feststellungen in allen Teilen des steirischen Beckens muß die Deutung von *Hilber* als Erklärung für die Talasymmetrie abgelehnt werden, und zwar aus folgenden Gründen (Abb. 19, S. 80):

a) Zunächst ist zu betonen, daß der von *Hilber* vorausgesetzte Tatbestand, daß im Bereiche asymmetrischer Täler t a l a u f w ä r t s   b l i c k e n d e   S t e i l h ä n g e an den Rücken zwischen den Seitentälern und t a l a b w ä r t s   b l i c k e n d e   F l a c h h ä n g e   a u f t r e t e n, keineswegs allgemein zutrifft. So zeigt zum Beispiel das Gleichenberger Sulzbachtal — bei prächtiger Ausbildung der Talasymmetrie — seine Flachhänge auf der talabwärts gelegenen Ostflanke und die Steilhänge auf der Westflanke (Taf. III, Fig. 4). Dasselbe gilt für das (untere) Poppendorfer Tal und für das untere Lendvatal (Raum von St. Georgen).

Die Talasymmetrie ist ferner auch an unter sehr spitzem Winkel ins Haupttal einmündenden Seitentälern und am zugehörigen Haupttal selbst deutlich ausgebildet, in Fällen, wo eine verschiedene Höhe der lokalen Erosionsbasis als Erklärung überhaupt nicht in Frage kommen kann. Insbesondere sind hier Fälle feststellbar, wo — entgegen *Hilbers* Annahme — die asymmetrische Wasserscheide ganz an den tiefer gelegenen Talboden herangerückt ist. So zeigt das weststeirische S t a i n z t a l — bei schöner Ausbildung der Talasymmetrie — in seinem unteren Teil ein etwas g e r i n g e r e s Gefälle als das L a ß n i t z t a l, in das es einmündet. Sein Talboden liegt von der Mündung bis Mettersdorf ein wenig t i e f e r als jener der Laßnitz auf einer gleichen, talaufwärtigen Erstreckung. Trotzdem sind — entgegen dem „*Hilber*schen Gesetz" — am Höhenrücken zwischen Laßnitz und Stainz die Steilhänge an der Nordflanke — also in der Richtung zum etwas tiefer gelegenen Stainztalboden —, die terrassierten Flachhänge auf der Südflanke (zur Laßnitz) entwickelt. Demgemäß sind an der Stainz die Flachhänge an der Nord-, die Steilhänge an der Südflanke zu verzeichnen. Die Wasserscheide zwischen o b e r e r   S a g g a u   u n d   S u l m ist, bei ganz drastischer Ausbildung der **Talasymmetrie**, vollkommen der Sulm angenähert, obwohl das Sulmtal als Haupttalboden auf gleicher Höhe keineswegs höher gelegen ist als der Boden des Saggautales zwischen Oberhaag und Saggau, welchem von der asymmetrischen Wasserscheide die Seitentäler zustreben, eher sogar etwas niedriger.

Die Steilhänge und damit die asymmetrischen Wasserscheiden sind daher oft keineswegs an einen in etwas höherem Niveau gelegenen Talboden herangerückt. Wenn die Asymmetrie der Einzugsbereiche, der Hänge und Wasserscheiden auf eine verschiedene Höhenlage der Erosionsbasis der diese beeinflussenden Täler zurückgehen würde, müßte die Anordnung eine entgegengesetzte sein, als sie in den letztangeführten Fällen vorliegt[60].

Ähnliche Beispiele könnten noch in größerer Zahl, insbesondere auch aus dem die Talasymmetrie in analoger Art aufweisenden nordoststeirischen Bereiche, beigebracht werden. Der Annahme *Hilbers* widerspricht somit im unteren Murbereich das gegensätzliche Verhalten einzelner Täler bezüglich der Richtung der Talasymmetrie (Gleichenberger Tal usw.), obwohl letztere, genau so wie die übrigen Täler, eine analoge Mündungsverschleppung im Murtalboden erkennen lassen, ganz abgesehen davon, daß die Talasymmetrie im M ü n d u n g s b e r e i c h der Grabenlandtäler in den Murtalboden gar nicht deutlich ausgeprägt ist, sondern erst in weiter oberhalb gelegenen Talstrecken. Die Erklärung ist aber schon von vornherein für die so zahlreichen Fälle unanwendbar, in denen — wie an der oberen Saggau, Sulm, Laßnitz, Gleinzbach, untersteirischen Stainz usw. — die Wasserscheiden- und die Hangasymmetrie an mehr oder minder p a r a l l e l   l a u f e n d e n Tälern und Nebentälern deutlichst entwickelt sind, wo also Niveauunterschiede und Mündungsverschleppungen — bei spitzwinkeliger Einmündung des Nebentales ins Haupttal — keine Auswirkung auf die Ver-

---

[60] Ein in vielen Fällen — aber keineswegs allgemein — festzustellendes Auftreten von Steilhängen an den in der Richtung des Haupttals aufwärts blickenden Hängen der Seitentäler und der Flachhänge an den abwärts blickenden erklärt sich aus dem Umstand, daß der Hauptfluß oft der durch tektonische Schrägstellung bedingten allgemeinen Neigung der Landscholle in seinem Laufe folgt.

schiebung der Nebentäler genommen haben können. Vor allem tritt aber die Seitenverschiebung, und zwar in bedeutendstem Ausmaß, auch an den Haupttälern selbst, insbesondere an der Mur, der Raab und der weststeirischen Sulm, auf. An letzterer erscheinen die asymmetrischen Talhänge erst oberhalb des letzten der drei epigenetischen Durchbrüche durch das paläozoische Sausalbergland, welcher eine von steilen Hängen begrenzte Felsschlucht bildet, wobei natürlich eine Auswirkung der Verschleppung der Sulmmündung im Murtalboden auf das oberhalb gelegene Tal unmöglich ist.

β) Jahrzehntelange eigene Studien an über 30 Tälern des steirischen Beckens haben a u s n a h m s l o s gezeigt, daß die Asymmetrie der Wasserscheiden stets mit einer e i n s e i t i g e n   V e r b r e i t u n g   d e r   T e r r a s s e n Hand in Hand geht. Letztere treten immer auf jener Talflanke auf, welche dem flacheren und durch längeren Abstand von der Wasserscheide gekennzeichneten Gehänge entspricht. Einzelbeispiele hier anzuführen ist wohl überflüssig, da diese Erscheinung an weitaus den meisten Tälern — an sämtlichen mit asymmetrischem Talprofil — des west- und oststeirischen Hügellandes sichtbar ist und aus der Betrachtung der Abb. 1, zwischen S. 6/7, Abb. 6, S. 43, Abb. 7, S. 45, Abb. 8, S. 49, Abb. 21, S. 109, und aus den geologischen Spezialkartenblättern Gleichenberg, Marburg und Unterdrauburg sowie aus den Kartenskizzen in den Studien über das Laßnitzgebiet und untere Murgebiet (*Winkler v. H.*, 1941 bzw. 1943; *Wiesböck*, 1943) hervorgeht.

A u s   d i e s e m   B e f u n d   f o l g t   a b e r   e i n d e u t i g ,   d a ß   e s   s i c h   b e i   E n t s t e h u n g   d e r   A s y m m e t r i e   g a r   n i c h t   u m   e i n   v e r s c h i e d e n e s   A u s m a ß   r ü c k s c h r e i t e n d e r   E r o s i o n und eine dadurch bedingte Verlegung der Wasserscheiden handelte, sondern um ein g a n z e T a l s y s t e m e e r f a s s e n d e s S e i t w ä r t s w a n d e r n   d e r   T ä l e r   w ä h r e n d   i h r e r   V e r t i e f u n g . Die Wasserscheiden sind gar nicht durch rückschreitende Erosion asymmetrisch gestaltet, sondern sind durch Seitwärtsgleiten der Täler, welches die Terrassen eindeutig erkennen lassen, einseitig geworden. Bei diesen Vorgängen ist es in vielen Fällen tatsächlich schließlich auch zu einer V e r l e g u n g   d e r W a s s e r s c h e i d e n gekommen, aber n i c h t durch rückschreitende Erosion, sondern durch seitliches Andrängen des benachbarten Tales und durch dadurch bedingte Einfächerung von Oberläufen der Seitentäler und Zurückdrängung der Wasserscheiden (Abb. 19, S. 80).

Ich verweise hier auf die Einfächerung des obersten Priestergrabens bei Gleinstätten, eines Seitentälchens des Saggautals, durch die stark nach Süden abgeglittene Sulm; auf den Verlust des Quellgebietes der Oisnitz, eines Zubringers der Laßnitz, durch die südwestwärts vorgerückte Kainach, die ihren Talboden bei Herausbildung schroffer Talasymmetrie, ebenso wie die Sulm, im Laufe des Quartärs stark einseitig verschoben hat (Taf. I); auf den analogen Vorgang bei Pöls, wo der Oberlauf des Pölser Tälchens der andringenden Kainach einverleibt wurde; weiters auf die Verlegung der Wasserscheide zwischen Mur und Drau bei Spielfeld zugunsten der von Norden her andringenden Mur, wodurch das Quellgebiet des ursprünglich nördlich von St. Egidy wurzelnden Jahringtälchens zur Mur abgelenkt wurde[61]. Aus dem Sausalgebiet hat schon *K. v. Terzaghi* (1907) die Südverlegung der Wasserscheide am Sattel von St. Nikolai beschrieben, welche auf die Enthauptung des Quellgebietes des Muggenauer Tälchens durch die nach Süden drängende Laßnitz zurückzuführen ist. Ich verweise weiters auf die Enthauptung des Einzugsgebietes des oberen untersteirischen Stainztals, oberhalb von Mureck, welches wahrscheinlich im Gamlitztale, eventuell auch im Sulmtale wurzelte, durch die gewaltig und dauernd nach Süden sich verschiebende und dadurch die Windischen Bühel von Norden her immer mehr zurückdrängende Mur; auf zahllose kleinere Wasserscheidenverlegungen an sämtlichen Höhenrücken des Grabenlandbereiches, wovon nur die Abzapfung des Quellgebietes des Klöcher Tälchens im südoststeirischen Basaltgebiet durch den nach Südosten drängenden Pleschbach erwähnt sei, wodurch ein alter, wasserloser, fast 1 km langer Taltorso unterhalb der Anzapfungsstelle, das Langwiesental (*Winkler* [*H.*], 1913), erhalten geblieben ist. Dem Pleschbach- (Aigenbach-) Tal selbst wurde ebenfalls das Quellgebiet entrissen, und zwar in diesem Falle durch rückschreitende Erosion von seiten der Waldragräben, die dem Lendbachtal zustreben, was durch örtliche Aufwölbung am Stradner Kogel bedingt war. In sehr großer Zahl liegen solche, durch die Seitenverlegung von Tälern verursachte Veränderungen der Wasserscheiden im Bereiche vieler Täler des Raabsystems vor, insbesondere an Lafnitz, Feistritz, Safen, Ilz, Ritschein und Strem.

---

[61] Späteren Datums ist die bei St. Egidy erfolgte Anzapfung des obersten Laufes des Jahringtals durch das schärfer eingeschnittene Zirknitztal, welchem die Bahnlinie St. Egidy—Marburg folgt.

Durch dieses Seitwärtswandern der Flüsse des steirischen Beckens ist gewissermaßen eine Verzerrung des ursprünglichen Verlaufs der Talsysteme eingetreten, mit zum Teil sehr weitgehenden seitlichen Verlegungen. Auf Abb. 6, S. 43, und Abb. 7, S. 45, habe ich diese quartäre Verrückung der Talläufe an unterer Mur und Raab schematisch dargestellt.

Das Ausmaß der Seitenverschiebungen seit Quartärbeginn erreichte an der unteren Mur bis zu 15 km, an kleineren Tälern immerhin meist mehrere (oft 3—6) Kilometer. Das ganze Flußnetz hat sich also nicht senkrecht in die Tiefe eingeschnitten, sondern hat während der Eintiefung sehr bedeutende, von tektonischen Einflüssen beherrschte Seitenverlegungen erfahren.

γ) B. *Castiglioni* (1935) hat an vielen Beispielen erwiesen, daß der oft vertretenen Annahme einer Enthauptung von Taleinzugsgebieten durch stärkere rückschreitende Erosion eines anderen Flusses weitaus nicht jene Bedeutung zukommt, welche diesen Vorgängen beigemessen wurde. Er hat bezweifelt, daß — angesichts der abgeschwächten Wirksamkeit des Tiefenschurfs an den Wasserscheiden — solche Vorgänge überhaupt in stärkerem Maße Platz greifen können. Im steirischen Hügelland liegen dort, wo k e i n e einseitigen Talverlegungen durch seitliches Abgleiten der Flüsse zu verzeichnen sind, tatsächlich Hinweise für eine große K o n s t a n z d e r H a u p t w a s s e r s c h e i d e n vor, also gegen eine Verlagerung durch rückschreitende Erosion von seiten eines Flusses mit tieferliegender Erosionsbasis. Das gilt insbesondere für die Wasserscheide zwischen unterer Mur und Raab, auf deren Konstanz, wie ich schon 1921 verwiesen habe, der Umstand hinweist, daß die epigenetischen Durchbruchstälchen des Gleichenberger Klausentals und des Lendbachtals (Schieferinsel!) auf seiten der Mur, und solcher durch die Tuffgebiete von Fehring und Pertlstein auf seiten der Raab anzeigen, daß die Wasserscheide schon von Quartärbeginn an nördlich bzw. südlich der genannten Durchbrüche sich befunden habe. Für die Wasserscheide zwischen Raab und Ilz bzw. Ritscheintal gilt Analoges. Die meisten der übrigen Wasserscheiden sind aber durch Seitwärtsgleiten der Fluß- und Bachtäler verschoben worden; ein Vorgang, den auch B. *Castiglioni* für die Verlegung der Wasserscheiden (1935) als maßgeblich erachtete. Auch J. *Sölch* hat (1927) ebenfalls auf die nur eingeschränkte Bedeutung von Wasserscheidenverlagerungen durch rückschreitende Erosion verwiesen.

Die W a s s e r s c h e i d e z w i s c h e n M u r u n d D r a u a m P o s s r u c k sehe ich hingegen tatsächlich durch rückschreitende Erosion zugunsten des Murbereiches verlagert, was aber hier in den besonders krassen Unterschieden der Erosionsfähigkeit des Materials, in dem die Flüsse an beiden Bergflanken einschneiden (Kristallin an der Südflanke, tertiäre Mergel an der Nordflanke bis auf den Kamm hinauf), begründet ist.

Somit sprechen theoretische Erwägungen und die Beobachtungen im steirischen Becken (und anderswo) gegen *Hilbers* Annahme bedeutender Verlegungen von Wasserscheiden durch Angriffe, die von Tälern mit nur etwas differierender Höhenlage der beiderseitigen (lokalen) Erosionsbasen ausgehen, besonders soferne das Einschneiden in Material von gleicher oder ähnlicher Widerständigkeit erfolgt.

δ) N. *Krebs* (1937) hat die Bedeutung tektonischer Verstellungen für die Entstehung der Talasymmetrie des steirischen Grabenlandes anerkannt, aber auch noch die Nachwirkung älterer Schuttkegeloberflächen, deren Krönung bereits abgetragen sei, vermutet. Bei Einsetzen der Zertalung und bei Ausbildung von Riedelfluren könne ein asymmetrisches Talnetz, mit einseitig verschobenen Wasserscheiden und einseitigen Talprofilen, entstehen, weil die bogenförmig angelegten Flüsse nach außen drängen und von den auf der anderen Seite mündenden Zuflüssen auf die gegenüberliegenden Talseiten angedrängt würden. So nimmt *Krebs* im Raabbereich einen Raabschuttkegel und einen solchen von Strem und Pinka an, von welchen die quartären Flüsse schrittweise seitlich abgeglitten wären. Gegenüber dieser Deutung ist festzustellen, daß die Schuttkegel, auf welchen sich das primäre Flußnetz der Raab und ihrer Zuflüsse entwickelt hatte, das ist jene der oberdazischen Zeit, n i c h t einfach gehoben und, bei gleichzeitigem Abdrängen der Flüsse von den Achsen der Kegeloberfläche nach den Flanken, zerschnitten wurden, sondern daß vielmehr, im Zuge der quartären Entwicklung, eine von jener der Ausgangsschuttkegel völlig abweichende Orientierung des Flußsystems sich herausgebildet hat. Die heutigen Zubringer der Raab aus den nordöstlichen Alpen, welche zu Quartärbeginn übrigens keineswegs — dem heutigen Verlauf ähnlich — sich, in südlicher und südöstlicher Richtung fließend, in der Raabzone Feldbach—Körmend gesammelt hatten, sondern direkt ostwärts, ostsüdostwärts in die pannonische Ebene (Senke westlich und südwestlich von Steinamanger [Szombathely]) abgeflossen waren, wurden erst im Laufe des Quartärs in die völlig anderen, heutigen Richtungen abgelenkt. Hiebei ist es, wie aus der Terrassenbildung hervorgeht, n i c h t zu einem seitlichen Abgleiten von den gewölbten primären Schuttkegeln, sondern zu einer durch Bewegungen bedingten Umorientierung und zu einer Hereinziehung in jungaktive t e k t o n i s c h e S e n k u n g s r ä u m e gekommen. So läßt sich auch an dem typischen Beispiel der Zubringer der Raab vom nördlichen steirischen Beckensaum (Feistritz, Safenbäche, Lafnitz) erkennen, daß das so deutliche seitliche Abdrängen ihrer breiten Talsohlen n i c h t an den Flanken der präquartären Schuttkegel erfolgt ist, sondern von jenen der tektonischen Aufbiegungszone des Hartberger Sporns.

N. Krebs hat ferner die Talasymmetrie an der unteren Mur selbst (und auch an der untersteirischen Pößnitz) durch Auswirkungen der Schwemmassen der nördlichen Zubringer und auf Mündungsverschleppungen der Zuflüsse der unteren Mur zurückzuführen versucht, wobei seiner Meinung nach bei der fortschreitenden Talbildung gewissermaßen eine einseitige Abdrängung des Hauptflusses sich ausgewirkt hätte. Bei dieser Deutung erscheinen offenbar U r s a c h e u n d W i r k u n g v e r w e c h s e l t. Die Zuflüsse der Grabenlandtäler der unteren Mur haben sich nach Süden verlängert, weil ihr Vorfluter, die Mur, unter deutlich erkennbaren tektonischen Einflüssen, weiter nach Süden verlegt wurde. Analoges gilt für die Südverlagerung des mittleren Pößnitztals.

Daß es tatsächlich t e k t o n i s c h e V e r s t e l l u n g e n gewesen sind, welche die Flußverlegungen bedingt haben, beweisen zahlreiche Fälle, in welchen die Einmündung auch größerer seitlicher Zubringer in das Mur- bzw. Raab- und Feistritztal k e i n Abdrängen des Hauptflusses auf die gegenüberliegende Talseite zur Folge haben sondern vielfach, unmittelbar talabwärts, einseitige Steilgehänge auf der Flanke des einmündenden Tals sich einstellen bzw. diese Tendenz des Haupttals auch dort erhalten bleibt. So ist es unterhalb der Mündung des Sulmflusses in den Murtalboden, des Ilzbachtals in jenes der Feistritz, des Gleinzbachtals in das Laßnitztal der Fall.

Bei diesem geringen Einfluß einmündender Seitentäler auf die Haupttäler ist zu berücksichtigen, daß erstere im steirischen Beckenbereich fast überall geringes Gefälle, mäßige Transportkraft und kleine Materialfrachten, gegenüber den Hauptflüssen (Mur, Raab, Feistritz), aufzuweisen haben und daher die Seitenverlegung der letzteren kaum beeinflussen. Für die so markante Entwicklung der Talasymmetrien und seitlichen Talverlagerungen kommt daher nur der den örtlichen Einflüssen übergeordnete Faktor, jener der Tektonik, als wohlbegründete Erklärungsmöglichkeit in Betracht.

ε) Schließlich muß darauf verwiesen werden, daß E i n f l ü s s e d e r E r d r o t a t i o n kaum für die Entwicklung der Talasymmetrie an steirischen größeren Beckenflüssen herangezogen werden können, ganz abgesehen davon, daß die Wirksamkeit dieser auf die Gestaltung der Täler von geophysikalischer Seite überhaupt in Abrede gestellt wurde (*W. Schmidt*, 1926). Das Abdrängen erfolgt — auch nur bei Berücksichtigung der mehr oder minder meridional fließenden Flüsse — nach verschiedenen Weltrichtungen. Die Mur drängt teils nach links (Fernitz—Wildon und unter Lebring—Landscha), teils nach rechts (Wildon—Lebring, Landscha—Spielfeld). Die N—S fließenden Grabenlandbäche überwiegend nach links, die NW—SO fließende Kainach nach rechts, die der gleichen Richtung folgende Feistritz im oststeirischen Becken ebenfalls nach rechts; die meridional fließende Lafnitz (bis Fürstenfeld) nach links usw. Es ist also keine Beziehung zwischen Seitenverschiebung der Flußläufe und Himmelsrichtung bzw. Auswirkungen der Erdrotation zu erkennen.

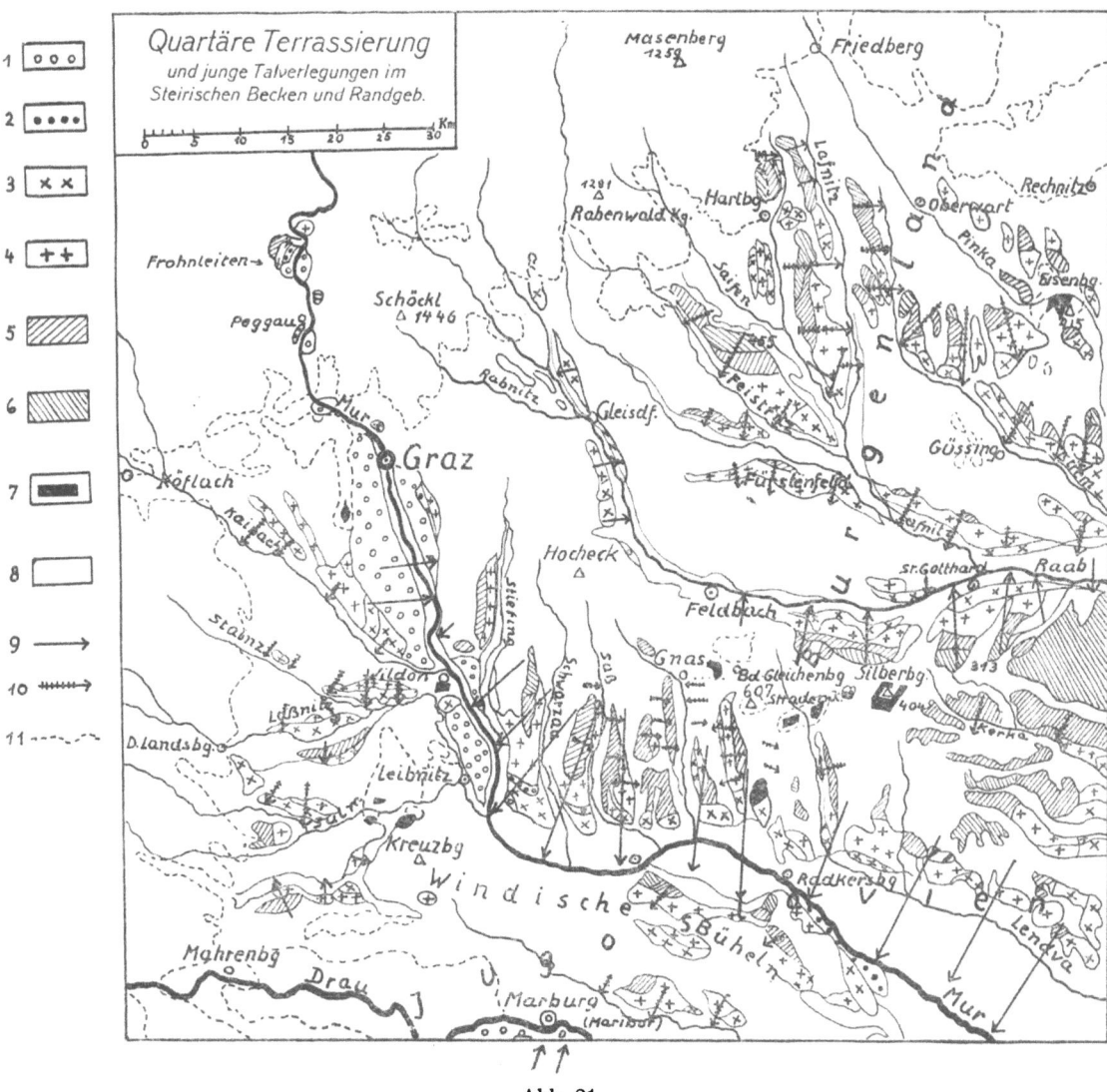

Abb. 21.

1 = Schotter der Würmvereisung.
2 = Reste von Schottern der Rißvereisung.
3 = „Helfbrunner Terrasse", vermutlich Riß-Würminterglazial.
4 = Mittlere Terrassengruppe, vermutlich Großes Interglazial (Mindel-Rißinterglazial).
5 = Obere Terrassengruppe, Altquartär.
6 = Oberste Quartärterrasse, vermutlich Villafranca-Stufe des ältesten Quartärs (früher als „oberpliozän" bezeichnet).
7 = Einige markante Reste präglazialer Denudationsfluren.
8 = Vorquartär und Alluvium.
9 = Verlagerungsrichtung der Haupttäler.
10 = Verlagerungsrichtung der Seitentäler.
11 = Grenze des steirischen Tertiärbeckens gegen Grundgebirge.

Auch das De Lamblardische Gesetz, welches die Entstehung der Talasymmetrien auf Windwirkungen zurückführt, kann, nach der ganz verschiedenen Orientierung im steirischen Becken und angesichts des Fehlens von Beziehungen zu vorherrschenden Windrichtungen, nicht einmal als zusätzliche Erklärung herangezogen werden.

3. Das Bild der Beziehungen zwischen Jungtektonik und Talverlegungen im steirischen Becken auf Grund der eigenen Ergebnisse.

Das Gesamtbild, betreffend die Beziehungen zwischen jungen Talverlegungen und tektonischen Bewegungen im deutschen Grabenland, kann folgend zusammengefaßt werden:

a) **Murbereich.** Die Scholle des Deutschen Grabenlandes (zwischen der unteren steirischen Mur im Süden und der Wasserscheide zur Raab im Norden), welche die Nordhälfte der jungen Großfalte Grabenland—Windische Bühel bildet, erweist sich — im Rahmen der letztgenannten — bis zu einem gewissen Grad als eine tektonisch individualisierte Einheit. Gegen Norden und Nordosten durch eine pliozäne Flexur (= „mittelsteirische Flexur", A. *Winkler* [*-Hermaden*], 1913 d) begrenzt, wird sie gegen Süden hin durch eine Reihe von Brüchen, welche im wesentlichen gegen Süden gerichtete Absenkungstendenz aufweisen, zerlegt (Abb. 1, zwischen S. 6/7), so daß eine Abstaffelung zur Murebene von Mureck—Radkersburg stattfindet. K o n f o r m d a m i t e r f o l g t e w ä h r e n d d e s g a n z e n Q u a r t ä r s (schon im Oberpliozän einsetzend) e i n A b d r ä n g e n d e r M u r, welche in älteren Phasen sowohl im steirischen wie im anschließenden jugoslawischen Anteil (Übermurgebiet) früher mehr oder minder weit nördlich geflossen war, s c h r i t t w e i s e n a c h S ü d e n h i n. Hiebei wurden auf große Erstreckung hin die Nordgehänge der Windischen Bühel von der Mur kräftig durch Seitenerosion angegriffen und auf der Strecke Spielfeld—Mureck—Radkersburg und östlich davon weit nach Süden zurückgeschoben. Zum Teil ist dieselbe Tendenz noch in der Gegenwart aktiv wirksam (gewaltige Gehängeanrisse am Mur-Südufer zwischen Spielfeld und Mureck und bei Radkersburg!). Während der gleichen Zeit hat sich die R a a b i n E t a p p e n n a c h N o r d e n h i n verlegt und das Gelände nördlich ihres Talbodens weiter zurückgeschoben. D i e F o r t d a u e r d e r g r o ß e n t e k t o n i s c h e n A u f w ö l b u n g i m D i l u v i u m b i s i n d i e G e g e n w a r t h i n e i n s p i e g e l t s i c h s o n a c h i n d e n b e s c h r i e b e n e n T a l v e r l e g u n g s t e n d e n z e n d e u t l i c h w i e d e r (Abb. 1, zwischen S. 6/7, Abb. 6, S. 43).

Man hat ferner den Eindruck, daß sich im Laufe des Quartärs die A c h s e d e r G r a b e n l a n d a u f w ö l b u n g südwärts verschoben hat und gleichzeitig damit und dadurch eine Erweiterung des Hebungsbereiches Platz gegriffen hatte, während sich die südlich anschließende Senkung in den späteren Phasen schon in die Windischen Bühel verlegt hatte, wo sie gegenwärtig am bzw. unmittelbar südlich des untersteirischen Stainztales anzunehmen ist. In letzterem Bereiche ist die jungtektonische Depression auch durch das Auftreten eines nachpannonischen Bruches (Abb. 1, zwischen S. 6/7) gekennzeichnet[62].

Die i n n e r e n (mittleren) T e i l e d e r G r a b e n l a n d t ä l e r, welche auf den sie trennenden Höhenrücken zum Teil noch geschlossene Reste altquartärer und ältestquartärer Schotter- und Lehmterrassen erkennen lassen, erscheinen hingegen während des ganzen Quartärs von einer d e u t l i c h e n A b d r ä n g u n g d e r B ä c h e n a c h O s t e n h i n beeinflußt. Die n a c h O s t e n s i c h s e n k e n d e A c h s e d e r G r a b e n l a n d - V e r b i e g u n g verläuft in der Richtung WNW—ONO und überschneidet die N—S-Talungen unter einem stumpfen Winkel. Als Folge dieser Tendenz zu östlichem Abgleiten sind — vom Stiefingtal im Westen bis zum Gnasbachtal im Osten — die Flachhänge ausschließlich auf der Ostseite der Täler, die Steilhänge dagegen an der Westflanke derselben entwickelt; am Fuß der letzteren nagen die Bäche teilweise noch heute seitlich an. Ü b e r a l l ist aber diese Tendenz der einseitigen Seitenerosion noch in der jüngsten geologischen Vergangenheit, im frühen Alluvium, aktiv gewesen. Besonders prägt sich dieser Vorgang in dem Auftreten gegen Osten gerichteter, aus den einzelnen, aufeinander folgenden Höhenrücken herausgeschnittener Talkonkaven aus, wie sie besonders markant im unteren Stiefingtal, im mittleren Schwarzautal (unterhalb von Kirchbach), im mittleren Saßbachtal (bei Jagerberg) und im Edlabachtal (östlich von St. Peter am Ottersbach) in Erscheinung treten.

Die hier angegebene s e i t l i c h e Talverlagerung hat aber die A u s g ä n g e d e r G r a b e n l a n d t ä l e r in den Murtalboden zum Teil überhaupt nicht, zum Teil nur in geringerem Ausmaß ergriffen, wie es sich aus dem Aussetzen bzw. dem Zurücktreten der Talasymmetrie in diesen Talstücken und aus dem teilweisen Fehlen einer Schrägstellung der dort so ausgedehnten mittel- und jungquartären Randfluren ergibt[63].

[62] Die tektonische Depression entlang des untersteirischen Stainztals dürfte schon im höheren Pliozän aktiv gewesen sein; die Mur näherte sich dieser aber erst im Verlaufe ihres Süddrängens w ä h r e n d d e s Q u a r t ä r s.

[63] Insbesondere fehlen solche für den nördlichen unmittelbaren Randbereich des Murtalbodens zwischen Stiefing - Schwarzau—Saßbachtal. Dagegen stellen sich Anzeichen für eine Abbiegung gegen Osten im Bereich des untersten Ottersbach—Gnasbachtals, speziell durch Verstellung des mittelquartären Terrassensaums, ein.

Die gegen Osten gerichtete schrittweise Verlegung der Grabenlandtäler im Quartär entspricht, nach Richtung und Senkungstendenz, vollkommen dem aus dem geologischen Bau sich ergebenden Abtauchen der tektonischen Achse nach Osten hin. Das letztere prägt sich in dem Untersinken zuerst der tortonischen Schichten östlich und nordöstlich von Wildon—St. Georgen a. d. Stiefing, zum Teil an Brüchen, unter Untersarmat; dann in dem Abbiegen des letzteren unter Mittelsarmat, speziell zwischen Gnasbachtal und Gleichenberger Sulzbachtal, aus. Dabei scheinen die quartären Störungen aber mehr in Form von auf einem breiteren Raum erstreckten Verbiegungen erfolgt zu sein, gegenüber einer stärkeren Beteiligung von Brüchen in vorquartärer Zeit. Die Tendenz zur Abdrängung nach Osten (Südosten) umfaßt offenbar auch noch die Quellgebiete der Grabenlandtäler, wo sie sich freilich, infolge stärkeren Gefälles im Oberlauf, nicht deutlich auswirken konnte. Die Terrassierung ist hier nicht mehr erkennbar oder nur angedeutet. Aber die von der Wasserscheide zwischen Mur und Raab, in der nordwestlichen Verlängerung des Grabenlandquellbereiches, dem Grazer Feld zustrebenden, mit Sohlen versehenen Täler des Ferbes- und des Aubaches, welche einen NNO-gerichteten Verlauf aufweisen, lassen an der ausgeprägten Talasymmetrie und zum Teil auch an der deutlich einseitigen Terrassierung ebenfalls noch die **ostgerichtete Abdrängungstendenz** erkennen.

Im **Gleichenberger Sulzbachtal** stellt sich bezeichnenderweise eine **Umkehr in der Abdrängungstendenz** des Grabenlandes ein. Denn das genannte Tal, das einen breiten alluvialen Aufschwemmungsboden aufweist, hat sich während des Quartärs einseitig **nach Westen** verschoben, weist also ein **gegensätzliches Verhalten** zu allen übrigen Grabenlandtälern auf. Da die Scholle des basaltischen Stradener Kogels, welche das Sulzbachtal ostwärts begrenzt, infolge überdurchschnittlicher Höhenlage der dort auftretenden jungpliozänen Oberflächen und nach dem allgemeinen morphologischen und geologischen Bild sich als eine junge Hebungszone erweist, so steht auch das **Westdrängen des Sulzbachtales mit der Jungtektonik durchaus im Einklang**. Jenseits (östlich) stellt sich im Steintal, Aigenbachtal und Kutschenitzatal (letzteres Grenztal gegen Jugoslawien) wieder die allgemein für das Grabenland kennzeichnende, nach Osten gerichtete Verlegungstendenz ein. Erst noch weiter östlich, im Bereiche des Lendvatales, tritt nochmals eine **westlich** gerichtete Verschiebung in der quartären Talentwicklung auf, eine Erscheinung, die wahrscheinlich mit dem Einsetzen einer Jungaufwölbung in der südlichen Fortsetzung der Schieferinsel Neuhaus—St. Georgen in Zusammenhang zu bringen ist. **Es ergibt sich daraus, daß die Jungtektonik des Grabenlandes und des nördlich anschließenden Raabbereiches sich deutlich in einer großzügigen Verlagerung des Talnetzes, nicht nur an den Hauptflüssen** (untere Mur und untere steirische Raab), sondern auch an sämtlichen Seitentälern **widerspiegelt**.

In den mittleren Windischen Büheln zeigen sich im zentralen Teil, im Bereich des Pößnitztals, im Raum von St. Leonhard (Sv. Lenart)—Hl. Dreifaltigkeit (Sv. Troica), südgerichtete Talverlegungen im Quartär, die offensichtlich mit der relativen Schollenniederbiegung in diesem Raum, die zumindest im Pliozän dort bruchförmig erfolgt war, zusammenhängen („Störungsbündel von St. Leonhard"). Auf das Auftreten einer Zone relativer Einmuldung im Hebungsbereich der Windischen Bühel geht offenbar auch das Andrängen der Drau von Süden her gegen diese (zwischen Pettau [Ptuj] und Marburg) zurück.

b) **Raabbereich. Tendenz zu westlicher Talverlegung im Raabtalbereich zwischen Weiz—Gleisdorf und Kirchberg.** Konnten wir im Bereich westlich der Wasserscheide zwischen der Raab und der Mur, unmittelbar südlich von Graz, noch die ostsüdostgerichtete Bewegungstendenz im quartären Talnetz feststellen, so zeigt — im Gegensatz dazu — die Raabtalstrecke unterhalb von Weiz bis Gleisdorf eine deutliche Talasymmetrie mit **Abdrängen im Quartär nach Westen** und mit einer Terrassierung an der Ostflanke. Auch diese Erscheinung findet eine eindeutige geologische Erklärung: östlich dieses Raabtalabschnittes und parallel zu diesem verläuft nämlich eine **junge Aufwölbungszone** („Raabtalaufbruch", *Winkler v. Hermaden*, 1951 a), in welcher, aus der Umhüllung jüngerer pannonischer Schichten, Sarmat und unterstes Pannon zutage treten. Offenbar handelt es sich bei dieser quartären Talverlegung in dem genannten Raabtalsektor um Nachwirkungen in Form gleichsinniger, schwacher Aufwölbungen.

Besonders interessante Verhältnisse ergeben sich aus der Betrachtung der jungen Talverlegungen in der nordoststeirischen Teilbucht, die näher besprochen werden sollen: Von dem Hartberger Gebirgssporn aus erstreckt sich ein Bereich junger Aufwölbung in das oststeirische Becken hinein, auf die wir bereits bei Besprechung der sichtbaren Terrassenverstellungen hingewiesen haben. Konform damit erscheint die von Nordwesten her, am Saum der Aufwölbung, fließende Feistritz aus ihrem ursprünglichen Ost—West-Verlauf in deutlich feststellbaren Etappen, nach Südwesten fortschreitend, abgedrängt, während die unmittelbar östlich der Aufwölbungsachse fließende Hartberger Saifen (Safen) zwar nur eine schwache Verlagerung, aber nach O s t e n hin, die weiter östlich, aus der Friedberger Teilbucht herabkommende Lafnitz eine s t a r k e quartäre Seitenverlegung nach Osten erfahren hat: also ein schrittweises Abdrängen von der, vermutlich im Quartär erweiterten Aufwölbung des Hartberger Gebirgssporns. Da sich im Süden auch noch Ilzbach- und Ritscheinbachtal während des

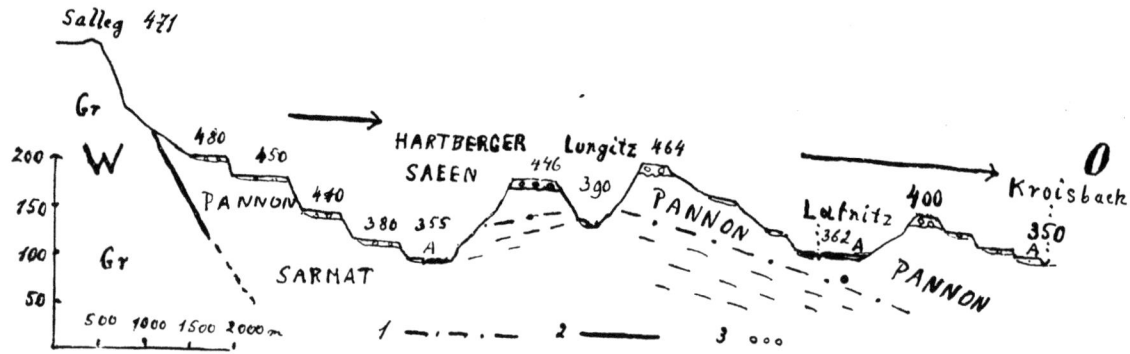

Abb. 22. Schematisches Profil der Terrassierung und junge Talverlegungen am Ostsaum des Hartberger Gebirgssporns.

1 = Grenze zwischen sarmatischen-unterstpannonischen und höheren, unterpannonischen Schichten.
2 = Grenze von kristallinem Grundgebirge und Jungtertiär.
3 = Quartäre Schotter- und Schotter-Lehm-Terrassen.
A = Alluvium.

Quartärs gesetzmäßig nach Süden zu verschoben hatten, so liegt die Achse der Einmuldung, zwischen der Grabenlandaufwölbung im Süden und der vom Hartberger Sporn ausstrahlenden im Norden, erst unweit nördlich des Raabtals, im Grazbachtal (Riegersburg—Hatzendorf). Besonders kennzeichnende Erscheinungen lassen sich in der unmittelbaren Umrahmung des Hartberger Gebirgssporns ermitteln (Abb. 22). Hier stellt sich an dessen Saum eine auffällige morphologische Depressionszone ein, die sich in einer Niederbiegung der Hügellandfluren und Talböden und damit auch durch das Auftreten der eigentümlichen, breiten Senke des „Hartberger Moos" zum Ausdruck bringt. Sie setzt sich an der Ostflanke des Sporns in der morphologischen Senke von Grafendorf fort. Hier fließt die gebirgsnahe obere Hartberger Safen in einem um etwa 32 m tieferen Niveau als die ein nur wenig größeres Einzugsgebiet im Bergland aufweisende, zum Teil nur knapp 1 km östlich davon verlaufende Lungitz, und letztere wiederum um etwa 17 m höher als die noch weiter östlich davon herabströmende, auch wasserreiche Lafnitz, mit einem vielmals, etwa 50 mal so großen Einzugsgebiet, als die obere Safen. Auch das Lafnitztal ist — gemessen an einem ost—westlich gezogenen Schnitt südlich von Grafendorf — noch um etwa 15 m h ö h e r gelegen als der u n m i t t e l b a r am G e b i r g s r a n d verlaufende Talboden der Hartberger Safen. Dabei zeigt das obere Safental, nach dem Auftreten ausgedehnter, aber einseitig entwickelter Terrassensäume (nach der Kartierung von *W. Brandl*, 1931), eine Abdrängung nach Osten, die östlich folgende Lungitz dagegen in der oberen Talstrecke symmetrische Flanken und nur in der unteren eine schwächere Verschiebung nach Osten, während der noch weiter östlich gelegene Lafnitztalboden eine s e h r b e d e u t e n d e s e i t l i c h e V e r l e g u n g o s t w ä r t s erfahren hat. Die Erscheinungen, die auf Abb. 22 angedeutet sind, können meines Erachtens nur durch die Annahme t e k t o n i s c h e r E i n w i r k u n g e n erklärt werden, welche in der Umsäumung des Hartberger Gebirgssporns in der Ausbildung einer, dem gehobenen Kristallinrand unmittelbar anschließenden Depressionszone, ferner weiter östlich, südöstlich und südlich davon in einem Streifen relativer Aufwölbung[64] und in einer, von letzterer ausgehenden Schrägstellung der Scholle nach Osten und Südosten bestanden hat und sich in diesem Sinne offensichtlich auch noch weiter bildet. In diese Depression am Berglandsaum wurde übrigens die obere Hartberger Safen (Saifen), wie *Brandl* festgestellt hat

---

[64] Letztere bringt sich übrigens auch in beobachteter, schwach antiklinaler Schichtstellung im Pannon zum Ausdruck.

(1932), erst in jungquartärer Zeit hineingezogen, da ihr ursprünglicher Lauf — an einem alten Trockentalboden erkenntlich — nach Osten, zur Lafnitz, gerichtet war. Das verlassene Tal weist auch eine schwache Schrägstellung nach Osten auf. Ich vermute, daß diese Anzapfung erst nach dem letzten Interglazial eingetreten ist.

Den zeitlichen Verlauf der jungen Talbewegungen im Raum von Hartberg hat *W. Brandl*, für die einzelnen Phasen getrennt, zu analysieren versucht. Nach meiner Deutung geht aus der Terrassenverbreitung im Raum östlich des Hartberger Gebirgssporns hervor, daß die gegenwärtig so ausgesprochenen, parallel laufenden scharfen Einschnitte von Lungitz und Lafnitz, in ihrer heutigen meridionalen Richtung, s e h r j u g e n d l i c h e r (jungquartärer) E n t s t e h u n g sind, während ursprünglich im wesentlichen ein Südost gerichteter Talverlauf gegeben war. Erst durch die Entwicklung der Randsenke am kristallinen Berglandsaum, welche wahrscheinlich aus dem Hartberger Moos eine östliche Ausbuchtung in das Lafnitztal (unterhalb von St. Johann i. d. Heide) entsendete, sind neu orientierte Taleinschnitte im leicht erodierbaren Schichtmantel entstanden, welche obere Hartberger Saifen, Lungitz und Lafnitz nach Süden abgelenkt haben (Abb. 12, S. 62, Abb. 22, S. 112).

Der Südverschiebung des F e i s t r i t z t a l e s, vom Hartberger Sporn weg, kommt während des Quartärs — in der N—S-Richtung gemessen — ein Mindestausmaß bis zu 14 km zu, wobei auf der ganzen durchmessenen Erstreckung, bei gleichzeitiger Tiefenerosion, eine flächenhafte seitliche Ausräumung mächtiger pannonischer Schichtkomplexe zu verzeichnen ist.

Unter dem Einfluß junger Bewegungen hat, wie ich schon 1926 (a, c) dargelegt habe, die o b e r e P i n k a eine weitgehende Verlagerung erfahren[65], die in einer Umlenkung aus ihrem, ursprünglich bogenförmig gegen Südwesten gerichteten Verlauf in die Sehne desselben, welche der heutigen Talrichtung entspricht, bestanden hat (Abb. 12, S. 62, Abb. 13, zwischen S. 62/63, Abb. 21, S. 109). Während der älteren Stadien der quartären Entwicklung des Pinkalaufes, als dieser noch bogenförmig über das heutige obere Stremtal über den breiten, heute verlassenen Talboden von St. Michael an der Strem zum Eisenbergdurchbruch geflossen war, läßt sich für die obere Talstrecke (zwischen Pinkafeld und Stegersbach) eine bedeutende Abdrängung des Flußlaufes n a c h O s t e n, dagegen zwischen letzterem Orte und dem Eisenberg eine solche n a c h S ü d e n feststellen.

Die erstere Erscheinung kann als Abrücken vom Hartberger Kristallinsporn bzw. von der, diesem vorgelagerten, durch die „Depressionszone" getrennten Aufwölbung, welche auch das Lafnitztal schrittweise nach Osten rücken ließ, angesehen werden, während das S ü d d r ä n g e n im Bereiche des einstigen mittleren Stremtalabschnittes als Folge einer Aufwölbung angesehen werden kann, welche — speziell im älteren Quartär wirksam — der Randeinmuldung am Saum des Bernsteiner—Rechnitzer Berglandes vorgelagert war. Erst im j ü n g e r e n Quartär hätte sich dann eine südliche Erweiterung und vielleicht auch Verstärkung obiger Einmuldung am Berglandsrande vollzogen und dies die angegebene Neugestaltung des Pinkalaufes zur Folge gehabt. Wie auf S. 96 schon angegeben, hatte sich der Lauf der Pinka an der Pliozän-Quartär-Wende schon von der Süd- auf die Nordseite des Eisenberges verlegt gehabt, was auf die Existenz der Gebirgsrandmulde im heutigen oberen Pinkabereich schon in dieser Zeit hinweist. Die u n t e r s t e L a f n i t z folgte, wie aus Abb. 1, zwischen S. 6/7, Abb. 6, S. 43, Abb. 12, S. 62, Abb. 13, zwischen S. 62/63, und Abb. 21, S. 109, zu ersehen, einer südgerichteten Verlegungstendenz, welche gegen die „Raabmulde" gerichtet war (*Winkler-H.*, 1926)[66].

Die orographische Depression am Saum des Hartberger Gebirgssporns und jene am Südrand des Bernsteiner Berglandes stellen nur Teilerscheinungen aus einer Reihe analoger, den s t e i r i s c h e n B e c k e n s a u m u n m i t t e l b a r b e g l e i t e n d e r E i n d e l l u n g e n dar (Abb. 21, S. 109).

Die letzterwähnte jungaktive Randeinmuldung in der nordoststeirischen Teilbucht, im Raume von Pinkafeld—Oberwarth—Oberschützen—Groß-Petersdorf, verknüpft sich ostwärts mit der Randmulde am Saum des Rechnitzer Schiefergebirges (Senke von Rechnitz zwischen Günser Bergland und Eisenberg) und ist bis in den Raum von Güns erkennbar. Überall sind hier Anzeichen jugendlicher, relativer Einmuldung festzustellen: Flache und breite Talböden, zum Teil versumpfte Talstrecken, sanfte, ausgereifte Reliefformen im Tertiärbereich, an Stelle der für die Beckenlandschaft sonst kennzeichnenden stärkeren Zerschneidung (Abb. 13, zwischen S. 62/63).

[65] Vgl. dazu auch *J. Paintner* (1938).

[66] *H. Paintner* (Diss. von 1927, Auszug in 1940) ist bezüglich der Beeinflussung des jungen Talnetzes durch die Jungtektonik zu ähnlichen Ergebnissen im südlichen Burgenland gelangt und vertritt auch die gleiche Annahme bezüglich der quartären Laufänderungen der Pinka.

Vom Hartberger Moos nach Westen (Nordwesten) schließt sich die randliche Einbuchtung von Pöllau als junge Depressionszone an (Abb. 12, S. 62). Eine solche läßt sich ferner am Südabfall des Rabenwaldes, in dem Streifen am Bergfuß zwischen Kaindorf und St. Johann ob Herberstein, feststellen, welche das Teichgelände von Schieleiten einschließt. Im Austrittsbereich der Raab aus dem Gebirge ist das Auftreten der ausgedehnten Senke von Weiz, mit ihrem breiten alluvialen Feld bemerkenswert. Auch am Saum der weststeirischen Bucht stellen sich am Gebirgsrand im Raum von Eibiswald—Wies—Deutschlandsberg, dann in der Köflach—Voitsberger Bucht, Zonen ein, die eine ausgesprochene jugendliche Tendenz zu Talerweiterungen, zurückführbar auf relative Einmuldung, erkennen lassen.

Ich deute diesen, wenn auch unterbrochenen, mehr oder minder scharf ausgeprägten Senkungssaum am Gebirgsfuß als „Einsaugungszone" an der Flanke der alpinen Hebungsschwelle, welche durch Bewegungen in der magmatischen Unterlage bedingt ist und seinerseits, beckenwärts, von einem Streifen verstärkter Aufbiegung vielfach begrenzt wird.

c) **Weststeirische Bucht.** Die weststeirische Bucht stellt — vom Standpunkt der jungen Talverlegungen aus gesehen — eine Großmulde dar, deren Achse zwischen Sulm- und oberem Saggautal anzunehmen ist. Gegen diese haben von Norden her Kainach, Laßnitz, Gleinz und Sulm, im Laufe des Quartärs, ihre Talböden schrittweise nach Süden und Südwesten verlegt, während die Saggau sich gleichzeitig in ausgesprochener Weise nach Norden verschoben hat. Diese letztere Erscheinung steht ohne Zweifel mit der jungen und kräftigen Aufwölbung des kristallinen-paläozoischen Remschnigg-Possruck-Zuges, als Nachwirkung gleichgerichteter, faltiger Aufrichtung dieser Antiklinale, deren Miozänmantel nach beiden Flanken steil abfällt, in Zusammenhang. Die junge Mulde im Süden des weststeirischen Beckens setzt sich — im großen betrachtet — ostwärts in den Raum von Leibnitz fort, gegen welchen im Laufe des Quartärs die Mur von Nordosten her hereingedrängt hat, gleichzeitig aber auch Sulm und Laßnitz in dem „Loch von Leibnitz" (*J. Sölch*, 1916) zum Zusammenfluß gekommen sind. Die Schrägstellung im Hauptteil der weststeirischen Bucht, in der Richtung von Norden gegen Süden, kommt auch in der Höhenabnahme in der Hügellandflur von der Kainach über die Laßnitz zur Sulm zum Ausdruck (vgl. auch Taf. II, Fig. V).

d) **Im westpannonischen Becken** liegen ebenfalls Anzeichen für Zusammenhänge zwischen Jungtektonik und gleichzeitige Talverlegungen vor[67]. Ich habe die Erscheinungen 1938 für das Gebiet zwischen oberer ungarischer Raab und Zala übersichtlich dargelegt. Im selben Jahre hat *E. v. Szadeczky-Kardoss*, unabhängig davon, vielfach in analoger Weise den Einfluß der Jungtektonik auf die Talentwicklung geschildert.

Im ungarischen Raabgebiet zwischen St. Gotthardt (Szentgotthard) und Eisenburg (Vasvar), Abb. 13. zwischen S. 62/63, u. Abb. 21, S. 109, läßt sich, wahrscheinlich schon an der Wende von Pliozän und Quartär und dann im ältesten Quartär, eine Verlegung des sich von der oberstpliozänen, lehmbedeckten Flur einschneidenden und nunmehr Grobschotter führenden Raabflusses nach Norden hin feststellen. Nach Aufschüttung der großen Schotterplatte zwischen Raab und Zala hat die Nord- (Nordwest-) Bewegung sich fortgesetzt, indem die Raab, unter das Niveau der genannten Schotterflur einschneidend, nach der genannten Richtung abgewandert ist. Die Erscheinung kann auf ein **Fortwirken der Aufwölbung an der Scholle des Göscei**, welche oststeirisches Vulkangebiet und Südwestende des Bakonyer Waldes miteinander verknüpft, gedeutet werden. Gleichzeitig bildete sich im Raum weiter südlich und südwestlich von Steinamanger (Szombathely) offenbar eine Senkungsdepression aus, in welche die ursprünglich vom Eisenbergdurchbruch nach Ostsüdost abfließende Pinka südwärts hineingezogen wurde[68]. Eine noch spätere, weitere Verlagerung oder Erweiterung derselben gegen Südosten, Süden und gegen Westen, im Laufe des Mittel- und Jungquartärs, hatte eine **Rückverlegung des Raabtalbodens nach Süden (Südosten)** und eine Verschiebung jener der Pinka nach Westen zur Folge, welche Erscheinungen sich in dem heutigen einseitigen Steilrand an der unteren Pinka und in jenem an der Raab (unterhalb von St. Gotthardt) zum Ausdruck bringen. Es scheinen sowohl die Aufwölbungen an der der Rechnitzer Randmulde vorgelagerten Verbiegungszone als auch die Einbiegung der noch dieser vorgelagerten Senkungszone im Laufe des Quartärs südwärts, letztere auch westwärts, Raum gewonnen zu haben.

---

[67] Schon *E. v. Cholnoky* (1920) hatte die Großformen der westpannonischen Landschaft auf eine jungtektonische Staffelung zurückgeführt.

[68] Betreffend den Unterschied zwischen der eigenen Deutung und jener von *Szadeczky-Kardoss* vergleiche die Ausführungen auf S. 63.

Ich habe 1938 (S. 39) darauf verwiesen, daß die deutliche einseitige Terrassierung an der Ostflanke des unteren Zalatales eine junge Verlegung desselben nach Westen erkennen läßt, eine Erscheinung, die auf eine Abdrängung von der Hebungsscholle des Basalt- und Dolomitgebietes des südwestlichen Bakonyer Waldes aufzufassen ist. Diese ist gerade dort besonders gut ausgebildet, wo das untere Zalatal den Ausläufern des Bakonyer Waldes nahekommt.

Aus diesen Feststellungen ergibt sich eine **auffällige und unlösbare Beziehung zwischen dem Fortwirken der Jungtektonik und weitgehender seitlicher Verlagerung der steirischen und westungarischen Flußsysteme im Laufe der quartären Entwicklung.** Die Verlegungen fanden aber nur im Bereiche des lockeren, leicht zerstörbaren tertiären Mantels der Becken ihre deutliche Ausprägung, während in den örtlichen Durchbrüchen durch Grundgebirgsinseln eine Fixierung der Talläufe durch längere Zeiträume hindurch feststellbar ist.

e) **Das Auftreten unreifer, zum Teil klammartig gestalteter Talstrecken gerade im Bereiche jungpliozäner Verbiegungszonen.** Diese Erscheinung ist am Nordsaum des steirischen Beckens, im Austrittsgebiet von Feistritz, Weizbach (Taf. IV, Fig. 5) und Raab zu sehen und spricht dort für einen ursächlichen Zusammenhang.

Weitere Beispiele: Die Murtalenge unterhalb (und oberhalb) von Peggau entspricht einer pliozänen Verstellung, welche das Absinken der pannonischen Schichtfolge zur Gratkorner Mulde bedingte. Eine tektonische Vorzeichung gilt auch für den Murdurchbruch Bruck—Mixnitz. Die Unreifheit der Täler an der Koralpe haben schon *A. Kieslinger* (1927), *J. Sölch* (1928) und *P. Beck-Managetta* (1952) auf junge Bewegungen und insbesondere schon ersterer auch auf eine im Quartär fortdauernde Aufwölbung dieses Gebirgsstockes zurückgeführt.

Auf eine spezielle, stärkere Aufwölbung des **basaltischen Stradener Kogels**, noch in quartärer Zeit, wurde schon verwiesen (S. 111). Schließlich sei auf die starke junge Zerschneidung an den Hängen der pliozänen Remschnigg-Radel-Antiklinale aufmerksam gemacht. Besonders an dem aus Blockschottern und sandigen-schottrigen Eibiswalder Schichten bestehenden Hängen des Radels sind, trotz leicht zerstörbaren Gesteinsmaterials, in den zahlreichen, absteigenden Gräben durchaus unreife Hangformen zu verzeichnen. Es ist mir ferner aufgefallen, daß dort auftretende, alluviale Aufschwemmungen in den Tälchen wieder in Zerschneidung begriffen sind, und die Bäche im Miozän erodieren, was auf die Andauer kräftiger Aufwölbung an diesem südlichen Randwall des weststeirischen Beckens schließen läßt.

f) **Jungaktive Einmuldungen.** Auf das, offensichtlich durch **jungtektonische relative Einmuldung bedingte, geringere Gefälle von Talungen** unmittelbar am Saum des steirischen Randgebirges (z. B. Hartberger Moos, Senke Rechnitz—Güns, unteres Zalatal usw.) ist bereits verwiesen worden.

Das Laßnitztal im weststeirischen Becken läßt eine nur sehr geringe Abdachung erkennen, so daß der Fluß auf eine gewisse Erstreckung nicht einmal Feinschotter zu transportieren vermag und dies auch nicht in der jünger-alluvialen Vergangenheit vermocht hat (*K. Bistritschan*, 1941). Offenbar liegt hier eine Zone fortdauernder jugendlicher Einmuldung vor.

Aus dem **westungarischen Bereich** verweise ich noch auf die ausgedehnten, von versumpften Flächen eingenommenen, jungen Senken des Nagyberek bei Kethely (südöstlich des Balatons) und auf jene des Balatons und seiner südwestlichen Fortsetzung, des Kisbalatons, welche, auch nach Auffassung der ungarischen Geologen (*L. v. Loczy*, 1916, *S. Maros*, 1938), als jugendliche, spät-postdiluviale Einmuldungen aufzufassen sind.

4. *Zum Gesamtbild der quartären Tektonik.*

a) **Die quartäre Gesamtaufwölbung der steirischen Beckenscholle.**

Über den Gesamteffekt der quartären Aufwölbung in den östlichen Zentralalpen und in den Randgebieten kann folgendes angegeben werden: Aus der Höhenlage der „präglazialen" (oberpliozänen) Hauptflur (oberes Teilniveau), die im steirischen Becken und im westungarischen Bereich nachweislich durch sehr gefällsarme Flüsse geschaffen worden ist, kann — schon unter Berücksichtigung eines höheren eustatischen Meeresstandes vor Beginn des Quartärs als in der Gegenwart[69] und eines schwachen Gefälles dorthin (Walachei) — nachstehender Hebungs-

---

[69] Nach *A. Penck* (1937) würde der Meeresspiegel bei völligem Schmelzen des heute als Eis gebundenen Wassers noch um 55 m ansteigen.

betrag im Quartär errechnet werden: Am mesozoischen, mit Basalten besetzten südwestlichen Bakonyer Wald eine Aufwölbung im Ausmaß von 150—300 m, am Göcsei (zwischen westlichem Bakonyer Wald und dem Raum von St. Gotthardt) eine solche von 200—250 m; im oststeirischen Vulkangebiet von 300—350 m; in den östlichen Windischen Bühln von 200 m; in den mittleren Bühln in 250—300 m; im Deutschen Grabenland von 300—400 m; im Hügelland zwischen Raab und Mur, östlich von Graz, von 400—450 m; im Raabtal an der (oberen) Raabklamm und im Passailer Becken im Ausmaß von 550—600 m, eine ähnliche im Durchbruch der Mur bei Bruck—Frohnleiten; im Längstal zwischen Bruck und Leoben nur wenig mehr; im Raum von Knittelfeld etwa um 700—800 m; am Saum des NO-Sporns der Zentralalpen, bei Friedberg, über 500 m, in der weststeirischen Bucht um etwa 350—450 m und schließlich am Abfall des Possruck—Remschnigg 450—550 m. Da eine Zunahme der Hebung bis an die Hohen Tauern heran — aus Gründen allgemeiner Intensitätszunahme der Bewegungen von Osten nach Westen — anzunehmen ist, so kann im Grenzbereich zu letzteren schon ein quartärer Hebungswert von etwa 1000 m vermutet werden. Im Nordteil der westpannonischen Senke hingegen sind die „präglazialen" Fluren auch absolut abgesenkt worden. Die östlichen Zentralalpen haben danach seit dem obersten Pliozän bis zur Gegenwart eine beträchtliche Schwellung erfahren, die sie bedeutend über die randlichen Senkungsbereiche herausgehoben hatte und welche die Ursache für die in Etappen vor sich gegangene Tiefenerosion im Quartär gewesen ist. Die Schnelligkeit der tektonischen Aufwölbung kann versuchsweise aus den allgemein angenommenen Daten über die Dauer des Quartärs roh abgeschätzt werden. Diese soll hier, unter Berücksichtigung des Umstandes, daß der Denudationsvorgang, dessen Werte im vorangehenden schätzungsweise angegeben wurden, auch noch die Zeit zum Teil flächenhafter Denudation des unteren Teilniveaus der präglazialen Flur mitumfaßt, mit 1,5 Millionen Jahren angenommen werden. Für Hebungsgebiete mit einer Aufwölbung von 300—400 m, wie sie größere Teile des steirischen Beckens kennzeichnet, ergibt sich eine Hebungsgeschwindigkeit von 0,2—0,27 mm/Jahr, für das obere Murgebiet mit einer Vertikalschwellung von 600—800 m ein durchschnittlicher Wert von 0,4—0,53 mm/Jahr. Einer aus stärker aktivierten tektonischen Bewegungen anzunehmenden Intensitätssteigerung der Hebung zu Quartärbeginn steht die Zeit länger dauernden Stillstandes an der Pliozän-Quartär-Wende (Entstehung der unteren Teilflur des „präglazialen Niveaus") gegenüber. Die hier angegebenen Werte sollten bei modernen Präzisionsnivellements sich schon zu erkennen geben.

b) Die quartäre Grabenlandaufwölbung und ihre Beziehungen zu den pleistozänen relativen Einmuldungen des Raabbereiches und der Windischen Bühel.

Es sei nochmals auf das Vorhandensein einer breiten Aufwölbungszone mit WNW — OSO gerichteter Achse im Grabenlande an und nahe der Wasserscheide zur Raab, welche die Tendenz zu südgerichteter Talverlegung im südlichen Grabenlande (Mur) von der nordgerichteten Verschiebungstendenz an der unteren Raab scheidet, verwiesen. Eine örtliche, noch stärkere Ausprägung erfährt diese Wölbung an dem horstartig an Brüchen höher aufgewölbten Basaltgebiet des Stradener Kogels (609 m). Der untere steirische Raabbereich stellt gegenüber der Aufwölbungszone des Grabenlandes ein Gebiet relativer Einmuldung dar, die besonders im älteren Pliozän wirksam war; und zwar einen Ausschnitt aus der großen pannonischen Mulde der nördlichen Oststeiermark, welcher von der Mur bei und unterhalb Graz über die Raab zur Feistritz, Lafnitz, Strem und Pinka und bis an den nördlichen Saum des Steirischen Beckens gereicht hat. Eine Fortdauer der Einbiegung auch noch im Diluvium ist aus morphologischen Momenten erschließbar (vgl. hiezu die jugendliche Zusammenfassung der Randgebirgsflüsse — Feistritz, Lafnitz, Safen — im Fürstenfelder Becken).

Das Deutsche Grabenland grenzt sich an der im Laufe des Pannons wirksamen, flachen „mittelsteirischen Flexur" (*Winkler-Hermaden*,

1913 a) **gegen die nordoststeirische Senke im Raum südlich der Raab ab**. Die bis in die Alluvialzeit fortdauernde, während des ganzen Quartärs feststellbare Abdrängung der unteren steirischen Raab von der Wölbungszone auf der Strecke Kirchberg—Feldbach—Jennersdorf deutet auf ein **Fortwirken der Bewegungen an diesem Verbiegungssaum hin**, auch hier mit asymmetrischer Gestaltung des Tales verbunden. In Übereinstimmung damit umfaßt das Grabenland in seiner Gesamtheit — einschließlich des Wasserscheidenbereiches zur unteren steirischen Raab — eine breite, von WNW nach OSO verlaufende **Zone von etwas größerer Höhenlage** der Höhenfluren als der nördlich anschließende Raabbereich. Die Höhenkämme an der Mur—Raab-Wasserscheide Buckelberg bei Laßnitzhöhe (546 m), Sengerberg (510 m), Hocheck (471 m), Lichtenegg (459 m), Salzleiten bei Schloß Gleichenberg (432 m), erheben sich um 30—40 m über jene zwischen Raab und Ritscheintal (Tackernberg 483 m, Marterberg 452 m, Zartlerberg 437 m, Loiberg 392 m).

Dem südlich anschließenden Bereich der **Windischen Bühel**, zwischen Mur und Drau, stellt das Grabenland, noch mehr als dem Raabgebiet gegenüber, einen **Streifen mit größerer Höhenlage der Höhenfluren** dar. In der N—S-Richtung — parallel zu den Grabenlandtälern beurteilt — liegt die Flur der Windischen Bühel im Raum Spielfeld—Mureck um etwa 50 m tiefer als jene im axialen Bereich der Grabenlandscholle. Noch größer wird der Unterschied, wenn die Höhenlage an der Wasserscheide zwischen Mur und Raab mit jener an der **Scheide zwischen Mur und Drau** in den Bühlen in Vergleich gesetzt wird. (Höhenflur in mittleren Teilen des Grabenlandes: Glojach 469 m, Bockberg 435 m, Dirnegg bei St. Peter am Ottersbach 425 m, Hofberg bei Gnas 400 m; dagegen Höhenflur im Abschnitt der Bühel zwischen Spielfeld und Mureck: Goißegg bei St. Egidy 388 m, Lillachberg 409 m, Wölling 402 m, Lugatz bei Mureck 402 m, Kriechenberg 358 m.) Am stärksten ist der Höhenunterschied der Fluren zwischen östlichem Grabenland (Flurenhöhe um 430—400 m) und den östlichen Windischen Bühln (Raum von Abstal—Radkersburg—Kappellen mit 330—310 m höchstgelegenen Fluren), also eine Differenz von 90—100 m! Auch dieser Befund steht mit tektonischen Feststellungen im Einklang: Die mittleren Windischen Bühel, östlich der Linie Spielfeld—Marburg, sind an einer **jungen Störung** (*Winkler-Hermaden*, 1913a, 1938a) gegen die westlichen abgegrenzt, was sich offenbar noch in der tiefer gelegenen Höhenflur der ersteren widerspiegelt.

Im Südteil des Grabenlandes sind Staffelbrüche nachweisbar, an welchen im Vulkangebiet und westlich davon Schollen nach Süden (Südwesten) absinken (vgl. Abb. 1, zwischen S. 6/7). Insbesondere ist auch im Bereich der östlichen Windischen Bühel die Absenkungstendenz im untersteirischen Stainztal an einer dem Mittellauf dieses Tales parallel streichenden Störung nachweisbar, die die südwestliche Scholle verwirft. Zahlreiche Säuerlinge kennzeichnen das Bruchgebiet des Stainztales und den Nordsaum der Bühel bei Radkersburg.

Im Lichte dieser Feststellung erscheint das während des ganzen Quartärs nachweisbare Süddrängen der unteren Mur zwischen Ehrenhausen—Spielfeld—Mureck—Radkersburg, das während langer, quartärer Zeitabschnitte noch bis weit über Luttenberg hinaus wirksam war, die Entstehung der ausgesprochenen Talasymmetrie an der Mur, die Einfächerung von oberen Teilen des Einzugsgebietes der Stainz und die Herausbildung der asymmetrischen Wasserscheide zu letzterer durch die **tektonischen Senkungen im Süden und Südosten** — genauer ausgedrückt durch das Zurückbleiben der Scholle der Windischen Bühel gegenüber der höheren Wölbung im Grabenland — bedingt.

c) **Zur tektonischen Beeinflussung der gegenwärtigen Wirksamkeit von Flüssen und Bächen** (vgl. auch S. 25/26).

Im besonderen deutet das gegenwärtige Verhalten der steirischen Beckenflüsse dahin, daß auch noch in der Gegenwart eine Beziehung zwischen Schurftätigkeit bzw. Aufschüttung und Tektonik besteht. Im speziellen weist das gegensätzliche Verhalten von Flußläufen bzw. Flußabschnitten, die in Schollen v e r s c h i e d e n e r tektonischer Beweglichkeit gelegen sind, auf eine Abhängigkeit von letzterer und spricht damit für eine Beeinflussung des Terrassenbildungsvorganges durch tektonische Vorgänge.

Die meisten Zuflüsse der Mur, insbesondere die Grabenlandbäche, die Sulm (außerhalb ihres Durchbruchbereiches durch das Sausalgebiet und des Abschnittes im Leibnitzer Feld), die untere Saggau, die mittlere Laßnitz (unterhalb St. Florian bis Grötsch) mit dem im Beckenabschnitt gelegenen Bereich der Stainz und zum Teil die Kainach, fließen auf ihren breiten und oft über 10 m mächtigen Anschwemmungen dahin, ohne einen Tiefen- oder auch Seitenschurf zu entfalten. Die Weiterbildung der Talvertiefung, aber auch der Talasymmetrie erscheint hier in der Gegenwart ganz oder nahezu ganz zum Stillstand gekommen. Allerdings ist in der Mehrzahl der genannten Täler der heutige Bachlauf doch noch vorherrschend dem Steilgehänge angenähert, wie es beispielsweise am Saßbache, am Ottersbache und zum Teil an der mittleren Laßnitz ersichtlich ist, ohne jedoch meist einen Seitenschurf an letzterem auszuüben. Andere Bäche fließen wiederum inmitten ihrer breiten Schwemmböden das Tal entlang und zeigen keinerlei Erinnerung an jene nicht weit zurückliegende Phase, in der sie im kräftigen Seiten- und Tiefenschurf an der asymmetrischen Ausgestaltung der Täler gearbeitet hatten. In diesen Tälern bzw. Talabschnitten ist daher die morphologische Großformung der Täler durch Flußerosion heute zu einem zeitweiligen Stillstand gekommen.

Ausgesprochene W e i t e r b i l d u n g d e r T a l b ö d e n d u r c h S e i t e n - u n d z u m T e i l a u c h T i e f e n s c h u r f ist jedoch an der M u r , u n t e r e n K a i n a c h , u n t e r e n L a ß n i t z u n d S u l m und an der o b e r e n S a g g a u festzustellen. An der Mur sind diese durch den Einfluß der Flußregulierungen und Laufstreckungen wohl noch verschärft, aber keineswegs allein verursacht. In der an unzähligen Blaiken erkennbaren Weiterbildung des gegen Südwesten gerichteten Murbogens zwischen Ehrenhausen und Mureck kommt zweifellos das tektonisch bedingte Süd- (Südwest-) Drängen des Flusses noch zum Ausdruck. Dasselbe gilt für das Ostdrängen der Mur im Abschnitt Enzelsdorf—Wildon (südlich von Graz) und in jenem nordöstlich von Leibnitz. Aus der Betrachtung des Gesamtbildes ist es sehr wahrscheinlich, daß sich hier noch jene tektonischen Tendenzen fortwirkend zur Geltung bringen, welche ein gleichsinniges und analoges Abdrängen der Grabenlandbäche nach Osten hin während der ganzen quartären und altalluvialen Zeit bedingt hatten.

Noch sinnfälliger liegen die schon erwähnten Erscheinungen im S a g g a u a b s c h n i t t zwischen Eibiswald und Saggau, in dem dieser Fluß auch gegenwärtig noch sehr scharf nach Norden drängt und die Gehänge in kräftigen Anbrüchen von Oberhaag bis Wuggau unterschneidet (tektonisch bedingtes Abdrängen von der Jungantiklinale des Remschnigg).

In auffälliger Weise greift die Laßnitz in ihrem Abschnitt zwischen Grötsch und ihrem Eintritt in das Leibnitzer Feld ihr Süd- bzw. Südostgehänge noch weiter energisch an. Es ist bezeichnend, daß in dem nahe gelegenen Kainachabschnitt der zum Teil nur 2,5—3 km weiter nördlich fließende Kainachfluß durch kräftigen Seitenschurf am Gehänge des Kuketz und den Nachbarhöhen die Tendenz der Talverlegung in südlicher Richtung ebenfalls noch heute erkennen läßt. Auch hier, an einem Teilabschnitt des unteren Laßnitztales und an der unteren Kainach, kann eine Auswirkung noch andauernder tektonischer Beeinflussung durch Schrägstellung angenommen werden. Dasselbe gilt vielleicht auch für das Westdrängen der u n t e r s t e n Laßnitz zwischen Lang und Tilmitsch.

Während es im Falle der Saggau — angesichts der geologischen Position — eine verstärkte, noch in der Gegenwart wirksame Schrägstellung ist, welche den Fluß bei schwachem Einschneiden zur Seitenerosion unmittelbar veranlaßt, dürfte es bei der unteren Laßnitz und Kainach die Auswirkung rückschreitender Erosion von der in den letzten Jahrtausenden sich in den (altalluvialen) Schuttkegel eintiefenden Mur sein, welche eine Reaktion dieser Flüsse auf die rezente Tektonik ermöglicht. Besonders deutlich ist diese junge rückschreitende Erosion von der Mur her an der Laßnitz erkennbar, wobei dieser, oberhalb des Eintritts in das Leibnitzer Feld, geröllfrei gewordene Fluß sich auf der untersten Laufstrecke durch Entnahme von Schottern aus dem angenagten jungdiluvialen Schotterfeld von Leibnitz wieder mit solchem versorgt (*Bistritschan*, 1941). An unterer Mur, unterer Kainach und unterer Laßnitz braucht daher die erkennbare Tendenz zur

Seitenverlegung des Tales noch in der Gegenwart nicht auf ein besonders starkes Ausmaß örtlicher tektonischer Schrägstellung zurückzugehen, sondern kann auch darin begründet sein, daß die Mur ihren, in der Phase höchster Aufschüttung im Postglazial entstandenen Schuttkegel wieder zu zerschneiden begonnen hat und hiebei auf ihre wasserreicheren, in leicht zerstörbaren Schichten fließenden Zubringer aus der Weststeiermark (Laßnitz, Kainach) einen Impuls zu rückschreitender Erosion ausübt, wobei sich dann der Einfluß der Schrägstellung durch eine Seitenkomponente zum Ausdruck zu bringen vermag.

Ich leite aus diesen Beobachtungen den Schluß ab, daß die Gegenwart — im großen gesehen — einer Zeitphase abgeschwächter Erosionskraft der steirischen Beckenlandflüsse und Bäche entspricht, mit überwiegend vorherrschender Erhöhung der Talsohlen (jedoch mit Ausnahme der Mur und einiger anderer). Nur an einzelnen Bereichen können sich die offenbar allenthalben noch weiter wirksamen Schrägstellungen zur Geltung bringen, und zwar insbesondere dort, wo — nach Überschreiten des Höhepunktes alluvialer Aufschwemmung — sich eine von der Mur ausgehende Wiedereintiefung in die altalluvialen Aufschwemmungen zur Geltung bringt und hiebei auch die Auswirkung der tektonisch veranlaßten seitlichen Schurfkomponente ermöglicht.

d) Zeitliche und räumliche Beziehungen der die Entwicklung des quartären Flußnetzes beeinflussenden, jungtektonischen Bewegungen.

Altersverschiedenheiten in den Bewegungen. Aufbauend auf den voranstehenden Ergebnissen und anknüpfend an die Erörterungen von *J. Sölch*, welche dieser Forscher besonders in seiner Studie über die „Windischen Bühel" (1919) zum Ausdruck gebracht hat, soll hier die Frage der zeitlichen Beziehungen der verschieden gerichteten tektonischen Verstellungen, die sich in der Formung des quartären Netzes ausprägten, erörtert werden. *J. Sölch* setzte — ebenso wie wir — für den Bereich der „Windischen Bühel" (östlich der Bahnlinie Spielfeld—Marburg) eine Einebnungsfläche oder eine sehr flache Landschaft als morphologische Ausgangsform voraus, aus welcher nach ihm, unter dem Einfluß zahlreicher (mindestens neunmaliger) rhythmischer Hebungen, durch einen ebensooften Wechsel von Tiefen- und Seitennagung, das heutige Hügelland herausmodelliert wurde. Er stellte sich vor, daß durch diese Hebungsvorgänge die zum pannonischen Becken abfließende Hauptentwässerungsader nach erfolgter Eintiefung eine unbedeutende Neigung gegen Süden erfahren habe. Dadurch konnten ihre (linksseitigen) Zuflüsse nach Norden ausschlagen. Eine geringfügige Schrägstellung schuf sodann ein Gefälle gegen Osten, wodurch die Nord—Süd verlaufenden Täler nach Westen ausgreifen konnten und ihre Gewässer nach Osten drangen. Die Schrägstellung sei mit einzelnen ganz flachen Aufwölbungen verknüpft gewesen, welch letztere dann zu mehr zentralen Wasserscheiden wurden.

Aus unseren früheren Ausführungen geht hervor, daß schon die höchstgelegenen Terrassen in den Seitentälern des Grabenlandes asymmetrisch zu den Wasserscheiden angeordnet sind, woraus geschlossen werden kann, daß die gegen Osten gerichtete Schrägstellung dieses Bereiches bereits am Beginn der Zertalung der morphologischen Ausgangsform wirksam gewesen ist. Ebenso muß damals die Nord—Süd (Nordost—Südwest) gerichtete Abdachung der Großscholle „Deutsches Grabenland—Windische Bühel" aktiv gewesen sein, da schon die ältestquartären, ja sogar die oberpliozänen Terrassen die fortschreitende, schrittweise Süd- bzw. Südwest-Verlegung erkennen lassen. Es scheinen also sowohl die ostgerichtete Schrägstellung wie die Nord—Süd (Nordost—Südwest) gerichteten, tektonisch bedingten Abdachungen zugleicher Zeit, und zwar schon vom Beginn der quartären Entwicklung an, wirksam gewesen zu sein.

Die Mur besaß zu Anfang des Quartärs zwischen Wildon und Radkersburg einen ziemlich geradlinigen Westnordwest—Ostsüdost-Verlauf und floß auf der Sehne ihres heutigen weit nach Süden und Südwesten ausgreifenden Bogens, wobei auch Anfang- und Endpunkt des Bogens seither etwas nach Süden verlagert wurden. Das schrittweise Abweichen der Mur nach Süden und Südwesten läßt sich, wie angegeben, aus dem Vorhandensein einer Schrägstellung dorthin, mit relativer Absenkung zum relativen Senkungsbereich der nördlichen Windischen Bühel, ohneweiters deuten.

Warum entstand aber bei gleichzeitiger Schrägstellung der Grabenlandscholle nach Süden und nach Osten (Ostsüdosten) das aus etwa 14, ausgesprochen Nord—Süd verlaufenden Rinnen bestehende System der Grabenlandtäler und **nicht** ein in der Resultierenden beider Verstellungsrichtungen verlaufendes Flußnetz? Man könnte diese Erscheinung dadurch erklären, daß der tektonisch bedingte Zug nach Süden hin das Übergewicht aufzuweisen hatte und die Täler daher nach dieser Richtung hin angelegt wurden, während die schwächere Schrägstellung nach Osten (Ostsüdosten) sich erst allmählich zur Geltung bringen konnte (*J. Sölch*). Auf Grund der vorliegenden Befunde erscheint mir aber nachstehende Deutung wahrscheinlicher: Bestimmte Anzeichen sprechen dafür, daß der Schollenbereich des Grabenlandes, wie zum Teil schon angegeben, von **Nord—Südorientierten** Verbiegungen und Störungen durchzogen ist. Ich nehme an, daß durch diese schon bei der ersten Anlage den Nord—Süd-Tälern des Grabenlandes der Verlauf vorgezeichnet wurde. In ausgesprochener Weise gilt dies für das Gleichenberger Sulzbachtal, das der jungen Aufwölbung des Stradner Kogels bzw. der westlich anschließenden Einmuldung parallelläuft, während das Poppendorfer Tal der Achse der letzteren folgt. Ähnliches gilt für das untere Lendvatal, welches in der jungen Einmuldung zwischen der Aufwölbung des Stradner Rückens im Westen und einer östlich der paläozoischen Schieferinsel von St. Georgen vom Silberberge ausstrahlenden, an jungen Talverlagerungen erkennbaren Hebungswelle verläuft. Das Murtal zwischen Fernitz und Wildon (südliches Grazer Feld) folgt — bei ausgesprochenem Ostdrängen des Flusses — einer annähernd parallellaufenden Störungszone (mit Senkung des Ostflügels), so daß auch hier eine tektonische Vorzeichnung angenommen werden kann. Das gleiche gilt nach dem geologischen Befund für das Ottersbachtal, das wahrscheinlich einer Störung mit Senkung des Ostflügels parallelläuft. Sein Seitental, das Edlatal, das sich in so merkwürdiger Weise im ganzen Quartär nach Südosten verlegt hat, scheint einer Nordost verlaufenden Teilstörung zu folgen. Diese Feststellungen machen es wahrscheinlich, daß **der auffällige Nord—Süd-Verlauf der parallelen Grabenlandtäler durch tektonische Verbiegungen und Staffelbrüche schon bei Beginn des letzten morphologischen Entwicklungszyklus in meridionaler Richtung vorgezeichnet wurde**. Im Sinne dieser Auffassung wäre also die Verlaufsrichtung der Grabenlandtäler im einzelnen tektonisch vorgebildet, wobei die weitere Ausgestaltung — unter Mitwirkung auch der lokalen, weiter wirksamen Verbiegungen — für den Hauptteil des Grabenlandes durch eine **ostgerichtete allgemeine Schrägstellung der Scholle** und durch den Zug nach Süden und Südwesten beeinflußt wurde[69a].

Eine Unterstützung erfährt die hier angedeutete Auffassung, welche einen maßgeblichen Einfluß lokaler Störungsstreifen auf die Talentwicklung vorsieht, aus dem auffälligen Zusammenfallen zwischen dem Verlauf eines jungen Bruches, und zwar der in den mittleren Windischen Büheln festgestellten Nordnordwest-Störungslinie Ober-Scheriafzen bei St. Leonhard—Mureck (Abb. 1, zwischen S. 6/7, und *Winkler v. H.*, 1951 a, Blg. I), mit einer, gerade entlang dieser Zone besonders deutlich ausgeprägten Talasymmetrie. Diese Dislokation findet vermutungsweise ihre nördliche Fortsetzung jenseits der Mur, im Grabenlande, in einer Nord—Süd-Störung, die wir entlang des Ottersbachtales annehmen. Auch in der Gegend von Hartberg in der Nordoststeiermark ist im oberen Safenbachtal der Einfluß einer lokalisierten Verbiegungszone auf die Talentwicklung unverkennbar.

Im Sinne dieser Auffassung wäre daher eine von Anfang an sich in Nord—Süd-Streifen durch Biegung und Bruch zerlegende Scholle andauernd vorwiegend ostwärts, zum Teil aber

---

[69a] Das gilt jedoch nicht für dessen Südteil, welcher allgemein **keine** junge Schrägstellung nach Osten erkennen läßt.

auch gegensinnig, schräg gestellt worden, unter welchen Einflüssen das Talnetz seine Aus- und Umgestaltung erfahren habe.

Bei den Aufwölbungsvorgängen sind insbesondere die Achsen der Ost—West bzw. Nordwest—Südost orientierten Aufwölbungen n i c h t dauernd genau l o k a l i s i e r t geblieben. Das Verhalten der Mur zwischen Leibnitz und Radkersburg läßt vermuten, daß die Grabenlandaufwölbung im Laufe des Quartärs sich im großen und ganzen nach Süden und Südwesten erweitert hat. Es lassen sich ferner Beispiele anführen, daß die im allgemeinen gleichsinnig erfolgende Tendenz der Talverlegungen, wahrscheinlich durch Rückläufigkeiten in den zugrunde liegenden tektonischen Beeinflussungen, zu Abweichungen in der Verschiebungsrichtung des Talnetzes geführt hat; zum Beispiel: 1. Die Mur zwischen Mureck und Radkersburg, die im Sinne der ererbten Tendenzen noch in altalluvialer Zeit durch Süddrängen eine große Konkave aus den Windischen Büheln herausgeschnitten hatte, hat seither in mindestens zwei Etappen auffällig ihren Lauf nach Norden verlagert.

2. Die untere (untersteirische) Stainz, welche in jüngster Zeit nach Norden und Nordosten drängt, läßt an dem Verlaufe der älteren quartären Terrassen eine entgegengesetzte Tendenz erkennen (Bereiche von Stainztal und Videm).

3. Das Poppendorfer Tal zeigt in seiner jüngsten Entwicklung eine Verlagerung nach Westen, an seinen älteren quartären Terrassen aber eine solche nach Osten.

4. Das untere Saggautal läßt an der Verbreitung seiner diluvialen Terrassen eine Abdrängung nach Osten erkennen, während in alluvialer Zeit eine gegensinnige Westverschiebung eingesetzt hat.

5. Die Raab weist im Raum unterhalb St. Gotthardt—Körmend—Eisenburg (Vasvar) das gewaltige, ältestquartäre Schotterfeld auf ihrer Südflanke, die mittleren und jüngeren quartären Terrassen an ihrer Nordflanke auf, drängt aber, wie angegeben, in jüngstdiluvialer-alluvialer Zeit wieder sehr deutlich nach Süden.

Es ist auffällig, daß die meisten der genannten Fälle Talstrecken betreffen, welche ersichtlich an der Scheide von nach verschiedenen Richtungen hin jungtektonisch orientierten Schollen verlaufen.

N o r d w e s t—S ü d o s t g e r i c h t e t e Z o n e n s t r e i f e n g e r i n g e r e n b z w. s t ä r k e r e n G e f ä l l s i m u n t e r e n (s ü d l i c h e n) G r a b e n l a n d e. Eine Zone auffällig s c h w ä c h e r e n und eine ihr südlich zugeordnete Zone s t ä r k e r e n Talgefälls läßt sich, bei Nordwest—Südost gerichtetem Verlaufe, vom Stiefingtal über das Schwarzautal zum Saßbachtal und Ottersbachtal verfolgen. In der nachstehenden Tabelle sind, ermittelt auf Grund der Angaben der Originalaufnahmesektion 1 : 25.000, für die in Rede stehenden Talstrecken die Talgefälle angegeben:

Stiefingtal:

Klein Feiting—westlich Pichla . . . 3,7 ⁰/₀₀
Westlich Pichla—Alla . . . . 2,6 ⁰/₀₀
Alla—Bachsdorf . . . . 3,4 ⁰/₀₀

Ottersbachtal:

Entschendorf—Wittmannsdorf . . . 5,1 ⁰/₀₀
Wittmannsdorf—Kegelhof . . . . . 0,69 ⁰/₀₀
Kegelhof—P.238 (westlich Helfbrunn) 7,3 ⁰/₀₀

Saßbachtal:

Wetzelsdorf—Landorf . . . . . 4 ⁰/₀₀
Landorf—Rannersdorf . . . . . 3 ⁰/₀₀
Rannersdorf—Siebing (S.) . . . 5 ⁰/₀₀
Siebing (S.)—Brunnsee . . . . 4,4 ⁰/₀₀

Schwarzautal:

Maggau—Wolfsberg . . . . 3,1 ⁰/₀₀
Wolfsberg—Hütt . . . . 2 ⁰/₀₀
Hütt—Neutersdorf . . . . 4,8 ⁰/₀₀
Neutersdorf—Perbersdorf . . . . . 3 ⁰/₀₀

Es ist wahrscheinlich, daß sich in der aus der Tabelle ersichtlichen Zone geringeren Gefälls, die in vier Talungen in Erscheinung tritt, ein Bereich r e l a t i v e r E i n m u l d u n g, in dem südwestlich gelegenen Zonenstreifen stärkeren Gefälls ein solcher relativ g r ö ß e r e r A u f w ö l b u n g ausprägt. Die südöstliche Fortsetzung dieser Einmuldungszone führt östlich von Mureck in das Abstaler Becken, während die südlich anschließende, hier vermutete Aufwölbung auf den morphologisch auffälligen Sporn der jungen (nachsarmatischen) Antiklinale von Mureck zu liegen kommt. In der Westnordwest-Richtung weist der Streifen minderen Talgefälls in seiner Fortsetzung auf das Grazer Feld hin, die südlich anschließende Zone flacher Aufwölbung auf die Hochscholle des Buchkogels bei Wildon, die sich teils flexurartig, teils an Brüchen gegenüber der nordöstlich davon gelegenen Zone herausgehoben hat, und zwar noch in pliozäner Zeit.

Von besonderer Wichtigkeit ist der Umstand, daß der genannte Streifen geringeren Gefälls, wie ein Blick auf die tektonische Kartendarstellung (Abb. 1, zwischen S. 6/7) zeigt, eine mindest 30 km lange schmale Zone darstellt[70], welche, zum Teil beiderseits durch Hebungsbrüche begrenzt, einer ausgesprochen tektonischen Einsenkung entspricht. Gegen Süden (Südwesten) hin bildet die Bruchzone Kalsdorf—Afram bei Wildon und ihre vermutete Fortsetzung gegen Laubegg, an welcher Sarmat im Nordosten gegen Torton im Südwesten sich abgrenzen, eine tektonische Scheide (*Winkler v. H.*, 1951). Ein analoges, im unteren Schwarzau-, Saßbach- und Ottersbachtal zu vermutendes Störungssystem, an der Grenze zwischen sarmatischen und tortonischen Bereichen, das sich auch in zahlreichen Säuerlingen markiert, kann als Fortsetzung des vorgenannten angesehen werden.

Im östlichen Teil unserer Zone verminderten Talgefälls ist auch gegen Norden hin eine bruchförmige Begrenzung angezeigt. Hier konnten wir eine Westnordwest—Ostsüdost verlaufende Störung, mit Senkung des Südflügels, als westliche Fortsetzung des „Neusetzbruchs" (*Winkler-Hermaden* 1913), weiter über Straden hinaus (*Winkler-H.* 1951) feststellen (Abb. 1, zwischen S. 6/7). Natürlich fällt die Bildungszeit dieser Brüche schon ins Pliozän, aber Nachsackungen der Schollen an den durch die Brüche begrenzten Schollen dauerten offenbar bis zur Gegenwart an.

Wahrscheinlich bedingt diese, nach den Störungen in den Tallängsprofilen in den südlichen Teilen der Grabenlandtäler vermutete, relative (südliche) Aufwölbungszone auch die gegensinnige Verstellung der ausgedehnten altquartären Terrassenflächen (Kaarwald, Glaningswald), welche, wie früher ausgeführt, zum Teil kein oder ein zu geringes Gefälle aufweisen, während der starke Knick dieser Terrassen im Raume östlich des Glaningswaldes auf Rechnung der nordöstlich anschließenden relativen Einmuldung gesetzt werden kann (Taf. II, Fig. 1). Was schließlich die noch südlich der Aufwölbungszone der Terrassenbereiche (zwischen unterer Stiefing und Ottersbach-Gnasbach) gelegene Zone mit geringerem Gefälle anbelangt, dürfte diese mit einer Einmuldung (Schrägstellung) im Zusammenhang stehen, welche, wie bereits erwähnt, die Mur im Raume zwischen Ehrenhausen und Mureck noch gegenwärtig einseitig nach Süden und Südwesten abdrängt.

Die gegen Osten gerichtete Talverschiebung im Bereiche des Deutschen Grabenlandes. Dadurch entstehen in den Mittelabschnitten der Grabenlandtäler gegen Osten konvexe Talbögen, welche — von Nordwesten nach Südosten hin — im Murtal zwischen Graz und Wildon, im Stiefingstal zwischen Heiligenkreuz (nördlich St. Georgen), im Schwarzautal im Raum von Glatzau, im Saßbachtal zwischen St. Stephan und Zehensdorf, im Ottersbachtal oberhalb St. Peter, besonders ausgeprägt im Edlabach- (Radischbach-) Tal zwischen Radisch und Edla, ferner im Gnasbachtal bei und unterhalb Trösing, schließlich im unteren Poppendorfer Tal im Kartenbild hervortreten (Abb. 1, zwischen S. 6/7).

Diese, offenbar immer wieder auflebende tektonische Abdachung scheint nur die mittleren Teile der Grabenlandtäler, nicht aber ihren Austrittsbereich in das Leibnitzer Feld zu beeinflussen, da dort, wo die Talungen die ausgedehnten altquartären Terrassenbereiche durchschneiden, die Talasymmetrie nicht oder nicht mehr deutlich entwickelt ist. Diese, diagonal zum Verlauf der Grabenlandtäler, von Westnordwest nach Ostsüdost gerichtete Schrägstellung ist von viel größerer morphologischer Bedeutung als die besprochenen Wellungen im Nord—Süd-Profil. Die Höhenflur des Grabenlandes senkt sich in der Streichrichtung der Wölbung von Westnordwest nach Ostsüdost von 510 m am Sengerberg über Lichtenegg (459 m) auf 410 m bei Gleichenberg ab, um von dort nach Osten bis zum Silberberg (400 m) an der ungarisch-jugoslawischen Grenze auf etwa 25 km Länge konstant zu bleiben. Erst jenseits dieser Höhe findet eine ziemlich jähe Senkung zur großen Schotterplatte zwischen Raab und oberer Zala statt.

An einem südlichen Parallelstreifen im Grabenland steigt die Höhenflur vom Hühnerberg bei Fernitz (487 m) über den Muggenthalerberg (456 m), Glojach (469 m), Dirnegg (425 m) — Bockberg (435 m) nach Straden (373 m) ab. Es ergibt sich aus beiden Senkungslinien ein Gefälle der Höhenflur um etwa 100 m auf 30 km. Die namhafte Höhenabnahme der obersten Fluren fällt gerade mit jenem Schollenstreifen zusammen, wo eine markante Ostverlagerung der Grabenlandtäler während des ganzen Quartärs Platz gegriffen hatte. Sie reicht ostwärts soweit, wie die Absenkung der Höhenflur, das ist bis zum Gnasbachtal. Ostwärts davon tritt — bei Konstanz oder sogar ganz schwachem Wiederanstieg der Höhenflur im Sedimenthügelland — eine Westverlagerung der Täler ein, insbesondere im Gleichenberger Sulzbachtal und Poppendorfer Tal, wobei sich, wie angegeben, die Scholle des von einer Basaltdecke gekrönten Stradener Kogels durch die besondere Höhenlage der deutlich aufgebogenen mittelpliozänen Landoberfläche und durch Vorgriffe starker jugendlicher Zerschneidung als eine aktive Hochzone kennzeichnet.

Tektonisch bedingte Talverschiebungen im weststeirischen Becken. Von der Kainach im Norden bis (einschließlich) der Sulm im Süden kommt die südgerichtete[71] Flußverlegung im weststeirischen Becken eindeutig zum Ausdruck. Ich sehe in diesen Erscheinungen ein Gegenstück zur südsüdwestgerichteten, andauernden Verlegung des Murtales an der Südflanke des Grabenlandes. Die Kainach hat durch ihr Süddrängen ihr asymmetrisches Talprofil und ihre asymmetrische

---

[70] Vgl. auch *Winkler v. H.*, 1951 a.
[71] An der Kainach und der Stainz südwestgerichtete Flußverlegung!

Wasserscheide zum Laßnitztal geschaffen. Das Liebochbachtal und Södingbachtal, die der Kainach zustreben, zeigen in einer gleichen Weise ein asymmetrisches Profil. Die Laßnitz und ihre beiden Hauptzubringer aus dem Hügellandbereich, die Stainz und die Gleinz, lassen dieselbe einseitige Einordnung der Terrassen und Asymmetrie der Querprofile und Wasserscheiden erkennen, was ebenso noch für die Sulm Geltung hat. Die Saggau hingegen, der südlichste Fluß im weststeirischen Becken (rechtsseitiger Zufluß der Sulm), zeigt, wie angegeben, bezeichnenderweise eine Verlegung seines Tallaufes in entgegengesetzter Richtung nach Norden. Dies gilt für seine ganze ost—westliche Erstreckung von Eibiswald bis Saggau. An dem rechtsseitigen Zubringer der Saggau, dem Lateinbach, ist ein gleichsinniges (nach Nordwesten hin erfolgtes) Abgleiten festzustellen.

Nach diesem Verhalten der Flußläufe und nach der Terrassenverbreitung deutet sich im weststeirischen Hügellande, zwischen Sulm und Saggau, eine ost—westlich gerichtete Einmuldungszone an, deren Achse zwischen Saggau und Sulm anzunehmen ist. Ihr steht am Südsaum des steirischen Beckens, wie schon auf S. 114 hervorgehoben, eine junge markante Aufwölbung gegenüber, der pliozäne Faltenwall des Possruck—Remschnigg—Radels. Die kräftige Faltung des Miozäns an der genannten Antiklinale, die bedeutende Höhenlage und Verbiegung jungpliozäner Landoberflächen und die Unreife des Talnetzes (jugendlicher Draudurchbruch!) sind weitere Beweise für die bis in die jüngste Zeit fortwirkende Aktivität dieser Randaufwölbung des mittelsteirischen Beckens. Die Einmuldungszone im Südteil des steirischen Beckens findet ihre östliche Fortsetzung zwischen dem Sausal- und dem Gamlitztal und mündet zwischen Ehrenhausen und Retznei in den Murtalboden aus. An dem Nordost-Abfall des Possruck entwickelt sich, aus dem Raum von Leutschach nach Osten hin, eine weitere (schwache) Einmuldung, die sich in südgerichteten Talverlegungen im Hügelland der westlichen Bühel und in der beckenförmigen Weitung von Leutschach markiert. Ihre Fortsetzung ist in den mittleren und östlichen Büheln im Raum des Peßnitztales zu suchen. Bei St. Leonhard ist sie durch die schrittweise Südverlegung des Tales, wie sie durch die einseitige Terrassierung sichtbar wird, und durch asymmetrische Quertalprofile festzulegen.

Der Gegenflügel der Einmuldung markiert sich an der Drau bei und unterhalb Marburg, in welchen Raum dieser große Fluß, vom Saum des Pettauer Feldes abgleitend, mindestens im Jungquartär und in der Gegenwart nach Norden andrängte und in großen Gehängeanrissen den Südsaum der Bühel noch zurückverlegt. (Beispiel: fast 100 m hohe Abrißwände am Schlapfenberg bei Marburg a. d. Drau.) Die Einmuldung der Bühel an der Peßnitz kommt ersichtlich auch in den ungewöhnlichen Talbreiten im Raume von Leonhard und in gewissermaßen im alluvialen Schwemmlande versunkenen Hügeln, die wie Inseln aus demselben um wenige Meter aufsteigen, und in sehr ausgedehnten, zum Teil von Sumpfwiesen eingenommenen Ausweitungen des Talbodens zum Ausdruck.

Eine örtliche, gegen Südosten gerichtete Verschiebungstendenz kommt im weststeirischen Becken im unteren Gleinzbachtal und im unteren Saggautal deutlich zur Geltung, ferner auch am Gebirgsfuß der Koralpe in dem schrittweisen Abwandern der Randflüsse in den Talzwickel zwischen Weißer und Schwarzer Sulm — im Raume von Wies—Gasselsdorf—Dittmannsdorf — und in der bereits erwähnten, ersichtlich ostgeneigten Schrägstellung des Trockentalbodens südlich Deutschlandsberg (altes Laßnitztal).

Teilbereiche mit westgerichteter Verschiebungstendenz im mittelsteirischen Becken (Mureinzugsbereich). Gegenüber dem vorherrschenden Drängen der quartären und alluvialen Flüsse in ostsüdöstlicher Richtung, das im großen gesehen wohl die schrittweise Forthebung und Erweiterung der alpinen Großaufwölbung zum Ausdruck bringt, steht in einzelnen Teilbereichen eine auffällige gegensätzlich westgerichtete Verschiebungstendenz gegenüber. Der eine hiedurch gekennzeichnete Abschnitt ist durch die bereits erwähnte Spezialaufwölbung des basaltischen Hochstradener Kogels und seines südlichen Ausläufers im östlichen Teil des Grabenlandes gegeben.

Ein zweiter Raum westgerichteter Flußverlegungstendenzen ist im Murabschnitt Wildon—Lebring erkennbar, welcher sich am Westsaum des Leibnitzer Feldes dem Bereich ausgesprochenen Westdrängens an Laßnitz- und dem untersten Sulmfluß anschließt. Wahrscheinlich zieht hier, am Ostsaum des Sausalberglandes, westlich der Linie Wildon—Leibnitz, eine Nordnordwest—Südsüdost verlaufende Einmuldung durch[72]. Diese drängt, offenbar in der Gegenwart weiterwirkend, die Mur bei und unterhalb von Wildon bis Lebring und ebenso die untere Laßnitz und unterste Sulm (im Bereiche des Leibnitzer Feldes) noch immer nach Westen[73]. Dies wird im speziellen angezeigt:

An der Laßnitz durch die Zone Preding—Matzelsdorf—Stangersdorf, mit Talgefällen von 0,76% bzw. 0,32%, gegenüber 1,27% im oberhalb gelegenen Abschnitt (bis Gussendorf) und 1% in der unterhalb gelegenen Talstrecke bis zur Mündung in die Sulm; an der Sulm in dem sehr geringen Gefälle auf der Strecke zwischen

---

[72] Ihr Verlauf wird durch vermindertes Gefälle an den von ihr gequerten weststeirischen Flußtälern angedeutet.

[73] Schon *J. Sölch* spricht unter Bezugnahme auf die Vereinigung von Laßnitz und Sulm im Murtalboden bei Leibnitz von einem „Loch" von Leibnitz, welches die Flüsse gewissermaßen hereingezogen hätte.

dem Durchbruch des Flusses durch den Weißheimberg bis unterhalb Heimschuh, gegenüber dem wesentlich stärkeren Gefälle im Durchbruch bis Kaindorf bei Leibnitz bzw. im Bereiche talaufwärts bis Gleinstätten.

Auch das Südwestwandern des Kainachtales und die westsüdwestgerichteten Verschiebungen der Täler ihrer Zubringer Lieboch- und Södingbach, welche an der einseitigen Anordnung der Terrassen und den asymmetrischen Wasserscheiden so deutlich in Erscheinung treten, können hier angereiht werden, zumal diese Bereiche in der streichenden Fortsetzung der angenommenen jungen tektonischen Depressionszone an unterer Sulm und Laßnitz zu liegen kommen.

Während so im Bereiche des Leibnitzer Feldes Laßnitz und unterste Sulm sich eindeutig nach Westen verschoben haben und noch verschieben, scheint die Mur unterhalb von Lebring auf der Scheide zwischen dem ostgerichteten Zug gegen das Grabenland und dem westwärts, gegen die vermutete Randeinmuldung im weststeirischen Becken gerichteten zu fließen. Es sei betont, daß das weststeirische Becken in seiner Gesamtheit dem Grabenland gegenüber einer relativen Einmuldung bzw. Zone geringerer Aufwölbung entspricht, was sich besonders in einer niedrigeren Höhe der Kammfluren und kleineren vertikalen Abständen der Terrassenniveaus — bei ähnlichem Schichtaufbau — zum Ausdruck bringt. Auch die durch *K. Bistritschan* festgestellte starke Alluvialmächtigkeit und das erwähnte besonders geringe Gefälle im mittleren Abschnitt des Laßnitztales, gegenüber einem stärkeren oberhalb und unterhalb St. Florian, weist auf eine **relative Einmuldung des weststeirischen Beckens** hin. Daher kann das erwähnte Westdrängen der Mur zwischen Wildon und Lebring und jenes der unteren Laßnitz und untersten Sulm **im Leibnitzer Felde als „Zug" gegen die weststeirische Einmuldung und speziell gegen die angegebene, an ihrem Ostsaum vermutete Depressionszone angesehen werden.**

Junge gegensätzliche Flußverlegungen an der unteren Mur im Bereiche des Abstaler Beckens. Eine auffällige Erscheinung bildet die Entwicklung an der unteren Mur im Bereiche des Abstaler Beckens in alluvialer Zeit. Während die Mur auf der ausgedehnten Laufstrecke zwischen Leibnitz—Spielfeld—Mureck in harmonischer Weise der alten, süd- bis südwestgerichteten Verlegungstendenz auch noch in jüngster Zeit gefolgt ist, hat sie im Bereiche des Abstaler Beckens ihren, in altalluvialer Zeit geschaffenen, gegen Süd konvexen Erosionsbogen verlassen und sich im Jungalluvium um viele Kilometer nach Norden verschoben. Diese Nordverlegung hat sich nach *Lamprecht* (1943) auch noch in historischer Zeit (im 16. Jahrhundert) durch eine Nordverschiebung im Ausmaße bis zu 2 km fortgesetzt. Eine besondere morphologische Ursache für diese Verlegung ist nicht feststellbar. Ich halte es für **möglich**, daß eine junge rückläufige tektonische Bewegung, die eventuell noch in historischer Zeit andauerte, die Mur wieder nordwärts in den Raum von Halbenrain abgedrängt hat. Es wäre geologisch leicht zu verstehen, daß sich am Südsaum der stärker und auch an jungen Brüchen aufgewölbten oststeirischen Vulkanlandschaft (Höhenzug des Stradener Kogels, Basaltmassiv von Klöch) eine lokale und vielleicht nur zeitlich begrenzt wirksame Einmuldung ausgebildet hätte, in einem Raum, der auch durch starkes Auftreten von Kohlensäuerlingen gekennzeichnet ist (Kohlensäuerlinge von Radein, Woritschau, Petanc, Sicheldorf, erbohrte Säuerlinge von Radkersburg, Kohlensäuerlinge von Laasen, Deutsch Goritz usw.).

Das hier skizzierte Bild jungtektonischer Aufwölbungen und Einmuldungen hat sonach noch im Laufe des jüngsten Quartärs wesentliche Veränderungen im Tal- und Flußverlauf mit sich gebracht. Der Einfluß dieser Bewegungen muß während des ganzen Quartärs bis zur Gegenwart wirksam angenommen werden.

e) Die Diskontinuität der quartären Bewegungen.

Es ist schon von vorneherein unwahrscheinlich, daß die Hebungen gleichmäßig und ohne Unterbrechung vor sich gegangen sind. Im nächsten Abschnitt wird dargelegt, daß auf Grund bestimmter Anzeichen mit einem unterbrochenen, sich abschwächenden und wieder verstärkenden Hebungsmechanismus, ja sogar wahrscheinlich mit Zwischenschaltungen von absoluten Senkungsphasen zu rechnen ist. Bei dieser Sachlage ist zu vermuten, daß das Ausmaß der Hebungen in bestimmten Zeiträumen des Quartärs ein **größeres** gewesen ist als 0,3—0,5 m/Jahrtausend.

Schwieriger ist die Frage zu beantworten, ob auch für den **Vorgang der Schrägstellung**, welche gerade für die Entstehung der Talasymmetrien von so großer Bedeutung ist, eine **Diskontinuität** anzunehmen ist. Die Hebungen (und Senkungen) sind regionale Vorgänge, welche im Quartär die gesamten Alpen und auch noch große Teile der Kleinen ungarischen Tiefebene (bis zum Bakonyer Wald und bis zum Vulkanbergland am Plattensee) erfaßt hatten. In den **Schrägstellungen** hingegen prägen sich in einem verschiedenen

Ausmaß der Aufwölbung die örtlich wechselnden, lokalen tektonischen Tendenzen aus. Es ist möglich, daß auch die örtlichen Differenzierungen im Ausmaß der Verbiegungen zeitlichen Schwankungen in der Bewegungsintensität ausgesetzt waren; wahrscheinlicher erscheint mir aber eine mehr kontinuierliche Wirksamkeit der Schrägstellungen. Denn es ist nicht ohneweiters einzusehen, warum ein Stillstand oder eine Abschwächung der in den lokalen Verhältnissen des Untergrundes begründeten Verbiegungswellen dann eintreten soll, wenn aus sehr tiefliegenden und weitreichenden Ursachen der kontinentale Hebungsvorgang eines großen Gebirgssystems zeitweilig eine Unterbrechung erfährt. Es läßt sich also durchaus vorstellen. daß auch etwa während einer Zeit absoluter regionaler Senkung der Verbiegungsvorgang mit positiven oder negativen Vorzeichen anhält.

f) **Zusammenfassung der Ergebnisse betreffend Tektonik und Asymmetrie von Hängen und Wasserscheiden.**

Aus diesen Darlegungen ergibt sich zwanglos eine vielfältige Übereinstimmung zwischen dem geologischen Bild mit der Ausbildung von Tal- und Wasserscheidenasymmetrien. Die wichtigsten bezüglichen Ergebnisse fasse ich hier zusammen:

1. Übereinstimmung zwischen dem Drängen der quartären Raab nach Norden und der dadurch bedingten einseitigen Terrassierung mit der im unteren steirischen Raababschnitt verlaufenden, pliozänen „mittelsteirischen Flexur" mit Absenkung des Nordflügels.

2. Die vom Murtalabschnitt (Graz Süd—Wildon) bis zum Gleichenberger Sulzbachtale feststellbare, einheitliche, quartäre Ostverlegung der Grabenlandtäler entspricht der nach derselben Richtung hin feststellbaren allgemeinen Schichtneigung und Aufeinanderfolge der Sedimente, indem von Osten nach Westen tortonische, untersarmatische, mittelsarmatische und schließlich obersarmatische Schichten auftreten. Dieser Abdachungsrichtung folgt auch eine Senkung der Höhenfluren.

3. Das gegensätzliche Verhalten des Gleichenberger Sulzbachtales (zum Teil auch schon des Poppendorfer Tales), welche ein Abdrängen nach Westen erkennen lassen, steht mit der auffälligen Höhenlage und ersichtlichen Aufbiegung der mittelpliozänen Abtragsfläche am Stradener Kogel — einer von jugendlichen Brüchen begrenzten Scholle — im Einklang.

4. Die besondere Tiefenlage der Kuppenfluren in den östlichen Windischen Büheln, im Bereich von Radkersburg—Kapellen—Luttenberg, gegen welche hin die Mur mit großen bogenförmigen Gehängeausschnitten besonders stark vorgedrungen ist, entspricht einer Zone jugendlicher, von uns erwiesener bruchförmiger, relativer Senkung, welche schon nördlich der Mur, im Vulkangebiet von Klöch, sich zu erkennen gibt, und besonders südlich dieses Flusses, im untersteirischen Stainztale, an einem jungen Senkungsstreifen, der von zahlreichen Kohlensäuerlingen begleitet wird, in Erscheinung tritt.

5. Das Süddrängen der Mur im Bereiche von Mureck—Spielfeld erfolgt in einer tektonisch tiefer geschalteten Zone, welche an dem schon 1913a von mir erwiesenen und in den letzten Jahren weiter verfolgten „Egidyer Bruch" sich gegen die westlich davon gelegene Scholle der westlichen Windischen Bühel abgrenzt.

6. Das weststeirische Becken besitzt gegenüber dem oststeirischen, trotz großer Nähe zu höheren Randgebirgen, eine um etwa 100 m tiefere Höhenflur als letzteres, was auf relative Senkungen der weststeirischen Bucht hinweist. Die Tiefenlage der Höhenflur korrespondiert mit einem geringen Talgefälle, wie es besonders an Laßnitz, weststeirischer Stainz und Sulm feststellbar ist. Der Einmuldung streben von Norden her Kainach, Laßnitz und Sulm, von Süden her die Saggau, unter Bildung prächtig asymmetrisch gestalteter Täler, zu.

7. Deutlich prägt sich das nordgerichtete Abdrängen der Saggau von der jugendlichen, antiklinalen Remschnigg—Radel-Aufbiegung aus.

8. Der paläozoische Grundgebirgsrücken des Plabutsch—Buchkogel, im Westen des Grazer Feldes, entspricht einer jungtektonischen Hebungsscholle, an welcher beiderseitig mit feinen Obermiozän-Sedimenten erfüllte, relative Senkungsmulden (Becken von Tal—Mantscha im Westen, Grazer Feld im Osten) gelagert sind. Derselbe Höhenbereich trennt einen Raum mit westsüdwestgerichteter Talverlagerungstendenz im Liebochtal, Södingtal und Kainachtal, von einem Bereich östlichen und südöstlichen Abdrängens der Flüsse und Täler an der Mur (Graz Südost—Wildon), im Ferbesbachtal, Autal und in den anschließenden Grabenlandtälern. Auch in diesem Falle stimmen also junge Talverlegungen und Jungtektonik in großen Zügen überein.

Aus diesen Gründen halte ich das verschiedenartige Verhalten der noch im Quartär tektonisch beweglichen Schollen, auf welchen sich die junge Eintiefung des steirischen Talnetzes im Diluvium und Alluvium vollzogen hat, als Hauptursache für die Entstehung der Tal- und Hangasymmetrie im steirischen Becken.

J. Zu den Ursachen der Terrassierung.

Die Zeit vom obersten Pliozän bis zur Gegenwart ist im Bereiche der Ostalpen und eines großen Teiles der anschließenden westpannonischen Senke sowie an der Scholle des Bakonyer Waldes eine solche **vorherrschender Tiefenerosion** gewesen, freilich vielfach unterbrochen von Phasen der Seitennagung und Aufschwemmung. Auch letztere haben sich tief in die östlichen Zentralalpen hinein zur Geltung gebracht. Die Ursache dafür, daß in dem wohl etwa 1—1,5 Millionen Jahre umfassenden Zeitraum vom obersten Pliozän bis zur Gegenwart die **Tiefenerosion** vorherrschend gewesen ist, muß, wie aus den vorangehenden Ausführungen hervorgeht, auf eine **junge tektonische Schwellung** zurückgeführt werden, welche Ostalpen und Randbereiche ergriffen hatte. Für die **Unterbrechungen des Tiefenschurfs und das Auftreten regional verbreiteter Akkumulationen in den Tälern** können **drei Vorgänge** als mögliche, gegenseitig interferierende oder zum Teil auch einander verstärkende Ursachen herangezogen werden:

1. **Tektonische Rücksenkungen im Hebungsgang der Schollen?**

Solch senkende Bewegungen halte ich als Ursache für die Entstehung der mächtigeren **ältestquartären** Schotterplatte im westungarischen Bereich und ihrer zum Teil sehr grobklastischen Äquivalente im steirischen Becken sowie für die zeitlich gleichgestellten Akkumulationen noch im Gebirgsinnern (Leoben, Trofaiacher und Seckauer Becken) für wahrscheinlich. Einer unmittelbar vorangegangenen, kräftigeren Hebung dürfte damals, zu Quartärbeginn — wie es auch allgemein nach Hebungsphasen in der jungtertiären Entwicklungsgeschichte sich einzustellen pflegte — eine Senkung nachgefolgt sein, welche die weitgehende Verschüttung des westpannonischen Beckens, der Täler der steirischen Bucht und auch im gebirgigen Mureinzugsbereiche zur Folge hatte. Wahrscheinlich hat sich, wenn auch weniger ausgeprägt, ein analoger Vorgang noch im Mittelquartär (unmittelbar vor Entstehung der intraquartären „mittleren Terrassengruppe"), anschließend an eine weitere Phase kräftiger Hebung und Tiefenerosion, zur Geltung gebracht.

Es ist durch zahlreiche, neuerliche geologische Untersuchungen festgestellt, daß besonders in alpinen Bildungsräumen eine ausgesprochen regelmäßige, zyklische Gliederung der Sedimentfolgen zu verzeichnen ist, die auf **tektonische Ursachen** zurückgeführt werden kann. Ich verweise hier auf die markante Treppenstufung der unter- bis mitteleozänen Flyschfolge von Friaul, welche nach Feruglios und eigenen Untersuchungen bei einer Mächtigkeit von zirka 2000 m durch die Einschaltung von 20 bis 25 Kalkbrekzienbänken zwischen Mergeln und Sandsteinen eine deutliche zyklische Gliederung anzeigt. Eine ähnliche, durch gröbstklastische Sedimente gegliederte Gesteinsfolge konnte ich im Obersenon des Isonzogebietes feststellen (*Winkler-[H.]* 1920, 1923), welche mehrfach eingetretene tektonische „Stoßphasen" unmittelbar ablesen läßt.

In der mittelmiozänen „Molasse" der „Arnfelser Serie" des weststeirischen Beckens wird durch den Wechsel von Konglomeraten mit tonigmergeligen Sandsteinen, in mehrfach sich wiederholender Folge, ein tektonischer Teilzyklus deutlich angezeigt (*Winkler-[H.]* 1927 c). Die Sedimente des Obersarmats im steirischen Becken sind durch Teilzyklen mit der Folge Grobsand — Feinkies, Kalk, Mergel — Feinsand gekennzeichnet, was ebenfalls auf tektonische Beeinflussungen zurückführbar ist. *E. Kraus* hat die zyklische Gliederung der Molasseablagerungen des Allgäus eingehend beschrieben und das Auftreten von Schotterzügen über Mergeln auf rhythmische, tektonische Eingriffe zurückgeführt[74], um nur einige alpine Beispiele zu nennen. (Vgl. auch *Bersier* 1950.)

Aus diesen Angaben geht hervor, daß — besonders ausgeprägt in den Bereichen jüngerer alpidischer Randmulden — eine zyklische Gliederung der Sedimentfolgen festzustellen ist, welche schon nach den damit verknüpften häufigen Diskordanzen (zum Teil sogar Winkeldiskordanzen), nach der manchmal sogar paroxysmatischen Charakter annehmenden Sedimentbeschaffenheit und der zeitlichen und räumlichen Größenordnung der Phänomene nur auf t e k t o n i s c h e U r s a c h e n zurückgeführt werden kann[75].

Es ist naheliegend, anzunehmen, daß auch noch während des Quartärs in alpinen Bereichen und deren Randsäumen, für die eine tektonische Aktivität im Quartär erwiesen ist, sich solche Zyklen auf tektonischer Grundlage zur Geltung gebracht haben; ein weiteres Moment, auch ein t e k t o n i s c h e s M o t i v für die Terrassierung mit vorauszusetzen.

Aber trotz des hier und früher eingehend begründeten Weiterwirkens der Jungtektonik bis in die Gegenwart und ihrer nachgewiesenen Bedeutung für Ausgestaltung auch des mittel- und jungquartären Landschaftsbildes, halte ich es n i c h t für wahrscheinlich, daß für die vielfachen Unterbrechungen des Tiefenschurfs in vorgenannten Zeiten — im Sinne etwa der Auffassungen von *E. v. Szadeczky-Kardoss* (1938) und *H. Quiring* (1926) — allgemein n u r e i n t e k t o n i s c h e r R h y t h m u s dafür verantwortlich zu machen ist. Dazu erscheinen die Aufschüttungen und die Terrassierung, die sie erzeugen, von zu regionalem und zu einheitlichem Charakter. Insbesondere weist ihr Ü b e r g r e i f e n ü b e r T e i l z o n e n v o n g a n z v e r s c h i e d e n e m t e k t o n i s c h e m V e r h a l t e n (über Hebungs- und Senkungsbereiche) auf eine ü b e r g e o r d n e t e U r s a c h e hin.

Wenn rhythmische t e k t o n i s c h e Hebungen und Senkungen als Hauptgrund für den Teilrhythmus im morphologischen Geschehen am Alpensaum, wie er in der vielstufigen Terrassierung zum Ausdruck kommt, überhaupt ins Auge gefaßt werden sollen, so können es, meines Erachtens nach, nur die indirekten Auswirkungen alternierend auftretender „Hebungen" im Bereich des Donaudurchbruches durch das Eiserne Tor gewesen sein, wobei der untere Ausgang des Gr. Alföld im Quartär die lokale Erosionsbasis auch für den oberhalb gelegenen Einzugsbereich der pannonischen Donau und ihrer Zuflüsse abgegeben hätte. Man könnte hiebei an eine posthume Auswirkung orogenetischer Bewegungen, die bekanntlich in den Südkarpaten noch intraquartäre Faltungen hervorgerufen hatten, und an, durch letztere hervorgerufene, stoßweise einsetzende Hebungen denken. Im Sinne dieser Möglichkeiten wäre der Terrassenrhythmus als eine Interferenz der Fernwirkungen alternierender tektonischer (orogenetischer) Aufbiegungen und zwischengeschalteter Stillstände im südkarpatischen Bereich einerseits und einer mehr kontinuierlichen Aufwölbung der ostalpinen-westpannonischen Scholle zu deuten. Wenn man aber die hier angedeutete Möglichkeit tektonischer Fernwirkung ausschaltet, so bleiben als Erklärungsmöglichkeiten r e g i o n a l e r W i r k s a m k e i t meines Erachtens die noch zu besprechenden klimatischen Einflüsse und die Auswirkungen eustatischer Spiegelschwankungen des Meeres übrig, die nun zu prüfen sind.

---

[74] Weitgehend zyklisch gegliederte Sedimentfolgen sind bekanntlich aus dem germanischen Schollenbereich, z. B. von *W. Klüpfel, K. Fiege* (1951) u. a., beschrieben worden.

[75] *S. v. Bubnoff* hat vor kurzem (1948) eingehend über die zyklische Sedimentbildung berichtet, unter besonderer Bezugnahme auf die neueren Arbeiten von *Fiege* und *Korn*. Hiebei wurde als Entstehungsursache den innenbürtigen Vorgängen (Hebungen und Senkungen) die ausschlaggebende Rolle zugemessen. Merkwürdigerweise wurden hiebei die in geosynklinalen, alpinen Sedimenten vielfach geradezu ideal ausgebildeten Sedimentationszyklen nicht erwähnt, auf welche ich schon 1925, unter Anführung von Beispielen aus den südöstlichen Alpen, eindringlich verwiesen hatte, und welche übrigens eine, für jeden Alpengeologen wohlbekannte Erscheinung darstellen. Ich gehe aber nicht soweit, wie *Bubnoff*, welcher auch in den Kleinzyklen, welche so häufig das Schichtbild beherrschen, eine tektonische Ursache annimmt, sondern halte die sekundären Schichtrhythmen, wie sie beispielsweise die alpinen Dachsteinkalke, die prächtig geplatteten Hornsteinkalke des Juras und der Kreide und die Karstkalke der Kreide aufzeigen, klimatisch bedingt. Ich trenne daher nach der Entstehungsursache diesen Schichtrhythmus von den in größeren Gesteinskomplexen häufig feststellbaren zyklischen Folgen tektonischer Verursachung.

2. Klimatische Ursachen.

Klimatische Ursachen müssen — im Sinne der herrschenden Auffassung — auch am Ostsaum der Zentralalpen für den Vorbau mächtiger synglazialer Schuttkegel der Würmzeit und auch solcher, die ins „Riß" und eventuell ins Altglazial gestellt werden können und die von den Endmoränen der Mur und Drau ihren Ursprung nehmen, herangezogen werden; ebenso auch für die Aufschwemmung der an räumlicher Ausdehnung und Mächtigkeit weit zurücktretenden, annähernd gleichzeitigen Schotterfluren an der Raab, Feistritz und an einigen anderen, aus den unvergletscherten Alpenteilen herabsteigenden Flüssen. Die **vermehrte Schuttförderung in der Eiszeit** von den Gletschern her, zum Teil noch in der Spätglazialzeit, wird, im Sinne *A. Pencks*, als Ursache für die Terrassenaufschwemmung angesehen, während die Zerschneidung der glazialen Fluren durch spät-postglaziale Schmelzwässer besonders verstärkt worden wäre.

Aber für die überwiegende Zahl der Terrassensysteme im steirischen Becken sprechen gewichtige Gründe gegen die Deutung als klimatisch bedingte Terrassierungen, insbesondere gegen eine solche als Glazialterrassen:

a) **Die „Terrassensedimente" der Gegenwart nach Entstehung und Aufbau ein Äquivalent der quartären Schotter-Lehm-Fluren.**

Die heutigen Talfluren des steirischen Beckens umfassen, insbesondere auch nach den Ergebnissen der Bohrungen in den Alluvialgeländen des Laßnitztales in Weststeiermark (vgl. *Bistritschan*, 1941), im Lendbachtale bei Gleichenberg (Ergebnisse von *W. Rittler*) und im Stremtale (*Bistritschan*, 1947), bis zu 20 m mächtige alluviale Aufschüttungen, die, meist noch in Weiterbildung begriffen, genau **das gleiche Schichtbild aufzeigen wie die Schotter-Lehm-Terrassen des Quartärs.** Auch die Alluvialprofile zeigen nahezu ausnahmslos an der Basis gröberes Material, meist Kiese und Grobschotter, darüber Sande, die in sandige Lehme und typische Aulehme übergehen. Letztere werden bei den Inundationen von der überwiegenden Zahl der heutigen Täler im steirischen Becken noch gegenwärtig abgesetzt. Ein Unterschied zwischen den Lehmbedeckungen der quartären Terrassen und den Aulehmen der Gegenwart besteht nur in der mehr oder minder weitgehenden diagenetischen Veränderung der ersteren[75a]. Wir haben festgestellt, daß auch das Alluvium an den größeren Alpenlandflüssen, wie Mur, Drau usw., wie das Auftreten mächtiger Alluvial-Schotterbildungen an diesen erkennen läßt, einer ausgesprochenen Aufschwemmungsphase (Erhöhung der Talsohlen) entsprochen hat bzw. entspricht. In den Fällen, wo die Erhöhung der Talsohle durch Schotter oder Lehme in der Gegenwart nicht mehr vor sich geht, gab es in einer älteren Phase des Alluviums auch dort kräftigere Aufschüttung.

Es ergibt sich daraus, daß sich heute vor unseren Augen im allgemeinen ein Terrassensediment von regionaler Verbreitung und weitgehender Einheitlichkeit bildet, wie wir es insbesondere von den lehmbedeckten Terrassen des Quartärs, sekundär verändert, kennen. Würden unsere steirischen Beckenflüsse und Bäche, besonders soweit sie lehmbedeckte Auenfluren aufweisen, bis zu einer Tiefe von etwa 20 m einschneiden, so würden wir eine Terrassenflur vor uns sehen, ähnlich jener, wie sie zum Beispiel in der lehmüberzogenen Helfbrunner Flur des Leibnitzer Feldes vorliegt.

Die rezente und subrezente Bildungszeit dieser Aufschwemmungen mit mächtigen Lehmdecken, welche den in etwa sieben Etappen in der Quartärzeit entstandenen Terrassenablagerungen gleichen, ist aber **keine Glazialzeit**, sondern eine ausgesprochene interglaziale (postglaziale) Phase, nachfolgend schon den Rückzugstadien der alpinen Würmgletscher. Sie ist von den abklingenden Stadien der letzten Eiszeit durch eine Erosionsphase getrennt. **Wenn wir für die alluvialen Sedimente der Gegenwart und des**

[75a] Dies gilt jedoch nur für den allgemeinen Aufbau, nicht aber für gewisse, durch Klimadifferenzierungen bedingte Teilunterschiede in der Entstehung.

Jungalluviums eine nichtglaziale Entstehung annehmen müssen, so wird dies wohl auch für die gleichartig zusammengesetzten Schotter-Lehm-Terrassen des Quartärs Geltung haben.

Sekundäre (nichtglaziale) Klimaschwankungen, zum Beispiel die Allerödschwankung oder das postglaziale Klimaoptimum, können für die Erklärung der Aufschwemmung im Alluvium nicht in Betracht kommen, da das Aufschüttungsphänomen sich über einen viel längeren Zeitraum — vom Ende des Spätglazials bis in die Gegenwart hinein — erstreckt, und außerdem solche klimatische Oszillationen untergeordneter Art nicht in der Lage sein können, so bedeutende Veränderungen im Haushalt der Flüsse und in der Gestaltung der Täler hervorzurufen. Es muß daher ein anderer, regional wirksamer Faktor für die allgemeine alluviale Talaufschwemmung in Betracht kommen.

β) Die Zahl der Lehm-Schotter-Terrassen des Quartärs ist wesentlich größer als jene der Eiszeiten.

Im gesamten Einzugsbereich der Mur (ebenso auch in dem der Raab) im steirischen Becken wurden, einschließlich der heutigen alluvialen Talsohle, etwa sieben übereinander angeordnete quartäre Schotter-Lehm-Fluren festgestellt, deren gleichartiger oder ähnlicher Aufbau auf analoge Bildungsbedingungen hinweist[75a]. Von diesen Terrassen bedurfte jede einzelne eines längeren Zeitraumes zur Entstehung. Sie sind voneinander durch größere Erosionsphasen getrennt. Der Vielzahl dieser Terrassen (einschließlich der Riß- und Würmterrassen und des Alluvialbodens etwa zehn Flurensysteme) stehen nur die vier erwiesenen alpinen (und außeralpinen), diluvialen Vereisungen[75b] gegenüber. Das spricht gerade nicht für einen genetischen Zusammenhang zwischen einem wesentlichen Teil der Terrassenbildung und der Eiszeiten.

Freilich ist es möglich, auf Grund einer wohl noch sehr problematischen Ausdeutung der Klimakurve von *Milankovitch* und auf Grund nur teilweise gesicherter und zum Teil von verschiedenen Forschern in verschiedener Weise gedeuteten Befunde in einzelnen Lokalbereichen (nach *Eberl* und *Sörgel*) eine „Vollgliederung" des Eiszeitalters anzunehmen und irgendwie eine Vielzahl von Terrassen mit einer ebensolchen von Teilphasen der Eiszeiten zu parallelisieren. Wenn man aber die Schwierigkeiten kennt, welche einer Deutung glazialgeologischer Befunde gegenüberstehen, so wird man solchen Versuchen, die sicherlich Anregungen zu bieten vermögen, doch mit einer gewissen Skepsis begegnen. Für alle Fälle ist eine Übereinstimmung in der Zahl der quartären Hauptvereisungen und jener der nachweisbaren Hauptterrassen des Quartärs am östlichen Alpensaum nicht ohne weiteres gegeben, eine Feststellung, die, angesichts der in Pkt. 1 angeführten Beweisgründe für ein eher „interglaziales" Alter der lehmbedeckten Terrassen, ein besonderes Gewicht erhält.

γ) Die Verbreitung einheitlich ausgebildeter, quartärer Lehm-Schotter-Terrassen aus dem Alpeninnern bis tief in die ungarische Ebene hinein, wo „glaziale" Einflüsse für die Aufschüttung nicht mehr in Frage kommen.

Die mit mächtigen Lehmen bedeckten Terrassen des Quartärs sind im Murbereich sowohl im Innern des Gebirges als auch im steirischen Hügelland und nach Ausmündung der Täler in die flachwellige Landschaft der Kleinen ungarischen Ebene in dieser weit hinaus verfolgbar, ohne eine Änderung in ihrem Aufbau zu erfahren. Sie stehen in ausgesprochenem Gegensatz zu den mächtigen ausschließlichen oder doch überwiegenden Schotterakkumulationen, die sich augenscheinlich an Vereisungen knüpfen, insbesondere an die Würmvereisung, welche an Mur, Drau (und Save) rasch an Mächtigkeit abnehmende, alpenrandnahe Schuttkegel bildeten. Ich verweise speziell darauf hin, daß die quartären Lehm-Schotter-Fluren an der untersten Mur (schon außerhalb der Grenzen Österreichs), an der Nordflanke des Talbodens, ohne oder nur mit schwacher Konvergenz zur heutigen Talsohle, bis an den Hügelsporn von Unterlimbach (Also Lendva), nahe dem Mündungsbereich der Mur in die Drau, und, nach der Darstellung auf der älteren geologischen Übersichtskartierung Ungarns, noch weiter

---

[75a] Außerdem noch höhergelegene, zum Teil ganz gleichartig ausgebildete oberpliozäne Fluren.

[75b] Die „Donaueiszeiten" können, zumindest als Großphänomene, wohl noch nicht als gesichert gelten.

ostwärts ziehen. Analoge Terrassen sind übrigens von *L. v. Loczy* im Zalatal weiter verfolgt worden und treten auch an der Nordflanke des ungarischen Raabbereiches in flächenhafter Verbreitung auf.

Tiefer im Gebirge sind, wie angegeben, quartäre l e h m b e d e c k t e Terrassenfluren an der Mur schon von verschiedenen Forschern (besonders *Aigner, Sölch*) beschrieben worden. Sie sind noch im Knittelfelder Becken bis in den Bereich der Würmmoränen von Judenburg feststellbar und auch nach eigenen Begehungen in typischer Entwicklung (Schotterbasis, darüber mächtige Aulehmbedeckung) an der unteren Ingering vorhanden, in Bereichen, in welchen die sicher glazialen (Würm-Riß-) Terrassen ebenfalls einen abweichenden Aufbau (reine und mächtige Schotterterrassen!) aufweisen.

Es ist kaum denkbar, die Entstehung der so einheitlich und auch noch alpenferne, weitab von den Endmoränengürteln der alpinen Vereisung, auftretenden Lehmterrassen, auf glaziale Einflüsse zurückzuführen, um so mehr, als ein Großteil derselben sich an Flüsse knüpft, die aus nicht vereist gewesenen Bereichen herabkommen. (Gesamter Einzugsbereich der Raab, weststeirische Flüsse.) In dieser Terrassenbildung eine Wirkung der p e r i g l a z i a l e n F a z i e s erblicken zu wollen, ist — abgesehen von der unter Pkt. 1 angeführten zeitlichen Unstimmigkeit — schon dadurch widerlegt, daß wir auf Grund der noch gut überblickbaren Verhältnisse der Würmeiszeit am östlichen Alpenrande feststellen können, daß damals große Schuttmassen nur von jenen Flüssen herabtransportiert worden sind, die in Vereisungszentren ihren Ursprung hatten (Mur, Drau, Save), dagegen n i c h t von jenen, welche in Mittelgebirgen mit periglazialer Fazies (Raab, Feistritz, Lafnitz, Pinka, Kainach, Laßnitz, Sulm) wurzelten. Unsere Feststellungen sprechen dafür, daß an den letztgenannten Flüssen — abgesehen von Stauschottern im Unterlaufe — keine a u s g e d e h n t e r e n Terrassierungen aus den Eiszeiten vorliegen, eine Auffassung, die schon vor 100 Jahren *F. Rolle* zum Ausdruck gebracht und auch *J. Sölch* vertreten hat. A u s d i e s e n h i e r a n g e f ü h r t e n G r ü n d e n s c h e i d e t f ü r d i e S c h o t t e r - L e h m - T e r r a s s e n d e s M u r b e r e i c h e s m. E. e i n e ü b e r w i e g e n d g l a z i a l e E n t s t e h u n g a u s.

δ) E u s t a t i k? Für die Deutung der stufenförmig übereinander angeordneten, im wesentlichen als i n t e r g l a z i a l betrachteten, spätjungpleistozänen, frühmittel-altpleistozänen Schotter-Lehm-Fluren im Mur- und Raabbereich kann vermutlich die Fernwirkung eustatischer Spiegelschwankungen während des Quartärs, die auch für das Schwarze Meer (bzw. für verschiedene quartäre Teilphasen für die Spiegel eines Brack- oder Süßwassersees) — wenn auch in etwas modifiziertem Ausmaß — für Würm I mit mindestens — 40 m (nach *M. Pfannenstiel*, 1944, Tab. VII bis 90 m?) — angenommen wurden, herangezogen werden. Solche sind auch von *F. X. Schaffer* (1905) und *H. Hassinger* (1918) für die junge Terrassierung der Donau unterhalb von Wien als wahrscheinliche Deutungsmöglichkeit angesprochen worden. Auch durch eine positive Spiegelschwankung des Meeres und durch die damit verbundene Verschiebung der absoluten Erosionsbasis landeinwärts, mußte ein Talaufwärtsrücken der Bereiche ständiger Akkumulation bewirkt und das Flußsystem am östlichen Alpenrand — unbeschadet örtlich bedingter Interferenzen mit tektonischen Bewegungen und mit klimatischen Aufschüttungen — im großen und ganzen, zustrebend einem neuen, höhergelegenen Gleichgewichtsprofil, einheitlich beeinflußt worden sein[75c].

In diesem Zusammenhange ist es sehr bemerkenswert, daß das *Sörgel*sche Schema einer rein glazialistischen Terrassengliederung im nord- und mitteldeutschen Quartär nach den neueren Forschungsergebnissen von *R. Grahmann* (1944) und von — wohl dem besten Kenner des norddeutschen Quartärs — *P. Wolstedt* (1952) erschüttert ist und auch in diesem Groß-

---

[75c] Nach *M. Pfannenstiel* (1950, 1951) hat sich die von der Würmregression des Schwarzen Meeres ausgehende Tiefenerosion bis an den Karpatensaum zur Geltung gebracht. Es ist zu vermuten, daß sich der Einfluß dieser Regression, welcher, nach *M. Pfannenstiel*, am Nil sich 700 km flußaufwärts geltend machte, auch an der Donau weiter talaufwärts gereicht hatte.

bereich nicht nur Glazialterrassen, sondern auch weitverbreitete, eustatisch-interglazial bedingte Aufschwemmungen und Flurenbildungen von maßgeblicher Bedeutung sind.

Es ist aber auch möglich, daß es der Einfluß nähergelegener Seespiegelschwankungen im Gr. Alföld gewesen ist, welcher die Bildung der Lehmterrassen bzw. ihre Zerschneidung bedingt hat. Von besonderer Bedeutung für die Frage der Entstehung der lehmbedeckten Terrassen erscheint hier der Umstand, daß nach den Untersuchungen besonders von *J. Halavats* (1897, 1905) das Gr. ungarische Alföld von bis mehrere hundert Meter mächtigen Quartärablagerungen limnischer und fluviatiler Entstehung erfüllt ist. Die Spiegelschwankungen dieser Quartärseen mußten auch die Erosions- bzw. Akkumulationstätigkeit der einmündenden, von den Alpen dorthin absteigenden Flüsse maßgeblich beinflussen. Nach *V. Laskarev* (1952) würde eine tiefere limnische Serie mit Corbicula fluminalis, einer wärmeliebenden Form, mit der 25—37-m-Terrasse bei Budapest in Beziehung treten, deren Conchylienfauna kein glaziales Gepräge erkennen läßt (*E. v. Szadeczky-Kardoss*, 1938). Nach *M. Mottl* und *B. Bulla* wäre diese Terrasse ins Mittelpleistozän zu stellen. *Laskarev* bezweifelt, daß diese Terrasse glazial-klimatisch zu deuten sei.

Die über dem genannten Schichtkomplex in der Alföldsenke gelagerten Schichten werden von *Laskarev* als S z e n t e s s e r i e bezeichnet (bis 200 m mächtig), mit teils limnischen, teils fluviatilen Entstehungsbedingungen. Ich betrachte es als eine zu prüfende Möglichkeit, daß es interglaziale-glaziale Spiegelhebungen bzw. Senkungen dieser Alföldseen gewesen sind, welche die Aufschüttung der Hauptsysteme, der mit mächtigen Lehmen bedeckten Terrassen des Kl. Alfölds und des östlichen Alpenrandes, und deren Zerschneidung bedingt haben. Ob diese Spiegelschwankungen nun durch tektonische Bewegungen am Südkarpatensaum oder durch eustatische Einflüsse aus dem Schwarzen-Meer-Bereich ausgelöst wurden, muß hier unerörtert bleiben.

K. Zu den wirksamen Faktoren der Abtragsvorgänge.

1. Allgemeines.

Im Bereiche des steirischen und des westpannonischen Hügellandes muß der f l u v i a t i l e n E r o s i o n und der unmittelbar dadurch beeinflußten Denudation der Hauptanteil an der Abtragung der Schollen zugemessen werden. Die für den westpannonischen Bereich von *L. v. Loczy* (1916) und *E. v. Cholnoky* (1921) als maßgeblich betrachtete ä o l i s c h e D e n u d a t i o n, welche insbesondere auch für die Entstehung der N—S-Talungen westlich des Bakonyer Waldes herangezogen wurde, kann, wie auch schon von anderer Seite betont worden ist, n i c h t als maßgebliche Ursache für die Grundzüge der Landschaftsgestaltung angesehen werden, wenn auch der Windwirkung an der Ausgestaltung der Detailformung dort ein Einfluß zuzubilligen ist. Die deutlich durch fluviatile Erosion und unter Einwirkung der Abspülung und Abrutschung geformten Oberflächen des oststeirischen Hügellandes und jenes des westlichen Göcsei setzen sich, in ähnlich gestalteten Höhenrücken entsprechender Höhenlage, im Raum der N—S-Talungen, östlich von Zalaegerszeg, fort. Schon die Breite dieser Täler (1—2 km) und das Ausmaß ihrer Eintiefung läßt ihre Entstehung im Wege der Auswehung als unmöglich erscheinen. Offenbar liegt dort ein, zwar durch Windwirkung überformter, in seinen Grundzügen aber fluviatil gestalteter Formenkomplex vor.

2. Zur Formengestaltung der asymmetrischen Täler in den steirischen und westpannonischen Beckenbereichen.

Als Ursache für die die Täler des steirischen Beckens zu etwa 90% beherrschende Talasymmetrie, haben wir eine fortdauernde tektonische Schrägstellung der Schollen, als eines, während der Erosionsvorgänge im wesentlichen kontinuierlich wirksamen Vorganges, angenommen. Es wurde ferner dargelegt, daß — auch bei der vorausgesetzten d a u e r n d e n

Schrägstellung — die Asymmetrie nicht so sehr in den Zeiten rascher Tiefenerosion, sondern in jenen erlahmender Tiefennagung und zu Beginn der anschließenden, einsetzenden Aufschwemmung (Schotterakkumulation!) in der jüngsten geologischen Vergangenheit (Alluvium) und zum Teil ähnlich im Quartär sich zur Geltung bringen konnte.

Die Auswirkungen der Schrägstellungen auf die Flüsse werden sich auf verschiedene Weise äußern, je nach dem Entwicklungsstadium, in dem sich die betroffenen Flüsse befinden (vgl. auch S. 21). Bei starkem und raschem Einschneiden eines Flusses werden sich auch im tertiären Schichtbereiche steile Rinnen (ohne Mäander) bilden. Die Auswirkung der Schrägstellung wird sich bei einem solchen Fluß oder Bach nicht zur Geltung bringen können. Dasselbe wird der Fall bei einem in breitem, nur bei Hochwässern inundiertem Talboden, mit geringem Gefälle, in „Schlottermäandern" strömenden Fluß der Fall sein. Der Fluß wird imstande sein, falls die Schrägstellung nicht zu bedeutend, die durch die Verbiegung entstehenden Niveauunterschiede im Talboden immer wieder durch seine Hochwassersedimente auszugleichen (Absatz von „Aulehmen"). Ist dagegen ein Flußsystem im Begriffe, seine Talschlucht bei beginnender Akkumulation durch Lateralerosion allmählich auszuweiten und dabei seine Mäanderbögen zur Entwicklung zu bringen, so wird offensichtlich die Möglichkeit zu einer Beeinflussung der Talentwicklung durch tektonische Schrägstellungen gegeben sein. Dasselbe gilt für den Fall, wenn ein träges, in breitem Talboden mäandrierendes Flußsystem sich langsam einzuschneiden beginnt. In diesem Falle wird ebenfalls die Möglichkeit einer Beeinflussung durch Schrägstellungen bei Hebungen oder Senkungen zu erwarten sein.

Es gilt nun die Größenordnung einer, auf Grund der gegebenen morphologischen Verhältnisse zu erschließenden Schrägstellung festzustellen, um zu erkennen, ob eine solche als ausreichende Ursache für den Vorgang der seitlichen Talverlegungen anzusprechen ist. Ich wähle hiezu zwei Beispiele:

a) Das SW- (S-) Drängen von Feistritz und Ilz (Ritschein) in der nördlichen Oststeiermark. Die hohen Terrassen der Quartärs zeigen in dem N—S-Profil auf der Strecke Auffenberg (westlich von Waltersdorf)—Ilz (etwa 15 km) einen Niveauunterschied von etwa 100 m (455 m am Auffenberg, 375—380 m unmittelbar südlich von Ilz). Die heutigen Talböden sind, am oder nahe dem Profilschnitt, sowohl im Kaindorfer Saifenbachtal wie im Feistritz- und Ilzbachtal, praktisch in gleicher Seehöhe gelegen. Es kann daher der Niveauunterschied von 70—80 m auf Rechnung tektonischer Bewegungen gebucht werden (Abb. 12, S. 62; Abb. 21, S. 109; Taf. III, Fig. 7).

Die Schrägstellung der Scholle kann sich naturgemäß auf die Gestaltung des Flußprofils nicht so sehr bei Niederwasser, sondern in erster Linie bei Hochwässern, zur Geltung bringen, gelegentlich welcher ja auch die hauptsächliche Neugestaltung der Talsohlen erfolgt. Die Feistritz pendelt gegenwärtig mit ihren Mäanderbögen, auf einer alluvialen Talbreite von etwa 1,5 km, zwischen der nördlichen und südlichen Talflanke hin und her. Bei Hochwasser, welches die ganze Talaue bedeckt, wird sich daher der Effekt der Schrägstellung über das ganze Talquerprofil zur Geltung bringen können. Die Auswirkung der Schrägstellung auf die Seitenerosion des Flusses erfolgte dabei in der jungen geologischen Vergangenheit vorwiegend in Zeiten verstärkter Schurf- und Transportkraft, gegenüber jener der Gegenwart, und zwar jedenfalls durch Beeinflussung der Wasserwalzen in den Mäanderbögen. Diese wurden dadurch in die durch die tektonische Neigung bevorzugte Richtung abgelenkt und die Seitenerosion einseitig verstärkt. Es ist ferner zu berücksichtigen, daß die an der Talgestaltung wirksamen Katastrophenhochwässer erst nach mehrjährigen bis vieljährigen Zeiträumen einzutreten pflegen („säkulare Hochwässer"). Es wird daher im allgemeinen nicht nur der Effekt der Schrägstellung eines einzigen Jahres, sondern jener einer größeren Anzahl von Jahren sich bei Eintritt eines Katastrophenhochwassers zur Geltung bringen können.

Wir legen für die Zeitdauer der Ausbildung der Talasymmetrie am oststeirischen Flußnetz — erst vom Zeitpunkt der Eintiefung in die ältestquartäre Aufschüttung bis zur Gegenwart — eine Mindestzeitdauer von 600.000 Jahren zugrunde[76]. Die Breite der Überschwemmungsböden der Haupttäler wird an der Feistritz mit 1,5 km angenommen. Dann erhält man einen jährlich neu entstehenden und sich im Laufe der Jahre summierenden Niveauunterschied zwischen der N- (NO-) und der S- (SW-) Flanke des Feistritztales von 0,07 mm/Jahr, sonach für 100 Jahre einen solchen von 7 mm.

---

[76] Für die Zeit des gesamten Quartärs, einschließlich der ältestglazialen Aufschwemmungen und der unmittelbar „präglazialen" Erosion (Einschneiden in die untere Teilflur des vorangegangenen oberstpliozänen Abtragsniveaus), wird ein größerer Zeitraum (etwa 1—1,5 Millionen Jahre) in Rechnung gestellt.

Etwas geringere Werte erhält man für den Abdrängungsbereich an der Ostflanke der Hartberger Aufwölbung in einem Profil vom Saifen- (Safen-) zum Lafnitz- und zum obersten Strem-Pinka-Tal (Abb. 22, S. 112).

b) Bei einem z w e i t e n B e i s p i e l, dem D e u t s c h e n G r a b e n l a n d, läßt sich eine Absenkung der mit ältestquartären Ablagerungen bedeckten Höhenflur aus dem Raum bei St. Georgen bei Wildon (in 440 m Seehöhe) bis an den Höhenrücken westlich des Gnasbachtales um 70 m, gemessen an der nach Osten absteigenden Achse der Grabenlandaufwölbung, feststellen (Abb. 19, S. 80). Anfangs- und Endpunkt des herangezogenen Profils zeigen keinen nennenswerten Höhenunterschied in den alluvialen Talböden (K 304 im Stiefingtale, K 297 im Edlatal). Für die etwa 1 km breiten Auböden der größeren Grabenlandtäler erhalten wir dann, als Auswirkung der Schrägstellung, zwischen der W- und O-Flanke derselben, einen j ä h r l i c h zuwachsenden Niveauunterschied von 0,055 mm.

Es ergibt sich daraus, daß zwar nur kleine, aber beachtenswerte Verstellungen, deren Effekte sich in Jahrzehnten und Jahrhunderten summieren und in letzteren, gemessen an den Niveauunterschieden beiderseitiger Talflanken, das Ausmaß von mehreren Millimetern bis Zentimetern erreichen, fallweise in säkularen Hochwässern summiert zur Auswirkung gelangen können.

Es erhebt sich nun die Frage, ob verhältnismäßig geringfügige Veränderungen in der relativen Niveaulage einer von Flüssen durchzogenen Landschaft ausreichend sind, so gewaltige seitliche Erosionsleistungen, wie sie in den Seitenverschiebungen ganzer Flußsysteme in Erscheinung treten, zu bedingen. Zur Beurteilung dieser Frage ist zu berücksichtigen, daß kaum eine direkte Auswirkung der Schrägstellung auf das schmale Flußbett in Betracht kommen, sondern daß dies nur indirekt, durch Beeinflussung der in oft über 1 km breiten Talauen hin- und herpendelnden Flußmäander, erfolgen kann. Wenn man im Sinne von *F. M. Exner* (1919, 1929) u. a. die Flußmäander als „Pendelschwingungen" — ein allerdings noch sehr umstrittenes Problem — auffaßt, so wäre eine Beeinflussung dieses empfindlichen Systems durch auch nur schwache, fortwirkende Verstellungen (Schrägstellungen) ohne weiteres vorstellbar. Jedenfalls erscheint die Auswirkung der Schrägstellung auf die Fluß- und Talentwicklung in a u s l e i c h t e r o d i e r b a r e m S c h i c h t m a t e r i a l aufgebauten Landschaften viel eher verständlich, wenn man eine Beeinflussung der sich oft über die ganze Breite der Talaue erstreckenden, talabwärts wandernden Mäander ins Auge faßt, sei es, daß diese freie Mäander darstellen oder als eingesenkte Mäander in verstärktem Tiefen- und Seitenschurf begriffen sind, als durch eine u n m i t t e l b a r e Einwirkung auf das Flußbett.

3. Die Bedeutung der Gehängerutschungen für die junge Denudation des steirischen Hügellandes. (Abb. 1, zwischen S. 6/7; Abb. 3, S. 15; Abb. 4, S. 17; Abb. 5, S. 19; Taf. III, Fig. 1—4, 6; vgl. auch die Abbildungen in *Winkler (v. H.)* 1927 b, 1943 b, c).

Unzählige Gehängerutschungen, welche überall im Gebiete der von tertiären Sedimenten gebildeten Hänge des steirischen Hügellandes, bevorzugt aber in dessen sarmatischen und pannonischen Schichtbereichen, auftreten, bedeuten eine m a ß g e b l i c h e B e e i n f l u s s u n g d e r O b e r f l ä c h e n f o r m u n g (*J. Sölch*, 1918, 1919, *Winkler [v. H.]*, 1913, 1921, 1927 a, b, 1943 b, c; *A. Aigner* [1935], *J. Stiny* [1926]). Allerdings handelt es sich hiebei weder um eine Vertiefung der Talsohlen — in manchen Fällen sogar um eine Erhöhung derselben durch abgeglittene Massen — noch, von Ausnahmsfällen abgesehen, um eine Erniedrigung der Kammfluren selbst, da die Rutschungen sich durchaus an den Gehängen, wenn auch an diesen oft bis nahe an den Kamm heran, abspielen. *A. Aigner* versuchte die im Bereiche der höher gelegenen, älteren Talformen in Erscheinung tretenden Rutschungen von solchen an den jünger gestalteten Hängen abzutrennen. Die Scheidung ist aber nach meinen Beobachtungen nicht scharf durchzuführen, dies um so mehr, als es zahlreiche Großrutschungen subrezenter Entstehung gibt, welche von den obersten Hängen bis nahe an die Talsohlen oder sogar zu diesen herabreichen. Bei katastrophalen, akuten Rutschungen der Gegenwart, wie sie sich in vielen Fällen vor unseren Augen abspielen, geraten häufig Schollen im Ausmaß von mehreren 1000 Kubikmetern, ausnahmsweise auch solche von etlichen Zehntausenden von Kubikmetern, an den einzelnen Stellen in Bewegung, wobei geklüftetes Gelände entsteht und auch murenartige Ausbrüche schlammiger Massen zu verzeichnen sind. Diese, unmittelbar in die Augen springenden Bewegungen sind allerdings nur ein Teil eines, vielfach auch über Kilometerlänge Erstreckung erfolgenden, aber verdeckten Hanggleitens, das sich, besonders in den kesselförmigen Trichtern der Täler und an durch den Schichtbau prädestinierten Gehängen, dauernd als subakute Massenbewegung abspielt. Diese letztere gibt sich insbesondere an sich immer wieder einstellenden Mauerrissen an Gebäuden, Schrägstellung dieser und dann Absitzungen an Wegen usw. zu erkennen. Es besteht sonach in großen Bereichen der Steiermark sowohl eine, meist örtlich beschränkte, explosiv auftretende, katastrophale Art von Rutschungen als auch solche in mehr stetiger und unmerklich vor sich gehender Form, welche letztere Bereiche von vielen Hunderten von Quadratkilometern umfassen. Und doch sind diese Hangbewegungen geringfügig gegenüber jenen subrezenten Massenförderungen, welche sich in zahllosen Fällen im steirischen Hügelland in Form abgeglittener Hügelzüge, gelegentlich in Schollen von 1 km und mehr Längsausdehnung, zu erkennen geben. Ich konnte wandernde Hügelkulissen, mit Seitwärtsgleiten von Schollen auf etliche Hunderte von Metern, beschreiben (Pichla bei Kapfenstein, Krottendorf bei Neuhaus im Burgenland, Gnas, westlich Tischen, südöstlich von Mureck usw.). Aus dem Umstand, daß in einigen Fällen, wo solche Rutschungen die Talsohle erreicht haben (z. B. Pichla bei Kapfenstein) diese offensichtlich schon von den jungalluvialen Aufschwemmungen der heutigen Talböden überdeckt werden, ferner daraus, daß sich in der Gegenwart so gewaltige katastrophale Bewegungen, gleicher Größenordnung, nicht feststellen lassen und schließlich aus der meist zu beobachtenden, schon stärkeren Ausgleichung der Formen im Relief der abgerutschten Schollen kann angenommen werden, daß es sich hiebei hauptsächlich um geologische Vorzeitformen handelt.

Man könnte daran denken, diese Großrutschungen als unmittelbare zeitliche Begleiterscheinung der hochglazialen periglazialen Fazies der letzten Eiszeit aufzufassen. Ich halte es aber für begründeter, daß sie schon dem Spätglazial bzw. spez. dem frühesten Alluvium angehören. Es erscheint mir am natürlichsten, daß ihre Auslösung auf jene Erosionsphase zurückgeht, welche in die fluviatilen Aufschwemmungen der Würmzeit im Spätglazial und im frühen Postglazial eingeschnitten hat, und zwar vor Entstehung der regional ausgedehnten, subrezenten Aufschwemmungen. Denn durch diesen ersteren Vorgang muß eine bedeutsame morphologische Umgestaltung, nicht nur in den Haupttälern, sondern auch in den von diesen ausstrahlenden Seitengerinnen, eingetreten sein, wodurch die Stabilität der rutschgefährlichen Hänge ins Wanken gebracht und Rutschungen hervorgerufen werden mußten. In vielen Fällen läßt sich die Auslösung durch die Erosion handgreiflich feststellen. Es ist aber durchaus möglich, daß die maximale Entwicklung der Großrutschungen in die Zeit der Allerödschwankung fällt, bedingt durch den bedeutenderen Niederschlag (*H. Gams*, 1950), welcher für diese Zeitphase vermutet wird.

Im Talkessel, in dem der Ort Kapfenstein gelegen ist, ist durch einen solchen Vorgang eine Scholle von ersichtlich mehreren Hunderttausend Kubikmetern Inhalt von den Gehängen abgebrochen, in Abwärtsbewegung geraten und hat den Talschluß um 8 bis 10 m hoch mit der abgerutschten Masse ausgefüllt. Diese Verschüttung ist durch den rezenten Bach erst im Anfangsstadium der Zerschneidung begriffen. Besonders kennzeichnend für das oststeirische Hügelland sind die oft anzutreffenden, zirkusartigen jungen Talschlüsse, welche durch Ausbrechen von Schollen im Bereiche der Quelltrichter und durch eine dadurch bedingte flächenhafte Hangdenudation, in Form von Massenbewegungen, entstehen und sich vielfach auch heute noch weiterbilden (Taf. III, Fig. 1—3; Abb. 4, S. 17; Abb. 5, S. 19).

In der Zeit der „periglazialen Fazies" der Eiszeit scheint in den oststeirischen Tälern eine, allerdings nur sehr mäßige, klimatisch bedingte Aufschwemmung der breiten Talböden erfolgt zu sein (im Murtal dagegen eine solche großen Ausmaßes, mit Stauwirkungen auch auf die

Seitentäler; im unmittelbar anschließenden Spätglazial-Frühalluvium zuerst aber eine Tiefenerosion und Seitennagung mit m a x i m a l e r G e h ä n g e b e w e g u n g). Die jungen Hangeinrisse durchschneiden, wie an den Waldragräben bei St. Anna a. Aigen sichtbar, auch die Hangverkleidungen der periglazialen Wanderhalden. Es ist aber anzunehmen, daß nicht nur in subrezenter Zeit, sondern besonders auch in den Nachfolgephasen der ä l t e r e n d i l u v i a l e n Vereisungszeiten, im Gefolge des auftauenden Bodens und Einsetzen der Tiefenerosion, bedeutende Gleitbewegungen eingetreten waren, deren Spuren aber vielfach[77] im Antlitz der Landschaft schon verwischt sind. Es wird auch letzteren ein nicht unbedeutender Einfluß auf die Denudation des Geländes zugeschrieben werden können. Auch ist die dauernde und g e g e n w ä r t i g n o c h f o r t w i r k e n d e Abtragung der Landoberfläche im oststeirischen Hügelland durch Rutschbewegungen durchaus als ein ansehnlicher Faktor der Landerniedrigung zu betrachten.

Die Rutschungserscheinungen lassen sich in ihrer vollen Bedeutung nur im Zusammenhang mit dem Vorgang seitlicher Talverlegung ermessen. Hier sind nachstehende zwei Vorgänge auseinanderzuhalten:

1. Die Auslösung oft sehr bedeutender, aber meist an steilen Abrißbahnen ausbrechender Schollen an den von den Bächen seitlich angeschnittenen Gehängen (P r a l l h ä n g e n), mit meist nur geringer Förderweite der Massen.

2. Die oft an räumlicher Ausdehnung überwiegenden, auf f l a c h e r B a h n erfolgenden Bewegungen abgerissener Schollen an den G l e i t h ä n g e n der Täler, deren Vorschub manchmal bis zur Talsohle hinabreicht und auch mit dem Andrängen des Baches an das gegenüberliegende Steilgehänge verbunden sein kann[77a]. Letztere Massenbewegungen erscheinen besonders begünstigt:

a) Durch das Auftreten g l e i t f ä h i g e r S c h i c h t e n am Flachgehänge des Tals, deren Neigung mit jener des Hangabfalls parallel geht, was im Bereiche der Grabenlandtäler häufig der Fall ist.

b) Durch eine noch f o r t d a u e r n d e V e r s t e l l u n g d e r T a l b e r e i c h e, wobei — im Sinne der Übereinstimmung von Schrägstellung und seitlichem Abgleiten der Bäche — meist eine dauernde Versteilung des Gefälls gerade an den Gleithängen eintreten muß. Dadurch erscheint die Instabilität nicht nur der von den Bächen unmittelbar anerodierten Prallhänge, sondern auch der durch laufende Verstellung immer wieder aus dem Gleichgewicht gebrachten und häufig mit gleichsinnig geneigten Rutschhorizonten versehenen Gleithänge gegeben (Abb. 19, S. 80). Besonders treten diese Erscheinungen dort auf, wo in den oberen Talstrecken die Terrassierung an den Gleithängen zurücktritt und die Bewegung der rutschfähigen Massen an einheitlichen, wenn auch flachen Abfällen vor sich gehen kann.

Die Talprofile des steirischen Hügellandes sind — abgesehen von solchen an den V-förmigen Einschnitten der oberen Gräben — meist an den beiderseitigen Talflanken durchaus verschieden geformt. Soweit nicht Rutschungsterrassen die Hanggestaltung beeinflussen, sind die Prallhänge an der Talflanke, bei steilem Abfall, nach o b e n k o n v e x g e k r ü m m t und erst dort abgeflacht. Umgekehrt zeigen die Gleithänge mehr oder minder ein k o n k a v e s Hangprofil, und zwar auf der oberen kürzeren Erstreckung mit steilem Abfall, auf der unteren, längeren mit flacher Neigung der Talsohle zustrebend, wobei allerdings durch die Terrassierung häufig Knicke im Talquerprofil hervorgerufen werden. Auch in den seltenen Fällen, in welchen, wie es zum Beispiel im Poppendorfer Tal (oberhalb von Schloß Poppendorf) der Fall ist, der Fluß sich von seinem, zuerst geschaffenen (also älteren und höheren) Steilgehänge entfernte und der anderen Talseite zuwanderte und dort einen neuen (und tieferen) Steilabfall geschaffen hat, stellen sich, unter dem verlassenen Abhang, flache Schwemmhänge ein und rufen sekundär ein k o n k a v e s Profil hervor.

Die größten Massenbewegungen vollzogen sich (und ereignen sich, abgeschwächt, zum Teil noch gegenwärtig) im Wege der Rutschungen, daher an den tektonisch stets neu belebten flacheren „Gleithängen" der Täler, sehr bedeutende aber auch an den steilen Gegenhängen; beide oft durch den Einfluß der Seiten- und Tiefenerosion der Bäche und Flüsse veranlaßt. Das Haupteinschneiden der Täler und ihrer Ausräumung erfolgte aber durch die u n m i t t e l b a r e Tätigkeit der Flüsse und Bäche. Beide Erscheinungen waren in einem bestimmten Zeitraum der jüngsten geologischen Vergangenheit und, offenbar ähnlich, in analogen früheren Phasen, be-

---

[77] Ich vermute, daß speziell auf der Südseite des Buchkogls bei Wildon auftretende Leithakalkschollen solch älterquartären Rutschungen ihre Position verdanken.

[77a] Aber auch in diesem Falle erscheinen die Rutschungen von der rückschreitenden Erosion oft auch der Haupttalbäche, im übrigen aber von jener der Seitengerinne beeinflußt.

deutend verstärkt, in Zeiten, in denen die Tieferlegung der Sohlen von Tälern und Gräben allgemein belebt war.

Die Tatsache, daß bei vielen Großrutschungen im steirischen Becken Gleitbewegungen der oft in Kulissen aufgelösten Schollen auf zum Teil flachen Hängen um Beträge von 100 m und mehr stattgefunden haben, sowie der Umstand, daß gelegentlich an der Basis der Rutschungen ein Hervorquellen plastischer, aufgeweichter Massen und ein Herauspressen dieser in Form von Schlammströmen erfolgte, läßt schließen, daß oft nicht reine Rutschbewegungen stattgefunden haben, sondern daß die besonders von *E. Ackermann* geschilderten kombinierten Rutsch- und Fließbewegungen vorliegen. In diesen Fällen dürfte, im Sinne der Ausführungen von *Ackermann* (1948, S. 459), die Einschaltung von ausfließenden Quickerden an der Basis plastischer Tone in einem früheren diagenetischen Stadium, gemeinsam mit dem überlagernden Material, in den plastischen Zustand übergeführt und an einem stauenden Wasserspiegel durch Auslaugungsdiagenese in ein „thixotropes" verwandelt worden sein. Letzteres gelangte dann, bei Eintritt einer auslösenden Ursache (Hangunterschneidung oder Belastung, Erdbeben usw.), zum Abgleiten bzw. Ausfließen.

4. Das Ausmaß der Denudation seit spätpliozäner Zeit.
a) Denudation der Landoberfläche.

Wo die oberstpliozäne Hauptflur im steirischen Hügelland an einzelnen Härtlingen deutlich gekennzeichnet ist, kann man den Versuch unternehmen, die durchschnittliche, seit ihrer Entstehung erfolgte Denudation abzuschätzen. In einem Westnordwest—Ostsüdost-Profil durch das Deutsche Grabenland von Wildon zum Gleichenberger Sulzbachtal und in zwei dazu senkrechten Profilen durch dasselbe Gebiet (von der Wasserscheide zur Raab bis an den Südrand des Murtalbodens) erhält man einen durchschnittlichen Abtragswert von 110 m bzw. von 150 m. In einem Profilschnitt von der Schieferinsel Neuhaus—St. Georgen über Fehring in den Raum von Riegersburg einen solchen von etwa 90 m. In einem Durchschnitt vom Plabutsch, westlich von Graz, über das Hügelland zur Wasserscheide gegen die Raab und von dort, abgeknickt, zum Schöckelfuß bei Radegund, einen solchen von 125 m.

Diese Werte wurden dadurch gewonnen, daß, zum Teil nach der Originalaufnahmssektion 1:25.000, Profilschnitte gezeichnet wurden, welche sowohl Bereiche größerer Talungen als solche mit vorwiegenden Höhenzügen schnitten. Die alte Landoberfläche wurde nach den vorhandenen Resten von Härtlingen festgelegt und sodann auf Millimeterpapier die seither erfolgte Denudation entlang der Profile ermittelt.

Schwieriger gestaltete sich die Feststellung des postpliozänen Denudationsausmaßes an 5 Durchschnitten, welche durch das **ostmurische Bergland** (nördlich von Graz), zwischen dem Gebirgsrand und dem Breitenauer Graben im Norden, gezogen wurden. Die Ausräumung entlang der Täler und Seitengräben **unterhalb** des spätoberpliozänen Niveaus (Hauptflur) ergab einen Durchschnittswert von 32 m (= etwa 0,025 mm/J. bei etwa 1,25 Millionen Jahre angenommener Abtragsdauer)[77a]. Dabei erscheint aber die Abtragung an den **über** das jüngstpliozäne Niveau aufragenden Bereichen, welch letztere im Durchschnitt der 5 Profile etwa 3,5mal so ausgedehnt sind, **nicht** mitberücksichtigt.

Diese letztere Abtragung läßt sich aus dem Landschaftsprofil nicht ermitteln. Man kann aber versuchen, sie, wenn auch mit großen Unsicherheiten behaftet, auf andere Weise zu erhalten. Legen wir einen Zeitraum von 1,25 Millionen Jahren für die Zeit seit Bildung der oberstpliozänen Teilflur zugrunde, so können wir — unter Berücksichtigung der jährlichen Denudationsgröße unserer östlichen zentralalpinen Mittelgebirgsbereiche, wie sie sich aus der Geschiebe- und Sinkstofführung sowie aus jener an gelösten Substanzen ergibt, einen annähernden Wert für die seitherige **flächenhafte** Denudation erhalten. Diese letztere kann für das **gesamte** Einzugsgebiet des Murflusses oberhalb von Graz mit 0,07 mm/Jahr, auf Grund neuerer Feststellungen, angenommen werden[78]. Es ist dabei zu berücksichtigen, daß an den über die oberstpliozänen Talböden aufragenden Flächen des Gebirges eine direkte Schurfkraft der größeren Flüsse und Bäche nicht in Frage kommt und daß sich innerhalb dieses Bereiches ausgedehntere Plateaus und sanft geneigte Hänge vorfinden. Es ist daher dort auf ausgedehnten Flächen mit einem **geringeren** Denuda-

---

[77a] Diese Werte sind vermutlich, wegen Nichtberücksichtigung verstärkter periglazialer Hangabtragung, etwas zu niedrig angesetzt.

[78] Nach *J. Stiny* (1923 b, 1926) und *A. Schoklitsch* (1930) kann der Abtragskoeffizient im Mureinzugsbereich oberhalb von Graz (ohne Berücksichtigung des gelösten Materials) mit 0,05 mm/Jahr errechnet werden. Unter Hinzurechnung auch der gelöst abgeführten Substanzen dürfte ein solcher von 0,07 mm/Jahr als Mindestwert anzunehmen sein.

tionswert zu rechnen. Anderseits ist für die zahllosen Quellbäche und Schluchten eine **gesteigerte Erosion**, dank deren steilerem Gefälle, kennzeichnend, was wiederum einen erhöhten linearen Abtrag in den Höhenbereichen bedingt. Setzen wir für das **oberhalb** der spätpliozänen Fluren gelegene Terrain die durchschnittliche Denudation nur einhalbmal so groß an wie für die ausgeräumten Tal- und Grabenbereiche **unterhalb** des jüngstpliozänen Hauptniveaus, also mit 0,035 mm/Jahr, so ergäbe sich, für die höheren Teile der Landschaft, für einen Zeitraum von 1,25 Millionen Jahren, ein **durchschnittlicher Abtrag von etwa 40—50 m**.

Der Gesamtdurchschnitt der Denudation des ostmurischen Grazer Berglandes (seit dem jüngsten Pliozän) läßt sich dagegen auf etwa 25—30 m veranschlagen, ein Wert, der wohl eher zu klein als zu groß errechnet ist und bei der angenommenen Zeitdauer eine durchschnittliche Abtragung von 0,025—0,02 mm/Jahr ergibt. Dies kann wohl als Mindestwert angesehen werden. Die Abtragsgröße ist geringer als jene, wie sie für das gesamte Mureinzugsgebiet oberhalb Graz ermittelt werden kann, was darauf beruht, daß der Geschiebe- und Sinkstofftransport der Mur auch von den höheren Mittelgebirgs- und Hochgebirgsbereichen in seinem oberen Einzugsgebiet beeinflußt wird. Nach unseren Abtragsberechnungen in den steirischen Hügellandbereichen ergibt sich für diese letzteren ein etwas höherer Wert von 0,07—0,1 mm Denudation pro Jahr als für das Grazer Bergland, was sich aus der leichteren Zerstörbarkeit und verstärkten Materialzufuhr aus den aus Lockermaterial bestehenden Tertiärbereichen ergibt.

J. Stiny hat auf Grund von Schwebstoff- und Geschiebemessungen an der Raab (1920), die aber nur zwei Jahre während des ersten Weltkrieges umfaßten, einen durchschnittlichen Abtrag im Einzugsgebiet dieses Flusses oberhalb von Feldbach mit 0,09 mm/Jahr errechnet. Dabei ist aber zu berücksichtigen, daß diese Jahre stärkere Hochwässer aufzuweisen hatten, so daß der Durchschnittswert für einen größeren Zeitraum niedriger ausfallen dürfte.

Aus den vorher angeführten Gründen ist es ebenso schwierig, die Denudationsgröße (seit dem jüngsten Pliozän) im **Murbereich zwischen Bruck und dem stärker vergletschert gewesenen Gebiet** (oberhalb von Murau) abzuschätzen. Immerhin ist sie zweifelsohne wesentlich größer gewesen als im Grazer Bergland. Sind doch dort im Laufe der letzten Jahrzehnte allein Hunderte von Murbrüchen abgegangen. Aus den doch nur vorwiegend Mittelgebirgscharakter tragenden Wölzer Tauern ausbrechende Wildbäche haben bedeutende Schuttkegel (z. B. in Oberwölz, Baierdorf) aufgebaut und der Mur und ihren Zubringern große Materialmengen zur Verfügung gestellt. Bedeutende Runsen an den höheren Gehängen gewisser Talabschnitte und solche in Moränen und eiszeitlichen Schotterbereichen sowie an Schiefergeländen der unteren Grabenbereiche kommen im besonderen Maße als Schuttlieferanten in Betracht (vgl. *A. Winkler v. H., H. Hübl* u. a. Mitarbeiter, 1945/48). Es ist daher in den östlichen Niederen Tauern und dem Murauer Bergland mit einem nicht unwesentlich **höheren Abtragsfaktor** als im Grazer Bergland und auch als im oststeirischen Tertiärhügelland für die Quartärzeit zu rechnen.

In den **Vereisungszeiten** selbst ist, auch in den unvergletscherten Bereichen, wie schon ausgeführt, ein **erhöhter Denudationswert** — im Gefolge der periglazialen Vorgänge und verstärkter Hangbewegungen — vorauszusetzen. Anderseits haben wir bei Berechnung der durchschnittlichen Denudationsgröße seit dem Oberpliozän auch noch die Bildungszeit der **tieferen** Teilflur des oberstpliozänen Niveausystems (= prägl. Flur) miteinbezogen, in welcher ein Aussetzen der Tiefenerosion in den Haupttälern anzunehmen ist. Ferner ist zu berücksichtigen, daß die Sohle des Murtalbodens und einiger größerer Seitengräben vielfach während des Quartärs durch allgemeine Aufschwemmung (Schotterterrassen, Schotter-Lehm-Fluren) erhöht wurde, also die Tiefennagung in den Hauptgerinnen durch längere Zeiträume hindurch unterbunden war, und daß die jeweils — bei neueinsetzendem Tiefenschurf — zur Geltung kommende Ausräumung dort zunächst die Aufschwemmungen der vorangegangenen Aufschüttungsteilphasen mehr oder minder wegzuschaffen hatte, wobei diese letzteren einem, zum größeren Teil aus dem **höheren** Einzugsgebiet der Mur herabgetragenen, im Grazer Bergland „ortsfremden" Auftragsschutt entsprachen. Aus diesen hier angeführten Erwägungen heraus wird — jedenfalls aber nur in sehr grober Annäherung an die tatsächlichen Verhältnisse — **für den Bereich des Grazer Berglands in der Quartärzeit kein** wesentlich größerer durchschnittlicher Denudationswert als der gegenwärtige zugrunde gelegt. Diese Annahme darf jedoch sicherlich **nicht** auf die glazial stärker abgetragenen, höheren Gebirgsbereiche und insbesondere nicht auf die von der Glazialerosion betroffenen vereisten Gebiete des oberen Murgebiets übertragen werden.

b) Zur Frage der quartären Kammflurendenudation.

Diese letztere kann, soweit es sich nicht um glazial zugeschärfte Gebirgsgrate zwischen den Karen handelt, in den obersteirischen Mureinzugsbereichen, auch in den höheren Mittelgebirgszügen, als eine verhältnismäßig geringe, aber sicherlich nicht zu vernachlässigende angesehen werden. Auf verschiedenen östlichen zentralalpinen Massiven, welche von der Glazialerosion unmittelbar nur durch Einkerbung von kleinen Kargletschern beeinflußt wurde, im übrigen aber flache Rückenformen in den hohen Regionen erkennen lassen (Koralpe—Gleinalpe, Saualpe und Seetaler Alpen), ist das Auftreten der sogenannten „Steinöfen" kennzeichnend, welche *I. Purkarthofer* (1924) erwähnt und besonders *A. Kieslinger* (1927 b) wissenschaftlich untersucht hat. Ihre Oberfläche stellt offenbar den Rest eines noch relativ erhaltenen, im übrigen schon denudierten ältestquartären Niveaus dar.

A. Kieslinger hat festgestellt, daß die Öfen hauptsächlich auf jungtertiären Verebnungen, ab 950 m Seehöhe, auftreten. Sie sind nach ihm an die widerständigen Plattengneise geknüpft. Ihre Entstehung reiche in das Eiszeitalter zurück. Über ihre Bildung sind zwei verschiedene Meinungen geäußert worden.

Nach *Kieslinger* hänge sie mit der verschiedenartigen Ausbildung des Kluftnetzes zusammen, wobei die eng geklüfteten Partien stärker zerstört wurden, jene mit weiter abstehenden Klüften aber als „Öfen" erhalten geblieben sind. Dagegen hat *H. P. Cornelius* (1943) die Meinung ausgesprochen, daß die Entstehung der „Öfen" auf ungleichmäßige Verwitterung der Oberfläche zurückgehe und daß die „Öfen" als unverwitterte Partien herausmodelliert worden seien. Hiebei kommt nach *A. Kieslinger*, *H. P. Cornelius* und eigenen Beobachtungen der Abwehung durch den Wind auf den exponierten Höhenkämmen eine besondere Bedeutung zu[79].

Vermutlich sind die Erklärungen von *A. Kieslinger* und *H. P. Cornelius* miteinander nicht unvereinbar. Man kann sich vorstellen, daß eine, einige Meter tief greifende Verwitterung, etwa im obersten Pliozän, an der Oberfläche der kristallinen Massive noch Bestand hatte, wobei besonders die — dank ihrer stärkeren Klüftung — zum Zerfall neigenden Gesteinspartien weitgehenderer Zersetzung anheimgefallen wären. Diese verwitterte Oberfläche wäre dann schon bei Herannahen der Würmeiszeit, vor Bedeckung mit Firnschnee, in den unterhalb des letzteren gelegenen Bereichen auch während der Sommerszeiten im Glazial selbst, und allgemein im Spätglazial, durch Abwehung und Abschwemmung abgeräumt und dadurch die Ofenbildung erzeugt worden. Man kann sich nach den heute weitergehenden sichtbaren Zerstörungen an den „Öfen" durch Frostsprengung und Auswehung ohne weiteres vorstellen, daß in einem Zeitraum von wenigstens einigen 10.000 Jahren die Abräumung der präglazialen und jeweils interglazialen Verwitterungsdecken vor sich gehen konnte. Bei Annahme eines schon unmittelbar präglazialen (jüngstpliozänen) Alters des Abschlusses des durch ein wärmeres Klima bedingten Verwitterungsvorganges, nach welchem erst die Ofenbildung eingesetzt hätte, wäre im Quartär auch in widerständigen Gesteinen eine Denudation der Oberfläche auf den flachen Kammfluren, in härteren Gesteinen bis zu 10 m und darüber, mit den „Öfen" als Resten, in leichter zerfallenden eine noch stärkere, anzusetzen, wobei ja auch die Oberfläche der Steinöfen selbst während dieser Zeit einen gewissen Abtrag erfahren haben muß.

Der Denudation der Hangfluren während des Quartärs ist in den steirischen Randgebirgen, besonders unter dem Einfluß periglazialer Massenbewegungen in den Eiszeiten, speziell an den Steilhängen der Mittelgebirgsstöcke, ein bedeutendes Ausmaß zuzuschreiben. Auf die gewaltigen Schuttverkleidungen, wie sie beispielsweise in den Fischbacher Alpen zu beobachten sind, haben *J. Stiny* (1922 a) und *R. Schwinner* (1935) ausdrücklich verwiesen. Am westlichen Feistritzgehänge, weiter nördlich von Birkfeld, bedrohen nach eigenen Beobachtungen die mit großen Blöcken gespickten abrutschenden periglazialen Schuttmassen die Bahnlinie bei Unter-Dissau. Die tiefgründige Verwitterung der Schiefergesteine an den Hängen der Koralpe, die dort allenthalben sichtbar wird und jugendlicher Entstehung ist, haben schon *A. Kieslinger* (1927 c) und *H. P. Cornelius* beschrieben. Die bedeutenden rezenten Massenbewegungen in den Höhenregionen der Gleinalpe, die auch echte Strukturböden hervorrufen, hat *J. Stiny* erschöpfend dargestellt (1931 d). Daraus geht hervor, daß glaziale, spät- und postglaziale Zersetzungsvorgänge eine weitgehendste Aufbereitung des Kristallins auch an mittelsteilen Waldgehängen in den steirischen Randgebirgen zur Folge hatten und daß daher den denudativen Kräften, auf größten Flächenräumen, nicht frisches Gesteinsmaterial, sondern eine sandig-lehmige Oberfläche von ähnlicher Beschaffenheit, wie im tertiären

---

[79] Auf die mit der Bildung der „Steinöfen" verwandte Entstehung der „Doppelgrate" haben insbesondere *J. Stiny* (1926 a) und *V. Paschinger* (1928) verwiesen. Letzterer hob auch die besondere Bedeutung der Winderosion in der vegetationsarmen Hochregion hervor und kam zur Auffassung, daß für die Entstehung 10—20 m hoher Doppelgrate 5000 Jahre ausreichen würden (S. 252), ein Wert, der wohl zu niedrig angesetzt erscheint. Auch *R. v. Klebelsberg* (1935) hat eindringlich auf den großen Einfluß der Windwirkung für die Abtragung in den alpinen Hochregionen verwiesen (vgl. auch *G. Höhl*, 1953).

Sedimenthügelland, überantwortet wurde und wird. Daraus ergeben sich beträchtliche Auswirkungen der quartären und rezenten Hangdenudation[79a]. Es ist kennzeichnend, daß bisher aus den sicherlich auch in der Rißeiszeit vergletschert gewesenen Karbereichen der höheren östlichen Alpen, die schon damals eine ähnliche Höhe wie in der Gegenwart aufzuweisen hatten, bisher keine „Rißmoränen" festgestellt wurden, auch nicht bei den detaillierten glazialgeologischen Untersuchungen von *P. Beck-Mannagetta* an der Koralpe (1953), obwohl dort Anzeichen für Reste bis rißeiszeitlicher Formung ermittelt werden konnten. Über die weitgehenden örtlichen Differenzierungen der Abtragsvorgänge an den Berghängen in den stärker zertalten höheren steirischen zentralalpinen Gebirgszügen (insbesondere den Seckauer Tauern) hat *S. Morawetz* (1940) interessante Mitteilungen gemacht.

Nach *K. Scharlau* (1953) sei zwar die Bedeutung des rezenten Gekriechs (im Sinne von *G. Götzinger)* geringer zu veranschlagen, als von diesem Forscher angenommen wurde; aber auch *Scharlau* pflichtet der hier vertretenen Auffassung bei, daß gegenwärtig — unter dem Einfluß der Erkenntnisse von der Bedeutung periglazialer Erscheinungen — die rezenten Gestaltungsvorgänge in ihrer Wirkungsweise unterschätzt werden.

5. Stellungnahme zu einigen allgemeinen morphologischen Problemen der Quartärzeit im Mur- und Raabbereich.

a) Zur Höhenlage der präglazialen (oberstpliozänen) Talsohle in den östlichen Alpen.

Aus der Verfolgung der quartären Terrassen konnten wir den Schluß ableiten, daß die jüngstpliozänen Talsohlen (Oberniveau), die man, zusammen mit ihrer tieferen Teilflur, als **präglaziales** Talsystem betrachten kann, im steirischen und westpannonischen Becken und in den anschließenden, im wesentlichen unvergletschert gebliebenen Bereichen der Muralpen 150—300 m über den heutigen Talböden gelegen sind, daß aber schon mittelquartäre Talsohlen, die sowohl im Knittelfelder Becken, im Durchbruch Bruck—Graz, als auch im steirischen Becken (Grabenlandterrassen mit tiefer gelegener Sohle!) bis nahe an die heutigen Talsohlen eingetieft erscheinen und an der untersteirischen Mur nur einige Zehner von Metern, im höheren Murbereich etwa 50—80 m über ersteren einsetzen, während die jungquartären (Würm-) Terrassen bis zur heutigen Talsohle, und im Grazer und Leibnitzer Feld unter diese hinabreichen.

Für das ans obere Murgebiet anschließende, dem Ennstal tributäre Erzbachtal (bei Eisenerz) konnte *E. Spengler* (1926) erweisen, daß die Erosionsbasis in den älteren Eiszeiten noch viel höher gelegen war, da Moränen einer älteren Vereisung einer über 900 m (etwa 950 m) hoch gelegenen Talleiste auflagern.

Nach meinen Ergebnissen liegt das präglaziale Niveau im oberen Murgebiet (oberhalb der Endmoräne von Judenburg) in Höhen von 1000—1100 m, der Hauptsache nach jedenfalls durch nachträgliche, tektonische Bewegungen bedingt[79b].

Gegensätzliche Auffassungen[80], welche nur eine geringe Tieferlegung der Talsohlen während des Quartärs beinhalten, basieren darauf, daß **innerhalb** der östlichen Alpen

---

[79a] Daß im Bereich leicht zerfallender Gesteine auch noch in spätglazialer Zeit (nach dem Schwinden der Eisdecke) sehr bedeutende, flächenhaft entwickelte Hangverschüttungen noch in tieferen (heute weit unter der Waldgrenze gelegenen) Hängen erfolgt sind, beweisen u. a. eigene Beobachtungen an Güterwegbauten im Werfener Schieferbereich der westlichen Ramsau (Dachsteingebiet).

[79b] Diese Höhenlage, also die schon von anderer Seite vermutete, noch beträchtliche intraquartäre Hebung auch in den Ostalpen, erklärt jedenfalls das Fehlen von Moränen aus der Günz- und Mindeleiszeit. Offenbar bestanden damals in den noch relativ niedrigeren östlichen Alpen (zumindest östlich der Hohen Tauern) keine großen Eisströme in den Tälern und sind die Moränen der Kare durch die stärkere Ausprägung der jungeiszeitlichen Glazialwirkungen in den inzwischen gehobenen Bereichen abgetragen worden. Vgl. hiezu auch die Darlegungen von *S. Morawetz* (1952 a) über den Einfluß von Gebirgshöhe und Reliefverhältnissen auf die Entwicklung der Vereisung in den östlicheren Ostalpenbereichen und auf das Aufhören der Talvereisung dortselbst bei Abflauen der Ferneiszufuhr.

[80] Zum Beispiel in der von *E. Fels* gegebenen, so überaus klaren Darstellung (1949/50).

bisher sichere, als solche eindeutig festgelegte Reste alt- und ältestquartärer Ablagerungen kaum nachgewiesen worden sind, und besonders darin, daß die großen Gestaltungsvorgänge während des Altquartärs nicht genügend berücksichtigt erscheinen, vielleicht zum Teil aber auch auf dem abweichenden Verhalten westlicher, glazialisostatisch beeinflußter Alpenteile. Das, auch nach Ergebnissen in anderen Teilen der Erde (vgl. hiezu *H. de Terra* & *T. T. Patterson*. 1939, wonach die Zeit seit der 3. Vereisung kaum ein Drittel des älteren Quartärs umfasse) einem sehr langen Zeitraum entsprechende **Altquartär** ist noch durch bedeutende tektonische Auswirkungen gekennzeichnet (walachische Phase am Beginn und pasadenische Phase während desselben!), innerhalb welcher[81] sich sehr bedeutende Tiefenerosionen vollzogen haben, die tiefe Einkerbungen in das spätpliozäne Flurensystem bzw. auch noch in die hochgelegenen ältestquartären und in die altquartären Terrassen bedingt haben.

Ich wende mich nun der Deutung des **Charakters der präglazialen Landschaft** zu, wobei nur die Verhältnisse in den östlichsten Alpen eine Beleuchtung erfahren sollen. *A. Penck* hatte bekanntlich (1909) die „präglazialen Alpen" als „eine reife Tallandschaft" bezeichnet, *H. v. Staff* (1912), im Anschluß an die Auffassungen von *E. de Martonne* (1909), *A. Nußbaum* (10) und *H. Lautensach* (1909), ebenfalls den präglazialen Westalpen einen Mittelgebirgscharakter zugeschrieben.

An den in dieser Studie besonders in Betracht gezogenen östlichen zentralalpinen Massiven (Koralpe, Stubalpe, Gleinalpe, Saualpe und Seetaler Alpen, Niedere Tauern, Grazer Bergland, Fischbacher Alpen usw.) müssen für das Präglazial gleichfalls **typische Mittelgebirgsformen** als herrschend angenommen werden, und zwar in noch ausgesprochenerer Art als gegenwärtig, wobei im allgemeinen in den höheren Gebirgszügen eine Reliefenergie um 1000 m (höchstens bis 1500 m), an den nordöstlichen Höhenrücken aber eine solche unter 1000 m anzunehmen ist. Wenn man den glazialen Effekt, der schon im oberen steirischen Murgebiet in Trogtälern, allerdings nicht sehr typischer Ausbildung, dort und in zahlreichen anderen Massiven auch in hochgelegenen Karen zum Ausdruck kommt, und wenn man den bedeutenden quartären Tiefenschurf, auch außerhalb der vereist gewesenen Gebiete, im Geiste wieder rückgängig macht, ferner wenn man die beträchtliche Höhenlage der oberstpliozänen (präglazialen) Talböden über den heutigen berücksichtigt und wenn man schließlich das einheitlich verbreitete, unmittelbar voreiszeitliche breitsohlige **Terrassensystem** innerhalb der östlichen Alpen und die Feinsedimente auf der zeitlich gleichzustellenden Rumpffläche im steirischen Becken ins Auge faßt, so erscheint **der typische Mittelgebirgscharakter** in der präglazialen Landschaft der östlichen Alpen auch dort, wo diese gegenwärtig schon Anklänge an Hochgebirgsformen aufweisen, sichergestellt.

Wenn man beispielsweise die charakteristischen Mittelgebirgsformen an den Hängen östlich des Schöttlbachtals, am Kamm Schießeck (2276 m) — Sandler Kogl (2251 m) in den Wölzer Tauern, ins Auge faßt, welche die voll ausgereifte Landschaft bis zu den spätpliozänen Talböden herab in vollkommener Weise zur Schau tragen, und diese mit den in den anschließenden Talhintergründen, am wasserscheidenden Kamm der Niederen Tauern, auftretenden, schon Hochgebirgscharakter tragenden, nur wenig höheren Landformen, zum Beispiel am Hochweberspitz (2370 m), in Vergleich setzt, so erscheint es klar, daß auch an letzteren im Präglazial noch eine **typische Mittelgebirgsgestaltung** kennzeichnend gewesen sein muß, die nachträglich durch glaziale Einflüsse dort umgestaltet wurde. Dies schließt natürlich das Auftreten **örtlicher Felshänge** keineswegs aus, wie solche insbesondere in den östlichen Zentralalpen an den aus Kalk- und Dolomitgesteinen aufgebauten Gebirgszügen schon im Präglazial erwartet werden müssen.

Die jüngstpliozänen Terrassenfluren im Gebirgsland und die spätestpliozäne Peneplain im steirischen Beckenbereich weisen auf eine **langdauernde Phase tektonischen Stillstandes, auf das vollkommene Aussetzen der Tiefenerosion in letzterem und auf das Vorhandensein ausgeglichener Gefällskurven an den Gebirgsflüssen**, speziell auch schon in deren **mittleren Laufstrecken**, hin. Die Hänge konnten in leichter zerstörbaren Gesteinsbereichen weit zurückgreifen

---

[81] *H. Stille* (1935), *O. Wittmann* (1936).

und daher breiten Talböden Raum geben. In den Durchbruchstälern der Kalkgebirgsstöcke (speziell im Mur-, Raab- und Weizbachdurchbruch) wurden die in der vorherigen Phase durch Einschneiden erzeugten Steilhänge nur in geringerem Maße, zum Teil bei Erhaltung felsiger Gehänge, zurückgedrängt, obwohl die morphologische Situation es auch in den genannten Fällen sehr wahrscheinlich macht, daß damals auch dort wesentlich breitere Talböden, als gegenwärtig, zur Entwicklung gekommen waren. Von den im obersten Pliozän gebildeten Talfluren in den Durchbruchstälern durch das Kalkgebirge sind aber infolge starker jüngerer Tiefenerosion keine oder nur mehr geringe Reste erhalten geblieben.

b) Zu *J. Sölchs* Altersdeutung unseres oberstpliozänen Flächensystems in den steirischen Randgebirgen. *J. Sölch* hatte (1928) das von uns hier als oberstpliozän angesprochene Flächensystem, das er im „ostmurischen" Randgebirge in Seehöhen von 650—700 m verfolgt hatte, als wesentlich älter, und zwar als „unterpontisch" betrachtet (S. 111), wobei er die Auffassung vertrat, daß im Innern des Randgebirges k e i n e Anhaltspunkte dafür vorhanden seien, daß vor Ausbildung des obigen „pontischen Leitniveaus" die Einschnitte der Talvertiefung schon unter die heutigen Talsohlen hinab eingegriffen hätten, obwohl sich solche Erscheinungen am unmittelbaren Gebirgssaum abgespielt hätten. Diese Auffassung ist nicht ganz zutreffend, da speziell im Gebirgsabschnitt des Feistritztals verschüttete „pannonische" Talrinnen, deren Sohlen nahe und zum Teil unterhalb der heutigen gelegen sind, bis tief in das Gebirge eingreifend, festgestellt werden können[82], während in den Bereichen stärkerer junger Hebung, welche von Mur-, Raab- und vom Weizbachtal gequert werden, zwar auch mächtige pannonische Verschüttungen in das Innere des Gebirges (Passailer Becken, höheres Murgebiet) vorgegriffen hatten, die Talsohlen (mit Ausnahme der hinabgebogenen Ausmündungen) aber schon 100—300 m über den heutigen angenommen werden müssen.

Ein „unterpannonisches" Alter für das 650—750-m-Flächensystem des ostmurischen Randgebirges kommt n i c h t in Betracht, weil sogar die jüngeren pannonischen Schichten um 100—150 m darüber aufsteigen, das Flurensystem vielfach in diese eingeschnitten ist (Umgebung von Graz, Voitsberg, Feistritztal usw.), weil die unterpannonischen Schichten, welche noch stärkere Neigungen erkennen lassen, zu wesentlich höher gelegenen Flurensystemen des Gebirgsrandes in Beziehung treten, weil selbst am Saum des anschließenden oststeirischen Beckens, nach den Beziehungen zu den pannonischen und dazischen Sedimenten, die Höhenlage der jüngerpannonischen Aufschüttungsfluren bis über 800 m Seehöhe und der dazischen nicht viel geringer anzunehmen ist, weil die ins älteste Quartär gestellten Ablagerungen[83] noch in der östlichen steirischen Bucht bis 550 m Seehöhe hinaufreichen und weil ebensolche im Gebirgsbereich der mittleren Mur (Trofaiacher Becken, Ingering) bis etwa 800 m (mit bergnahem Schuttkegel noch darüber) aufsteigen und schließlich, weil die von uns als oberstpliozän (präglazial) angesprochenen (von *Sölch* als unterpannonisch betrachteten) Fluren im Grazer Bergland in ihren oststeirischen Äquivalenten (an der Schieferinsel Neuhaus—St. Georgen, an den Tuffhöhen östlich von Gleichenberg) schon 160—220 m — dort in ihrem jüngstpliozänen Alter genau feststellbar — ü b e r den benachbarten Haupttalböden (an Mur und Raab) gelegen sind, somit ebenso hoch bzw. zum Teil noch höher über den heutigen Flußsohlen liegen als das 650—750-m-Niveau inmitten der Fischbacher Alpen und fast so hoch darüber als dessen Äquivalent im Murdurchbruch durch das Grazer Kalkgebirge[84].

c) Abschließende Diskussion einiger Grundprobleme der quartären Morphologie und Entwicklungsgeschichte der östlichen Zentralalpen und ihrer Randbereiche. Eine bezügliche grundlegende, wohldurchdachte und durch manche ihrer Zeit vorauseilende Auffassungen gekennzeichnete Studie wurde 1917 von *J. Sölch* veröffentlicht. In der vorliegenden Arbeit sind einige Fragen, insbesondere jene der Gliederung der glazialen Schotterablagerungen, auf Grund zum Teil eigener Ergebnisse, in einer von *J. Sölch* verschiedenen Weise beantwortet worden. Speziell konnten auf Grund eigener Erhebungen (1921, 1926 c, 1939 b, 1940, 1943 c, 1951), in größtem Umfang, im ganzen Bereich des steirischen Beckens, älter- und ältestquartäre Ablagerungen festgelegt werden, die bis dahin in letzterem nur aus dem Murtal (unterhalb von Graz) von *A. Penck* (1909, „Kaiserwald-

---

[82] *J. Sölch* hielt diese Talverschüttungen — im Gegensatz zu *A. Aigner* (1916) — für älter als pannonisch.

[83] Inzwischen sind auch die höchsten der von mir im oststeirischen Mur- und Raabbereich festgestellten Schotter- und Schotter-Lehm-Fluren, die seinerzeit in Anlehnung an die Terrassengliederung im Wiener Becken — im Sinne von *G. Schlesinger* (1913) — schon ins höhere Pliozän gestellt werden mußten, speziell durch die Untersuchungen von *M. Mottl* (1939) in Westungarn und durch die allgemeine Neufestlegung der Grenze zwischen Pliozän und Quartär (beim internationalen Geologenkongreß, 1948) ins älteste Quartär eingereiht worden.

[84] Vgl. hiezu *Winkler v. H.* (im Druck).

terrasse") und *V. Hilber* (1912) beschrieben worden waren. Im Gebirgsabschnitt der Mur, oberhalb von Graz, sind solche schon von *A. Aigner* (1905), *A. Penck* (1909) und *J. Stiny* (1932) und in einer von den ersten beiden Vorgenannten ziemlich abweichenden Alterseinordnung von *J. Sölch* (1917), für den Bereich zwischen Knittelfelder Becken und Graz, verfolgt worden. Ich versuchte durch weitere Begehungen in einzelnen Teilgebieten die Terrassen miteinander zu parallelisieren und sie mit jenen in der Bucht zu verknüpfen. Im speziellen konnten auch Äquivalente der ältestquartären Terrassen Steiermarks auch im höheren Murbereich vorausgesetzt werden. Gegen die Deutung von *J. Sölch*, welcher im höheren Murgebiet in allgemeiner Verbreitung nur Fluren seines „Hauptterrassenniveaus", das er als mutmaßliches Äquivalent der Würmaufschüttung ansieht, und nur spärliche Reste älterer, in die Rißzeit zu stellender Ablagerungen annehmen will, kann ich — in Übereinstimmung mit *A. Penck* — darauf verweisen, daß auch mittel-altquartäre Fluren weiter verbreitet sind. Es wurde aber auch, zum Teil im Gegensatz zu letzterem, begründet, daß hievon nur ein kleinerer Teil, der in die Rißvereisung gestellt wird, als glazial anzusprechen ist, die übrigen höheren Fluren meist aber als „interglazial" aufzufassen sind.

Bezüglich der Entstehung der jungquartären (Würm-) Terrassen pflichte ich der Auffassung von *J. Sölch* im wesentlichen bei, daß der Schotterauftrag, besonders unter dem Einfluß der vorrückenden Würmvergletscherung, bis über deren Höchststand, erfolgt war, daß also „Vorstoßschotter", im Sinne der seinerzeitigen Auffassung von *A. Penck*, vorliegen, und daß somit ihre Entstehung unmittelbar mit der Vereisung zusammenhänge. *J. Sölch* weist, in Erweiterung der seiner Zeit weit vorauseilenden Schlußfolgerungen von *F. Rolle* (1856), darauf hin, daß der krasse Gegensatz zwischen den minimalen jungquartären Schotterablagerungen, welche die auch aus höheren, aber unvergletschert gewesenen Gebirgen kommenden Flüsse des Raabeinzugsbereiches und der weststeirischen Laßnitz, Sulm und Kainach erkennen lassen, und den gewaltigen Schuttmassen, welche damals aus dem höheren Murbereich herabgestiegen sind, die Bedeutung der glazigenen Schotterzufuhr klar hervortreten lasse (1917, S. 510).

Ich vertrete auf Grund der Geröllführung, der Verbreitung und des Zusammenhanges mit den Endmoränen und insbesondere nach dem gewaltigen Ausmaß der jungquartären Aufschüttungen im Grazer und Leibnitzer Feld ebenfalls die Auffassung, daß der Hauptteil der Schottermassen, welcher das Murtal unterhalb der Endmoränen aufgefüllt und unterhalb von Graz die großen Schuttkegel vorgebaut hatte, von den Moränen des Murgletschers und den Gletscherbächen **während des Vorrückens der Vereisung** zugeliefert wurde; daß ein weiterer Teil von **vergletscherten Seitentälern** (Ingeringtal, Tragößtal) abstammt und nur ein kleinerer Anteil aus den unvergletschert gebliebenen Bereichen herangeschafft wurde. Diese Auffassung entspricht im allgemeinen auch der von *J. Sölch* ausgesprochenen. Nur hat letzterer, meiner Meinung nach, die Mitbeteiligung von Geröllmaterial aus den unvergletschert gebliebenen Seitentälern, die natürlich auch gegeben ist, etwas überschätzt.

J. Sölch hat ferner, in Übereinstimmung mit meinen hier erfolgten Darlegungen, ausgeführt, daß die aus dem Vereisungsbereich kommenden Flüsse und Bäche erst bei Abschmelzen der Gletscher, im Spätglazial, in die jungdiluvialen Schuttkegel einzuschneiden begonnen hatten, wobei mehrere, **regional verbreitete Etappen der Tiefenerosion** (mit sekundären Schwemmkegeln talabwärts) festzustellen sind, auf welch letztere Erscheinung insbesondere auch *O. Troll* (1926) für größere Teile der Ostalpenumrahmung hingewiesen hatte.

In einer für die Zeit des Erscheinens von *Sölchs* Arbeit (1917) als geradezu bahnbrechend anzusehenden Ausführung hat dieser auf die **Bedeutung der periglazialen Fazies** für die Gestaltung der ostalpinen Quartärlandschaft, insbesondere auf das „Herabsteigen der Schuttregion" in den unvereist gebliebenen Teilen der östlichen Alpen, verwiesen (1917). Es muß, meiner Meinung nach, *J. Sölch* als spezielles Verdienst angerechnet werden, sich von den später von manchen Forschern bei Beurteilung periglazialer Vorgänge für die quartäre Aufschüttung zum Ausdruck gebrachten Übertreibungen ferngehalten zu haben, wonach die periglaziale Schuttfazies als Hauptquelle der glazialen Akkumulationen anzusehen wäre. Nach *Sölch* ist der Höhepunkt in der Entstehung der relativ bescheidenen Aufschwemmungen aus nicht vergletscherten Gebieten — im Gegensatz zur frühglazialen Schotterförderung der aus den Vereisungsgebieten kommenden Flüsse — ins **Hochglazial** zu verlegen, also in die Zeit des stärksten Herabsteigens der Schuttregion. Im Sinne *A. Pencks* (1938) ist zu berücksichtigen, daß im Bereiche der periglazialen Schuttfazies zwar eine gesteigerte Materialaufbereitung und Schuttbewegung an den Hängen zu verzeichnen ist, daß aber das Transportmittel „fließendes Wasser" in den Flüssen nicht in dem Maße zur Verfügung gestanden ist, um die vergrößerte Schuttmenge weiter talauswärts hinaus zu verfrachten. Die periglaziale Denudation ist zwar auch an unseren östlichen, unvergletschert gebliebenen Alpen zweifelsohne eine **bedeutende** gewesen, der Schottertransport und die Aufschwemmung aber nur eine mäßige und eine wesentlich geringere als dort, wo Gletscherabflüsse vorgelegen sind. Es soll aber keineswegs die große Bedeutung der in letzter Zeit von *O. Troll* (1944) und *J. Büdel* (1944) geschilderten, rezenten und eiszeitlichen periglazialen Massenbewegungen geleugnet, wohl aber der meines Erachtens von verschiedenen Forschern (z. B. *J. Büdel, W. Sörgel* 1926, 1939) vertretenen Überbewertung der Bedeutung der dadurch entstandenen Aufbereitungsprodukte für die Entstehung glazialer Terrassen entgegengetreten werden.

Aus voranstehend näher ausgeführten Gründen muß ein wesentlicher Teil der mittleren und höheren Terrassen im Mur- und Raabeinzugsbereich als **interglazial** angesehen und damit das Eingreifen eines von unten her wirksamen Faktors auch noch in die junge Entwicklung alpiner Bereiche hinein vorausgesetzt werden, wodurch das Problem des Auftretens **nichtglazial** bedingter Terrassen, das besonders für die nördlichen Kalkalpen durch *O. Ampferer* (1908, 1921), *H. Wehrli* (1928), für die östlichen Südalpen durch Erstgenannten (1917) und durch *Winkler-H.* (1926 b), ganz allgemein durch *R. v. Klebelsberg* (1948) u. a. aufgerollt worden ist, auch von den eindeutiger überblickbaren Verhältnissen in den östlichen Zentralalpen eine Bereicherung erfahren kann.

III. Hauptabschnitt. Bemerkungen zur Quartärgeologie des südkärntnerischen und untersteirischen Draubereiches.

A. Zur Quartärgeologie Süd- und Ostkärntens.

1. Einige Ergebnisse bisheriger Forschungen über das Quartär Südkärntens.

a) Allgemeines.

Aus den grundlegenden Untersuchungen von *A. Penck* (in *A. Penck* & *E. Brückner*, 1909), jenen von *H. Paschinger* (1930) und *J. Stiny* (1931 b), ganz besonders aber durch die monographische Bearbeitung der Quartärbildungen der Karawanken durch *H. Ritter v. Srbik* (1941), ist die Kenntnis des Jungquartärs (einschließlich der Bildungen des großen Mindel-Riß-Interglazials) weitgehend gefördert worden[84a]. Ich kann diesbezüglich insbesondere auf die letztgenannte Publikation verweisen, in der die Verbreitung und Entwicklung der Würmeiszeit und ihrer Ablagerungen erschöpfend geschildert ist. Was die Bildungen des **letzten Interglazials** anbelangt, so kann es als ein wesentliches Ergebnis der neueren Studien von *J. Stiny* und von *H. R. v. Srbik* gelten, daß die bekannte „Hollenburger Nagelfluh", welche *A. Penck* ins Mindel-Riß-Interglazial gestellt hatte, nunmehr mit guter Begründung ins Riß-Würm-Interglazial eingereiht und als ein Karawankenschuttkegel aufgefaßt werden kann. Sie lagert über Moränen der Rißeiszeit. Älter als die Rißmoränen sind die Seetone von der Matschacher Mühle an der Drau und die als gleichaltrig angesehenen Tone von Rosenbach, mächtigere Seeablagerungen[84b], welche nach *A. Penck* in einem großen zusammenhängenden See entstanden wären. *R. v. Srbik* glaubt zwei durch Schuttkegel voneinander getrennte Seebecken annehmen zu können, doch erscheint die Begründung nicht ganz einleuchtend. Auch die Ursachen für die Seebildung möchte ich noch nicht für ganz geklärt ansehen und die Anregung geben, auch die Deutungsmöglichkeit **glazialisostatischer** Senkungen in Erwägung zu ziehen. Das „Delta von St. Jakob" wird als Vorbau in den See des großen Interglazials hinein angesehen.

Außer den hier erwähnten Ablagerungen und einer Reihe nacheiszeitlicher erscheint im südkärntnerischen Drautal (Rosental) noch ein **mächtigerer, sehr flach geschichteter**, konglomerierter **Schuttkegel**, welcher besonders am Nordsaum der Karawanken als breiter Vorbau an mehreren Talmündungen auftritt. Auf diese Nagelfluhen hat *F. v. Kahler* mehrfach Bezug genommen. Im Profil des Bärentales, südlich von Feistritz im Rosental, hat er sie, einschließlich der weiter grabenaufwärts, hart an der Trias aufgerichteten Konglomerate, unter der Bezeichnung „**Bärentalkonglomerate**" zusammengefaßt und ihrem Alter nach vom Pliozän bis ins Quartär eingereiht. *H. R. v. Srbik* hat sich diesbezüglich vorsichtig ausgesprochen. Er konnte feststellen, daß die flachgelagerten Bärentaler Konglomerate schon aufgearbeitete Einschlüsse der aufgerichteten enthalten. Trotzdem bezeichnet er sie — in Anlehnung an *Kahler* — als voreiszeitlich bis alteiszeitlich.

b) Zur Altersfrage des „Bärentalkonglomerats".

Ich setze an anderem Orte auseinander (im Druck), daß der steil aufgerichtete (pliozäne) Anteil der Bärentalkonglomerate (im Sinne der Fassung von *F. v. Kahler*) deutlich von der viel jüngeren und horizontal gelagerten Hauptmasse derselben sich abtrennen lasse und auch nach Beschaffenheit und anscheinend auch, bis zu einem gewissen Grad, nach der Geröllführung unterscheidbar ist. Die mächtigeren, älteren Quartärkonglomerate des Bärentales sind, wie die

---

[84a] Vgl. auch die ausführliche Zusammenstellung über das Quartär der Karawanken und ihres Vorlands in *F. Kahler*, 1953.

[84b] Nach *F. Kahler* (1953) auch älter als der Schwemmkegel Feistritz a. d. Drau.

geschlossenen schönen Aufschlüsse zeigen, praktisch ungestört[85]. *R. v. Srbik* hat ferner darauf verwiesen, daß auch die mächtigeren Konglomeratmassen, die an der Ausmündung des Freibachtales ins Drautal (östlich von Ferlach) auftreten, n i c h t, wie *F. Teller* (1896) angenommen und auf der geologischen Karte der Karawanken angegeben hatte, dem Jungtertiär angehören, sondern q u a r t ä r e n Alters sind (S. 642), womit er sich auch mit *A. Penck* im Einklang befindet. Ähnliches dürfte nach meinen Begehungen auch für die flach gelagerten Konglomerate gelten, die am Nordsaum des Singerberges auftreten und diesem angebaut erscheinen (n i c h t aber für die älteren mit der Trias verschuppten, ebenfalls Konglomerate führenden Schichten).

Die q u a r t ä r e n Bärentalkonglomerate können — nach Analogie mit den interglazialen Verschüttungen des benachbarten Savegebietes (*O. Ampferer*, 1917) und mit jenen der älteren Talverbauung im Isonzogebiet (*Winkler-Hermaden*, 1926) und anderer Südalpentäler (*E. Brückner* in *A. Penck & E. Brückner*, 1909) — in ein I n t e r g l a z i a l gestellt werden, in eine Zeit, in welcher die Ostalpentäler schon meist bis nahe an die oder unter die heutigen Talsohlen eingetieft gewesen waren. Sie wären älter wie die bereits in sie eingesenkten Seeablagerungen des Rosentales (Matschacher und Rosenbacher Tone). Ein Gegenstück nördlich der Drau kann evtl. (?) in dem von *H. Paschinger* (1930) zuerst beschriebenen, dann von *H. R. v. Srbik* besprochenen Straschitzkonglomerat, welches nördlich von Maria Rain bei Klagenfurt auftritt, erblickt werden, das als ein fluviatiler Karawankenschuttkegel des großen Interglazials angesehen und von den Seetonen und Deltaablagerungen abgetrennt wird.

Bei Zutreffen dieser Vergleiche wäre auch im Draugebiet, wie in so vielen anderen Alpentälern, mit dem A u f t r e t e n m ä c h t i g e r S c h u t t k e g e l a u s d e r Z e i t d e s M i n d e l - R i ß - I n t e r g l a z i a l s zu rechnen, welchen auch die von *A. Penck* erwähnten Konglomerate im Liegenden der „Rißmoränen" von Bleiburg zuzuzählen sein werden. Sichere Ablagerungen aus noch ä l t e r e n E i s z e i t e n und aus dem Günz-Mindel-Interglazial sind aus Kärnten bisher nicht bekanntgeworden. Vermutlich sind sie — da schon in höheren Niveaus gelagert — abgetragen worden und sind eventuell noch vorhandene Reste von den pliozänen Bildungen schwer abzutrennen.

2. Die Verbreitung der jüngsten Flurenreste des Oberpliozäns (Präglazials) und jener des Quartärs im Lavanttal.

Die tiefsten, in das Grundgebirge eingekerbten deutlichen Niveaus im Raum von Wolfsberg in 650—670 m Seehöhe und in 565—570 m, auf welch letzteren das Mausoleum des Schlosses steht, rechne ich bereits dem j ü n g s t e n P l i o z ä n zu, wobei die untere der beiden Fluren als „präglazial" gelten kann. Es ist bemerkenswert, daß etwa 5 km südlich von Wolfsberg, am Dachberg, knapp unter 500 m Seehöhe, schon altquartäre Schotterterrassen mit mächtiger Lehmbedeckung dort auftreten und daß die Kuppe selbst (K 520) von Schottern, die vermutlich dem ältesten Quartär zugehören, gebildet wird (*P. Beck-Mannagetta*, 1952, und eigene Beobachtungen). Diese letzteren erscheinen demnach nur um einige Zehner von Metern in die jüngste (präglaziale) Flur eingesenkt.

Diese tieferen Fluren lassen sich bis in das Mündungsgebiet der Lavant in die Drau verfolgen. Das 650-m- und besonders das 580-m-Niveau, welche sich, gegen Lavamünd zu, nur schwach, auf 580—530 m, absenken, sind deutlich an Flurenresten verfolgbar. Tiefste Denudationsfluren, die dem oberstpliozänenpräglazialen Niveausystem zugezählt werden können, sind beiderseits der Lavantmündung in die Drau in über 530 m Seehöhe (K 542, K 538, östlich von Hl. Dreifaltigkeit) und über 500 m ausgeprägt.

Ausgedehnte Massen „a l t q u a r t ä r e r S c h o t t e r - u n d L e h m f l u r e n" bedecken das Wolfsberger Becken (nach der geologischen Kartierung von *H. Beck* auf Blatt Unterdrauburg [1929] und Hüttenberg—Eberstein [1931]). Sie erreichen an den Hängen, die von der Koralpe absteigen, über 550 m Seehöhe. Auch im Raum westlich von Wolfsberg stellen sich mit Diluviallehmen bedeckte Fluren ein, welche ä l t e r als die Seeablagerungen der Würmzeit sind, welch letztere eine weitgehende Verhüllung des Lavanttales bis Wolfsberg hinauf hervorgerufen haben (*A. Penck*, 1909, *A. Kieslinger*, 1928 kartographische Ausscheidungen von *H. Beck*, 1931[85a]). Die Verbreitung der altquartären Schotter-Lehm-Fluren im Raum von Maria Rojach zeigt durch verlassene Talungen an, daß seither noch beträchtliche Verlagerungen der Bachläufe eingetreten sind.

[85] Damit soll natürlich eine nachträgliche Hebung der Konglomerate und eine schwache Verstellung derselben sowie das Auftreten von Spalten und Klüften als Folge von Erdbeben keineswegs in Abrede gestellt werden.

[85a] Über das Quartär des unteren Lavanttals hat soeben *P. Beck-Mannagetta* eine inhaltsreiche Mitteilung veröffentlicht (1954).

B. Präglaziale-quartäre Niveaus im untersteirischen Draubereich.
(Abb. 23, S. 147.)

1. Jungpliozäne- (präglaziale-) und quartäre Fluren im Draudurchbruch.

Das jüngstpliozäne Flurensystem schließt mit einer t i e f e r e n präglazialen Teilflur im Raum von Unter-Drauburg an das Über-500-m-Niveau an[85b]. Ein o b e r s t p l i o z ä n e s Flurensystem ist ferner im Draudurchbruch an den Spornen, welche an den eingesenkten Mäanderbögen der Drau auftreten, in Höhen über 540 m bei Trofin, um 524 m bei Saldenhofen und in ähnlicher Höhenlage bei Fresen zu erkennen und tritt in Teilfluren zwischen 500 m Höhe und darüber an dem großen Talsporn zwischen Faal (Fala) und Maria in der Wüste (M. Devica) auf. Im östlichen Teil des Draudurchbruchs, wo der Fluß schluchtartig zwischen Possruck und Jurtschitschkogl—Klebkoglzug das Kristallin durchbricht, ist k e i n e Erniedrigung der Fluren talabwärts festzustellen. Von tieferen Niveaus begleitet, reichen diese Fluren beiderseits der Drau, in Seehöhen von 530—520 m, bis an den Saum des Pettauer Feldes bei Marburg heran, woselbst eine nachträgliche Abbiegung der Fluren nach Osten eintreten muß. Ich betrachte die letzteren als Äquivalente der j ü n g s t p l i o z ä n e n - p r ä g l a z i a l e n (Stadelberg—Zahrerberg) Niveaus.

Die tieferen Niveaus des Draudurchbruchs (Unterdrauburg—Marburg) werden fast völlig durch die j u n g g l a z i a l e n (W ü r m-) S c h o t t e r f l u r e n beherrscht, welche in den Weitungen flächenhaft ausgedehnte Niveaus bilden, welche schon von *F. Heritsch* (1905), dann von *A. Penck* (1909) beschrieben wurden. Besonders ausgedehnt sind sie in dem Becken von Saldenhofen (Vozenice)—Hohenmauthen und in dem anschließenden von Mahrenberg entwickelt. Ich konnte nur westlich der Ausmündung des Feistritztales (westlich von Hohenmauthen [Muta] und bei Oberfeising [Grn. Vižinga], westlich von Mahrenberg) noch kleine Reste einer die Würmterrassen nur wenig überhöhenden älteren Flur feststellen. Im engen Durchbruchtal selbst fehlen, nach den bisherigen Feststellungen, älterdiluviale Terrassen ganz[86].

Ältere diluviale Terrassen, die sich durch ihre Lehmbedeckung, wie schon *A. Penck* (1909) festgestellt hatte, von den rein aus Schottern bestehenden Würmterrassen deutlich unterscheiden, treten dagegen in der südlich vom Drautal gelegenen, zu diesem parallelen Talweitung von St. Lorenzen (Sv. Lorenc), einem stärker ausgeweiteten Miozänbereich, auf, was darauf hinweist, daß die gleichaltrigen Bildungen im engen Drautal selbst jüngerer Erosion zum Opfer gefallen sind.

2. Zur quartären Entwicklungsgeschichte des Pettauer Feldes, seiner Umrahmung und des Luttenberger Weinberglandes (nördlich der unteren Drau) (Abb. 23, S. 147).

a) Z u r j u n g q u a r t ä r e n E n t w i c k l u n g s g e s c h i c h t e d e s u n t e r e n D r a u b e r e i c h e s.

Von Lembach (Limbuš), oberhalb von Marburg a. d. Drau, breitet sich der jungglaziale Talboden in breiten Terrassen beiderseits des Flusses aus, um im Stadtgebiet selbst in den gewaltigen Schotterbereich des Pettauer Feldes überzugehen. Bezüglich der Entwicklungsgeschichte des letzteren sei nur vermerkt, daß nach den Darlegungen von *C. Troll* (1926) und älteren eine Teilgliederung durch das Auftreten von noch zwei tieferen Fluren zu erkennen ist, welche Erscheinung von dem Genannten, in Übereinstimmung mit unseren Ausführungen für das Murgebiet auf S. 33—35, auch hier auf einen Einbau und Anbau spätglazialer Schuttkegel (der Würm-Rückzugsstadien) in die mächtigen Würmaufschüttungen hinein, gedeutet wird.

J. Büdel hat (1944) die Auffassung vertreten, daß für den Aufbau der großen quartären Schotterkegel, auch am Ostfuß der Alpen (Mur, Drau, Save), n i c h t spez. vergletschert gewesene Einzugsgebiete, sondern die durch periglaziale Verwitterung gekennzeichneten, unvergletschert gebliebenen Randgebirge die Hauptmasse an Geröllmaterial beigesteuert hätten. Diese Auffassung entspricht, wie auf S. 27/28 ausgeführt wurde, n i c h t dem engen und konstanten Zusammenhang der großen Schotterdecken, welche ohne wesentliche Änderung im Aufbau, bei nur schrittweiser Abnahme der Mächtigkeit, aus den Endmoränenbereichen (an Mur, Drau und Save) bis ins tertiäre Alpenvorland hinausreichen, um dort rasch auszuklingen; ferner n i c h t dem starken Zurücktreten jungglazialer Aufschüttungen an den aus den unvereist gewesenen Bergzügen herabgestiegenen Flüssen im Mur- und Raabbereich. Ein überzeugender Gegenbeweis gegen eine „periglaziale" Entstehung der eiszeitlichen Schotterfelder kann aber den Verhältnissen a n d e r D r a u ent-

---

[85b] Die Niveaus, welche *A. Penck*, im Mündungsgebiet der Lavant in die Drau, als „präglaziale Fluren" (440-m-Niv.!) beschrieben hatte, halte ich schon für altquartär.

[86] Vgl. die geologische Karte Blatt Unterdrauburg (1929), aufgenommen in dem hier in Betracht kommenden Teil von *A. Kieslinger*.

nommen werden. Die gewaltigen Schuttkegel dieses Flusses, welche im Pettauer Feld niedergelegt sind, bestehen nämlich ganz überwiegend **nicht** aus einem Geröllbestand, der aus der unvereisten, periglazial beeinflußten Randzone der Alpen abgeleitet werden kann, also **nicht** aus einem solchen aus dem Bacher Gebirge, Possruck, Koralpe, Saualpe, südostkärntnerischen Phyllitbergen, sondern in erster Linie aus Material, das in den fast vollkommen vereisten südlichen Kalkalpen (Nord- und Süd-Karawanken, Julischen Alpen, Karnischen Alpen, Gailtaler Alpen) seinen Ursprung hat, dann auch aus Geröllen (Granitgneise, Serpentine usw.), welche aus den Hohen Tauern abzuleiten sind. Man ist erstaunt, im Draudurchbruch zwischen Unterdrauburg und Marburg und im Pettauer Feld bis an dessen östliches Ende einen ganz überwiegend **kalkalpinen Schuttkegel** (mit stärkerer Beimengung von Material aus den höheren Teilen der Zentralalpen) feststellen zu können.

Die großen glazialen Schottermassen der Drau sind daher im Sinne von *A. Penck*, *K. Troll* u. a. aus dem **vergletscherten Gebiet** herbeigetragen worden, mit nur **sekundärer** Beimischung von Material aus den infolge periglazialer Verwitterungsvorgänge auch in etwas verstärktem Maße der Denudation unterworfenen, nicht oder nur schwach vereisten Bereichen.

b) Rißterrassen an der unteren Drau?

Konglomerate, welche nach dem Grade ihrer Zementierung von *A. Penck* für **älter** gehalten werden als die Würmaufschüttungen, konnten von dem Genannten beim Wasserwerk von Marburg a. d. Drau festgestellt werden. Es ist möglich, daß diese von den höheren, lehmbedeckten Terrassen unmittelbar südlich von Marburg getrennt zu haltenden älterquartären Aufschwemmungen einem **rißeiszeitlichen Schuttkegelrest** entsprechen.

Viel weiter talabwärts konnte ich, an dem Terrassensteilrand unterhalb von Friedau (Ormuš), in einem Raum, der schon unterhalb des großen Würmschuttkegels des Pettauer Feldes gelegen ist, **unterhalb** der lehmbedeckten Terrassen, einen aus Schottern bestehenden Flurensaum (zwischen Puschendorf [Puševce] und Frankovcen [Frankovec]) feststellen, welcher den unmittelbar anschließenden Alluvialboden an der Drau um 20 m überhöht. Der reine Schotteraufbau unterscheidet diese Randterrasse von den höheren, mit mächtigen Lehmen bedeckten Fluren; die Höhenlage aber von den schon viel weiter talaufwärts, knapp unterhalb von Pettau (Ptuj) aussetzenden Würm- (bzw. Spätwürm-) Terrassen, welche dort (mit der höheren Teilflur) nur 10 m über dem Drau-Alluvium abbrechen. Es ist daher **möglich**, daß dieser Schottersaum unterhalb von Friedau einer **Rißverschüttung** zugehört, welche zwischen Friedau und Marburg durch Erosion und Einbau der Würmschuttkegel zerstört worden ist. Diese Vorwürmschotter könnten danach den vermutungsweise in die Rißzeit gestellten, in analoger Position auftretenden Schottern an der Mur unterhalb von Ober-Radkersburg äquivalent sein (vgl. S. 54).

c) Älter- (alt-) pleistozäne Terrassen an der unteren Drau

Eigene Begehungen ergaben ferner, daß auch **älterquartäre Terrassen** im Pettauer Feld und im anschließenden Draubereich von Friedau—Polstrau eine große Verbreitung aufzuweisen haben.

Sie setzen südwestlich von Marburg, am Fuß des Nordostsporns des Bachers, unmittelbar südlich des Windischen Kalvarienberges, als mit mächtigen Lehmen bedeckte Fluren schon in über 300 m Seehöhe (etwa 50 m über der Drau) an. Sie umsäumen auch den Ostfuß des Bachers im Raum von Windisch Feistritz (Slovenska Bistrica), woselbst höhere Fluren bis über 300 m Seehöhe auftreten und auf der geologischen Spezialkarte Blatt Pragerhof—Windisch Feistritz irrtümlich von den pliozänen Lehm- und Schotterablagerungen, welche das Hügelland dort aufbauen, nicht abgetrennt wurden. Eine große Verbreitung besitzen ältere quartäre Fluren an dem terrassierten langgedehnten Höhenrücken, welche das untere Dranntal von der flachen Senke des Pulsgauer Baches, am Südsaum des Pettauer Feldes, trennt. Die Aufschwemmungsfluren beginnen dort mit einer Oberflur bei 314 m Seehöhe, westlich von Maria Neustift (M. na gori), welche zu einer tieferen Stufe in 290 m Seehöhe und zu zwei weiteren in 280—250 m absteigen.

Während auf der Nordseite des Drautales, zwischen Marburg und Großsonntag (Vk. Nedelja) bei Friedau (Ormuš), höhere Niveaus fehlen, stellt sich bei letzterem Orte, auf der Höhe über dem Vinica-Warasdiner Feld, auf breitem Raum eine lehmbedeckte Terrassenlandschaft ein. Sie weist im Raum nördlich der

Drau mehr oder minder gut erhaltene Fluren auf, welche sodann Breiten bis zu 6 km erreichen. Auf weitem Raum konnte ich hier, östlich von Friedau (Ormuš), über der Niederterrasse, in vier Stufen gegliederte, mächtige, lehmbedeckte Fluren erkennen, welche an der nördlichen Flanke des Vinica-Warasdiner Feldes, oberhalb der „Niederterrasse", über 6 km Breite erreichen. Sie liegen unterhalb von Friedau (Ormuš) in über 280 m, um 270 m, um 248 m und um 220 m Seehöhe. Die oberste Terrassenflur befindet sich etwa 90 m über dem Alluvialboden der Drau. Die tiefste Terrasse (über der jungdiluvialen Schotterflur) entspricht vermutlich dem „großen Interglazial", die höheren dem älteren und dem ältesten Pleistozän. Diese Lehmfluren umziehen die tortonische Leithakalkerhebung (Antiklinalkern!) des Kulmberges östlich von Friedau. Sie reichen nordwärts am Luttenberger Weinbergland bis St. Nikolei—St. Wolfgang und lassen sich ostwärts bis in den Raum von Tschakathurn (Čakovec) verfolgen, wo sie das Murinselbergland auch an seinem Abfall zur pannonischen Ebene umranden.

Es verdient festgehalten zu werden, daß auch an der Drau ausgedehnte, mit mächtigen Lehmdecken versehene Fluren des Altquartärs aufscheinen, welche mit den reinen Schotter-

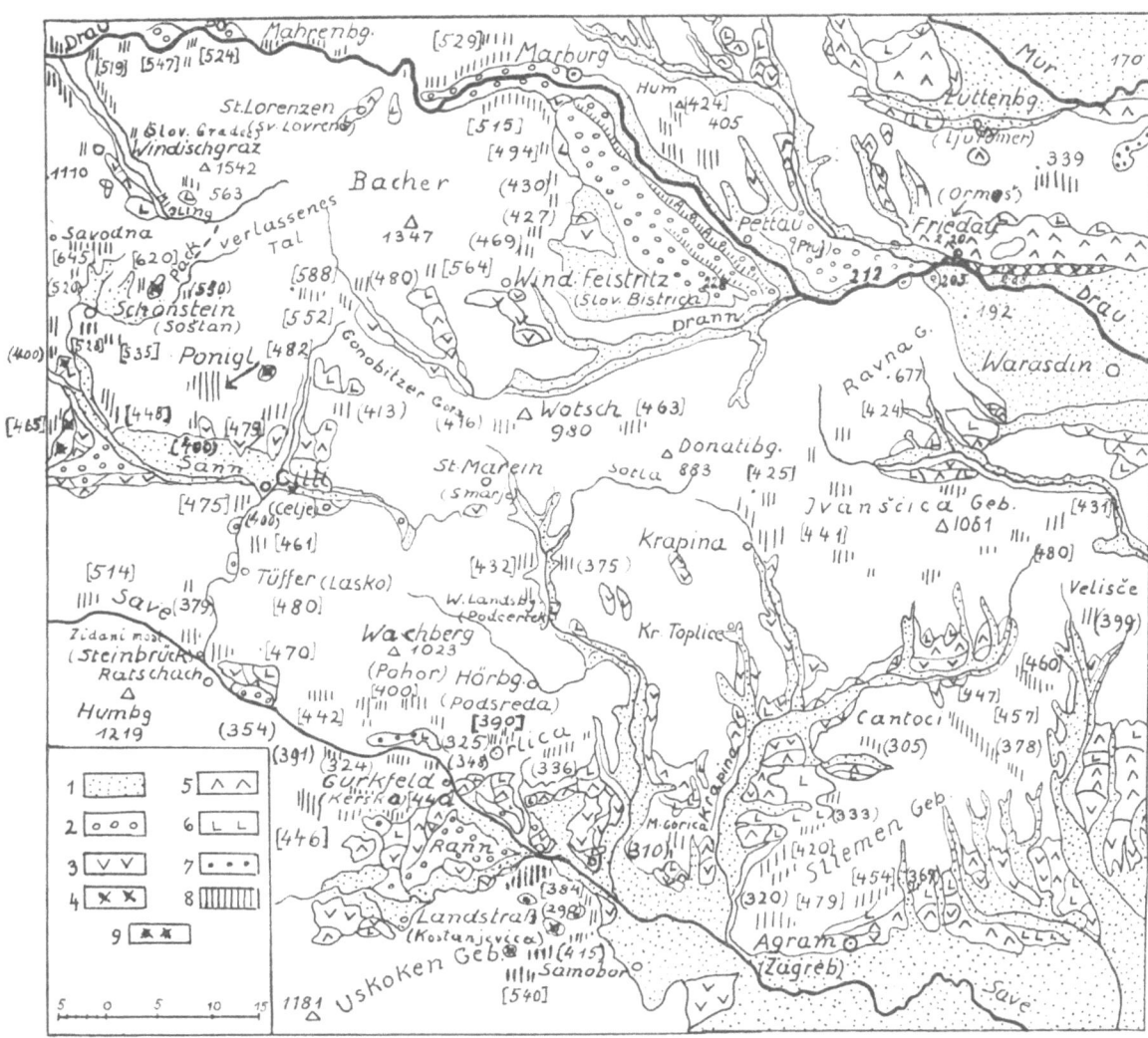

Abb. 23. Entwurf einer quartärgeologischen Übersichtsskizze des Gebietes zwischen slowenischer Drau und slowenisch-westkroatischer Save. Auf Grund der vorliegenden geologischen Karten und nach eigenen Begehungen.

1 = Alluvium.
2 = Würm-Niederterrassen.
3 = Untere Gruppe lehmbedeckter Fluren.
4 = Vermutlich rißeiszeitliche Schotterterrasse.
5 = Mittlere Terrassengruppe lehmbedeckter Fluren.
6 = Obere Terrassengruppe lehmbedeckter Fluren.
7 = Oberste quartäre Schotterdecken und quartäre schottrige Talfüllungen im allgemeinen.
8 = Schematische Darstellung deutlicherer, oberstpliozäner und „präglazialer" Flurensysteme. (Die Höhenniveaus der oberstpliozänen Niveaus sind mit eckigen Klammern, jene der „präglazialen" Fluren mit runden Klammern versehen.
9 = Oberstpliozäne Schottermassen.

feldern der Würmzeit scharf kontrastieren. Aus den bei Besprechung der Murterrassen angeführten Gesichtspunkten, welche auch für das Draugebiet Geltung haben, müssen die höher gelegenen Fluren, mindestens der Hauptsache nach, i n t e r g l a z i a l e r E n t s t e h u n g sein. Am Südsaum des Luttenberger Weingebirges reichen diese Terrassen — mit ihrer maximalen Seehöhe von über 280 m — bis nahe an das Niveau der „präglazialen" Denudationsflur heran, die wir bei 300 m feststellen konnten.

d) Junge Talverlegungen der unteren Drau und ihrer Nebenflüsse.

Die Drau drängt an der etwa 22 km langen Laufstrecke am Nordsaum des Pettauer Feldes, von oberhalb von Marburg bis Pettau (Ptuj), ausgesprochen nach Nordosten, worauf schon auf S. 111 hingewiesen wurde, und erzeugt an ihren Nordostgehängen gewaltige Anrisse, eine Erscheinung, die auf andauernde junge Einmuldung der nordöstlich dieser Talstrecke gelegenen Zone zurückzuführen ist und vermutlich mit einer Nordostverschiebung der Achse der Pettauer Senke in junger Zeit zusammenhängt. Die Mitte der rezenten Einmuldung scheint demnach in den südlichen Windischen Büheln zu liegen.

Auch an den nordnordwest—südsüdost verlaufenden Tälern des Gračiner-, des Ragonicbaches und der u n t e r e n P ö ß n i t z (Pesnica) läßt sich, an der Talasymmetrie und an der einseitigen Terrassenverbreitung, ein deutliches Abdrängen des Tales im Laufe der Entwicklung nach Ostnordost feststellen, während an den weiter talabwärts (ostwärts) ausmündenden Tälern des Seanzen- und des Löschnitzbaches, welch letzterer bei Friedau in das Drautal mündet, ein entgegengesetztes, nach Westsüdwest hin, feststellbar ist. In diesen letzteren Erscheinungen prägt sich zweifelsohne noch ein Fortwirken der Einmuldung zwischen den östlichen Windischen Büheln und der jungen Aufwölbung des Luttenberger Weinberglandes, die mit dazischen Schottern aufgefüllt ist, aus.

Der h e u t i g e T a l b o d e n ist im gesamten Einzugsbereich der unteren Drau (von Marburg abwärts) in Aufschwemmung begriffen. Unterhalb von Friedau weiten sich, im Raum von Warasdin, die alluvialen Schotterfelder zu einem Schuttfächer gewaltiger Ausdehnung aus. Es ist nun von besonderem Interesse, daß *J. Stiny* (1948) bei Untersuchungen für einen Kraftwerksbau unmittelbar oberhalb von Marburg feststellen konnte, daß auch dort, wo der heutige Fluß in einem schluchtartigen Tal fließt, dennoch unter dem breiten felsigen Draubett e i n e n o c h t i e f e r e u n d s c h m ä l e r e, m i t S c h o t t e r n e r f ü l l t e a l l u v i a l e R i n n e angetroffen wurde. Sie läßt eine, unter die heutige Flußsohle hinab erfolgte, postglaziale Tiefenerosion und eine anschließend daran eingetretene Verschüttung der Rinne und sodann erst eine seitliche Erweiterung der Schluchtstrecke des Flußtales erkennen. Es kann also auch noch am obersten Ende des unteren Drautalabschnittes festgestellt werden, daß der Erosion einer spätnacheiszeitlichen Talrinne eine p o s t g l a z i a l e A k k u m u l a t i o n nachgefolgt ist, wobei auch hier anzunehmen ist, daß sich in dieser Erscheinung Fernwirkungen, ausgehend von Schwankungen der absoluten oder relativen Erosionsbasis, zur Geltung bringen bzw. brachten.

IV. Hauptabschnitt. Bemerkungen zur Quartärgeologie des unteren Savebereiches.

A. Zur alluvialen Geschichte und zur rezenten Tektonik an unterer Save und Sann.
(Abb. 23, S. 147, Abb. 24, S. 151.)

1. Savegebiet.

Die Save durchströmt, nach dem Verlassen ihrer breiten alluvialen Schwemmlandflur im Laibacher (Ljubljanaer) Feld, auf einer Länge von 65 km, zuerst die ost—west-streichende Karbon-Trias-Antiklinale Littai (Littija)—Wacher (Pohor), in in diese eingesenkten Mäanderbögen, wobei sie einen gegen Norden konvexen, großen Bogen beschreibt; dann, in einen Ostsüdostverlauf einlenkend, vom Karbonkern der Wacherantiklinale die südlich anschließende junge Synklinale von Lichtenwald (Sevnica), um sodann den anschließenden Faltenzug des Gurkfelder (Krškoer) Berglandes—Orlica zu durchbrechen und in die Tiefendepression des Ranner Beckens—Gurkfeldes (Krško) einzutreten. Letztere, die mit mächtigen miozänen und besonders altpliozänen Sedimenten erfüllt ist und bei Westsüdwest—Ostnordost-Verlauf eine Längserstreckung von 45 km und eine Breite von 10—12 km aufweist, wird von der Save gequert, welche anschließend, zwischen den nordöstlichen Ausläufern der Uskoken (Samoborer Gebirge) und der jungen Antiklinale von Marija gorica (nördlich des Flusses), durchbricht, das anschließende Teilbecken von Samobor durchströmt, um schließlich in einem letzten Durchbruch zwischen der sarmatischen-pannonischen Auffaltung von Sv. Nedelj, des Ausläufers des Südsaumes der Uskoken, und dem Agramer Gebirge in die große innerkroatische Senke einzutreten[87]. Letztere wird sodann auf über 100 km — bis an die Grenze Westslavoniens — durchflossen.

Im Bereich des oberen Engtales (unterhalb des Laibacher Beckens) ist der Charakter des Savetales, im Durchbruch durch die Trias, auf der etwa 30 km langen Strecke zwischen Sava und Ratschach (Radice), cañonartig gestaltet, mit fast durchwegs fehlender alluvialer Sohle und mit nur ganz unbedeutenden Resten quartärer Ablagerungen an den Talflanken. In dem unterhalb anschließenden Talabschnitt (zwischen Ratschach und der Lichtenwalder Mulde), wo hauptsächlich karbonische Schichten durchquert werden, ist, infolge der leichteren Erodierbarkeit der Gesteine, die Sohle breiter, und sind quartäre Terrassensäume entwickelt; aber der Charakter eines Durchbruchstales bleibt noch immer gewahrt.

Diese Erscheinungen lassen schließen, daß die Save zwischen Laibacher und Ranner Becken **eine, bis in jüngste Zeiten in tektonischer Aufwölbung** befindliche Scholle quert, und daß sie nicht in der Lage gewesen ist, ihr Gefälle auszugleichen. Sie hat hiebei — bei wenig deutlicher Ausbildung von Prall- und Gleithängen — ihre Mäanderbögen im wesentlichen **senkrecht** eingekerbt und unterhalb von Ratschach ihre Sohle bis über 10 m in die jungquartäre Schotterterrasse eingesenkt. Dagegen fließt sie im Ranner Becken—Gurkfeld, sich verästelnd, auf breiter alluvialer Flur. Bei und unterhalb von Rann nähert sich die jungquartäre Terrasse immer mehr dem Alluvialboden, so daß der Niveauunterschied beider nur mehr wenige Meter beträgt. An der Einmündung der Sottla (linksseitiger Zufluß) versinkt die jungdiluviale Schotterflur unter dem Alluvium und scheint auch in der großen innerkroatischen Senke nicht mehr auf. Das Untertauchen der jungquartären Terrasse unter das Holozän vollzieht sich an der Erdbebenzone von Rann und an einer jungen Störungslinie, welche in NW—SO-Richtung das Savetal bei Rann (Brežiče) quert, woselbst bei Tschatesch (Čatez) eine Therme, an einem Gefällsknick des Flusses mit einem Leithakalkaufbruch, zutage tritt. Es wird sich zeigen, daß in diesem Bereich, am NO-Abfall der Uskoken, auch Verstellungen der älteren quartären Terrassen zu verzeichnen sind. Schließlich ist zu beachten, daß sich an derselben Zone, am untersten Sotlafluß, der in auffällig breitem (bis über 2 km!) Talboden das pannonische — sarmatische Hügelland durchströmt, östlich, unterhalb von Kapellen (Dobova Nord), ein etwa 5 Quadratkilometer umfassendes Sumpfterrain, im räumlichen Anschluß an das Alluvialfeld, aber in eigentümlicher Weise seitlich eingekerbt in die jung- und mittelquartäre Terrassenlandschaft, auftritt. Diese Erscheinung weist deutlich auf eine **alluviale Einbiegung** an der unteren Sotla hin, wodurch im frühalluvial ausgeräumten Talboden ein gefällsloser Bereich entstanden ist. Eine ähnliche versumpfte Talstrecke stellt sich auf der gleichen Talflanke, einige Kilometer oberhalb, südwestlich von Krajovec, ein. Einer, im Alluvium fortwirkenden Hebung im Durchbruchstal der Save bis zum Ranner Becken, steht somit östlich des letzteren ein junger Senkungsbereich gegenüber, an dem jungaktive tektonische Depressionen anzunehmen sind.

Die Save baut im Alluvium ein reines Schotterfeld auf. Über die Mächtigkeit desselben kann ich leider keine bestimmten Angaben machen; sie dürfte aber — angesichts der Breite des Alluvialfeldes — wohl 10 m oder mehr betragen. Die Sotla zeigt dagegen eine ausgesprochene Schlammführung und überzieht bei Hochwässern weithin ihren Talboden mit Flußschlick.

2. Sanngebiet.

Im Durchbruchstal der Sann, zwischen Cilli (Celje) und der Einmündung in die Save bei Steinbrück (Zidani most), sind ausgesprochene Tiefenerosionen zu verzeichnen. Selbst dort, wo auf 5 km Länge die Miozänmulde von Tüffer (Lasko) — bei Auftreten leichter zerstörbarer Sedimente — gequert wird, ist nur teilweise ein Alluvialboden angelegt und sind nur einzelne Reste diluvialer Terrassen vorhanden. Auch hier müssen bis in die Gegenwart junge Aufwölbungstendenzen wirksam sein. Ganz anders liegen die Verhältnisse im Cillier Becken, das eine Länge von etwa 40 km und eine Breite von maximal 12 km aufweist. Dort erreicht der Alluvialboden allein bis zu 6 km Breite. Die jungdiluvialen Terrassen, welche im SW-Teil des Cillier Felds noch als breite Fluren entwickelt sind, nehmen ostwärts an Höhe ab, um schließlich anscheinend unter dem Alluvium zu versinken[88]. Dieser Tatbestand und der Umstand, daß das Cillier Becken sich auch durch eine Füllung mit mächtigeren jungpliozänen Ablagerungen schon als eine oberpliozäne Senkung zu erkennen gibt, sprechen dafür, daß dort die Niederbiegungen noch in alluvialer Zeit wirksam gewesen sind.

In dem **oberhalb** des Cillier Beckens gelegenen **Durchbruch der Sann** bei Praßberg (Možirje) **durch den Triaszug des Dobroll**, der schwächer emporgewölbten Fortsetzung der Steiner

---

[87] Vom Durchbruch unterhalb von Rann bis zu jenem oberhalb von Agram beträgt die Tallänge 15 km.

[88] Auf dem von F. Teller aufgenommenen geologischen Kartenblatt Praßberg an der Sann (1898) ist das Diluvium mit dem Alluvium vereinigt, aber auf dem anschließenden, ebenfalls von dem Genannten kartierten Blatt Cilli—Ratschach (1907), besonders herausgehoben.

(Kamniker) Alpen, läßt das Fehlen einer alluvialen Talsohle in der engen Talschlucht auf eine Hebung in jüngster Zeit schließen, während, noch weiter oberhalb, im Mündungswinkel des Driethflusses in die Sann, breite Talböden, eine mächtige, oberpliozäne Verschüttung und ausgedehntere Quartärterrassen einen Bereich relativer Senkung zwischen dem Triaszug des Dobroll und jenem des Boskovec (1590 m) andeuten. Schließlich sei noch auf die Anzeichen alluvialer Tektonik am P a c k f l u ß, welcher, bei fast 50 km langem Lauf, im Cillier Becken in die Sann einmündet, hingewiesen. Die Pack quert im Unterlauf in zum Teil engem Durchbruchstal, mit Anzeichen junger Hebung, eine Trias-Miozän-Zone, welche das Cillier Becken von der oberpliozänen Senkungsmulde von Schönstein (Šostan) trennt. In letzterer, die aus leicht zerstörbaren levantinischen Schichten aufgebaut ist, weist die Pack zwar einen breiteren Alluvialboden auf, fließt aber am Südrand desselben, entlang einer, noch im Oberpliozän aktiven Bruchstörung und erscheint hier durch ihr eigenes Alluvialfeld bis auf die levantinen Schichten eingeschnitten; ein Hinweis darauf, daß sich hier — nach anfänglichem Überwiegen der alluvialen Aufschwemmung über die Tiefenerosion — nunmehr wiederum letztere — offenbar unter dem Einfluß fortdauernder junger Hebung — zur Geltung bringen kann. Talaufwärts durchbricht die Pack in einem Engtal den Trias-Karbon-Zug des Weitensteiner Gebirges (= Ausläufer der Südkarawanken), wiederum eine Hebungsscholle, während die oberste Talstrecke, die im Oberoligozän (Aquitan) und in der Triasscholle von Ober-Dollitsch eingearbeitet ist, trotz zum Teil widerständiger Gesteine, abermals einen breiteren Alluvialboden aufweist und damit bereits den Einfluß der Randsenkung des kristallinen Bachermassivs andeutet. Hier haben sich noch junge Talverlegungen vollzogen, indem das oberste Packtal, das am Bacher gewurzelt hatte, in sehr jugendlicher Zeit von der vorgreifenden Randsenke des Mißlingtales aus zur Drau abgelenkt wurde (Abb. 23, S. 147).

Diese Ausführungen lassen das besonders deutliche Fortwirken **j u n g t e k t o n i s c h e r A k t i v i t ä t** an Sann, Save und Pack noch in **a l l u v i a l e r Z e i t** erkennen.

B. Zur pleistozänen Entwicklung im unteren Save—Sann-Gebiet (Abb. 23, S. 147).

1. Die Terrassen der Würmzeit.

Wie im Mur- und Draubereich ist auch an der Save eine rein aus Schottern bestehende jungglaziale „Niederterrasse" entwickelt. In dem Teilbecken von Samobor (östlich der Ranner Bucht) sinkt sie unter Alluvium nieder. Sie ist im Ranner Becken—Gurkfeld als reine Schotteraufschüttung[89] ausgebildet, deren Ausdehnung dort (südlich der Save) 2—3 km Breite erreicht und erst mit Annäherung an das Gurkfelder Bergland Lehmaufschwemmungen aus letzterem aufweist. Diese 10—12 m hohe „Niederterrasse" setzt sich talaufwärts in analogen Flurenresten im Durchbruchstal zwischen Reichenburg (Rajhenburg), Lichtenwald (Sevnica) und Ratschach (Radice) fort, wo sie sich schon höher über den Fluß erhebt. Sie setzt im engen Durchbruchstal von Steinbrück (Zidani Most) aus, um sich erst oberhalb desselben, bei Sava, wieder einzustellen (Abb. 24, S. 151).

Zweifelsohne handelt es sich bei den genannten Aufschüttungen um eine **V o r s c h ü t t u n g d e r W ü r m v e r e i s u n g**, welche erst viel weiter oberhalb, in der Krainburger Senke, ihre Endmoränen hinterlassen hat. Es verdient hervorgehoben zu werden, daß die Würmvorschüttung der Save, als weitreichender Schuttkegel entwickelt, schließlich am Saum der innerkroatischen Senke rasch an Mächtigkeit abnimmt und unter dem Alluvium verschwindet; ein Hinweis auf die „g l a z i a l" bedingte Entstehung derselben.

Im **S a n n - E i n z u g s g e b i e t**, das nur Lokalgletscher in den Steiner Alpen aufzuweisen hatte, sind die würmzeitlichen Schotterterrassen nur schwach, am ausgeprägtesten noch im Gebiet von Laufen (Ljubano), entwickelt. In dem Senkungsfeld von Cilli verschmelzen sie, wie schon angegeben, mit dem Alluvium. Im Durchbruch der unteren Sann (unterhalb von Cilli), sind an mehreren Stellen zugehörige Terrassenreste verbreitet (*F. Teller*, 1899). *J. Rakovec* hat sie als Terrasse VIII (zwischen 260—220 m Seehöhe gelegen) herausgehoben.

2. Die unteren Niveaus der mit mächtigen Lehmen bedeckten mittelpleistozänen Terrassenfluren im unteren Savegebiet („Terrasse von Rann").

Auf Grund unserer Begehungen konnte schon unmittelbar über der Würmterrasse eine Flur von durchaus abweichendem Aufbau festgestellt werden, welche über einer basalen Schotter-

---

[89] *M. Sidaritsch* hatte irrtümlich die lehmbedeckte Stadtterrasse von Rann als „Niederterrasse" bezeichnet. Diese ist aber älter.

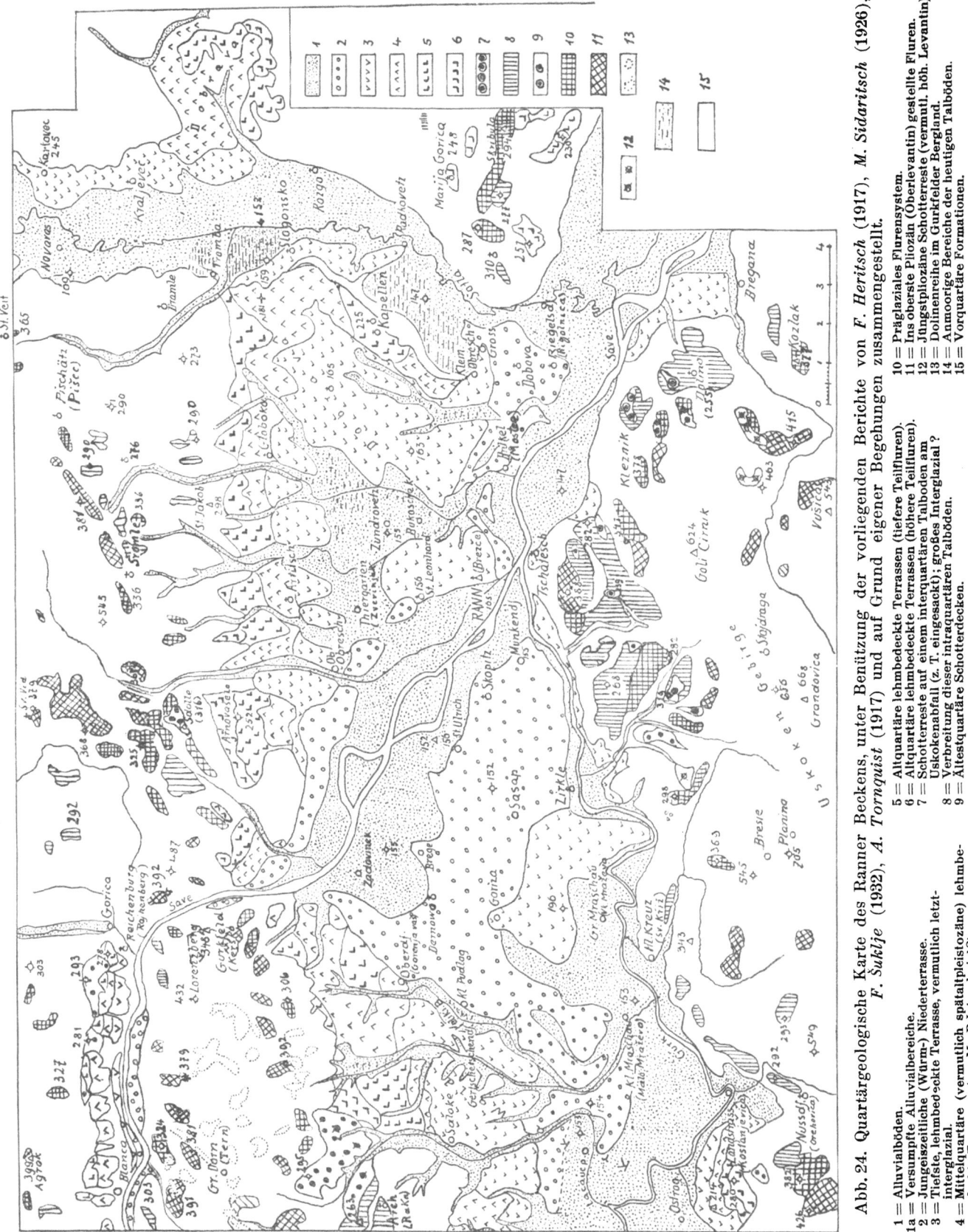

Abb. 24. Quartärgeologische Karte des Ranner Beckens, unter Benützung der vorliegenden Berichte von F. Heritsch (1917), M. Sidaritsch (1926), F. Šuklje (1932), A. Tornquist (1917) und auf Grund eigener Begehungen zusammengestellt.

1 = Alluvialböden.
1a = Versumpfte Alluvialbereiche.
2 = Jungeiszeitliche (Würm-) Niederterrasse.
3 = Tiefste, lehmbedeckte Terrasse, vermutlich letztinterglazial.
4 = Mittelquartäre (vermutlich spätaltpleistozäne) lehmbedeckte Terrassen (aus M—R-Interglazial?).
5 = Altquartäre lehmbedeckte Terrassen (tiefere Teilfluren).
6 = Altquartäre lehmbedeckte Terrassen (höhere Teilfluren).
7 = Schotterreste auf einem interquartären Talboden am Uskokenabfall (z. T. eingesackt); großes Interglazial?
8 = Verbreitung dieser intraquartären Talböden.
9 = Ältestquartäre Schotterdecken.
10 = Präglaziales Flurensystem.
11 = Ins oberste Pliozän (Oberlevantin) gestellte Fluren.
12 = Jüngstpliozäne Schotterreste (vermutl. höh. Levantin).
13 = Dolinenreihe im Gurkfelder Bergland.
14 = Anmoorige Bereiche der heutigen Talböden.
15 = Vorquartäre Formationen.

bank eine mehrere Meter mächtige, stellenweise 8—10 m starke Decke von Terrassenlehm aufweist.

Sie erfüllt, zusammen mit analogen, höheren lehmbedeckten Terrassen, mehr als die Hälfte vom Flächenraum des Ranner Beckens und nimmt auch am Aufbau des Gurkfeldes (südwestlich der Save) sehr wesentlichen Anteil. Ihre Basis liegt schon etwas höher als jene der „Niederterrasse"; ihre Oberfläche senkt sich, nördlich der Save, aus dem Raum von Gurkfeld (Krško) von etwa 180 auf 165 m bei Rann (Brežice) und auf etwa 160 m bei Dobova (an der kroatischen Grenze) ab. Ihre Fortsetzung kann in der anschließenden innerkroatischen Senke weiter verfolgt werden, wo sie östlich von Sv. Nedelja (Samobor Ost), etwa 18 m über der Save, in 145 m Seehöhe, breite Terrassen bildet; ferner am Saum des Agramer Hügellandes, wo sie die über 20 m über dem Alluvialboden gelegene Flur im höheren Teil des Stadtgebietes zusammensetzt, um östlich von Zagreb, am Rand des Hügellandes von Sesvele—Sela, in analoger Höhe, schmale Fluren unter höhergelegenen Terrassen zu bilden. Die starke Zerschneidung der quartären Terrassen im Raum von Agram selbst spricht für **junge Aufwölbung** des dem Sljemenmassiv angehörigen Zonenstreifens, was sich auch in starken Erdbebenerscheinungen, welche dieses Gebiet heimsuchen, zum Ausdruck bringt. K. Gorjanović-Kramberger konnte auch direkte Beweise für junge Terrassenverstellungen namhaft machen (1907).

Vom **Ranner Becken saveaufwärts** sind die Anzeichen für das Auftreten unseres Terrassenniveaus verhältnismäßig spärlich. Immerhin kann die schon von *Teller* angegebene Flur von Ober-Savenstein (Bostajn) bei Lichtenwald, welche sich dort 40—45 m über den Fluß erhebt, eventuell hier angereiht werden. Im Sanndurchbruch ist das Niveau kaum deutlicher entwickelt. Erst im Cillier Becken treten lehmbedeckte Terrassen auf, die der Höhenlage nach der hier besprochenen „Präwürmflur" zugezählt werden können; so östlich von Cilli (bei Tüchern [Tehorje]) in 270 m Seehöhe, etwa 30 m über der Sann. Zugehörige Fluren steigen am Südsaum des Cillier Beckens auf 300 m Seehöhe auf und erscheinen am Westsaum desselben, bei Gomilsko, in 324 m Seehöhe, das ist etwa 30 m über der Sann, und werden hier noch von höheren (älterquartären) Terrassen überhöht.

Zur zeitlichen Einordnung der genannten Flur: Es ist sehr unwahrscheinlich, daß — angesichts des ungleichartigen Aufbaus gegenüber den Würmterrassen — hier glaziale Fluren vorliegen. Nach Analogie mit der begründeten Altersdeutung in der steirischen Bucht kann auch für die hier besprochenen, tiefsten, lehmbedeckten Terrassen an der Save ein **spätinterglaziales** (R-W I. Gl.?) Alter als wahrscheinlich angenommen werden. Aufbau und Verbreitung der Terrassen weisen darauf hin, daß ihre maßgebliche Entstehung auf Ursachen zurückzuführen ist, die sich vom unteren Flußgebiet her zur Geltung gebracht haben.

3. Zu den Terrassen des älteren und mittleren Altpleistozäns an Save und Sann.

a) **Verbreitung im Ranner Becken und in der Agramer Senke**. Bei eigenen Begehungen konnte festgestellt werden, daß sich über den lehmbedeckten Terrassen von Rann—Dobova, nördlich dieses Beckens, in treppenförmiger Anordnung übereinander, vier weitere lehmbedeckte Fluren erheben, welche östlich von Artitsch bis zur Seehöhe von 270 bis 280 m, westlich davon (unterhalb von Sdolle), bis 300 m Seehöhe hinaufreichen. Auf all diesen Fluren ist eine **deutliche Lehmbedeckung** über der Schotterbasis festzustellen. Es ist kein Zweifel, daß es sich hier um Terrassen des älteren Quartärs handelt, welche wir an Mur und Drau in ähnlicher Aufeinanderfolge und in gleichem Aufbau feststellen konnten.

Die tiefste derselben ist besonders ausgeprägt und umfaßt eine Plateaufläche von mehreren Quadratkilometern nordwestlich von Rann, welche, in einer Seehöhe von 181—190 m gelegen, schroff zum Sotlatal abfällt. Am SO-Abfall des Gurkfelder Berglandes bildet das Niveau, in und etwas über 200 m Seehöhe, einen breiteren Saum, dessen Basis etwa 15—18 m, dessen Oberfläche 45—50 m über der Save gelegen ist. Ich stelle diesen lehmreichen Aufschüttungskomplex in die Zeit des **großen Interglazials**.

Höher gelegene lehmbedeckte Teilfluren finden sich an dem Südabfall des Orlica-Hügellandes im Raum von Artitsch in 224 m, in 260 m und in 290—300 m Seehöhe. Sie kehren an der Ostflanke des Gurkfelder Berglandes in entsprechenden Höhenlagen wieder. Saveabwärts treten Terrassen des Mittel- und Altquartärs, nach der Darstellung von *K. Gorjanović-Kramberger*, am Südabfall des Agramer Gebirges und in dem östlich anschließenden Hügelland in weiter Verbreitung auf. Bei Agram selbst liegen die stärker zerschnittenen Flurenreste am Florianiberg in 169 m Höhe, setzen sich 10—20 km östlich davon an der Dubrava (133—147 m), etwa 45 m über der Save, in großen, unzerschnittenen Flächen fort. Auch dort erheben sich darüber noch mehrere, höhere quartäre Terrassenfluren („Baustufen"), die nach der Kartendarstellung von *Gorjanović-Kramberger*, unmittelbar nördlich von Agram bis 300 m Seehöhe hinaufreichen. Es scheinen auch hier vier lehmbedeckte Flurensysteme aufzutreten. Die größere Höhenlage der Terrassen mit Annäherung an das

Sljemenmassiv, ihre geringere an dem nach SO abzweigenden Höhenrücken von Cerje spricht, ebenso wie die angeführte starke Zerschneidung der Fluren, für eine **junge Hebung** desselben, noch in alt- und mittelquartärer Zeit.

Ein besonderes Interesse beansprucht die Verbreitung alt- und mittelquartärer Terrassen in einer eng begrenzten Zone an der Ostflanke des unteren Sotlatales, an der Dobrava zwischen Kraljevec und Rozgo, und auf dem östlich anschließenden breiten Sattelkamm zwischen dem Sotlatal und jenem des zur Krapina strebenden Ribnjakbaches. An dieser Wasserscheide sind anscheinend drei Niveaus entwickelt: In 262 m, in 236—242 m und in 190 m Seehöhe. Sie zeigen an, daß die Sotla zur Zeit des ältesten Quartärs (im älteren und im mittleren Altpleistozän) noch über den Bereich der Dobrava nach Südosten zur Krapina geflossen war. Aber schon inmitten des Quartärs muß diese Verbindung unterbrochen worden sein. Jedoch hat damals offensichtlich der Ribnjakbach, der gegenwärtig zur Krapina fließt, seinen Weg über die tiefste Wasserscheide, östlich der Dobrava, zur Sotla genommen und die breiten Aufschwemmungen der tiefen Plateauflächen der Dobrava geschaffen. Erst im Jungquartär scheint er wieder zur Krapina abgelenkt worden zu sein. Die Erscheinungen lassen sich nur unter der Mitwirkung **kräftigerer quartärer Verbiegungen** erklären: Senkungen des Kessels der Dobrava, als eines nordöstlichen Ausläufers der Ranner Senke, und eine Aufwölbung des Sattelbereiches zwischen Sotla und Krapina.

b) **Die Verbreitung der mittel- und spät-altquartären Fluren im Savedurchbruch- und im Sann-Gebiet.** Zwischen Reichenburg und Lichtenwald (Sevnica) ist, am linken Gehänge des Savetales, ein fortlaufender Saum von Terrassen entwickelt, welcher in mehreren Stufen ausgebildet ist. Eine **tiefere Flur** läßt sich oberhalb von Reichenburg in etwa 240 m Seehöhe angeben und nach Lichtenwald, auf 250—260 m Seehöhe aufsteigend, verfolgen. Es handelt sich hier offenbar um Erosionsterrassen der Save, welche in eine 60—80 m mächtige Schotterverschüttung, die auch O. Munda (1939) auf seiner geologischen Karte ausgeschieden hat, eingeschnitten sind, welch letztere ich demnach für älter als die Terrassierung halte. Auch F. Teller hat diese „pliozänen Schotter" von den „Quartärterrassen" getrennt gehalten, obwohl er letztere, im Raum östlich von Ratschach, in gleicher und sogar noch etwas größerer Höhenlage auf der geologischen Karte ausgeschieden hat. Das Niveau dürfte der 224-m-Terrasse von Artitsch im Ranner Becken entsprechen.

Eine **höhere Flur** setzt bei Reichenburg in 278 m Seehöhe (Schotterrest!) an und läßt sich zu den von F. Teller angegebenen Terrassen bei Petschje (östlich von Lichtenwald), in 300 m Seehöhe, talaufwärts verfolgen. Noch 8 km weiter oberhalb schließen sich bei Laak (Loka) die dort von F. Teller in Seehöhen bis über 300 m angegebenen Quartärterrassen an. Im oberen Savedurchbruch können wohl die von I. Rakovec verzeichneten Fluren seines Niveaus VII angeschlossen werden. Zweifellos sind diese auf Grund der neuen Ergebnisse am östlichen Alpenrand noch dem **Quartär** zuzuzählen.

Auch im Cillier Becken sind, wie schon angedeutet in die jungpliozänen Ablagerungen eingekerbt, höhere Quartärterrassen entwickelt, die deutlichste am Westsaum bei Fraßlau (Braslovca), zwischen 356 m und 369 m Höhe, und vor dem Durchbruch der Sann durch den Dobrollzug in 361 m Seehöhe.

c) **Zur Altersfrage der höheren lehmbedeckten Fluren.** Die ausgedehnteste, best erhaltene (und tiefere) der genannten Fluren, die, oberhalb der Stadtterrasse von Rann gelegen, ihre Basis in etwa 15—18 m, ihre Oberkante in 40—50 m über der Save aufweist, erinnert nach ihrem Aufbau (mächtige Lehmdecke!) und nach ihrer Höhenlage an die ins **große Interglazial** gestellten Fluren des steirischen Beckens. Da sie bis weit in die kroatische Ebene hinein, in beträchtlicher Höhenlage über den heutigen Talböden verfolgbar ist, und da sie — im deutlichen Gegensatz zu den Würmterrassen — keinen so ausgesprochenen glazial bedingten Schottertransport erkennen läßt, glaube ich hierin im wesentlichen eine Bestätigung für ihr **interglaziales Alter** erblicken zu können. Die darüber gelegenen lehmbedeckten Fluren können dann ungezwungen mit den älterquartären analogen Fluren des steirischen Beckens in zeitlichen Vergleich gesetzt werden.

4. Die oberstpliozänen-ältestquartären Schotterdecken im Ranner Becken und ihre Spuren im oberhalb gelegenen Savedurchbruch, die präglaziale Flur und intraquartäre Talböden mit Schotterresten am Uskoken-Nordostabfall.

a) **Umrahmung des Ranner Beckens.** Bei eigenen Untersuchungen auf den Leithakalkhöhen östlich des Savedurchbruchs bei Gurkfeld wurde festgestellt, daß über der beschriebenen mehrstufigen Folge lehmbedeckter Terrassen des Mutschlage Waldes auf der Höhe von Sdolle (307 m), über dem tortonischen Leithakalk bzw. in die Dolinen desselben eingesenkt, große Mengen gröberer **fluviatiler Schotter** auftreten, welche nach Abrollung und Zusammensetzung als altes Savegeröll anzusprechen sind. Es liegen demnach hier eingesackte Reste einer jungen Terrassenbedeckung vor. Die dolinenbesetzte geröllführende Flur von Sdolle erscheint selbst in eine unmittelbar nördlich anschließende, ebenfalls in tortonische Kalke eingekerbte, vermutlich „oberstpliozäne" Terrasse, welche die beiden Koten 325 trägt, schwach eingelassen. Ich vermute, daß der Vorläufer der Save, welcher die Schotter geliefert hat, in letztere Flur ein breiteres, seichtes Tal eingekerbt und dieses überschottert hatte[90]. Sie werden wegen der Höhenlage ihrer Basis (über 300 m) als wahrscheinlich schon oberstpliozän betrachtet.

Als jünger, und zwar einer mächtigeren, ältestquartären Verschüttung zugehörig, werden Schottermassen aufgefaßt, welche an der Südflanke des Gurkfelder Berglands in dieses nördlich und nordöstlich von Arch eindringen. (Erhebungen von *Dr. W. Rittler.*) Ihre Basis ist um 260 m Höhe gelegen, die Schotter reichen aber bis 300 m hinauf.

Ein ähnlicher Verbreitungsbereich von höher gelegenen Schottern findet sich am Nordostabfall der Uskoken (Samoborer Gebirge), im Raum von Rann und Groß Dolina (*A. Tornquist*, 1917). Bei eigenen Begehungen wurde festgestellt, daß südlich von Tschatesch, zwischen der Kapellenhöhe St. Johann (K 384) und dem gegenüber ansteigenden Gehänge des Goli Crnik (K 624), ein alter Talboden sich ausdehnt, welcher sich vom Dörfchen Zerina, am Fuß der letztgenannten Anhöhe, nach Globoschitza verfolgen läßt. Anläßlich eines Straßenbaues bei Zerina konnte festgestellt werden, daß die in diesem verlassenen Talniveau eingesenkten Dolinen, in etwa 220 m Seehöhe, ganz mit eingesackten Grobschottern und eisenschüssigem, lehmig-sandigem Bindemittel erfüllt sind, wobei die karbonatischen Komponenten schon völlig der Auflösung anheimgefallen sind: Ein typisches Beispiel einer relativ jungen „Verschluckung" einer hangenden Schotterdecke in Dolinen! Diese eingesackten Grobschotter scheinen eine schmälere Talrinne innerhalb einer breiteren, etwa 60 m darüber gelegenen präglazialen Flur (Seehöhe um 280—300 m) aufgefüllt zu haben, an welch letzterer ich zwar ebenfalls eine Geröllüberstreuung, aber eine solche mit feinkörnigem Material feststellen konnte. Nach der Situation handelt es sich hier um einen alten Lauf einer (intra-ältestquartären) Gurk (Krka), welche ursprünglich südlich der Leithakalkhöhe von St. Johann (Rann Süd) der Save zustrebte und erst im Laufe des Altquartärs von der nach Süden drängenden Save an sich gezogen wurde (Abb. 24, S. 151).

Ähnliche Verhältnisse liegen weiter südöstlich, im Raume zwischen Dolina—Samobor, vor. Eine tiefer gelegene, breite und ausgedehnte Terrasse, in ein Dolinenplateau verwandelt, dehnt sich bei Dolina zwischen 250 m und 260 m aus und findet jenseits (südlich) der Breganamündung in einem analogen Niveau seine Fortsetzung, welches sich bis nach Samobor, als unterer, mit Dolinen besetzter Terrassensaum, etwa 100 m über dem heutigen Talboden, weitererstreckt. Von den von *A. Tornquist* (1918) festgestellten „Belvedere-Schottern" im Raum von Groß Dolina können nur die tieferen Schotterlagen der hier besprochenen Terrasse zeitlich nahegestellt werden.

Noch höhere und ältest quartäre Schotterreste, bis über 300 m Höhe gelegen, erscheinen offenbar am Uskoken-Nordostabfall noch etwas höhergeschaltet, während gleichaltrige Aufschüttungen gegen die Gurksenke zu etwas tiefer gelegen sind. Sie stehen in ersterem Bereich zu Verebnungen zwischen 280—340 m Seehöhe in Beziehung, welche ich als das präglaziale Flurensystem auffasse. Eine höchste Schotterfüllung, in Seehöhen um und über 400 m am Südostgehänge des Goli Cirnik, betrachte ich bereits als oberstpliozän. Sie wird von einer zeitlich nahestehenden Denudationsfläche von über 400 m Seehöhe übergriffen.

Jenseits des Savedurchbruchs, unterhalb von Rann, können die Äquivalente prägl. Denudationsflächen in den breiten Kammfluren des Hügellandes von M. Gorica gesehen werden, welche in auffällig einheitlicher Höhenlage (K 287—294 bzw. weiter nördlich K 291) auftreten. Sie überhöhen noch die hoch aufsteigenden, lehmbedeckten älteren Quartärfluren des östlichen Gehängeabfalles.

Am Saum des Orlica-Gebirgszuges, an der Nordflanke des Ranner Beckens, hat *M. Sidaritsch* (1926) als jüngstes morphologisches Leitniveau ein solches in 365 m Seehöhe (St.-Veit-Niveau) herausgehoben und eine auffällige „Südneigung" der Flur betont. Sie reicht nach Osten bis zum Durchbruch der Sotla (Dolinenlandschaft in 330 m Seehöhe) und setzt sich, jenseits des Flusses, auf der Anhöhe von M. Rizvica (K 327) fort; eine Vorflur findet sich um 300 m Seehöhe. Das Hauptniveau wird als jüngstpliozän, die Vorflur als präglazial betrachtet.

Da wir uns im Raum südlich von Rann (an dem Nordostausläufer der Uskoken), auch nach *A. Tornquist*, in einer Zone jugendlicher relativer Niederbiegung, an den an sich stärker aufgewölbten Uskoken,

---

[90] Vom Westsaum des Ranner Beckens hatte schon *Šuklje* (1933) hochgelegene Schotter namhaft gemacht.

befinden und an der Orlica eine solche einer jungen Hebung vorliegt, so glaube ich berechtigt zu sein, das tiefste Flurensystem an der Orlica in um 300 m Seehöhe mit jenem beiderseits des Savedurchbruchs unterhalb von Rann in 260—290 m Höhe parallelisieren zu können.

b) **Die Fortsetzung des ältestquartären Flurensystems im oberen Savegebiet.** Im Raum von Ratschach (Radice) können die um 350 m Höhe gelegenen Terrassenreste am Karbongehänge südöstlich des Ortes der hier besprochenen Terrassengruppe angeschlossen werden. In der talaufwärts folgenden Durchbruchsstrecke der Save durch die Trias fehlen entsprechende Fluren. Erst knapp am oberen Ende derselben, wo die Save aus dem Karbongebiet in die Trias eintritt, stellen sich, schon im Bereiche der letzteren, bei Sava, (nach *F. Teller*) schotterbedeckte Terrassenreste an der Nordseite des Tales ein, deren tiefste — in 380 m bis über 400 m Seehöhe — in unser Terrassensystem eingereiht werden können. Die Fluren am Karbonsporn, der vom südwestgerichteten Mäanderbogen der Save umfaßt wird, welche in über 460 m Seehöhe auftreten, können als Hinweis auf die der Schotteraufschüttung auch hier vorangegangene flächenhafte **Denudationsphase** aufgefaßt werden. Die besprochenen Fluren dürften mit dem von *Rakovec* angegebenen Niveau VII des Savedurchbruchs (380—300 m) in Parallele zu stellen sein.

Im Schönstein—Wöllaner Becken sind zugehörige Ablagerungen vermutlich ebenfalls vertreten. Nach *F. Teller* erscheinen sie, den oberpliozänen Süßwasserschichten angelagert, bei der Kirche südwestlich von Plešivec in 500 m Seehöhe, und können als mutmaßliche Äquivalente der ältestquartären Schotter des Savetales angesehen werden, welche auch dort in eine „präglaziale" Flur eingesenkt sind.

5. Zur Altersfrage des tiefsten (ältestquartären) Felsflurensystems im Ranner Becken und in den oberhalb und unterhalb gelegenen Savedurchbrüchen und der darin eingelassenen Schotterbetten.

Wir hatten ein **tiefstgelegenes**, aber deutlich ausgeprägtes **Flächensystem** an den nordöstlichen Ausläufern der Uskoken, an der Orlica, im Durchbruch der Save zwischen Orlica und Gurkfelder Bergland und im höheren Savedurchbruch (bei Sava) verfolgt. Wir fassen es, unter Berücksichtigung teilweise nachträglicher tektonischer Verbiegung, als zeitlich einheitlich auf. Wir fanden Rinnen, mit Schottern ausgefüllt, die auf einen Save- bzw. einen Gurkfluß bezogen werden können, darin eingesenkt vor. Es liegt nahe, diese hochgelegenen Schotterdecken, welche die älterquartären, lehmbedeckten Terrassenfluren noch überhöhen, als Äquivalente jener großen, randalpinen Vorschüttung aufzufassen, welche — im Sinne der neuen Gliederung — dem **ältestquartären Niveau** („Laaerberg-Horizont") entspricht. Dann rücken die darüber befindlichen Abtragsfluren ins „**Präglazial**" (oberstes Levantin — ältestes Quartär). Es ergibt sich daraus, daß sonach auch im Savebereich an der Wende von Pliozän und Quartär eine, jedenfalls auf eine kräftige Hebung zurückführbare Schotterabfuhr erfolgt ist.

V. Hauptabschnitt. Zur quartären Geschichte des Donauraumes zwischen Wien und dem Großen ungarischen Alföld.

A. Allgemeines.

Das inneralpine Wiener und das westungarische Becken bilden Brennpunkte für die Entwicklung der Auffassungen über die junge Talgeschichte des Donautales. Es wird im folgenden versucht — zum Teil bezugnehmend auf landläufige Deutungen, zum Teil unter Hinweis auch auf weniger berücksichtigte Ergebnisse und Auffassungen mehrerer Forscher —, einen ergänzenden Beitrag zur Deutung dieser Terrassen zu liefern und vor allem auf die Beziehungen der Terrassierung zu den klimatischen, insbesondere auch zu den glazigenen Vorgängen einerseits und zu den eustatischen und tektonischen Beeinflussungen anderseits hinzuweisen. Auf dem Boden des Wiener Beckens sind seit *H. Hassingers* bahnbrechenden Untersuchungen (1905) mehrfach Versuche zur Lösung der Alters- und Entstehungsfrage speziell der jüngeren Flurenreste unternommen worden.

B. Zur zeitlichen Gliederung der altquartären Terrassen im Donauraum unterhalb von Wien bis zur Großen ungarischen Tiefebene.

1. Grundlegende Forschungen im inneralpinen Wiener Becken.

Die Untersuchungen über die junge Terrassierung im Boden von Wien wurden insbesondere durch die Studien von *H. Hassinger* (1905, 1914, 1918) und von *F. X. Schaffer* (1904/1906, 1905, 1907, 1927) in Fluß gebracht und fortgeführt. Am Boden von Wien hat *F. X. Schaffer* (1905, S. 204) vier Aufschüttungsterrassen und darüber noch drei Erosionsterrassen, davon die beiden tieferen mit Quarzschotterüberstreuung, festgestellt. Es sind dies, von oben nach unten, folgende:

	Über dem 0-Pegel der Donau
Höchste Terrasse	bis 233 m
I. Nußbergterrasse	„ 205 m
II. Burgstallterrasse	„ 155 m
III. Laaerbergterrasse	„ 100 m
IV. Arsenalterrasse	„ 55 m
V. Innere Stadtterrasse	„ 15 m
VI. Praterterrasse	„ 4 m

Die beiden letztgenannten Terrassen sind bereits von *E. Sueß* (1862) unterschieden worden.

2. Über das Alter der Laaerberg- und Arsenalterrasse im inneralpinen Wiener Becken.

Von besonderer Bedeutung für die Erkenntnis der jungen Terrassierung war die Feststellung *F. X. Schaffers*, daß die im Bereich der Arsenalterrasse auftretende, bekannte pontische (pannonische) Belvederefauna n i c h t den Schottern der Terrasse, sondern deren Liegensanden entstamme, somit für das Alter der ersteren nicht beweisend ist. Es konnte eine Abtrennung der Schotterbedeckung (sogenannte „Belvedereschotter") der Arsenal- (und ebenso jener der Laaerberg-) Terrasse von dem liegenden Pannon vorgenommen werden, von welch letzterem sie durch eine Diskordanz und durch eine langdauernde Denudationsperiode getrennt sind. Auch der Entstehung der Laaerbergterrassen sind bedeutende postpannonische Denudationen vorausgegangen, was zum Beispiel an der nur 6 m betragenden Mächtigkeit der darunterliegenden Pannonschichten im Profil „auf der Schmelz" im Wiener Stadtgebiet zum Ausdruck kommt.

Über das Alter der Laaerberg- und der Arsenalterrasse ergaben zunächst die Untersuchungen von *G. Schlesinger* (1913) einen paläontologischen Anhaltspunkt, indem er aus der (höheren) Laaerbergterrasse das Auftreten von Elephas planifrons[90a] und einer Übergangsform zwischen Tetrabelodon tapiroides und T. borsoni, die er (1912) als M. tapiroides-americanus bezeichnete, und aus der tieferen Arsenalterrasse jenes von Hippopotamus pentlandi namhaft machen konnte. *Schlesinger* schloß daraus für die Laaerbergterrasse auf ein mittelpliozänes-basaloberpliozänes Alter, für die Arsenalterrasse auf ein oberpliozänes, präglaziales.

E. v. Szadeczky-Kardoss hat (1938) darauf verwiesen, daß diese letztere Alterseinordnung insoferne einer Korrektur bedarf, als nach neueren Ergebnissen Hippopotamus pentlandi n i c h t für Oberpliozän, sondern für den Elephas-meridionalis-Horizont des Altquartärs kennzeichnend sei[91]. Die Arsenalterrasse sei daher bereits ins A l t q u a r t ä r zu stellen. Er wies ferner nach, daß die Laaerbergschotter, auf Grund der Fossilführung, mit den ungarischen „Mastodontenschottern" von Pestszentlörincz, Rákoskeresztúr, Köbánya usw. (mit M. arvernensis, M. borsoni, M. americanus f. praetypica) in zeitliche Parallele zu stellen, welche ebenfalls jünger, als *Schlesinger* annahm, seien, und zwar ins basale Oberpliozän einzuordnen wären.

In zum Teil gleichem Sinne äußerte sich, unter besonderer paläontologischer Begründung, *M. Mottl* (1939). Sie wies darauf hin, daß sich nach der Landfaunenentwicklung das Oberpliozän enge an das Quartär anschließe. 1941 hat *M. Mottl* ausdrücklich hervorgehoben, daß der Laaerbergschotter (= ungarischer Mastodontenschotterhorizont) schon das Glied eines neuen „jüngeren, mit den reichlich Elephas meridionalis führenden und altdiluvialen Schotterkomplexen zusammenhängenden Horizonts" bilde.

Inzwischen ist durch verschiedene Untersuchungen auch in Süd- und Westeuropa die Zugehörigkeit des bisher als Oberpliozän bezeichneten Schichtkomplexes, im Sinne der seinerzeitigen Auffassung von *E. Haug* (1920), zum Altquartär festgelegt worden (vgl. S. 77), so daß die zeitliche Einordnung des Laaerbergschotters ins Quartär auch vom nomenklatorischen Standpunkt aus nunmehr berechtigt erscheint.

[90a] Dieser Fund — aber nicht das anschließend genannte Tetrabelodon — stammt aus den Rudolfs-Ziegelöfen und aus einem Schotter, der nach den unten anzuführenden, neueren Ergebnissen schon einer, dem Laaerberg-Niveau gegenüber, jüngeren, jedoch als noch altquartär betrachteten Aufschotterung zugehört.

[91] Nach *Vaufrey* (1929) für mittleres und älteres Pleistozän kennzeichnend, nach *Stehlin* aber noch im Mindel-Riß-Interglazial auftretend.

A. *Papp* & *O. Thenius* haben sich (1948) dieser Altersdeutung angeschlossen. Eine am Gehänge des Laaerberges entdeckte, aus dem Liegenden des älteren Löß stammende, von *R. Sieber* (1949) beschriebene Säugerfauna wird von den Autoren, dem Entstehungsalter nach, vom Laaerberghorizont abgetrennt und vermutungsweise in eine Stadialphase der Mindeleiszeit eingeordnet.

H. Küpper (1950), welcher die Laaerbergschotter ebenfalls ins älteste Quartär stellte, betonte, daß eine Verknüpfung dieser mit der Günzeiszeit noch nicht festgestellt sei und daß er — im Sinne von *G. Götzinger* — als vorglaziales, ältestes Quartär angesprochen werden könne. Auch *Küpper* verweist auf die große Schichtlücke, welche die Ablagerungen des Pannons von der Aufschüttung der Laaerbergschotter trenne, auf die schon *H. Hassinger* (1905) das Augenmerk gelenkt hatte[92]. Bei der genauen Besichtigung der „Laaerbergschotter"-Aufschlüsse in den Rudolfs-Ziegelöfen im Frühjahr 1954 gelangte ich zur Auffassung, daß die dort aufgeschlossenen, von einer tonigen Schicht überlagerten, mächtigeren Schotter n i c h t dem Laaerberg-Horizont, sondern einem eingeschalteten jüngeren Niveau zugehören. Aus der mir im Laufe des Jahres zugegangenen Veröffentlichung von *J. Fink* & *F. Majdan* (1954) entnehme ich, daß die Genannten, unabhängig von mir, zur gleichen Ansicht gelangt sind. Die Frage allerdings, ob es sich im Sinne ihrer Auffassung um eine Terrasse einer glazialen Entstehung handelt, möchte ich noch offenlassen.

3. Zur Verbreitung und zum Aufbau von Laaerberg- und Arsenalterrasse.

Die Laaerbergterrasse, welche am Laaerberg selbst 255 m Seehöhe erreicht (mit einer Basis von 230—240 m nach *Küpper*), senkt sich westwärts, zum Wiener Berg (240 m), also gegen den Alpenrand hin, etwas ab; gegen Osten hin steigt sie aber, im Raum zwischen Fischamend und Bruck a. d. Leitha, wieder an und bedeckt das Hügelland von Arbesthal (Schüttenberg 282 m!). Ihre weitere Fortsetzung nach Südosten ist in der Brucker Pforte (porta hungarica) anzunehmen, wo nach *v. Szadeczky-Kardoss* (1937, 1938) ihr die große Schotterplatte der Parndorfer Heide zwischen Bruck, Neusiedl am See und Götzendorf zugehört.

Diese war von *H. Vetters* (1910) als Äquivalent der nächsttieferen Arsenalterrasse angesehen worden. Die Höhenlage der Parndorfer Schotterflur ist allerdings eine etwas geringere als jene der Schotter am Laaerberg und im Arbesthaler Hügelland. *E. v. Szadeczky-Kardoss* hält aber diesen Unterschied durch eine Störung zwischen beiden Bereichen bedingt, auf welche schon *J. Stiny* (1932) hingewiesen hatte. Diese folge der Linie Bruck a. d. Leitha—Hainburg, wobei der Ost- (Südost-) Flügel abgesunken wäre. Seine Auffassung findet darin eine Stütze, daß die Laaerbergschotter noch von Verwürfen durchsetzt sind, ferner auch darin, daß, unweit weiter östlich, an der Grenze zum Kleinen Alföld, die älteren Quartärterrassen tiefer hinabgebogen wurden. Auf der Parndorfer Platte selbst fällt die Flur von 187 auf 150 m Seehöhe ab (Gefälle von 1,3% bis

---

[92] Schon nach Abschluß des Manuskripts ist die übersichtliche Darstellung „Über die jüngste Geschichte des Wiener Beckens" von *H. Küpper* erschienen (1952). Die „Laaerbergschotter" werden als ein „Schotterteppich" aufgefaßt, welcher der Hauptsache nach zwar mit Quarzschottern von N und NW versorgt wurde, aber im SW seine Komponenten mit rein kalkigem Material erhalten habe. Es wird vermutet, daß die Entstehung der Rotfärbung der Schotter nicht mit deren Absatz zusammengefallen sei. Es wird angeregt, die Frage zu prüfen, ob die Laaerbergschotter nicht jüngstes fluviatiles und ältestes Pleistozän mitumfassen würden. Gegen diese Vermutung *Küppers* kann eingewendet werden, daß die Entstehung von Schotterdecken relativ rasch erfolge und daß es — bei der Größe der Zeiträume des oberen Pliozäns und des ältesten Quartärs — wahrscheinlich sei, daß nach der — nach den bisherigen Angaben — Einheitlichkeit der (höheren) Laaerbergschotterdecke dieser ein so bedeutender stratigraphischer Umfang zukommen würde. Auch hat sich allenthalben am östlichen Alpenrand zwischen den Abtragsflächen des jüngsten Pliozäns und den Schottern des ältesten Quartärs eine zwischengeschaltete Erosionsphase feststellen lassen.

In Übereinstimmung mit den bisherigen Deutungen wird von *Küpper* die „Arsenalterrasse" als j ü n g e r angesehen, wobei auf das Auftreten zuerst von *E. Sueß* erwähnter „erratischer" Blöcke an der Basis derselben Wert gelegt wird (vgl. auch *H. Küpper*, 1950).

Es ist von Interesse, festzustellen, daß auch *H. Küpper* für die Terrassenbildung im Wiener Becken eine Beziehung zu den eustatischen Schwankungen des Schwarzen Meeres im Quartär herstellt, eine Annahme, welche auch von *H. Hassinger* (1918) in ernstliche Berücksichtigung gezogen wurde und insbesondere von *F. X. Schaffer* — allerdings unter Bezugnahme auf gegenwärtig schon überholte Auffassungen — eindringlich vertreten wurde. Es scheint mir aber ein gewisser Widerspruch darin zu liegen, wenn *Küpper* die dreifachen Absenkungen der Erosionsbasis auf die drei Tiefenstände des Wasserspiegels im Schwarzen Meer in der Mindel-, in der Riß- und in der Würmeiszeit zurückführt und damit die Phasen der Tiefennagung an der quartären Donau zeitlich parallelisiert, andersseits aber auch der Terrassenbildung — (Akkumulation) — nach dem Auftreten der von ihm als „erratisch" gedeuteten Blöcke — ebenfalls ein glaziales Alter zuschreibt. An dem „glazialen" Alter der Hauptterrassen (von der Arsenalterr. abwärts) ist aber, nach den Belegen, nicht zu zweifeln.

2,1%). Für die Gleichsetzung der Parndorfer Platte mit dem Laaerbergschotter wird weiters der Umstand angeführt, daß die erstere die unmittelbare Fortsetzung der letzteren, vom Schüttenberg her, bilde und daß diese nachbarlichen Fluren eine analoge Breitenentwicklung aufweisen, schließlich die Auffindung von Resten von Mastodon americanus f. praetypica (nach G. Schlesinger, 1922) an der Parndorfer Terrasse, was für ein h ö h e r e s Alter der letzteren, als der Arsenalhorizont, spricht. Dazu kommt die zum Teil intensive Rotfärbung der Schotter, die für die ältesten Terrassenhorizonte kennzeichnend ist. Diese Gründe bewogen E. v. Szadeczky-K. die Terrasse der Parndorfer Heide dem Laaerberg- (oder eventuell noch zum Teil dem Zwischenniveau des Höbersdorfer-) Horizont zuzuordnen.

Im Westteil der Parndorfer Platte sind nach v. Szadeczky-K. an der Basis der Ablagerung grobe Schotter entwickelt, welche sich aber durch ihre starke Diagenese an den Laaerberg-Hort anschließen. Ich vermute, daß diese einer Aufschüttung eines Stromstriches am Beginn der Ablagerung angehören, welcher im Raum von Wien weiter im NO verlaufen ist, wobei erst höhere Teile der Laaerbergserie dann gegen SW und S ausgegriffen hatten.

Die Fortsetzung der A r s e n a l t e r r a s s e wird von v. Szadeczky-Kardoss in einer, gegenüber der Parndorfer Platte um etwa 10 m tiefer gelegenen Flur, die sich besonders zwischen Petronell und Prellenkirchen ausdehnt, angenommen. Diese letztere unterscheide sich nicht nur durch ihre Höhenlage, sondern auch durch ihren geringeren Grad der Diagenese (reichliches Auftreten von Amphiboliten, Gneisen und Kalkgeröllen) von der Laaerbergterrasse, sondern füge sich auch ihrem Niveau nach (190—176 m) an die Arsenalterrasse (mit 205 m Seehöhe bei Wien) — besonders unter Berücksichtigung einer, wenn auch abgeschwächten Aufbiegung der letzteren im Hügelland von Arbesthal — gut an. Unter Zugrundelegung der hier angegebenen Parallelisierungen muß dann der Hauptteil an jungen Verbiegungen der Laaerbergterrasse schon v o r Entstehung des Arsenalniveaus eingetreten, also ältestquartären Bewegungen zuzuschreiben sein.

4. Die Geröllzusammensetzung der Laaerbergschotter

wurde im Raum von Wien schon von F. X. Schaffer (1905) festgelegt. Nach ihm läge ein Schuttkegel einer Urdonau vor, welcher sein Quarzmaterial aus der Umlagerung der Tertiärschotter des Manhartsberges bezogen habe. Am Aufbau habe sich auch ein Wienfluß beteiligt, wie das reichliche Auftreten von Flyschgeröllen zeige. Auf Grund eigener Geröllaufsammlungen am Laaerberg konnte ich 1928 berichten, daß dort alle, der Diagenese widerstehenden Gerölle auch aus den Kalkalpen anzutreffen sind (Gosauporphyre, Kieselkalke, Werfener Sandsteine und Konglomerate, ein verkieselter Gyroporellendolomit sowie seltene Kalke) nebst dem reichlichen Anteil an Kristallgeröllen.

Danach liegt zweifellos die Aufschüttung eines V o r l ä u f e r s d e r D o n a u vor. Daß ein solcher damals bestanden haben muß, ergibt sich schon daraus, daß in oberpliozäner-ältestquartärer Zeit eine Entwässerung eines Großteils auch noch der mittleren Alpen aus dem Oberrhein- und Oberrhonegebiet ostwärts über das nördliche Alpenvorland festgestellt ist. Einen weiteren Beweis bilden die Geröllbestimmungen von Frasl (1953) aus dem Laaerbergschotter, welche auf den Schwarzwald hinweisen. Das Zurücktreten kalkalpiner Gerölle im Schotterbestand wurde von mir (1928) teils auf diagenetische Vorgänge, teils aber auf den Umstand zurückgeführt, daß damals die Alpen noch stärker als gegenwärtig einen Mittelgebirgscharakter aufzuweisen hatten, was bei dem noch herrschenden feuchteren und wärmeren Klima eine tiefgründige Verwitterungsdecke an den Hängen zur Folge haben mußte, und daß es besonders erst die Eiszeit gewesen sei, welche die Schuttförderung aus den vergletscherten und stärker der Denudation unterliegenden Kalkalpen vermehrt habe. E. v. Szadeczky-K. konnte den von mir angegebenen, stark alpin betonten Charakter der Laaerbergschotter durch eingehende Gerölluntersuchungen erhärten und feststellen, daß diese in tieferen Lagen — bei geringerer Rotfärbung — noch in stärkerem Maße unzersetzte und auch kalkalpine Geröllkomponenten aufweisen. Zwischen der Aufschüttung der Laaerbergschotter und der Arsenalschotter scheine eine Klimaänderung eingetreten zu sein, ein weiterer Hinweis auf ein v o r g l a z i a l e s, wenn auch schon ältestquartäres (präglaziales) Alter der ersteren. An der Basis der Laaerbergterrasse treten, nach v. Szadeczky-K., Blöcke von $^1/_2$ m Durchmesser auf. Von der Arsenalterrasse wurden schon von E. Sueß (1862) Blockgerölle von Kristallin angegeben (vgl. Küpper, 1950).

C. Quartär in der Kleinen ungarischen Tiefebene.

1. Laaerberg- und Arsenalterrasse im westungarischen Becken (Donaubereich).

Östlich der Porta hungarica versinkt die Parndorfer Platte (Laaerbergschotter), wie bereits angegeben, unter die quartären Anschwemmungen des Kleinen Alfölds. Es ist klar, daß der Laaerberghorizont, als ein im Donaugebiet kontinuierlich verfolgbarer Schotterzug, dort unter der jüngeren, infolge tektonischer Senkung darüber gebreiteten Quartärdecke im Untergrund durchzieht. Nach *v. Szadeczky-K.* beträgt die Mächtigkeit der diluvialen Aufschüttungen im Senkungsbereich der Kleinen ungarischen Ebene 150—200 m, wobei von Süden her (aus dem Raabgebiet) eine schrittweise Tieferlegung der Quartärbasis gegen die Donau zu erfolgt. (Westlich von Csorna 69 m [Bohrung Szarföld]; im Gebiet des Rabaköz 160 m; weiter nördlich, gegen die Donau westlich von Raab [Györ] zu, bis über 200 m.) In der Bohrung Magyarovar (D. Altenburg) kann nach *Szadeczky-K.* der zwischen 208 m und 220 m festgestellte Schotter, mit Geröllen bis über Hühnereigröße, als Anzeichen des Laaerberghorizonts aufgefaßt werden, der sonach hier um 300—400 m tiefer liegt als im Hügelland von Arbesthal, welche Niveaudifferenz hauptsächlich auf quartäre Versenkungen zurückzuführen ist. Das Ausmaß der quartären, relativen Gesamtsenkung im Kleinen Alföld an der Donau, gegenüber dem Bereich an der oberen ungarischen Raab, beziffert *v. Szadecky-K.* auf 300 m (Abb. 25). Gegen das Leithagebirge hin nimmt die Quartarmächtigkeit ab. In der Bohrung von Mosonszentjanos (St. Johann) beträgt sie nur mehr 72 m. Die große Abknickung, an welcher die ältestpliozänen Schotterdecken des oberen ungarischen Raabgebietes unter das Diluvium des Kleinen Alfölds versinken, verläuft entlang der Linie F. Szeleste—Repscelac—Marzcaltö (Abb. 25), also an einer WSW—ONO-Zone, welche, nach *E. v. Szadecky-K.*, den äußersten (nordöstlichen) Saum der jüngstalpinen Aufwölbung bildet, von welcher das südliche Kleine ungarische Becken im Quartär noch miterfaßt wurde. Gegen Osten hin steigen, gegen den Rand des Kleinen Alfölds, die ältesten Quartärschotter wieder auf. Bei Bacsa, nördlich von Raab, wurden sie schon in 30 m Tiefe erreicht. Ostwärts, beim Tatafluß, finden sie sich schon wieder um 80 m über der Donau, in welcher Höhe sie auch im Višegrader Durchbruch auftreten. Die Terrassenschotter enthalten dort an der Basis Blockgerölle von Andesit aus den nördlichen Vulkangebieten. Südöstlich von Raab (Györ) treten, gegen das ungarische Mittelgebirge zu, ebenfalls älterpleistozäne Terrassen (Äquivalente des Arsenalniveaus?) auf, welche nach *v. Szadeczky-K.* mit Riesengeröllen aus dem Vertes-Bakonygebirge versehen sind.

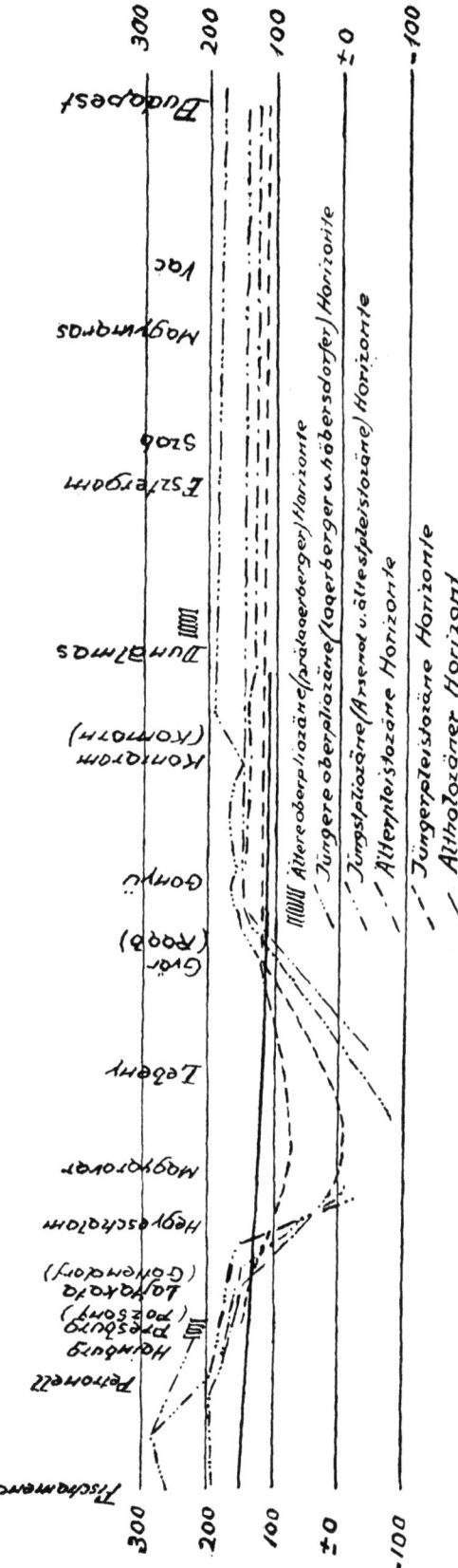

Abb. 25. Aus *E. v. Szadecky-K.*: Geologie der Kl. rumpfungarländischen Tiefebene. Mitt. d. Bergbau- u. hüttenmänn. Abt. a. d. Universität Sopron (Ödenburg) 1938. (Nach späterer Deutung des Autors selbst gehören auch noch der 2. und 3. Horizont von oben dem Altquartär an.)

2. Die Terrassengliederung im Donaudurchbruch oberhalb von Budapest und im Raum um diese Stadt.

Mit der Terrassengliederung im Donaudurchbruch oberhalb von Budapest hatten sich schon E. v. Cholnoky (1910) und J. Schafarzik (1918) beschäftigt, welch ersterer insbesondere eine 10—15-m-Stadtterrasse, eine höhere Fellegvary-Terrasse herausgehoben und noch höhergelegene, fluviatile „levantinische Schotter" festgelegt hatte. Weitere Arbeiten veröffentlichten G. Strömpl (1913) und insbesondere A. Kéz (1939) und B. Bulla (1942). Von Kéz wurden 5 Donauterrassen, von denen die oberste noch ins Levantin gestellt wurde, von B. Bulla 7 Niveaus unterschieden. Letzterer stellt die Terrassen I—IV ins Quartär, V und VI ins Pliozän. Er gibt an, daß im Višegrader Durchbruch darüber noch 2 höhere Terrassen unterschieden werden können. E. v. Szadeczky-K. schließt sich diesen Auffassungen im wesentlichen an. Er sieht die Vertretung der Laaerbergschotter des Wiener Beckens in den Mastodontenschottern von Pestszent-Lörincz usw., die im Durchbruchsgebiet 138—144 m relativ über der Donau liegen, gegen das Große Alföld hin aber auf 40 m absteigen, um dann in letzterem unter jüngere Anschwemmungen abzusinken. Das Auftreten von Elephas planifrons in gleichaltrigen Lagen bestätigt die Zuordnung zum Laaerberghorizont. In paläontologischer Hinsicht sind vor allem die Studien von M. Mottl (1939, 1942 a, b), dann jene von M. Kretzoi (1941) für die Terrassenkenntnis von Bedeutung. Das Niveau VI wird nach M. Mottl und E. v. Szadeczky dem Laaerberg — das Niveau V dem Arsenalschotter gleichgestellt.

Im Sinne der Feststellungen von M. Mottl ist somit das ganze Terrassensystem, bis einschließlich Hor. VI, ins Quartär zu stellen, während die noch höher gelegenen „Prälaaerbergschotter" ins oberste Pliozän einzureihen wären. Die Terrassen V und IV sind altpleistozän. Die V. Terrasse (mit der E. meridionalis-Fauna) entspricht dem St. Prestien. Die Terrasse IV gehört nach M. Mottl — noch die Meridionalisfauna führend — der Moosbachstufe zu. Kennzeichnend ist dort das Auftreten großer Formen von Steppencharakter.

D. Die mittel- und jungquartären (jüngeraltpleistozänen, mittelpleistozänen, jungpleistozänen) Terrassen im inneralpinen Wiener Becken und im anschließenden Westungarn.

Unterhalb der Arsenalterrasse wurden im Boden der Stadt Wien von F. X. Schaffer 2 quartäre Niveaus unterschieden. Ihre Zahl hat sich indessen auf 4 erhöht. H. Hassinger hatte festgestellt, daß im Tullner Feld und auch unterhalb von Wien (Thebener Pforte) 30—35 m über der Donau eine weitere Terrasse verbreitet sei, welcher E. v. Szadeczky-K. die Terrassenfluren am Südufer der Donau unterhalb von Wien, im Raum von Wildungsmauer und Regelsbrunn, zuzählte. Tiefer, und zwar schon unterhalb der Stadt-Simmeringterrasse, hat H. Küpper (1950), über der Praterterrasse, ein Mannswörth-Marchfeldniveau ausgeschieden.

H. Küpper betrachtete die Mannswörth-Marchfeldterrasse als zeitliches Äquivalent der letzten Vereisung, die Stadt-Simmeringterrasse als jenes der Rißeiszeit, während die Arsenalterrasse einer älteren Eiszeit entsprechen würde. Er stützt sich hiebei auf das Auftreten von Blockschotterlagen, die von älteren Autoren und von ihm u. a. an der Basis der Stadt-Simmeringterrasse und an jener von Mannswörth festgestellt wurden und die er auf Eisdrift zurückführt.

Nach Küpper, Papp & Zapfe (1954) sei die Simmeringterrasse bei Fischamend jungeiszeitlich, und zwar nach dem bestimmten Rest von Elephas primigenius, nach Zapfe wahrscheinlich letztglazial (S. 156); nach den Angaben von Fink & Majdan wäre die Simmeringterrasse schon rißeiszeitlich, vielleicht sogar Altriß und die „Niederterrasse" (Mannswörther Terrasse von H. Küpper z. T., Gänserndorfer Terrasse von Fink & Majdan) jungrißeiszeitlich oder in Würm I zu stellen. 1954 bezeichnet H. Küpper die Simmeringterrasse als Rißflur. Fink & Majdan (1954) haben die von R. Grill auf der geologischen Karte von Wien ausgeschiedene „höhere Terrasse von östlich Seyring" (nach letzterem „älterer Deckenschotter") als eine Zwischenterrasse zwischen Arsenal- und Simmeringniveau angenommen, aber ihr ein wesentlich jüngeres Alter (etwa Altriß) zugeschrieben. Zwischen den Auffassungen verschiedener Autoren bestehen demnach weitergehende Diskrepanzen, welchen J. Fink & F. Majdan durch eine Erweiterung und Umgestaltung der Terrassengliederung unter Berücksichtigung auch bodenkundlicher Gesichtspunkte gerecht zu werden trachten. Für die „Praterterrasse" erbringen die Verf. Beweise für würmzeitliches Alter.

Aus der Verbreitung der jüngeren Terrassen, die im Raum unterhalb von Wien auch von E. v. Szadeczky-K. verfolgt wurden, ergab es sich, daß die Umlenkung der Donau aus der Porta hungarica zwischen der Entstehungszeit der Arsenalterrasse und jener der 30—35-m-Terrasse erfolgt ist, m. E. wahrscheinlich in einer für das Quartär besonders kennzeichnenden tektonischen Bewegungsphase zu Beginn des „großen Interglazials" (A. Heim, 1921/22, K. Wittmann, 1937), die H. Stilles (1935) pasadenischer Phase entspricht. Die 30—35-m-Terrasse ist als älteste Donauflur in der Thebener Pforte (östlich von Hainburg) feststellbar. Die Schotter der mittel- und oberquartären Terrassen sind durch Frische des Geröllmaterials und durch reichliche Beimengung von Kalkkomponenten gekennzeichnet. Das Alluvium ist nach *H. Hassinger* (1918), nach Aufschließungen bei Brückenfundierungen, 13—21 m mächtig, zeigt also ähnliche Stärken wie in der steirischen Bucht.

Im südlichen inneralpinen Wiener Becken ist südlich der von flachen, jungtertiären Aufwölbungen bedingten „nassen Ebene" der Kalkschuttkegel des Steinfeldes ausgebreitet (*M. Kleb*, 1912, *H. Hassinger*, 1905, 1918). Nach der Bohrung von St. Egyden beträgt die Mächtigkeit der Schotter mindestens 56,8 m — nach neuen Bohrungen reichen sie noch tiefer[91a] —, was *H. Hassinger* auf eine jungquartäre Absenkung des südlichsten Wiener Beckens zurückführt. Das letztere ist demnach eine quartäre Rückfallsebene.

Die besondere Bedeutung und das Ausmaß quartärer Bewegungen, welche schon von *K. Friedl, J. Stiny* und *E. v. Szadeczky-Kardoss* aus dem Wiener Becken beschrieben wurden, ergibt sich besonders aus den neuen speziellen Untersuchungen von *H. Küpper* (1952, 1954), welche unter Auswertung zum Teil älterer Bohrergebnisse gewonnen werden konnten. Die quartären Bewegungen im südlichen Wiener Becken haben ein Ausmaß von 150—200 m erreicht, wobei die Verstellungen teilweise an Brüchen erfolgt sind. Die Senkungen halten sich vielfach an die Bereiche jungpliozäner Senkungszonen (Mitterdorfer Senke, Sollenauer Beckenrand), greifen aber, nach *Küpper*, über diese in den Bereich des südwestlichen Zipfels des Wiener Beckens (dort die NO—SW-Richtung einhaltend) aus. Übrigens sind diese Feststellungen ein weiterer Hinweis auf die von mir vertretene Auffassung langdauernder „epiroginetischer" Bruchbildung (*Winkler v. H.*, 1954). *H. Hassinger* hatte bereits auf höhere quartäre Terrassen an der Mündung der Piesting in das südliche Wiener Becken verwiesen; *J. Büdel* (1934) hat sodann am Ausgang von Piesting- und Triestingtal zwei höhergelegene, altquartäre Terrassen namhaft gemacht. Er hält die Steinfeldschotter für ausschließliche zeitliche Äquivalente der Würmvereisung.

Jenseits der Porta hungarica bzw. der Thebener Pforte versinken auch noch die mittel- und jungquartären Absätze unter den rezenten Donautalboden (Abb. 25, S. 159, Abb. 26, S. 163). *E. v. Szadeczky-K.* gibt die Mächtigkeit des Alluviums südlich der Großen Schüttinsel mit 5—15 m an, wobei vermerkt wird, daß diese nördlich der Donau noch an Mächtigkeit zunehme; Angaben, die dank der zahlreichen Bohrungen im Interesse der Waschgoldgewinnung fundiert erscheinen. Nach dem Bohrprofil von D. Altenburg (Magyarovar) entfällt, bei 220 m Bohrtiefe im Quartär, auf Oberpleistozän und Alluvium eine Schichtmächtigkeit von 50 m. Es ist von Interesse, daß sich in diesem Profil das Auftreten der letzten Vereisung in einer Z u n a h m e d e r K a l k g e r ö l l e i m S c h o t t e r b i s z u r T i e f e v o n 3 0 m äußert, während darunter wieder eine Abnahme derselben konstatiert wurde. In dieser Erscheinung prägt sich deutlich der Einfluß geringerer Zersetzung der karbonatischen Geschiebe in der Kälteperiode aus. Mit Annäherung an den Donaudurchbruch von Višegrad heben sich auch die jungquartären Terrassen wieder heraus, um jenseits desselben, am Saum des Großen Alfölds, nochmals unter Alluvium abzusinken.

E. Zur Entstehungsfrage der quartären Terrassen (und des Alluviums) im Donaugebiet unterhalb von Wien und im Kleinen Alföld.

Die Frage soll hier nur gestreift werden. Es liegt auf Grund unserer Ergebnisse nahe, auch im Wiener Becken und im nördlichen Kleinen Alföld, außer vermutlich vorherrschenden g l a z i a l e n Terrassen, auch interglaziale vorauszusetzen. Eine nähere Erörterung ist aber an dieser Stelle nicht geplant. Unter der Annahme auch interglazialer Aufschüttungen und Fluren greift — bedingt durch Spiegelschwankungen im Großen Alföld —, im Sinne meiner Auffassung, in die Entstehung letzterer die r e g i o n a l e u n d d i e l o k a l e T e k t o n i k

[91a] Vgl. *H. Küpper*, 1953, 1954.

ein. Ich habe auf S. 130 theoretisch darzulegen versucht, wie sich — trotz zwischengeschalteter tektonischer Hebungs- und Senkungsräume — die durch eustatische Einflüsse bedingten, jeweiligen Neugestaltungen im Flußlängsprofil (rückschreitende Tiefenerosionen bzw. talaufwärts vorgreifende Aufschwemmungen vom Meere her) — wenn auch abgeschwächt und modifiziert — bis in die höheren Teile der Flußgebiete zur Geltung bringen können. Es geht daraus hervor, daß während des Quartärs auch in der Kleinen ungarischen Ebene, in Phasen von unten her vorgreifender Tiefenerosionen, wahrscheinlich eine Terrassenzerschneidung in den Senkungsgebieten, wenn auch mit verminderter Flurenhöhe, eintreten konnte, während in vorangehenden oder nachfolgenden Phasen allgemeiner Aufschwemmung[93], aus der kombinierten Wirkung von tektonischer Senkung und eustatisch bedingter Akkumulation, in den Depressionsgebieten ein Terrassenaufbau mit bedeutenden Sedimentmassen erfolgen mußte. Es ist dabei in Rücksicht zu ziehen, daß die epirogenetische Tektonik zwar stetig, aber offensichtlich (von glazialisostatischen Bewegungen abgesehen) l a n g s a m wirksam ist und für alle Fälle hinter den aus der Eustatik resultierenden morphologischen Effekten weit zurückbleibt. Wenn man zum Beispiel — auf Grund der durchschnittlichen Geschwindigkeit epirogenetischer Hebungsvorgänge in junggeologischer Zeit — selbst mit einer Absenkung von 0,1 mm/Jahr rechnet und für die Würmvereisung nur 50.000 Jahre annimmt, so erhält man für diesen Zeitraum eine tektonische Senkung von 5 m. In einem B r u c h t e i l dieser Zeit ist jedenfalls die Senkung des Schwarzen-Meer-Spiegels, bei Einbrechen von Würm I (um mindestens 60 m, nach *Pfannenstiel*, 1951) erfolgt. Die Tiefenerosion der Flüsse mußte dadurch weitgehend und hoch in die Talgebiete hinauf beeinflußt worden sein. Nach den neuen Mitteilungen von *M. Pfannenstiel* (1950, 1951) reichte die letztglaziale Tiefenerosion vom Schwarzen Meer bis in den Karpatensaum hinein und hat das gesamte, aus diesem Gebirge der Walachischen Ebene zustrebende Flußsystem zur Tiefenerosion veranlaßt. Noch bei Rustschuk finde sich die Sohle der postquartären Verschüttung unter dem Meeresspiegel. Es wäre eine dringende Aufgabe, festzustellen, ob sich nicht eine Spät-Postwürmtiefenrinne im Donaugebiet, wenn auch nur als schmale verschüttete Furche, unter dem heutigen Wasserspiegel bzw. Schotterbett, über das Eiserne Tor hinaus, ins ungarische Alföld verfolgen läßt[94].

Da die Interglazialzeiten nach allgemeiner Auffassung von wesentlich l ä n g e r e r D a u e r gewesen sind als die Glazialphasen, so wird ein langdauernder Höchststand des Meeres in diesen Zeiten in der Lage sein, seine fluviomorphologischen Auswirkungen an den größeren Flußgebieten jeweils bis weit hinauf zur Geltung zu bringen und kann eventuell in diesen Erscheinungen eine Ursache für die Aufschüttung interglazialer Terrassen am Alpensaum und in Pannonien erblickt werden. Es ist aber andererseits klar, daß sich wiederum nur ein Bruchteil des tatsächlichen Senkungsbetrages eines Seespiegels, in von der Küste entfernter gelegenen Bereichen in Form von Tiefenerosionen zur Geltung bringen kann und daß auch in der interglazialen Aufschwemmungszeit in den Haupttälern nur wesentlich geringere Mächtigkeiten an Sedimenten, als der Anstieg des Meeres betragen hat, aufgeschüttet werden können. Es ist schließlich noch ausdrücklich zu betonen, daß zeitweilig auch stärkere tektonische Bewegungen im Diluvium, wie wir sie — als Nachwirkung der walachischen Orogenese — noch im ältesten Quartär (z. B. durch verstärkte Hebungen bedingte Aufschüttung der Laaerbergschotter!) annehmen und wohl auch im Bereiche des Donaugebietes noch inmitten des Quartärs (vor und nach Entstehung der Arsenalterrasse) voraussetzen können, in das Talregime eingegriffen haben. In diesen Zeiten werden solche die hier angedeutete Interferenz zwischen Eustatik und Tektonik im Sinne der letzteren zu beeinflussen vermocht haben. Im großen ergibt sich sonach die Möglichkeit auch für das behandelte Gebiet: Einwirkung eustatischer

---

[93] Einer solchen entspricht auch die Zeit des jüngeren Alluviums.

[94] Nach *M. Pfannenstiel* lasse sich z. B. die letztglaziale rückschreitende Erosion des Nils bis „tief in die Felsschwelle 700 km von Kairo stromaufwärts" feststellen! Eine „eustatische" Verschüttung im Eisernen Tor-Bereich könnte aber auch in dieser jungen Aufwölbung durch Hebungen kompensiert worden sein.

Vorgänge mit tektonischer Beeinflussung auf das Flußnetz, mit klimatisch-glazigen bedingten Vorgriffen hauptsächlich vom Gebirge her.

Es wurde aber auf S. 127 auch die Möglichkeit erwogen, daß die Ursache interglazialer Terrassierung auch in den Auswirkungen tektonischer Aufwölbungen im Bereich der Südkarpaten gesucht werden könnte, welche, rhythmisch und eventuell mit Rückläufigkeiten im Bewegungssinn verlaufend, Spiegelschwankungen im See des Großen Alfölds hervorzurufen und von dort aus gewissermaßen lokaleustatische Beeinflussungen auf das oberhalb gelegene Flußnetz auszuüben in der Lage gewesen sind.

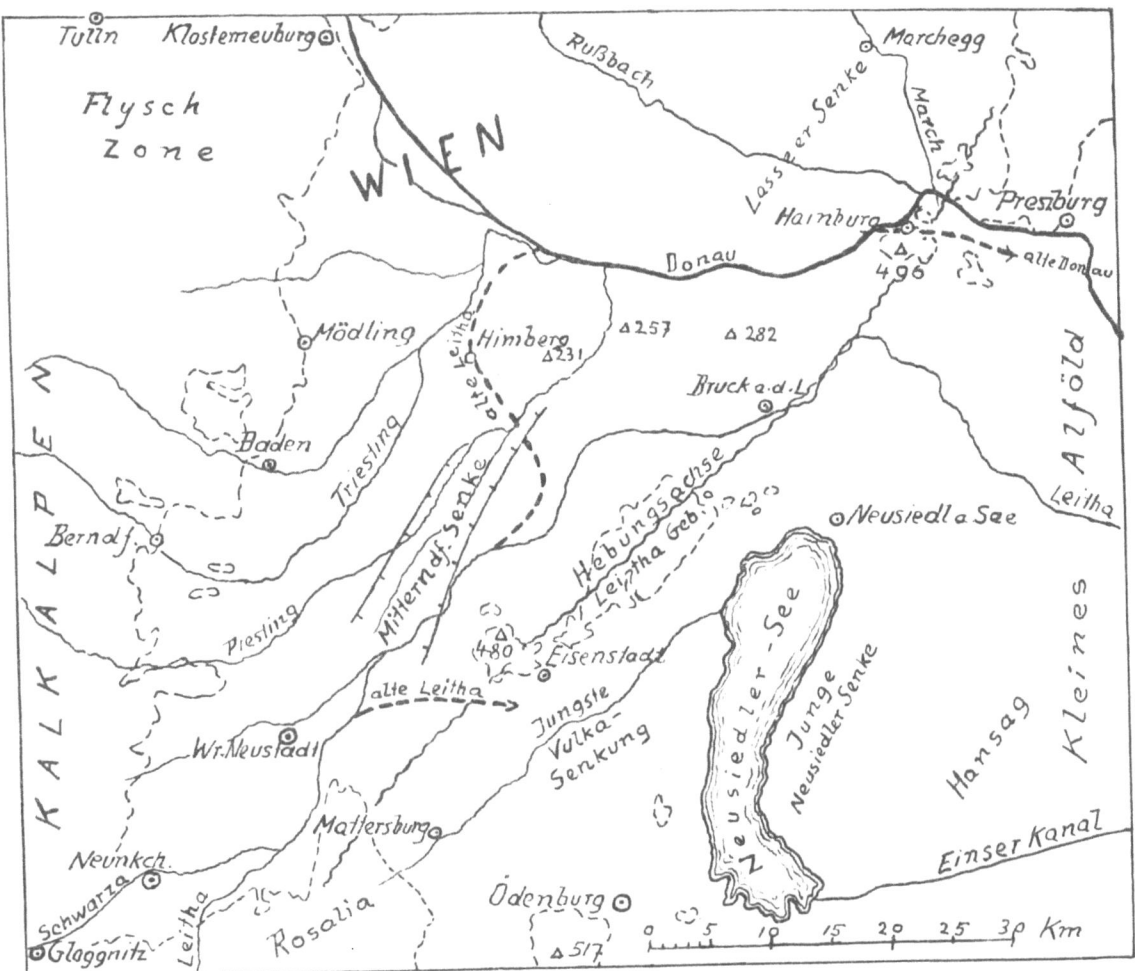

Abb. 26. Junge Verbiegungen im südlichen Wiener Becken. Mit Benützung der Angaben von J. Stiny und E. v. Szadecky-Kardoss zusammengestellt.

F. Junge Talverlegungen am Saum des Kleinen Alfölds im Donaubereich.
(Abb. 147 b.)

In den Übergangsgebieten zwischen dem Wiener Becken und dem Kleinen Alföld haben sich auffällige junge Talverlegungen vollzogen. Hierher gehören:

1. Die bekannte **Nordverlegung der Donau** aus der Porta hungarica in den Bereich der Thebener Pforte, welch letztere bis dahin von der March benützt worden war, in der Zeit zwischen Arsenal- und der „35-m-Terrasse". E. v. Szadeczky-K. hat schon darauf verwiesen, daß diese Talverschiebung darauf zurückzuführen ist, daß sich die Senkungsachse des Kleinen Alfölds (und ebenso auch jene des inneralpinen Wiener Beckens) im Laufe des Quartärs nach Norden verlagert hat. Zeigen doch auch mächtigere, erbohrte Quartärablagerungen dort

eine starke Senkung an. Die Verlegung des Donaulaufes aus der Porta hungarica dürfte aber auch mit einem Wiederaufleben der alten Hebungsachse Leithagebirge—Hainburger Berge in Zusammenhang gestanden sein. Denn unter der Annahme einer schwachen relativen Aufwölbung des Verbindungsstückes zwischen den beiden letztgenannten Bergzügen, gegenüber dem Bereich der Thebener Pforte, läßt sich die Nordverschiebung noch leichter verstehen.

2. Auf eine ähnliche Aufwölbung, und zwar in der Fortsetzung der genannten Hebungszone (zwischen Leithagebirge und Rosalia), kann die Verlegung des Leitha- (Schwarza-Pitten-) Flusses, welcher ursprünglich, wie *Hassinger* dargelegt hat, über die Wiener-Neustadt—Ebenfurther Pforte in das heutige Einzugsgebiet der Vulka (Bereich des Neusiedler Sees) ostwärts abgeflossen war, in die gegenwärtige, gegen Norden, zur Donau, gerichtete Laufrichtung erklärt werden. Wenn die Schotterfluren im heutigen Wasserscheidenbereich im Gebiet von Zillingdorf dem Laaerbergniveau zuzuzählen sind, so hätte sich dieser Vorgang noch im ältesten Quartär vollzogen.

3. Einer etwas jüngeren, aber noch altquartären Phase dürfte der L e i t h a l a u f (der Arsenalzeit?) angehören, welcher, nach *J. Stinys* Feststellungen auf Grund des Geröllbestandes von Terrassen, über eine Trockentalung von Gramatneusiedl nach Himberg (Stadtrand von Wien), in nordwestlicher Richtung, den Weg zum Donautal genommen hatte.

4. Einer abermals jüngeren, zweifelsohne auf tektonische Verursachung zurückgehenden Beeinflussung verdankt d i e A b l e n k u n g d e r L e i t h a i n i h r e n g e g e n w ä r t i g e n L a u f, durch die Brucker Pforte ins Alföld, ihre Entstehung. *E. v. Szadeczky-K.* führte die Umlenkung der Leitha aus dem Wiener Becken in den Pfortenbereich auf eine Anzapfung durch rückschreitende Erosion vom Kleinen Alföld her zurück. Es ist aber zu beachten, daß der breite und flache Talboden, in welchem sie fließt, keine Anzeichen kräftigerer rückschreitender Erosion erkennen läßt. Ich halte es für wahrscheinlich, daß durch eine schwache V e r b i e g u n g bzw. Schrägstellung der die sehr niedrige Wasserscheide tragenden Scholle eine Ablenkung der Leitha zum Alföld hin eingetreten ist. Jedenfalls müssen tektonische Bewegungen bei der Laufverlegung maßgebend gewesen sein. Die Erscheinung wäre damit auf das auch sonst feststellbare Aufleben von Bewegungen im Mittelquartär am Rand des Alfölds zurückgeführt.

5. Auf ähnliche, jugendliche, von der ungarischen Ebene aus vorgreifende Senkungen kann auch die Ausbildung der tiefergelegenen, von Erdbeben heimgesuchten, versumpften D e p r e s s i o n i m V u l k a t a l, westlich des Neusiedler Sees, zurückgeführt werden, welche gegen die alte, verlassene Wasserscheide zur Leitha (bei Ebenfurth) zurückgreift, besonders aber, nach *H. Hassinger* (1918), die Mulde des Neusiedler Sees selbst, welche von diesem Forscher als nachglazial versenkte Donauschlinge aufgefaßt wurde. Es scheinen daher den intraquartären Phasen der Aufbiegung, an der Schwelle zwischen Wiener Becken und Kleinem Alföld, in jüngstquartärer-alluvialer Zeit, von letzterem aus gegen das Leithagebirge und gegen Ebenfurther und hungarische Pforte vorgreifende Senkungen nachgefolgt zu sein.

Danach hätte die Leitha in der Quartärzeit vier verschiedene Laufrichtungen aufzuweisen gehabt:

a) Zur Zeit des Laaerbergschotters über die Zillingdorfer Platte direkt zur Vulka nach dem Alföld.

b) In altquartärer Zeit, in der Mitte des Wiener Beckens fließend, über Gramatneusiedel zur Donau am Ostrand des Wiener Stadtgebietes.

c) In jungquartärer Zeit über Götzendorf und Schwadorf zur Donau.

d) Schließlich, im jüngsten Quartär, im heutigen Tallauf über die Brucker Pforte ins Alföld.

Man wird *J. Stiny* beipflichten müssen, daß bei diesen Laufänderungen tektonische Bewegungen eine maßgebliche Rolle gespielt haben.

G. Einige Folgerungen aus der Quartärtektonik.

Aus den neueren Untersuchungen über das Quartär im Donaubereich tritt immer deutlicher auch der Einfluß der jüngsttektonischen Vorgänge hervor (*K. Friedl*, 1927, *J. Stiny*, 1932, *E. v. Szadeczky-K.*, 1938, *R. Janoschek*, 1951, *H. Küpper*, 1952, 1954). Wenn das älteste

Quartär in der Kleinen ungarischen Tiefebene, gegenüber seiner Hochlage im Hügelland von Arbesthal (westlich der Hainburger Berge) — schon unter Rücksichtnahme beim Niveauunterschied auf ein Primärgefälle —, um etwa 300—350 m in diluvialer Zeit relativ abgesenkt wurde, wenn beträchtliche Verbiegungen der Laaerbergschotterdecke im Wiener Becken selbst festzustellen sind, wenn auch noch die jüngerquartären Schotter des Steinfeldes während ihrer Entstehung eine Bodensenkung von mehreren Zehnern von Metern annehmen lassen und sich selbst noch jüngstquartäre Ablagerungen an der Grenze zum Holozän und in diesem in gewissen Gebieten (Lasseer und Mitterndorfer Senke nach *J. Stiny*, Vulka—Neusiedler See-Gebiet nach *H. Hassinger*) merkbare Veränderungen erfahren haben, so läßt dies auch einen Rückschluß auf das viel größere Ausmaß der Verstellungen zu, welche sich in dem Zeitraum des etwa 30—40mal so langen Oberpliozäns, einer Zeitphase, die gegenüber der Würm- und Nachwürmzeit eine etwa 300fache Dauer aufzuweisen hatte, abgespielt haben müssen. Die bekannte Auffassung, welche die junge Bruch- und Biegetektonik in den Randgebieten des Wiener Beckens zur Gänze oder hauptsächlich schon in ältermiozäne, vortortonische Zeiten zurückverlegen wollte, erscheint schon durch die hier angeführten Befunde erschüttert. Ihre Unhaltbarkeit ergibt sich auch aus der Auflösung der Morphogenese am Alpenrand.

Vergleiche und Übersicht der Ergebnisse.

1. Vergleich der Ergebnisse mit neueren Quartärforschungen.

a) Zu den Auffassungen über tektonische und atektonische (klimat., eustat.) Deutung der quart. Terrassenbildung in Mitteleuropa stehen heute einander noch ziemlich schroff gegenüber. Zwar wird in neuerer Zeit im allgemeinen das Vorhandensein quartärer tektonischer Bewegungen nicht mehr geleugnet, ihre Bedeutung aber für die Entstehung und Zerschneidung der Terrassensysteme wird sehr verschieden beurteilt. *W. Sörgel* ist es, der bekanntlich die Entstehung der Terrassentruppe an den Flüssen Mitteldeutschlands in erster Linie auf klimatische Ursachen zurückführt und den tektonischen Einflüssen, die er zwar auch nicht leugnet, eine mehr untergeordnete Bedeutung beimißt. Demgegenüber ist schon durch zahlreiche Untersuchungen in den Alpen, insbesondere von *A. Penck, O. Ampferer* usw., die große Bedeutung tektonischer Bewegungen für einen wesentlichen Teil der quartären Aufschüttungen und ihre erosive Zergliederung erwiesen worden, wobei bekanntlich *A. Penck* besonders in seinen n e u e r e n Arbeiten die tektonischen Gesichtspunkte für die Terrassenentstehung in den Vordergrund gestellt hat. Im Mittel- und Unterrheingebiet haben *Mordziol* und *Quiring* den Einfluß junger Bewegungen für die Terrassenbildung scharf herausgearbeitet, während *Wittmann* bei seiner Gliederung des Quartärs neuerdings auch für die Entstehung der Terrassierung die tektonischen Momente stärker betonte.

In den Alpen läßt sich bekanntlich im großen Mindel-Riß-Interglazial eine stärkere, tektonische Bewegungsphase, in den östlichen Alpen nach *Penck* außerdem eine solche im Riß-Würm-Interglazial herausheben, welche von mächtigen interglazialen Talverschüttungen gefolgt waren. Im außeralpinen Rheinbereiche finden letztere in der Basler Hochterrasse und in der rheinischen Hochterrasse ihre Entsprechung (*Penck, Mordziol*). *A. Penck* hält bekanntlich die inneralpinen quartären Bewegungen für solche strophischer Art (glazial-isostatische Hebungen und Senkungen), ohne allerdings auch die Mitwirkung echter Tektonik in Abrede zu stellen, eine Auffassung, der sich *R. v. Klebelsberg* (1951) angeschlossen hat und welche auch ich teile.

Die alluviale Entwicklung am östlichen Alpensaum läßt mancherlei Beziehungen zu den von *Quiring* aus dem Rheingebiet beschriebenen Verhältnissen erkennen[95]. So stimmt

---

[95] *Quiring* rechnet schon die Yoldiazeit zum Alluvium (Altalluvium), die Ancyluszeit dem Mittelalluvium zu, während *Bülow* das Alluvium erst etwa mit der Zeit n a c h dem Gschnitzstadium, nach 7000 v. d. Zw., beginnen läßt. Eine vermittelnde Auffassung vertritt *Grahmann*, welcher das Alluvium mit Ende des Magdalenien (= Bühlstadium nach *Wolstedt*) anheben läßt.

die Profilgliederung im Jungalluvium mit der im steirischen Becken beobachteten überein: **basaler Kiessockel, darüber Talsande, darüber Hochflutlehme**. Auch die Zweiggliederung des rheinischen Jungalluviums deutet sich im steirischen Becken an einigen Stellen an, obgleich diese Frage noch weiterer Untersuchungen bedarf. Ich halte es, wie schon betont, nicht für ausgeschlossen, daß in vielen Tälern des steirischen Beckens der Höhepunkt alluvialer Aufschwemmung, welcher — im Sinne der tektonischen Deutung — einer, dem Hebungsvorgang der Scholle zwischengeschalteten Rücksenkung entsprechen würde, bereits überschritten ist bzw. schon eine sekundäre Phase der Akkumulation in die alluviale Hauptphase, getrennt durch eine kurzfristige Zerschneidung, eingeschaltet ist.

Quirings Auffassung, wonach der Kiessockel einer tektonischen Ruheperiode, Talsand und Hochflutlehm aber einer Hebungszeit entsprechen sollen, kann ich nicht beipflichten. Auch *Grahmann* hat gegen diese Deutung Bedenken erhoben. Meines Erachtens entspricht die im Alluvium des unteren Mur- (Drau-, Save-) Bereiches fast überall feststellbare Aufeinanderfolge Schotter—Kies—Sand—sandiger Lehm—Lehm einem ausgesprochenen Erlahmen in der Transportkraft der Flüsse, wie es durch eine Gefällsabnahme bei Abflauen der Hebung bzw. einer (schwächeren) Rücksenkung der Schollen oder bei einer Ausgleichung der Gefällskurven durch Spiegelhebungen eintreten muß. Im steirischen Becken und im Drau—Save-Gebiet zeigen Flüsse, welche ein rein schottriges Alluvium aufweisen und in der Gegenwart noch viel Schotter transportieren, ein größeres Tal- und Flußgefälle (z. B. Mur, unterste Laßnitz, Feistritz im Raabeinzugsgebiet), jene Flußstrecken aber, in denen sich während des gesamten Jungalluviums nur Hochflutlehme und Feinsande gebildet hatten und in denen heute die Schotterführung auf größere Erstreckung auch ganz ausfällt, ein geringes Flußgefälle (z. B. mittlere Laßnitz).

Im Sinne meiner Auffassung markiert der „Hochflutlehm" im allgemeinen eine Phase abgeschwächter Transportkraft der Flüsse, die im Sinne der eustatischen Deutung auf ein zeitweiliges Aussetzen der Tiefenerosion bei Hebung der Erosionsbasis zurückgeführt werden kann. Die basalen Kiese hingegen hätten sich während und unmittelbar nach einer Senkung der Erosionsbasis und Gefällsversteilung der Flüsse, bei vermehrter Transportkraft derselben, gebildet.

b) Zur Bedeutung diluvialer und alluvialer Denudation.

Vor kurzem hat *Büdel* eine interessante Studie: „**Die morphologischen Wirkungen des Eiszeitklimas**" veröffentlicht, in der er die große Bedeutung periglazialer Denudation gegenüber den in alluvialer Zeit wirksamen Kräften der Abtragung begründet. In manchen Punkten decken sich meine im steirischen Becken gewonnenen Auffassungen mit jenen von *Büdel*; so in der zweifellos quantitativ viel bedeutungsvolleren flächenhafter Denudationseffekte während eines Zeitraumes der letzten Eiszeit gegenüber jenem des Alluviums.

Diese resultiert aus der im Periglazial stark gesteigerten Bildung von Geröllhalden usw., wofür die Hänge des basaltischen Stradener Kogels in Oststeiermark besonders auffällige Belege (flächenhaft verbreitete, heute in örtlich starker Zertalung begriffene basaltische Geröllbedeckungen an den Flachhängen) bieten. Sie weisen auf starkes „Bodenfließen" hin. Im besonderen erklärt sich aber der wesentlich geringere Effekt der alluvialen Denudation gegenüber der letzteiszeitlichen wohl auch aus der kürzeren Zeitdauer des Alluviums gegenüber der Würmvereisung. Allerdings erscheint mir bei *Büdel* das Ausmaß nacheiszeitlicher Abtragung denn doch unterschätzt. Schon aus der Geschiebe- und Schwebstoffführung der Flüsse und aus dem Abtransport gelöster Stoffe ergeben sich für die Gegenwart bedeutende, wenn auch natürlich von Zone zu Zone sehr wechselnde Abtragsgrößen auch noch in den **Mittelgebirgs- und Hügellandsgebieten der Alpen**, denen ausgedehnte alluviale

Schotter-, Sand- und Lehmfluren, besonders am Gebirgsfuße und in der ungarischen Ebene entsprechen[96]. Ich verweise hier auf die durch zahlreiche Bohrungen im steirischen Becken regional festgestellten Alluvialmächtigkeiten, oft über 10—14 m und darüber, auf die große, flächenhafte Ausdehnung alluvialer Aufschwemmungen an der unteren Mur (Wernseer—Oisnitzer Feld und Murebene unterhalb Luttenberg), an der Drau (Warasdiner Feld), an der steirischen und besonders an der ungarischen Raab usw. Die jungdiluvialen Schuttkegel sind hingegen an der Flanke der unvergletschert gewesenen östlichen Alpenteile — außerhalb der aus dem Glazialgebiet kommenden Talbereiche —, wie schon *Rolle* und *Sölch* hervorgehoben haben, sehr wenig ausgeprägt; ein Ergebnis, das ich im großen und ganzen durchaus bestätigen kann. Der Nachweis besonders a u s g e s p r o c h e n e r klimatisch bedingter Terrassen außerhalb des Bereiches der Gletscherabflüsse erscheint mir für das Jungquartär im Bereiche der steirischen Abdachung der östlichen Zentralalpen n i c h t erbracht.

War auch die f l ä c h e n h a f t e D e n u d a t i o n i m H ü g e l l a n d e d e s s t e i r i s c h e n B e c k e n s, an Drau und Save, in der Postglazialzeit, gegenüber der letzten Vereisung, aus klimatischen Gründen zweifellos stärker herabgesetzt, so war sie doch auch während des Alluviums, indem sie besonders auf dem Wege der Großteile der Landschaft ergreifenden Rutschbewegungen der Hänge erfolgte, keineswegs ausgeschaltet. Da es sich bei den in dieser Studie eingehender erörterten Rutschungen um sehr ausgedehnte, dauernd fortschreitende Massenbewegungen an den Hängen handelt, so muß mit einer Summierung ihrer Effekte zu b e t r ä c h t l i c h e n G e s a m t w i r k u n g e n w ä h r e n d d e s A l l u v i u m s gerechnet werden, um so mehr, als sich während einer frühen Phase dieser Epoche noch viel gewaltigere Hanggleitungen — wahrscheinlich tektonisch direkt oder indirekt mitbedingt — auf Grund unserer Untersuchungsergebnisse ereignet haben. Es ist daher besonders für gewisse Teilbereiche der Alpen (hochalpine Regionen, ausgeprägte Mureneinzugsbereiche, tertiäre Hügelländer mit Rutschgebieten) während des Alluviums nicht nur mit einer beträchtlichen linearen Erosion, sondern auch mit ganz bedeutsamer f l ä c h e n h a f t e r D e n u d a t i o n zu rechnen. Daraus und aus dem linearen Schurf der Flüsse und Bäche im Gesamtbereiche der östlichen Alpen, besonders im Frühalluvium (Spätglazial), sowie aus flächenhafter regionaler Abspülung, sind die ausgedehnten, nach Osten an Mächtigkeit noch zunehmenden alluvialen Aufschwemmungen der breiten Randgebiete der östlichen Alpen entstanden.

2. Die Hauptergebnisse über die quartäre Entwicklungsgeschichte des betrachteten Raums.

1. Unsere Studien haben zur Deutung geführt, daß t e k t o n i s c h e I m p u l s e, in Fortwirkung der analogen des jüngeren Pliozäns, während des ganzen Quartärs u n u n t e r b r o c h e n wirksam gewesen sind, wobei sich aber zu Beginn des Quartärs, als Folgeerscheinung der „walachischen Phase" (mit Faltungen noch in gewissen Randteilen der Alpen), eine stärkere Hebung, mit nachfolgender Rücksenkung, vollzogen hatte und ein ähnlicher, wenn auch schwächerer Vorgang inmitten des Diluviums, am Beginn des „großen Interglazials", zu vermuten ist.

2. Es wird der g r o ß e E i n f l u ß j u n g t e k t o n i s c h e r B e w e g u n g e n a u f d i e E n t w i c k l u n g d e s q u a r t ä r e n F l u ß n e t z e s, welcher allerdings wahrscheinlich n i c h t als Hauptursache der vielstufigen Terrassierung anzusehen ist, wohl aber die Entwicklung des Talnetzes dauernd in weitgehendem Maße, wie im einzelnen erwiesen wurde, gestaltet hat, hervorgehoben.

[96] In hochalpinen Teilgebieten der Alpen können auf Grund vorliegender Meßergebnisse f l ä c h e n h a f t e D e n u d a t i o n s w e r t e während des Alluviums (rund 12.000 Jahre) im Ausmaß bis mindestens 10 m angenommen werden (über der Vegetationsgrenze); in den tiefer gelegenen Bereichen und in den bewaldeten Mittelgebirgen und randlichen Hügelländern natürlich im allgemeinen wesentlich geringere, aber noch immer beträchtliche Denudationswerte festgestellt werden.

3. Die Entstehung sehr ausgedehnter, meist **durch mächtige Lehmbedeckung gekennzeichneter mittel- und altquartärer Terrassen** und teilweise auch noch jüngerer (aber vorwürmzeitlicher) Fluren im steirischen Becken und im Murbereich der östlichen Alpen selbst, wird **nicht** in die Glazialzeiten, sondern in **interglaziale Phasen** verlegt. Sie bilden ein vollkommenes Analogon zu den rezenten (postglazialen) Aufschwemmungen, gewissermaßen eines „jüngsten" alluvialen „Interglazials".

4. Die Entstehung dieser **lehmbedeckten Fluren** ist wahrscheinlich **nicht** auf klimatische Einflüsse zurückzuführen, sondern entweder durch mehrfache Bewegungsstöße (Hebungen und Senkungen) der lokalen Erosionsbasis des Mur-, Drau- (Donau-) Systems am Eisernen Tor in den Südkarpaten[97], oder durch vom Schwarzen Meer her wirksame eustatische Spiegelschwankungen und dadurch jeweils bedingte Beeinflussungen der Gefällskurven in den sich verschiebenden Erosions- und Akkumulationsbereichen an der Donau und ihren Nebenflüssen zu erklären.

5. Ausgeprägte Schottervorstöße in der Riß- und besonders in der Würmeiszeit, aus den vergletschert gewesenen Bereichen in Einzugsgebieten der östlichen Alpenrandflüsse ins Vorland hinaus, und der Nachweis von ähnlich gebauten Schotterfeldern, die auf einen analogen Schottervorbau in der Rißzeit schließen lassen, werden beschrieben, wobei ein Einbau von spätglazialen Schwemmkegeln, talabwärts, in mehreren Etappen fortgedauert hat.

Die vorherrschenden wahrscheinlich durch die Fernwirkungen von Schwankungen der Erosionsbasis bedingten Terrassierungen interferieren somit mit den klimatisch verursachten „Glazialterrassen", wobei die Entstehung beider durch stetig fortwirkende, aber in bestimmten größerwelligen Zyklen auf- und abschwellende und zeitweilig den Bewegungssinn ändernde Tektonik beeinflußt erscheint. Die **nicht** glazialen Terrassen reichen weit in die Kleine ungarische Ebene hinein und versinken nur in den nördlichen Bereichen unter noch jüngere quartäre Anschwemmungen hinab. In deutlichem Gegensatz dazu keilen die glazialen Schwemmkegel schon am Alpensaum, im steirischen Becken bzw. in den unmittelbar anschließenden Teilen des westkroatischen, aus.

7. Als Ausgangsfläche der morphologischen Entwicklung des Quartärs wird eine, in zwei Teilstufen entwickelte „präglaziale" **Abtragslandschaft** angesehen, welche vom Raab- und Murbereich bis an die Save heran verfolgt wurde. Ihre Entstehung entspricht einer **langdauernden Denudationsphase**, welche eine tiefgründige, örtlich auch mit Roterden verbundene Verwitterung, unter subtropischen — mediterranen Enstehungsbedingungen —, und mit einer Zeit mit sehr weitgehendem Erlahmen der Transportkraft der Beckenrandflüsse verknüpft war. Dieses Niveau kann als „präglaziale Flur" bis in die inneren Teile der östlichen Randgebirge hinein verfolgt werden.

8. Bei der Ausgestaltung der Landschaft wird der **periglazialen Verwitterung** und flächenhaften Denudation (Hangbewegungen!), nach den gemachten Feststellungen, im Sinne von *W. Büdel* u. a., größere Bedeutung beigemessen, dagegen — in Übereinstimmung mit *A. Penck* — nur eine **unbedeutende** Aufschotterung der eiszeitlichen Flüsse im Gefolge periglazialer Vorgänge angenommen. Dagegen konnte — mit ausführlicher Begründung — nicht nur auf die, im Sinne gegenwärtiger Auffassungen, festgelegte Bedeutung der Glazialerosion eiszeitlicher Gletscher, sondern auch auf die zweifellos sehr bedeutenden, ja vorherrschenden Massen, welche durch letztere den eiszeitlichen Flüssen überantwortet und, von den Endmoränen abfließend, in den anschließenden Talungen niedergelegt wurden, verwiesen werden. Diese Akkumulationen finden aber schon im Bereiche des östlichen Alpensaums ihre Abnahme.

9. Es wird an zahlreichen Beispielen dargelegt, daß bei den Abtragsvorgängen in der tertiären Beckenlandschaft die flächenhafte Denudation in der Form von **Gehängerutschungen** große Bedeutung besitzt. Eine Phase verstärkter Aktivität dieser Hangbewegungen ist offensichtlich in frühalluvialer Zeit, bei allgemeinem Einschneiden von Flüssen

---

[97] Mit Seeaufstauungen bzw. Entleerungen im Alföld!

und Bächen, anzunehmen. Es handelt sich hiebei zum Teil um sehr gewaltige Massenbewegungen, von vielfach mehr als kilometerlanger Ausdehnung, welche in dieser subrezenten Zeit besonders im steirischen Becken sich ereignet hatten.

10. Die Talasymmetrie, besonders ausgeprägt im Raab-, Mur- und nördlichen Draubereich, wird, bezüglich ihrer Entstehung, auf das **Fortwirken tektonischer Verstellungen während des Quartärs** zurückgeführt, welche ein seitliches Abgleiten der Flüsse und Bäche zur Folge hatten. Eingehende Erwägungen über die Größenordnung dieser Vorgänge und über den zeitlichen Ablauf derselben wurden angestellt. Es wird gezeigt, daß die Schrägstellungen an sich als mehr oder minder kontinuierlicher, wenn auch nicht ganz gleichmäßig wirksamer Vorgang anzusehen sind, daß sich aber die seitlichen Verlagerungen der Täler nur in bestimmten Stadien auszuwirken vermocht haben.

11. Auch im Bereich des östlichen Alpensaums haben während des Quartärs noch beträchtliche **vertikale Schwellungen** durch Schollenhebungen stattgefunden, welchen erst im nördlichen Kleinen und Großen Alföld Senkungen gegenüberstehen. Die quartäre Tektonik weist engere Beziehungen zu jener des Pliozäns auf, wenn sie auch ohne erkennbare Faltungen in Form von Aufwölbungen, Absenkungen, bruchlos oder an Brüchen, und an Schrägstellungen in Erscheinung tritt. Auf einer tektonisch belebten Bühne des Quartärs hat sich die durch klimatische (glaziale, periglaziale, interglaziale) und eustatische Vorgänge beherrschte Entwicklungsgeschichte abgespielt, deren verschlungenen Wegen noch Generationen von Forschern nachspüren werden.

Literaturverzeichnis.

Abel, O. & Kyrle, G., Die Drachenhöhle bei Mixnitz. Spel. monogr. 7/8, 1931.
Ackermann, E., Thixotropie und Fließeigenschaften feinkörniger Böden. Geol. Rundschau, 36, 1948.
— Quickerden und Fließbewegungen bei Erdrutschungen. Ztsch. D. geol. Ges., 100, 1948.
Aigner, A., Eiszeitstudien im Murgebiet. Mitt. naturw. Ver. f. Steiermark, Jg. 1905, Graz 1906.
— Die Bedeutung der Rutschungen und Gehängebrüche für die Oberflächengestaltung des steirischen Tertiärhügellandes. Ztsch. f. Geomorphologie, 8, 1935.
Ampferer, O., Über die Entstehung der Inntalterrassen. Verh. d. geol. Reichsanst. Wien 1908.
— Über Gehängebreccien in den nördlichen Kalkalpen. Verh. d. geol. Bundesanst. Wien 1909.
— Über die Bohrung von Rum bei Hall. Jahrb. d. geol. Bundesanst., Wien 1921.
— Über junge Talverbiegungen in den Ostalpen. Mitt. d. geol. Ges. Wien, 15, 1922.
— Über Quartär in den Alpen. Verh. 3. internat. Quartärkonferenz Wien 1938.
— Begründung der Schlußeiszeit. Petermanns Mitt. 1930.
Bargmann, A., Der jüngste Schutt der nördlichen Kalkalpen. Leipzig 1894.
Baschin, O., Ein geographisches Gestaltungsgesetz. Petermanns Mitt. 1918.
— Der Einfluß des dynamischen Gleichgewichts auf die Formen der Erdoberfläche. Naturwissenschaften, 6, 1918.
Beck v. Mannagetta, P., Schichtfolge und Tektonik des Tertiärs des unteren Lavanttals. Anzeiger Akad. Wiss., Wien 1950.
— Zur Morphotechnik des Koralpenostrandes. M. geogr. Ges., Wien 1952.
— Zur Geologie und Paläontologie des Tertiärs des unteren Lavanttals. Jahrb. geol. Bundesanst., Wien 1952. Sonderband.
— Die eiszeitliche Vergletscherung der Koralpe (Alpenostrand). Ztsch. f. Gletscherk. u. Glazialgeol. II/2.
— Notizen über die jüngeren Ablagerungen des unteren Lavanttals. Verh. d. geol. Bundesanst. Wien 1954.
Behrmann, W., Das Klima der Präglazialzeit. Geol. R., 34, 1944.
Bersier, A., La sedimentation rythmique orogènique dans l'avantfosse molassique. Proc. int. geol. Congr. London 1950.
Beuerlen, K., Diluvialstratigraphie und Tektonik. Fortschritte d. Geol. u. Pal., 6, 1927.
Bistritschan, K., Bericht über Arbeiten aus dem Grenzgebiet von Geologie, Wasserwirtschaft und Flußbau im Laßnitzgebiete. Sitzungsber. d. Akad. d. Wiss. Wien, mathem.-naturw. Kl., Abt. I, 149, 1940.
— Untersuchungen in den Alluvialbereichen des Strem- und Zickenbaches. Mitt. Reichsamt f. Bodenforschung, Wien 1944.
— Beiträge zur Frage aus dem Grenzgebiet von Geologie, Wasserwirtschaft und Flußbau. N. Jb. f. Min. Abh. 89, 1945.

Blanc, A. C., Le variazioni della linea di riva del Caspio, del Mar Nero e del Mediterraneo durante il Quaternario. Boll. Soč. geol. Ital., **56**, 1937.
— Variazioni climatiche ed oscillazioni della linea di riva... durante l'era glaciale. Geologie der Meere und Binnenwässer, 5, Berlin 1942.
Bobek, H., Schlußeiszeit oder Rückzugsstadium? Petermanns Mitt. 1930.
Böhm A. v. Böhmersheim, Die alten Gletscher der Mur und Mürz. Abh. geogr. Ges. Wien, 2, Wien 1900.
Brandl, W., Die tertiären Ablagerungen am Saum des Hartberger Gebirgssporns. Jb. geol. Bundesanst. Wien, **81**, 1931.
— Zur Geomorphologie des Masenbergstocks am Nordostsporn der Alpen. Mitt. naturw. Ver. Steiermark **70**, 1933.
Brückner, E., Siehe unter Penck, A. & Brückner, E.
— Alte Züge im Landschaftsbild der Ostalpen. Ztsch. d. Ges. f. Erdkunde, Berlin 1923.
Bubnoff, S. v., Von Rhythmen, Zyklen und Zeitrechnung in der Geologie. Geol. Rundschau, **35**, 1947.
Büdel, J., Eiszeitliche und rezente Verwitterung und Abtragung im ehemals nicht vereisten Teile Mitteleuropas. Erg. H. z. Petermanns Mitteilungen, **229**, Gotha 1937.
— Die quantitative Bedeutung der periglazialen Verwitterung, Abtragung und Talbildung in Mitteleuropa. Verh. internat. Quartärkonferenz 1934, Wien 1938.
— Die morphologischen Wirkungen des Eiszeitklimas in gletscherfreien Gebieten. Geol. Rundsch. 1944.
— Klimazonen des Eiszeitalters. „Eiszeitalter und Gegenwart", **1**, 1951.
Bulla, B., Terrassenstudien. Földr. Közlöny, Budapest 1939.
— Die pliozänen und pleistozänen Terrassen des ungarischen Beckens. Int. Zeitsch. d. ung. geogr. Ges. 1942.
Bülow, K. v., Vorschlag zu einer Reform der postglazialen Nomenklatur. Centralbl. f. Min., Geol. und Pal. 1927.
— Alluvium. Verl. Bornträger, Berlin 1930.
Castiglioni, B., Sulle cause delle deviazione dei fiume. Ztsch. f. Geom. 8, 1935.
Čepek, L., Die Tektonik des Beckens von Komorn. Spornik d. geol. Dienst d. Tschechoslowakei, **12**, 1938.
Cholnoky, E. v., Hydrographie des Balatonsees. In: Result. d. wiss. Erforsch. d. Balatonsees, Wien 1920.
— Probleme der ungarischen Tiefebene. Földr. Közlöny, Budapest 1910.
Clar, E., Das Relief des Tertiärs unter Graz. Mitt. d. naturw. Ver. f. Steiermark, **68**, Graz 1938.
— Sarmat in der Kaiserwaldterrasse bei Graz. Verh. d. geol. Bundesanst., Wien 1938.
Cornelius, H. P., Über die Bedingtheit der interglazialen Schuttausstrahlungen der Alpen. Ber. Reichsamt f. Bodenforschung 1941.
— Zur Deutung der Steinöfen des Kor—Saualpengebiets. Ber. Reichsamt f. Bodenforschung 1943.
Daly, R. H., The changing world on the ice age. New Haven 1934. (Ref. in Geol. R. 30.)
Deecke, W., Der Zusammenhang von Flußläufen und Tektonik. Fortschr. d. Geol. und Paläont. 1926.
Eberl, B., Die Eiszeitenfolge im nördlichen Alpenvorlande. Augsburg 1930.
Ehrenberg, K., Die Quartärfaunen Österreichs. Verh. 3. internat. Quartärkonferenz, Wien 1938.
Einstein, A., Die Ursache der Mäanderbildung. „Die Naturwissenschaften", **14**, 1926.
Engelmann, A., Talnetzstudien. Jb. geol. Bundesanst. Wien, **83**, 1933.
Exner, F. M., Zur Theorie der Flußmäander. Sitz.-Ber. d. Akad. d. Wiss. Wien 1919, math.-nat. Kl., Abt. II a, 1919.
— Über oszillatorische Strömungen im Wasser und Luft. Annalen d. Hydr., **47**, 1919.
— Theorie der Flußmäander. Sitz.-Ber. d. Akad. d. Wiss. Wien 1919 und geogr. Annalen 1921.
Fabre, S. A., La disymetriè de Vallées. La Geogr., **8**, 1903.
Fels, E., Die Küsten von Korfu. Mitt. geogr. Ges. München 1923.
— Probleme der glazialen Abtragslandschaft. 25. D. Geographentag, Bad Nauheim 1934.
— Die Alpen in der Eiszeit. Erdkunde, 1949/50.
Ferenczi, J., Geomorphologische Studien in der südlichen Bucht des Kleinen ungarischen Alfölds. Földr. Közlöny 1924.
Feruglio, E., Sedimenti marini nel sottosuolo delle bassa pianura friulana. Boll. Soz. geol. Ital., **55**, 1936.
Fiege, K., Sedimentationszyklus und Epirogenese. Zeitschr d. D. geol. Ges. **103**, 1951.
Fink, J., Bodenverdichtung im Südosten Österreichs und ihre praktische Auswertung. „Die Bodenkultur", **5**, Wien 1951.
Fink, J. & Majdan, H., Zur Gliederung der pleistozänen Terrassen des Wiener Raums. Jahrb. d. geol. Bundesanst. 1954.
Flint, R. F., Glacialgeology and the pleistocene epoch. 1947.
Flohn, H., Allgemeine atmosphärische Zirkulation und Paläoklimatologie. Geol. Rundschau, **40**, 1953.
Frasl, O., Zur Herkunft der Porphyrgerölle im Wiener Laaerbergschotter. Verh. d. geol. Bundesanst. Wien 1953.

Friedl, K., Über die jüngsten Erdölforschungen im Wiener Becken. Petroleum, **23**, 1927.
Gams, H., Die Allerödschwankung im Spätglazial. Ztsch. f. Gletscherk. u. Glazialgeol., **1**, Innsbruck 1950.
— Die Abgrenzung des Quartärs. (Sammelreferat.) Ztsch. f. Gletscherk. u. Glazialgeol., **2**, Innsbruck 1952.
— Fortschritte der Spätglazialforschung. (Sammelreferat.) Ztsch. f. Gletscherk. u. Glazialgeol., **2**, Innsbruck 1953.
Gams, H. & Nordhagen, E., Postglaziale Klimaänderungen und Erdkrustenbewegungen in Mitteleuropa. Mitt. geogr. Ges. München, **16**, 1923.
Gloriod, A. & Tricart, J., Etude statistique de vallées asymétriques. Revue Geol. dynam., **3**, 1935.
Götzinger, G., Das Drachenhöhlenflußsystem und dessen Alter. Spaläol. Monogr., **7, 8**, 1931.
— Das Quartär des österreichischen Alpenvorlands. Verh. 3. int. Quartärkongreß, Wien 1938.
Gorjanović-Kramberger, K., Zur Altersfrage der diluvialen Lagerstätten von Krapina in Kroatien. Glasnik, **16**, Agram 1901. II. und III. Teil: Glasnik d. Kroat. naturw. Ges. Agram, **16**, 1905.
— Das Erdbeben von Agram und die mit demselben in Zusammenhang stehenden Erscheinungen. Abh. Preuß. Akad. d. Wiss., Berlin 1907.
— Geologische Spezialkarte von Kroatien. Blätter Agram (Zagreb), Krapina-Zlatar, Rohitsch-Drachenburg, Pettau-Vinica.
Grahmann, K. R., Zur Gliederung des Quartärs am Mittel- und Niederrhein. Ztsch. d. deutschen geol. Ges., **96**, 1944.
Graul, H., Zur Würmstratigraphie im Alpenvorland. Geol. Bav., **14**, München 1952.
— Zur Gliederung der mittelpleistozänen Ablagerungen in Oberschwaben. — Eiszeitalter und Gegenwart, **2**, Öhringen 1952.
Grill, R. & Küpper, H., Geologische Karte der Umgebung von Wien und Erläuterungen dazu. Verlag d. geol. Bundesanst. Wien 1954.
Günther, C., Die jüngeren tektonischen Bewegungen in Südwestdeutschland. Neues Jb. f. Min. Blg., Bd. **85**, B 1941.
Halavats, J., Die geologischen Verhältnisse des Alfölds zwischen Donau und Theiß. Mitt. a. d. Jahrb. ungar. geol. Reichsanst., **11**, 1895.
— Die Bohrung Nagy-Becskerek. Mitt. a. d. Jahrb. ungar. geol. Reichsanst., **22**, 1915.
Hassinger, H., Geomorphologische Studien aus dem inneralpinen Wiener Becken und seinem Randgebirge. Penck's geogr. Abh. **8**, 1905.
— Beiträge zur Physiographie des inneralpinen Wiener Beckens und seiner Umrahmung. Bibl. geogr. Handbücher, Penck-Festschrift, Stuttgart 1918.
Heim, A., Über die Gipfelflur der Alpen. Vierteljahresschr. naturforsch. Ges., Zürich 1932.
— Die Entstehung der alpinen Randseen. Neujahrsblatt d. Naturforsch. Ges., Zürich 1894.
Heritsch, F., Die glazialen Terrassen des Drautales. Carinthia II. Klagenfurt 1906.
— Neue Aufschlüsse in den Murgletschermoränen von Judenburg. Verh. d. geol. Reichsanst., Wien 1909.
— Das Erdbeben von Rann an der Save. Mitt. Erdbebenkom. d. Akad. d. Wiss., Wien 1917.
— Geologie der Steiermark. Herausg. v. naturw. Ver., Graz 1921.
— Geologische Karte der Umgebung von Graz. Graz 1922.
— Die Morphologie des Alpenostrandes der Grazer Bucht. Petermanns Mitt., Gotha 1923.
Heß, H., Die präglaziale Alpenoberfläche. Petermanns geogr. Mittl., **59**, 1913.
Hilber, V., Über einseitige westliche Steilböschungen der Tertiärrücken südöstlich von Graz. Verh. d. geol. Reichsanst., Wien 1882.
— Asymmetrische Täler. Petermanns Mitt. 1886.
— Die Entstehung der Talungsgleichseitigkeit. Mitt. d. naturw. Ver. f. Steiermark, Graz 1889.
— Das Tertiärgebiet um Graz, Köflach und Gleisdorf. Jb. d. geol. Reichsanst. Wien, 1893.
— Taltreppe. Graz 1912. Selbstverlag.
— Baustufen, Paläolithikum und Lößbildungen. Mitt. geol. Ges. Wien, **11**, 1918.
— Urgeschichte der Steiermark. Herausg. v. naturw. Ver. f. Steiermark, Graz.
Hilber, V. & Ficker, H., Ursachen diluvialer Aufschüttung und Erosion. Petermanns Mitt., **69**, 1923.
Himpel, K., Ein Beitrag zum Eiszeitproblem. Ztsch. d. „Naturforscher", **2 a**, 1947.
Hochenburger, F., Über Geschiebebewegung und Eintiefung fließender Gewässer. Leipzig 1886.
— Darstellung der Murregulierung... Wien 1894.
Hörnes, R., Bau und Bild der Ebenen Österreichs. Aus „Bau u. Bild Österreichs", Wien-Leipzig 1903.
Hofmann, A., Beitr. zur Diluvialfauna der Obersteiermark. Verh. d. geol. Reichsanst. Wien 1885.
Hofmann, E., Hölzer vom Eisenberg. Folia Sabariensia 3, Steinamanger (Szombathely) 1929.
— Verkieselte Hölzer aus dem Museum in Szombathely. Annal. Mus. Comit. Castrif. sec. hist. nat., Szombathely 1929.
— Die Quartärfloren Österreichs. Verh. 3. internat. Quartärkonferenz, Wien 1938.

H ü b l, H., Periglaziale Erscheinungen an jungtertiären Sedimenten in der Oststeiermark. Ztsch. f. Geschiebeforsch. und Flachlandsgeol., **18**, 1935.
— Neue Funde aus der Altsteinzeit in der quartären Stadtterrasse von Gleisdorf. Mitt. d. naturw. Ver. f. Steiermark, **75**, 1938.
— Zur Sedimentpetrographie der diluvialen und pliozänen Terrassenlehme in der Oststeiermark. Ztsch. D. geol. Ges. 1941.
— Zwei Löße aus den Bergen westlich von Graz (Steiermark). Centralbl. f. Geol. u. Pal. B. 1943.
— Siehe unter Winkler v. Hermaden, A. und Mitarbeiter 1945—1948.
H u m m e l, K., Haben die üblichen landeskulturellen Maßnahmen zur Entsumpfung u. Trockenlegung Aussicht auf Erfolg? Raumf. u. Raumordg., **6**, H. 6/7.
J a n o s c h e k, R., Die Geschichte des Nordrands der Landseer Bucht. Mitt. d. geol. Ges. Wien, **24**, 1931.
— Das inneralpine Wiener Becken. In: F. X. Schaffer, „Geologie von Österreich", Wien, Deuticke 1951.
J e n k o, K., Reambulationen auf Blatt Samobor. Cvijic-Festschrift, Belgrad 1924.
K a h l e r, F., Der Nordrand der Karawanken zwischen Rosenbach und Ferlach. Carinthia II, **125**, 1935.
— Der Bau der Karawanken und des Klagenfurter Beckens. Verlag d. naturwiss. Ver. f. Kärnten, Klagenfurt 1953.
K a p o u n e k, J., Geologische Verhältnisse der Umgebung von Eisenstadt. Jahrb. d. geol. Bundesanst., Wien 1938.
K e z, A., Die Flußterrassen im ungarischen Becken. Petermanns Mitt., **83**, 1937.
— Die Terrassen am linken Donauufer zwischen Komarom... Földr. Közl. 1939.
K i e s l i n g e r, A., Der Bergsturz am Burgstallkogl. Mitt. geogr. Ges. Wien, **68**, 1925.
— Zur Hydrographie des Koralpengebiets. Mitt. geogr. Ges. Wien, **70**, 1927.
— Geologie und Petrographie der Koralpe: III. Die Steinöfen der Koralpe. IV. Alte und junge Verwitterung im Koralpengebiet. Sitzungsber. d. Akad. d. Wiss., math.-nat. Kl. Abt. I, 1927 (a, b).
— Eiszeitseen in Ostkärnten. Carinthia II, **117/118**, 1928.
K i m b a l l, D. & Z e u n e r, F. E., The terraces of the Upper Rhine in the age of the Magdalenien. Inst. of Archeol. Univ. London, Occas. paper, **7**, 1944.
K i n z l, H., Beiträge zur Geschichte der Gletscherschwankungen in den Ostalpen. Petermanns Mitt. 1928.
K l e b, M., Das Wiener-Neustädter Steinfeld. Geogr. Jahresbr. aus Österreich, **10**, 1912.
K l e b e l s b e r g, R. v., Probleme der alpinen Quartärgeologie. Ztsch. d. Deutschen geol. Ges. 1924.
— Über die Verbreitung interglazialer Schotter in Südtirol. Ztsch. f. Gletscherkunde, 14, 1926.
— Zur Frage Schlußeiszeit oder Rückzugsstadien? Ztsch. f. Gletscherkunde, **17, 18, 20**, 1929, 1930, 1932.
— Die Stadien der Gletscher in den Alpen. Verh. d. III. Internat. Quartärkonferenz, Wien 1936.
— Geologie von Tirol. Verlag Borntraeger, Berlin 1935.
— Das Schlernstadium an den Alpengletschern. Ztsch. f. Gletscherkunde, 1942.
— Von der alpinen Schlußvereisung. Ztschr. f. Gletscherkunde, **28**, Berlin 1942.
— Handbuch der Gletscherkunde und der Glazialgeologie. Verlag Springer, Wien 1948.
— Die Tiefe der Alpentäler. Verh. d. Schweizer Naturforsch. Ges., **18**, 1951.
K o b e r, L., Geologie der Landschaft um Wien. Verlag Springer, Wien 1926.
— Wiener Landschaft. Wiener geogr. Studien. Turistikverlag, Wien 1947.
K ö p p e n, W. & W e g e n e r, A., Klimate der geologischen Vorzeit. Berlin 1924.
K r a u s, E., Sedimentationsrhythmus im Molassetrog des bayr. Allgäu. Abh. Danz. naturf. Ges. I, 1923.
K r e b s, N., Talnetzstudien. Sitzungsber. preuß. Akad. d. Wiss. 1937.
— Länderkunde der österreichischen Alpen. Stuttgart 1913.
— Die deutschen Alpen und das heutige Österreich. Stuttgart 1928.
K r e t z o i, M., Betrachtungen über das Problem der Eiszeit (ein Beitrag zur Gliederung des Jungtertiärs und Quartärs). Ann. naturhist. Mus. Ungarns, **34**, 1941.
K u b i e n a, W. L., Über Reliktböden in Spanien. „Angewandte Pflanzensoziologie". Veröffentl. d. Kärntner Instituts f. angewandte Pflanzensoziologie. Festschr. E. Aichinger, **1**, 1954.
— Sobre il metodo de la paleoedafologia. Ann de edafologia y fisiologia vegetal., **13**, Madrid 1954.
K ü m e l, F., Eine pliocäne Karstlandschaft im südl. Burgenland. Ztsch. f. Karst- u. Höhlenkunde, **4**, 1953.
K ü p p e r, H., Eiszeitspuren im Gebiet von Wien. Sitzungsber. d. Akad. d. Wiss. Wien, mathem.-naturw. Kl., Abt. I, **159**, 1950.
— Neue Daten zur jüngsten Geschichte des Wiener Beckens. Mitt. d. geogr. Ges. Wien, **94**, 1952.
— Die Grundwasserverhältnisse im Schwarzatal zwischen Neunkirchen und Gloggnitz (N.-Ö.). Österr. Wasserwirtschaft, **4**, 1952 a.
— Uroberfläche und jüngste Tektonik im südlichen Wiener Becken. In: „Skizzen zum Antlitz der Erde", Kober-Festschrift, Wien 1953.
— Geologie und Grundwasservorkommen im südlichen Wiener Becken. Jahrb. d. geol. Bundesanst. Wien, 97. Bd. 1954.

K ü p p e r, H., Eine Exkursion in das Quartärbereich des Schwarza- u. Sierningtales. Mitt. d. geogr. Ges. Wien, **97**, 1955.
— Siehe unter Grill R. und Küpper H.
K ü p p e r, H., P a p p, A. & T h e n i u s, E., Über die stratigraphische Stellung des Rohrbacher Konglomerats. Sitzungsber. österr. Akad. Wiss., math.-nat. Kl., Abtlg. 1, **161**, 1952.
K ü p p e r, H., P a p p, A. & Z a p f e, H., Zur Kenntnis der Simmeringterrasse bei Fischamend a. d. Donau, N.-Ö. Verh. d. geol. Bundesanst. Wien 1954.
L a a t s c h, W., Dynamik der deutschen Acker- und Waldböden. Verlag Th. Steinkopf, Leipzig 1938.
L a m p r e c h t, O., Die Entwicklung des Landschaftsbildes im Grabenlande und im unteren Murtal. Mittl. d. geogr. Ges. Wien, **86**, 1943.
L a n g e r, J., Geologische Beschreibung des Bisambergs. Jahrb. d. geolog. Bundesanst., Wien 1938.
L a s k a r e v, V., Beitrag zur Kenntnis des geolog. Baues d. Theißtals. Ann. pen. balc., **22**, 1952.
L a u t e n s a c h, H., Die Übertiefung des Tessingebiets. Geogr. Abh. 1912.
— Über den gegenwärtigen Stand unserer Kenntnis vom präglazialen Aussehen der Alpen. Zeitschr. Ges. f. Erdk. 1913.
L e h m a n n, O., Tal- und Flußwindungen. Ztschr. Ges. f. Erdk. 1915.
— Beitrag zur gesetzmäßigen Erfassung... Mitt. d. geogr. Ges., Wien 1932.
L e n ć e w i c z, St., Quartäre epirogenetische Bewegungen und Veränderungen im Flußnetz Mittelpolens. Trav. Inst. geogr. Univ. Warschau, **8**, 1926.
L o c z y, L. v., Die Resultate der wissenschaftlichen Erforschung des Balatonsees. 1. I. Teil, I. Sekt., Die geologischen Formationen der Balatongegend und ihre regionale Tektonik. Wien 1916.
L o z i n s k y, W. v., Glazialerscheinungen am Rande der nördlichen Vereisung. Mitt. d. geol. Ges. Wien, **2**, 1909.
L u z e r n a, R., Gletscherspuren in den Steiner Alpen. Geogr. Jahresbr. aus Österreich, Wien 1906.
— Methoden glazialgeologischer Hochgebirgsforschung. Berichte d. deutschen Geographentags 1938.
M a c h a t s c h e k, F., Die Gliederung des Eiszeitalters in den Alpen. Verh. 3. internat. Quartärkonf., Wien 1938.
M a r e k, R., Der Wasserhaushalt im Murgebiet. Mitt. d. naturw. Ver. f. Steiermark, Graz 1900.
M a r o s, J. v., Geologische und agronomische Notizen aus dem Komitat Somogy. Jahresber. Ungarischen Geol. Anst. 1925—1928.
M a u l l, O., Geomorphologie. F. Deuticke, Wien 1938.
M a u r i n, V., Ein Beitrag zur Hydrologie des Urhöhlensystems der Badelhöhle. Mitt. nat. Vereins f. Steiermark, **81/82**, 1952.
— Über jüngste Bewegungen im Grazer Paläozoikum. Verh. d. geol. Bundesanst. Wien 1953.
M a y e r, R., Über Erosion. Mitteilungen d. geogr. Ges. Wien, **71**, 1928.
— Die Neumarkter Paßlandschaft. Mitt. naturw. Ver. f. Steiermark 1926.
— Morphologie des mittleren Burgenlandes. D. Akad. Wiss. Wien, mathem.-naturw. Kl., **102**, 1929.
M e t z, K., Morphologie und Tektonik einer Tiefenlinie in den Bergen des Liesingtals. Mitt. naturw. Ver. Steiermark, **76**, 1947.
M i g l i o r i n i, C. I., The pliocene-pleistocene boundary in Italy. Internat. Geol. Congr., London 1950.
M i l a n k o v i t c h, M., Mathematische Klimalehre und astronomische Theorie der Klimaschwankungen. In: Köppen-Geiger: Handbuch der Klimatologie, 4. Teil, 1938.
M o h r, H., Über Funde von Holzkohle im Lößlehm von St. Peter bei Graz. Verh. d. geol. Bundesanst., Wien 1919.
— Studien im Lößlehm von St. Peter bei Graz. Verh. geol. Bundesanst., Wien 1927.
— Die Baugrunduntersuchungen für die neue Kalvarienbrücke in Graz. Jb. d. geol. Bundesanst., Wien 1927.
M o r a w e t z, S., Das Problem der Taldichte und Hangzerschneidung. Petermanns Mitt., **83**, 1937.
— Das Problem der Taldichte an der Hand alpiner Beispiele. Z. Geom., **2**, 1943.
— Das Gebirgsland zwischen Ligist u. Stainz. Mitt. nat. Ver. f. Steiermark, **81/82**, 1952.
— Das Kommen und Gehen der eiszeitlichen Gletscher am Beispiel der Hohen und Niederen Tauern und der Gurktaler Alpen. Petermanns geogr. Mitt. 1952 a.
— Periglaziale Erscheinungen auf der Koralpe. Mitt. geogr. Ges. Wien, **94**, 1952 b.
M o r d z i o l, C., Hochterrasse und Talwegterrasse, Senckenbergiana **21**, 1939.
M o t t l, M., Fauna und Klima des ungarischen Mousterien. Verh. 3. internat. Quartärkongreß, Wien 1938.
— Die mittelpliozäne Fauna von Gödöllö. Mitt. a. d. Jb. ung. Reichsanst., **32**, 1939.
— Die Interglazial- und Interstadialzeiten im Lichte der ung. Säugetierfauna. Mitt. a. Jb. ung. geol. Anst., **35**, 1941.
— Beiträge zur Säugetierfauna der ung. alt- und jungpleistozänen Flußterrassen. Mitt. a. d. Jb. ung. Reichsanst., **26**, 1942.
— Die Kugelsteinhöhlen bei Peggau und ihre diluvialstratigraphische Bedeutung. Verh. geol. Bundesanst., Wien 1946.

Mottl M., Grenzfrage Plio-Pleistozän in Österreich. Vervielfältigung eines Vortrags, gehalten bei der Wandertagung der geologischen Gesellschaft Wien in Graz 1950.
— Eiszeitalter u. eiszeitliche Faunenentwicklung. Ztschr. f. Gletscherk. u. Glazialgeol., **2**, 1953.
— Steirische Höhlenforschung und Menschheitsgeschichte. Mitt. d. Museums f. Bergbau, Geologie u. Technik am Landesmuseum Joanneum in Graz, **8**, 1953.
— Siehe bei Murban, K. & Mottl, M.
Movius, H. L., Villafranchian stratigraphy in Southern and Southwestern Europe. Journ. of Geol. **57**, 1949.
Murban, K. & Mottl, M., Eiszeitforschungen des Joanneums in Höhlen der Steiermark. Mitt. d. Mus. f. Bergbau, Geologie u. Technik am Landesmuseum Joanneum, Graz, **11**, 1953.
Nordhagen, R., Siehe bei Gams, H. & Nordhagen, R.
Nußbaum, F., Die Täler der Schweizer Alpen. Bern 1910.
— Die Beobachtungen über Gletschererosion in den Alpen und Pyrenäen. C. R. internat. Geographencongr., Amsterdam 1938.
Oakley, K. P., The pliocene-pleistocene boundary. Geol. Mag. **86**, 1949, und The nature **163**.
Paintner, A., Morphologie des südlichen Burgenlands. Dissertation, Auszug in geogr. Jahresbr. aus Österreich 1938.
Papp, A. & Thenius, E., Über die Grundlagen d. Gliederung d. Jungtertiärs u. Quartärs in Niederösterreich, unter bes. Berücksichtigung d. Mio-Pliozän- u. d. Tertiär-Quartär-Grenze. Sitzungsber. d. österr. Akad. d. Wiss., mathem.-naturw. Kl., Abt. I, 158. Bd., 9. u. 10. H., 1949.
Paschinger, H., Asymmetrische Flußgebiete und Talquerschnitte in Kärnten. Carinthia II, 1936.
— Die Bedeutung der Gefällsverhältnisse für den Nachweis junger Krustenbewegungen. Petermanns Mitt., **83**, 1937.
— Neue Untersuchungen über die Höttinger Breccie. Schlernschriften, **75**, 1950.
Paschinger, V., Die glaziale Verbauung der Sattnitzsenke in Kärnten. Ztsch. f. Gletscherkunde, **18**, 1930.
— Untersuchungen über Doppelgrate. Ztsch. f. Geomorphologie, **3**, 1928.
Penck, A., Das Durchbruchstal der Wachau. Führer zum internationalen Geologenkongreß 1903, Wien.
— Gletscher des Murgebiets. In Penck u. Brückner: „Alpen im Eiszeitalter", **3**, Leipzig 1909.
— Die Gipfelflur der Alpen. Sitzungsber. preuß. Akad. Berlin, **1**, 1919.
— Über die glaziale Erosion in den Alpen. Comptes rendus des 11. internat. Geol.-Kongr.
— Die Höttinger Breccie und die Inntalterrassen. Abh. d. preuß. Akad. Wiss. 1920.
— Die Eem-Schwingung. Verh. geol. Myn. Gen. van Nederlande, **4**, 1922.
— Die letzten Krustenbewegungen in den Alpen. Geol. Fören., Stockholm 1922 a.
— Ablagerungen und Schichtstörungen der letzten Interglazialzeit. Sitzungsber. d. preuß. Akad. d. Wiss. Berlin 1922 b.
— Alte Brekzien und junge Krustenbewegungen. Sitzungsber. d. preuß. Akad. d. Wiss. Berlin 1925.
— Europa zur letzten Eiszeit. Krebs-Festschrift, Stuttgart 1936.
— Eiszeitliche Krustenbewegungen. Freiburger geogr. Mitt. 1937.
— Die Strahlenkurve und die geol. Zeitrechnung. Ztschr. Ges. f. Erdk. 1938.
— Säugetierfaunen und Paläolithikum des jüngeren Pleistozäns in Mitteleuropa. Sitzungsber. d. preuß. Akad. d. Wiss. Berlin 1938 a.
Penck, A. & Brückner, E., Alpen im Eiszeitalter. Verlag F. Temspky, Wien 1909.
Pfannenstiel, M., Die diluvialen Entwicklungsstadien und die Urgeschichte der Dardanellen. Geol. Rundschau, **34**, 1944.
— Die Quartärgeschichte des Donaudeltas. Bonner Geogr. Abh., **6**, Bonn 1950.
— Quartäre Spiegelschwankungen des Mittelmeeres und des Schwarzen Meeres. Vierteljahresschr. d. Naturforsch. Ges. Zürich, **96**, 1951.
Pilgrim, Grenze des Pleistozäns in Europa und Amerika. Geol. Magazine, **81**, 1944.
Pillewizer, W., Tektonik und Talverlauf im Kristallingebiet der Raabklamm. Zeitschrift für Geomorphologie, **10**, 1937.
Pollack, V., Versuch einer Übersicht der Massen- u. Bodenbewegungen. Jahrb. d. geol. Bundesanstalt Wien 1925.
Purkarthofer, J., Das Koralpengebiet. In: „Steirisch, Land und Leute", Graz 1924.
Quiring, H., Die tektonischen Grundlagen der Flußterrassenbildung. Ztschr. d. geol. Ges., **78**, Berlin 1926.
— Die zeitlichen Beziehungen der Flußterrassen Europas und Nordafrikas zu den Menschheitskulturen. Verlag Encke, Stuttgart 1933.
— Die Schrägstellung der westdeutschen Großscholle im Känozoikum... Jahrb. d. preuß. geol. Landesanst., **47**, 1946.
Radimsky, V., Das Wieser Bergrevier. Ztschr. d. berg- u. hüttenm. Ver. f. Kärnten, Wien 1875.
Rakovec, I., Morphologie des Saveberglands. Geogr. vestnik, **10**, Ljubljana 1931.
— Beitrag zur Entstehung des Ljubljanaer Moors. Geogr. vestnik, **14**, 1938.
Ramsay, W., Changes of sea-level, resulting from the increase and decrease of glaciers. Fennia, **52**, 1930.

Rathjens, C., Der Stand der Eiszeitforschung im D. Alpenvorland. Geogr. Helv., 4, 1949.
Redlich, K., Terzaghi, K. v., Kampe, R., Ingenieurgeologie. Wien 1929.
Reibenschuh, F., Die Thermal- und Mineralquellen Steiermarks. Mitt. naturwiss. Ver. f. Steiermark, Graz 1889.
Reichelt, G., Über den Stand der Aulehmforschung in Deutschland. Petermanns geogr. Mitt., 97, 1953.
Richter, K., Die Einordnung der Weichseleiszeit in die Strahlungskurve von Milankovitch. Geol. Rundschau, 28, 1937.
Rittler, W., Siehe unter A. Winkler v. Hermaden & Rittler, W.
Rolle, F., Die tertiären und alluvialen Ablagerungen in der Gegend von Graz, Köflach, Schwanberg und Ehrenhausen in Steiermark. Jahrb. d. geol. Reichsanst., Wien 1856.
Ruggieri, G. & Selli, R., Il pliocene e il postpliocene dell'Emilia. Internat. Geologenkongreß, London 1950.
Rungaldier, R., Bemerkungen zur Lößfrage, besonders in Ungarn. Ztschr. f. Geom., 8, 1933.
— Entgegnung an A. Bulla, Ztschr. f. Geom., 9, 1935/1936.
Salomon-Calvi, W., Die Intensität alluvialer und diluvialer geologischer Vorgänge. Sitzungsber. d. Heidelberger Akad. d. Wiss. 1918.
Sauer, Internationale Zeitschr. d. ung. geogr. Ges. 1942.
Schäfer, I., Über methodische Fragen der Eiszeitforschung im Alpenvorland. Zeitschr. d. D. geol. Ges., 102, 1950.
— Vom Wesen der diluvialen Akkumulation und Erosion. Tagungsber. u. wiss. Abh. D. Geogr. Tag, München 1948, Landshut 1950/51.
— Über die Gliederung des Eiszeitalters „Eiszeitalter und Gegenwart", 1, 1951.
— Zur Entstehung der Höttinger Breccie. Petermanns geogr. Mitt., 97, 1953.
Schaffer, F. X., Zur Frage der alten Flußterrassen bei Wien. Mitt. d. geogr. Ges. Wien, 1905.
— Über den Zusammenhang der alten Flußterrassen mit den Schwankungen des Meeresspiegels. Mitt. d. geogr. Ges. Wien, 1907.
— Geologie von Wien. Wien 1904—1906. Verlag R. Lechner.
— Geologische Geschichte und Bau der Umgebung von Wien. Verlag Deuticke, Wien 1927 a.
— Das Alter der Schotter der Bisambergterrasse. Verh. der geol. Bundesanst., Wien 1927 b.
— Lehrbuch der Geologie III. Teil. Verlag F. Deuticke, Wien 1941.
Schaffer, F. X. & Grill, R., Die Molassezone in F. X. Schaffer, „Geologie von Österreich". Verl. F. Deuticke, Wien 1951.
Schaffernak, F., Ein Beitrag zur Morphologie des Flußbettes. Mitt. d. hydr. Inst. d. techn. Hochschule Wien. 2. Folge 1929.
Schärf, E., Versuch einer Einteilung des ungarischen Pleistozäns auf moderner polyglazialistischer Grundlage. Verh. 3. intern. Quartärkonf., Wien 1938.
Scharfetter, R., Die Murauen bei Graz. Mitt. d. nat. Ver. f. Steiermark, 54, 1918.
Scharlau, W., Periglaziale und rezente Verwitterung und Abtragung in den hessischen Basaltlandschaften. Erdkunde, 7, 1953.
Scherf, E., Versuch einer Einteilung des ungarischen Pleistozäns auf moderner polyglazialistischer Grundlage. Verh. d. internat. Quartärkonf. Wien 1938.
— Die geologischen und morphologischen Verhältnisse des Pleistozäns und Holozäns der Großen ungarischen Tiefebene und ihre Beziehungen zur Bodenbildung. Jahrb. ung. A. 1925/1928.
Schindewolf, O. H., Grundlagen und Methoden der paläontologischen Chronologie. Verlag Borntraeger, Berlin 1944.
— Der Zeitfaktor in der Geologie und Paläontologie. Stuttgart, Verlag E. Nägele 1950.
Schlesinger, G., Elephas planifrons vom Laaerberg und die Stratigraphie der alten Flußterrassen von Wien. Verh. d. geol. Bundesanst., Wien 1913.
— Ein neuer Fund von Elephans planifrons Niederösterreichs. Jb. 1913 a.
— Die Mastodonten des naturhistorischen Staatsmuseums. Denkschr. des naturhist. Staatsmus. Wien, I, geol.-pal. Reihe, 1, 1921.
— Mastodonten d. Budapester Sammlungen, Geologica Hungarica, 2, 1922.
Schmidt, E. R., Die Eruptivgesteine bei Felsö Pulya (Oberpullendorf) und Pauliberg (Burgenland). Mitt. a. d. min.-geol. Institut d. Univ. Szeged.
Schmid, J., Klima, Boden und Baumgestaltung im beregneten Mitteleuropa. Neudamm 1922.
Schmidt, Wilh., Modellversuche zur Wirkung der Erddrehung auf Flußläufe. Sitzungsber. d. Akad. d. Wiss. Wien, mathem.-naturw. Kl., Abt. II a, 1926.
Schoklitsch, A., Geschiebebewegung an Flüssen und Stauwerken. Verlag Springer, Wien 1926.
Schoklitsch, K., siehe unter Winkler v. Hermaden, A. und Mitarbeiter 1945—1948.

Schrems, J., Die bucklige Welt, eine Keimzelle der Wildbachverbauung in Österreich. Allgemeine Forstzeitung, Wien 1954.
Schwarzbach, A., Das Klima der Vorzeit. Stuttgart 1950.
Schwarzbach, M., Eiszeiten — absolute Zeitrechnung — biologische Entwicklung. Geol. Rundschau, 34, 1944.
Schwinner, R., Die Ungleichseitigkeit der Gebirgskämme. Ztschr. f. Geom. 1933.
— Die geologische Zeittafel. N. Jb. f. Min. usw. Monatsh. 1944, Abt. B.
Selli, R., siehe unter Ruggieri, G., & Selli, R.
Senarclens-Grancy, W. v., Zur Gliederung eiszeitlicher und jüngerer Gletscherspuren in den Alpen zwischen Venediger, Glockner und Pustertal. Mitt. alpenl. geol. Ver. Wien, 35, 1942, Wien 1944.
Sidaritsch, M., Alte Landschaftsformen im Orizazug. Mitt. nat. Ver. f. Steiermark, 62, 1926.
Sieber, R., Die Hundsheimer Fauna des Laaerbergs in Wien. Anz. Akad. Wiss. Wien, 1949.
Slanar, H., Geomorphologische Probleme in den östlichen Zentralalpen. Mitt. Geogr. Ges., Wien 1916.
— Grenzen und Formenschatz des Wiener Beckens. Heidrich-Festschrift, Wien 1923.
Sölch, J., Beiträge zur eiszeitlichen Talgeschichte des steirischen Randgebirges und seiner Nachbarschaft. Forsch. z. dtsch. Landes- u. Volkskunde, 21, 1917.
— Ungleichseitige Flußgebiete und Talquerschnitte. Petermanns Mitt. 1918, Gotha.
— Die Windischen Bühel. Mitt. d. geogr. Ges. Wien, 62, 1919.
— Das Grazer Hügelland. Sitzungsber. d. Akad. d. Wiss. Wien, mathem.-naturw. Kl., 1921.
— Grundlagen der Landformung in den östlichen Alpen. Geogr. Annaler, Stockholm 1922.
— Die Landformung der Steiermark. Verl. d. nat. Ver. Graz, 1928.
Sörgel, W., Die Bedeutung der diluvialen Krustenbewegungen für die Entstehung der diluvialen Schotterterrassen. Fortschritte der Geologie und Paläontologie, 2, 1923.
— Die Gliederung und absolute Zeitrechnung des Eiszeitalters. Fortschr. d. Geol. 1925, H. 13.
— Die Ursachen der diluvialen Aufschotterung und Erosion. Berlin 1927.
— Das diluviale System. Verlag Gebr. Bornträger, Berlin 1939.
— Die Vereisungskurve. Berlin, Verlag Bornträger, 1937.
Spreitzer, H., Die Eiszeitstände des Mettnitztals. Carinthia II., 142, 1953 a.
— Eiszeitstände und glaziale Abtragsvorgänge im Bereich des eiszeitlichen Murgletschers. Geologica Bavarica, 19, 1953 b.
— Fragen der Quartärforschung auf dem 4. internationalen Congress der Inqua in Rom und Pisa 1953. Mitt. geogr. Ges. Wien, 95, 1953 c.
Srbik, R. von, Glazialgeologie der Kärntner Karawanken. Neues Jahrbuch für Mineralogie, Geologie und Paläontologie; Sonderband III, Stuttgart 1941.
Staff, H. v., Zur Morphogenese der präglazialen Landschaft in den Westschweizer Alpen. Ztsch. d. geol. Ges., 64, 1912.
Staub, W., Über Ausdehnung und Oberflächengestalt des Schweizerischen Mittellandes im Kanton Bern und den angrenzenden Tälern. Geol. Rundschau, 2, 1952.
Stille, H., Der derzeitige tektonische Erdzustand. Sitzungsber. d. preuß. Akad. d. Wiss., 13, 1935.
Stiny, J. (Stini), Die Schlammförderung und Geschiebeführung des Raabflusses. Mitt. d. geogr. Ges. Wien, 63, 1920.
— Technische Geologie. Stuttgart 1922, Verlag Encke.
— Beziehungen des Tertiärs der Waldheimat zum Aufbau des Nordostsporns der Alpen. Cbl. f. Min., Geol. u. Paläont. Stuttgart 1922 a.
— Die ostalpinen Eiszeitfluren. Zentr. Bl. f. Min., Stuttgart 1923 a.
— Die Schlammführung einiger steirischer Gewässer. Ztschr. d. österr. Ing. u. Arch. Ver., Wien 1923 b.
— Hebung und Senkung. Petermanns geogr. Mitt. 1924.
— Zur Oberflächenformung des Teigitschgebietes. Ztschr. f. Geomorphologie, 1, Berlin 1924/1925.
— Bewegungen der Erdkruste und Wasserbau. Die Wasserwirtsch. 1926.
— Zur Frage der Doppelgrate. Ztschr. f. Geomorphologie, 1, 1926 a.
— Aufnahmsbericht über das geologische Kartenblatt Bruck/Mur—Leoben in Verhandl. d. geol. Bundesanst. Wien 1928.
— Die geologischen Grundlagen der Verbauungen der Geschiebeherde in Gewässern. Verl. Springer 1931 a.
— Zur Kenntnis der Hollenburger Senke und des Keutschacher Seentals. Verh. d. geol. Bundesanst. Wien, 1931 b.
— Zur südlichen Fortsetzung der Weyrer Bögen. Verh. d. geol. Bundesanst. 1931 c.
— Zur Oberflächenformung der Altlandreste der Gleinalpe. Cbl. f. Min., Geol. u. Paläont. Stuttgart 1931 d.
— Zur Kenntnis jugendlicher Krustenbewegungen im Wiener Becken. Jahrb. d. geol. Bundesanst. Wien, 82, 1932.
— Zur Geologie der Umgebung von Miklauzhof. Carinthia, 2, 1938.

Stiny, J. (Stini), Geologische Spezialkarte der Republik Österreich 1 : 75.000, Blatt Bruck/Mur—Leoben. Verlag der geol. Bundesanstalt Wien 1932.
— Geologische Spezialkarte der Republik Österreich. Blatt Bruck—Leoben. Verlag d. geol. Bundesanst. Wien 1938.
— Unsere Täler wachsen zu. Geologie und Bauwesen, **13**, 1941.
— Zur Kenntnis der Tiefenrinnen. Geologie und Bauwesen, **16**, 1948.
— Neue Übersicht über Bodenbewegungen und über ihre Bekämpfung durch den Ingenieur. Geologie und Bauwesen, **19**, 1952.
Strauß, L., Einige Angaben zur Geologie des Windischen Gebiets und des Zalaer Comitats. Földt. Közlöny, **73**, 1943.
Šuklje, F., Ein Beitrag zur Geologie des Horv. Zagorje und des südöstlichen Slovenien. Bull. serv. geol. Jugoslav., **2**, 1932.
Szadeczky-Kardoss, E. v., Geologie der rumpfungarischen Kleinen Tiefebene. Mitt. d. berg. u. hüttenmänn. Abt. Ödenburg, **10**, 1938.
— Über die Entwicklungsgeschichte des Leithaflusses. Internat. Zeitschr. d. ung. geogr. Ges., **65**, 1937.
— Periglaziale Erscheinungen im Wiener Becken. Földt. Közl. 1935.
Tauber, A. F., Grundzüge der Geologie von Burgenland, in „Burgenländische Landeskunde", Wien 1952.
Teller, F., Geologische Spezialkarte von Österreich. Blatt Cilli-Ratschach, Wien 1900, Verlag d. geol. Reichsanst.
de Terra, H., & Paterson, T. T., Studies on the ice age in India. Carnegie Inst. of Washington, **493**, 1939.
Terzaghi, K., von, Geologie von Flamberg im Sausal. Mitt. nat. Ver. Steiermark, 1907.
— Erdbaumechanik auf bodenphysikalischer Grundlage. Vergl. Deuticke, Wien—Leipzig 1925.
— Ingenieurgeologie. Verlg. Springer, Berlin—Wien 1929.
Thenius, E., siehe Papp, A., & Thenius, E.
Tornquist, A., Das Erdbeben von Rann. Mitt. d. Erdbebenkom. d. Akad. Wiss. Wien, **52**, 1918.
— Entstehung und Beschaffenheit des Grazer Stadtbodens. Festbuch der Stadt Graz zur 800-Jahr-Feier 1928.
Tricart, G., Paleoclimats quarternaires et Morphologie climatique dans le Midi Mediterraneen. Eiszeitalter und Gegenwart, Bd. 2, S. 172—188, Öhringen/Württbg. 1. Mai 1952.
Troll, C., Die jungglazialen Schotterfluren im Umkreis der Alpen. Forsch. z. d. Landeskunde, **24**, J. Engelhorns Nachf., Stuttgart 1926.
— Die Rückzugstadien der Würmeiszeit im nördlichen Vorland der Alpen. Mitt. Geogr. Ges. München, **18**, 1925.
— Die Bedeutung der Solifluktion und der periglazialen Bodenabtragung. Erdkunde, **1**, 1948.
— Die Tagung der Deutschen Quartärvereinigung im Alpenvorland. Erdkunde, **5**, 1951.
Vendl, M., Geologie der Umgebung von Sopron. Erdeszeti Kiserletek, Sopron (Ödenburg), **32**, 1930.
Venzo, S., Geomorphologische Aufnahme des Pleistozäns (Villafranchian-Würm) im Bergamasker Gebiet und in der östlichen Brianza. Geol. Rundschau, **40**, 1952.
Vetters, H., Die geologischen Verhältnisse der Umgebung Wiens, Wien 1910.
— Erläuterungen zur geologischen Karte von Österreich. Wien 1937, Verlag d. geol. Bundesanst.
Waagen, L., Aufnahmsbericht für 1929. Verh. d. geol. Bundesanst., Wien 1930, Nr. I.
Wegener, A., Siehe unter Köppen, W. & Wegener, A.
Wehrli, H., Monographie der interglazialen Abtragungen im Bereich der nördlichen Ostalpen zwischen Rhein und Salzach. Jahrb. d. geol. Bundesanst. Wien, **78**, 1928.
Weidenbach, F., Quartär des nördlichen Alpenvorlands. Zeitschr. d. D. geol. Ges., **102**, 1950.
Wiegers, F., Die diluviale Vorgeschichte des Menschen. Verl. Encke, Stuttgart 1928.
Wiesböck, T., Die Terrassen des unteren Murtales. Mitt. d. geogr. Ges. Wien, **86**, 1943.
Wilser, J. L., Heutige Bewegungen der Erdkruste. Schweitzerbart'sche Verlagsbuchh., Stuttgart 1929.
Winkler (v. Hermaden), A., Das Eruptivgebiet von Gleichenberg in Oststeiermark. Jb. d. geol. Reichsanst., Wien 1913.
— Untersuchungen zur Geologie und Paläontologie des steirischen Tertiärs. Jb. d. geol. Reichsanst., Wien 1913 a.
— Das mittlere Isonzogebiet. Jb. d. geol. Staatsanst., Wien 1920.
— Beitrag zur Kenntnis des oststeirischen Pliozäns. Jb. d. geol. Staatsanst., Wien 1921.
— Bau der östlichen Südalpen. Mitt. d. geol. Ges., Wien 1923.
— Aufnahmsberichte über die Blätter Unterdrauburg, Marburg und Fürstenfeld. Verh. d. geol. Bundesanst., Wien 1924.
— Über die Beziehungen zwischen Sedimentation, Tektonik und Morphologie in der jungtertiären Entwicklungsgeschichte der Ostalpen. Sitzungsber. Akad. d. Wiss., Wien 1924 (a).

Winkler v. Hermaden, Zum Schichtungsproblem. Ein Beitrag aus den Südalpen. N. Jb. f. min. usw. Beil. Bd. **53**, 1925.
— Das Abbild der jungen Krustenbewegungen im Talnetz des steirischen Tertiärbeckens. Ztsch. d. dtsch. geol. Ges., Berlin, Abhdlg. 1926 (a).
— Zur Eiszeitgeschichte des Isonzotales. Ztschr. f. Gletscherkunde, **15**, 1926 (b).
— Die morphologische Entwicklung des steirischen Beckens. Mitt. d. geogr. Ges., Wien 1926 (c).
— Geologische Spezialkarte der Republik Österreich, Blatt Gleichenberg, mit Erläuterungen. Verl. geol. Bundesanst., Wien 1927 (a).
— Bodenbeweglichkeit und ihre Bedeutung für die Landwirtschaft. Fortschritte der Landwirtschaft 2, Berlin 1927 (b).
— Das südweststeirische Tertiärbecken im älteren Miozän. Denkschrift, Akad. d. Wiss. 1927 (c).
— Zur spät- u. nacheiszeitlichen Geschichte d. Isonzotals. Zschr. f. Gletscherkunde, **16**, 1927 (d).
— Über Bodenverhältnisse in der Oststeiermark. Fortschritte der Landwirtschaft, Wien 1928 (a).
— Jahresbericht der geologischen Bundesanstalt. Verh. geol. Bundesanst., Wien 1928 (b).
— Geologische Spezialkarte der Republik Österreich, Blatt Unterdrauburg. Verl. d. geol. Bundesanst., Wien 1929 (a).
— Neuere Forschungsergebnisse über Schichtfolge und Bau der östlichen Südalpen. Geol. Rundschau, **27**, 1936.
— Geologische Spezialkarte der Republik Österreich. Blatt Marburg. Wien 1931, Erläuterungen Wien 1938 (a).
— Geologische Beobachtungen in Südwestungarn. Zentralbl. f. Mineral. etc. 1938 (b).
— Geol. Führer des steirischen Beckens. Verlag Gebr. Borntraeger, Berlin 1939 (a).
— Die jungtertiären Ablagerungen an der Ostabdachung der Zentralalpen und das inneralpine Tertiär. — In: F. X. Schaffer, „Geologie der Ostmark". Als Sonderdruck ausgegeben 1939 (b).
— Die geologischen Verhältnisse im mittleren und unteren Laßnitztale Südweststeiermarks als Grundlage einer wasserwirtschaftlichen Planung. Sitzungsber. d. Akad. d. Wiss. Wien, mathem.-naturw. Kl., Abt. I, **149**, 1940.
— Technisch-geologisch-bodenwirtschaftliche Forschungen im Gau Steiermark. „Der Kulturtechniker", **46**, 1943 (a).
— Geologie und Bodenbeschaffenheit im Grabenland und unteren Murgebiet. Mitt. d. geogr. Ges. Wien, **86**, 1943 (b).
— Die jungtertiären Ablagerungen an der Ostabdachung der Zentralalpen und das inneralpine Tertiär. In: F. X. Schaffer, „Geologie von Österreich". Wien 1951.
— Die jungtektonischen Vorgänge im steirischen Becken. Sitzungsber. d. österr. Akad. d. Wiss., math.-naturw. Kl. Abt. 1, **160**, 1951 a.
— Ergebnisse u. Probleme d. quartären Entwicklungsgeschichte am östl. Alpensaum. Ber. Int. Quart. Kongr. Rom u. Pisa 1953 und Anz. d. österr. Akad. d. Wissensch. Wien 1953.
— Ergebnisse über zeitliche Gliederung und Ablauf der jungtertiären tektonischen Vorgänge und ihre Beziehung zur Landformung. Comptes rendus 19. Sitzung d. internat. Geol. Kongr. 1952. Algier 1954.
— Problemstellung der quartären Entwicklungsgeschichte am Ostsaum der Alpen (außerhalb der Vereisungsbereiche). Berichte des internat. Quartärkongr. Rom-Pisa 1953, Rom 1955.
— Geologisches Kräftespiel und Landformung, Verlag Springer, Wien (in Druck).
Winkler v. Hermaden, A., Bistritschan, K., Hübl, H., Lechner, J. & Schoklitsch, K., Geologisches Kräftespiel und Bodenwirtschaft in den deutschen Alpen. N. Jb. f. Min. Abh., Abt. B, **89**, 1945/1948.
Wittmann, O., Tektonik und diluviale Sedimentation im Oberrheintal. Bad. geol. Abhdl. 1937.
Woldstedt, P., Das Eiszeitalter, Grundlinien einer Geologie des Diluviums. Verlag Encke, Stuttgart 1929.
— Die Strahlungskurve von Milankovitch und die Zahl der Eis- und Zwischeneiszeiten in Norddeutschland. Geol. Rundschau, **35**, 1947.
— Die Quartärforschung in Deutschland. Ztsch. d. geol. Ges., **100**, 1950.
— Probleme der Terrassenbildung. Eiszeitalter und Gegenwart, **2**, 1952.
— Über die Benennung einiger Unterabteilungen des Pleistozäns. Eiszeitalter und Gegenwart, **3**, 1953.
— Das Eiszeitalter. 2. Aufl. Verlag Encke, Stuttgart 1954, I. Teil.
Woletz, G., Die Geschiebeverhältnisse der Laßnitz. Sitzungsber. d. Akad. d. Wiss. in Wien, mathem.-naturw. Kl., Abtlg. **149**, 1940.
Worsch, E., Geologische Kartierung östlich des Faakersees. Carinthia II, **127**, 1937.
— Die Grundwasserverhältnisse im Becken von Knittelfeld. Beiträge zu einer Hydrogeologie Steiermarks. Graz, Lehrkanzel für technische Geologie, 1951.
Wundt, W., Abtragung und Aufschüttung in den Alpen und in dem Alpenvorland während der Jetztzeit und der Eiszeit. Erdkunde, **6**, 1952.

Zapfe, H., Die altpleistozänen Bären von Hundsheim in Niederösterreich. Jb. geol. Bundesanst., 91, 1948.
Zeuner, F. E., Dating the past. London 1947, Matheron & Co.
— The Chronology of the pleistocene Sea-levels. Ann. and Magaz. of Natur. History, 11, 1938.
— The pleistocene chronology of Zentral Europe. Geol. magaz., 72, 1945.
— Siehe unter Kimball, D. & Zeuner, F.
Zöttl, J., Die Hohlwegerosion. Ein Beitrag zur anthropogenen Abtragung. Mitt. d. naturwiss. Ver. f. Steiermark 1954.

Verzeichnis der Tafeln und Textabbildungen.

Tafeln.

Tafel I: Terrassenübersichtskarte in den Tertiärbereichen im unteren Mur- und Raabgebiet.

Tafel II: Profiltafel.
    Fig. 1: Terrassenprofil Frohnleiten—Radkersburg.
    Fig. 2: Terrassenprofil durch das deutsche Grabenland.
    Fig. 3: Profil am Nordsaum des Murecker Feldes.
    Fig. 4: Terrassenprofil Stradnerkogel—Mur.
    Fig. V: Terrassenprofil durch das weststeirische Becken.

Tafel III: Fig. 1: Die Rutschgelände in pannonischen Schichten am und um den Tuffkogel von Kapfenstein.
    Fig. 2: Überblick über das steirisch-burgenländisch-jugoslawische Grenzgebiet vom Kapfensteiner Kogel aus.
    Fig. 3: Ansicht des zirkusartig gestalteten Talschlusses des Haselbachtales oberhalb von Mahrensdorf bei Fehring.
    Fig. 4: Ansicht des asymmetrisch gestalteten Gleichenberger Sulzbachtales, mit quartärer schrittweiser Abdrängung der Talachse vom Hochstradener Hebungsbereich nach Westen hin.
    Fig. 5: Die junge Klamm des Weizbachtales im Schöckelkalk oberhalb der Stadt Weiz.
    Fig. 6: Das Großrutschungsgebiet im Markt Gnas im Bezirk Feldbach.
    Fig. 7: Gehängeanrisse, bedingt durch das Rechtsdrängen des seit Quartärbeginn sich einseitig verlegenden Feistritzflusses bei Altenmarkt, oberhalb von Fürstenfeld, in pannonischen Schichten. Im Vordergrund der Alluvial- (z. T. Auen-) Boden des Feistritztales.

Textabbildungen.

Abb. 1: Karte der jungquartären Talverlegungen, Mur-Gehängeanrisse und Großrutschungen; gleichzeitig Darstellung der Jungtektonik des steirischen unteren Mur- und Raabbereichs.

Abb. 2: Talquerprofil durch das Lendbach- (Lendva-) Tal bei Neustift (Gemeinde Kapfenstein).

Abb. 3: Profil der Großrutschung am Buchkogel bei Wildon, einer der größten, wenn nicht der bedeutendsten des steirischen Murbereichs.

Abb. 4: Das Rutschgelände am und um den Tuffkogel von Kapfenstein.

Abb. 5: Ansicht des durch Rutschungen entstandenen, zirkusförmigen Talschlusses des Haselbachtales oberhalb Mahrensdorf bei Kapfenstein.

Abb. 6: Karte der quartären Terrassen und jungen Talverlegungen an der unteren Mur in der Richtung N—S (NO—SW) bzw. umgekehrt.

Abb. 7: Schematische Darstellung der Verbreitung der Quartärterrassen und Talverlegungen an den N—S (NNW—SSO) verlaufenden Tälern der Zubringer der unteren steirischen Mur.

Abb. 8 a—d: Zur Veranschaulichung des verschiedenen Grades nachträglicher Zerschneidung der jung-, mittel- und altquartären Terrassen des unteren Murbereichs. Ausschnitt aus dem Terrassengebiet im Osten des Leibnitzer Feldes.

Abb. 8 a: Jungquartäre, letztinterglaziale Terrasse.

Abb. 8 b: Terrassensystem des Großen Interglazials.

Abb. 8 c: Ältere quartäre Terrassen.

Abb. 8 d: Ältestquartäre Terrassen.

Abb. 9: Terrassenprofile aus dem Raum von Frohnleiten.

Abb. 10: Profile durch die Quartärablagerungen bei Knittelfeld.

Abb. 11: Quartärprofile aus dem Raum von Graz.

Abb. 11 a: Aufschlußwand in der ehemals Baltlschen Ziegelei in St. Peter bei Graz (vermutlich Rißterrasse).

Abb. 11 b: Schematisiertes Profil durch den Bereich der Ziegeleien von St. Peter bei Graz.

Abb. 11 c: Aufschluß im Ziegelwerk Hart bei Messendorf („mittlere Terrassengruppe").
Abb. 12: Entwurf einer quartärgeologischen Karte des nordoststeirischen Teilbeckens (nordöstlicher Teil der Oststeiermark und südliches Burgenland).
Abb. 13: Kartenskizze der quartären Ablagerungen der Kleinen ungarischen Tiefebene (mittlerer und nördlicher Teil) samt anschließender Teile der steirischen Bucht.
Abb. 14: Profil durch das westungarische Raabgebiet, östlich der unteren Pinka, über das Raabtal bis in den Zalabereich.
Abb. 15: Talverlauf und Landschaftsmodellierung im steirischen Becken in einem Mittelabschnitt des Quartärs (Entstehungszeit der „mittleren Terrassengruppe").
Abb. 16: Verlauf der Talzüge im steirischen Becken während des ältesten Quartärs (höchste Schotterfluren).
Abb. 17: Die große Schotterplatte des ältesten Quartärs im oberen ungarischen Raabgebiet und ihre Zerschneidung (nach E. v. Cholnoky).
Abb. 18: Das steirische Becken in der präglazialen (oberpliozänen) Einebnungszeit.
Abb. 19: Schematisches Profil der Höhenflur im steirischen Becken, unter Angabe der oberstpliozänen Flur als „präglazialem Ausgangsniveau".
Abb. 20: Terrassenprofile vom Basaltmassiv von Klöch.
Abb. 21: Quartäre Terrassierung und junge Talverlegung im steirischen Becken und Randgebirge.
Abb. 22: Schematisches Profil der Terrassierung und junge Talverlegungen am Ostsaum des Hartberger Gebirgssporns.
Abb. 23: Entwurf einer quartärgeologischen Übersichtskarte des Gebiets zwischen slowenischer Drau und slowenischer-westkroatischer Save.
Abb. 24: Quartärgeologische Karte des Ranner Beckens.
Abb. 25: Terrassenverbiegungen und Absenkungen der Schotterhorizonte zwischen Wiener Becken und Budapest (nach E. v. Szadecky-Kardoss).
Abb. 26: Quartäre Talverlegungen im Wiener Becken.

Nachträge zum Literaturverzeichnis:

Ampferer, O., Über die Saveterrassen in Oberkrain. Jahrb. d. geol. Reichsanst. Wien 1917.

Beck, H., Geologische Spezialkarte der Republik Österreich 1 : 75.000, Blatt Unterdrauburg (Anteil des Jungtertiärs von Ostkärnten), Verlag d. geol. Bundesanst., Wien 1928.

— Geologische Spezialkarte der Republik Österreich 1 : 75.000, Blatt Hüttenberg—Eberstein. Verlag der geol. Bundesanst., Wien 1931.

Bersier, A., La sedimentation rhythmique orogenique dans l'avantfosse molassique. Proc. int. geol. Congr. London 1950.

Feruglio, E., Le prealpi fra Isonzo e l'Arzino. Boll. dell'Assoc. agr. friul., Udine 1925.

Fink, J. (Mit Beiträgen von Frasl, E. und Brandtner, F.), Beiträge zur pleistozänen Erforschung in Österreich. Exkursionen zwischen Salzach und March. Abschn. Wien—Marchfeld—March. Verhandl. d. geol. Bundesanst. Wien, Sonderheft D, 1955[1].

Grill, R., Siehe Schaffer, F. X. & Grill, R., 1951.

Höhl, G., Beobachtungen über Doppelgrate in den Ostalpen. Petermanns geogr. Mitt. 97, 1953.

Kokele, V.[2], The morphological development of the regione between the rivers Sava and Sotla. Geogr. vestnik, Ljubljana 25, 1959.

Küpper, H. (mit Beiträgen von A. Papp und E. Thenius), Beiträge zur Pleistozänforschung in Österreich. Exkursionen zwischen Salzach und March, Abschn. Wien—Neusiedler See. Verhandl. d. geol. Bundesanst. Wien, Sonderheft D, Wien 1955[1].

— Siehe bei Grill, R. und Küpper, H.

Morawetz, S., Lineale oder flächenhafte Abtragung. Ztsch. f. Gletscherkunde, Berlin 1940.

Munda, O., Stratigraphische und tektonische Untersuchungen im Reichenburger Tertiärbecken. Rudarski Zbornik, Laibach (Ljubljana) 1939.

Thenius, E.[1], Alter der Arsenalterrasse. Jahrb. d. geol. Bundesanst., Wien 1955.

[1] Im Text nicht mehr berücksichtigt.
[2] Von der Studie von *V. Kokole* erhielt ich erst anläßlich der 2. Korrektur dieser Studie Kenntnis und kann an dieser Stelle darauf nicht mehr eingegangen werden.

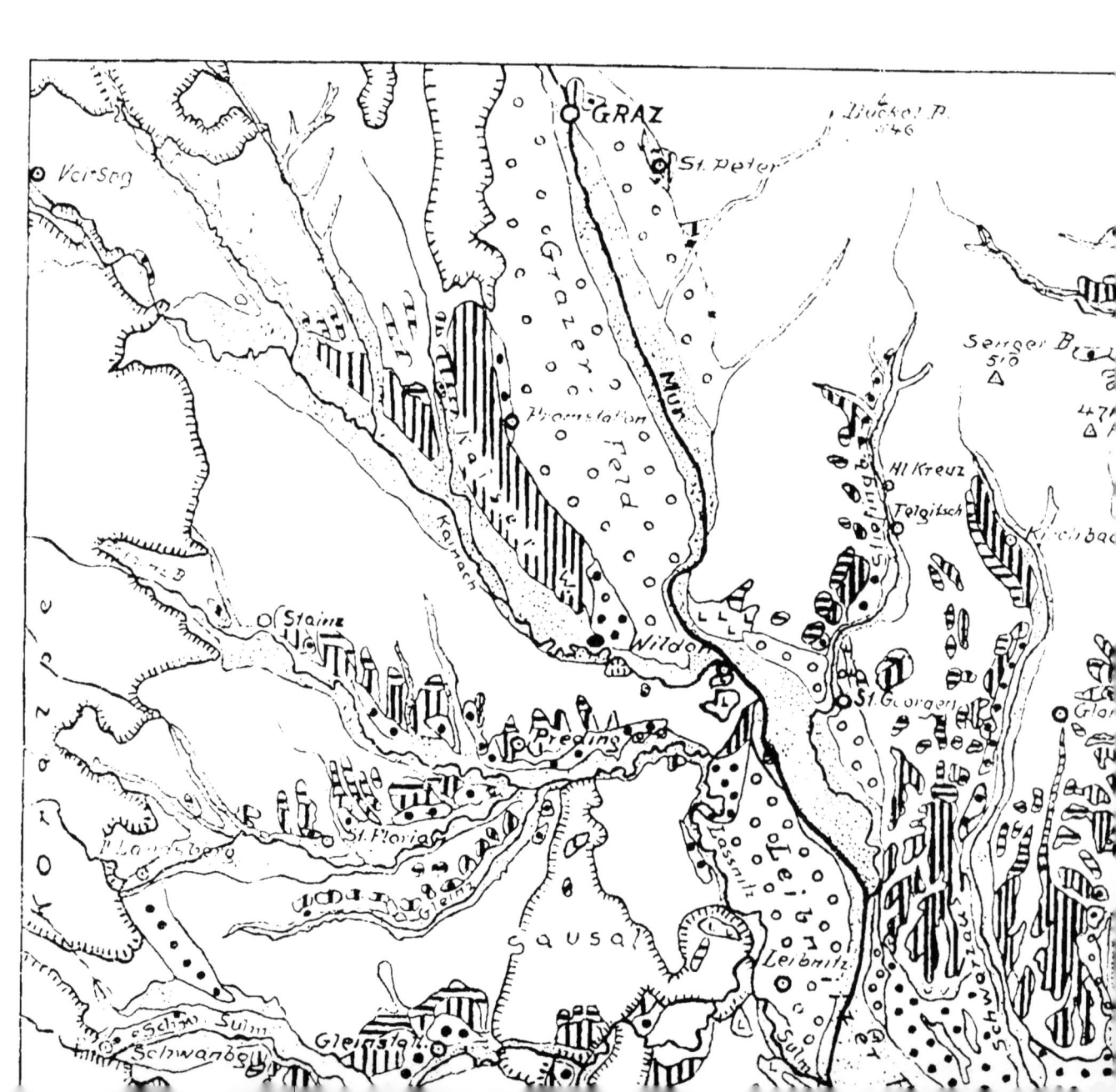

Tafel I.

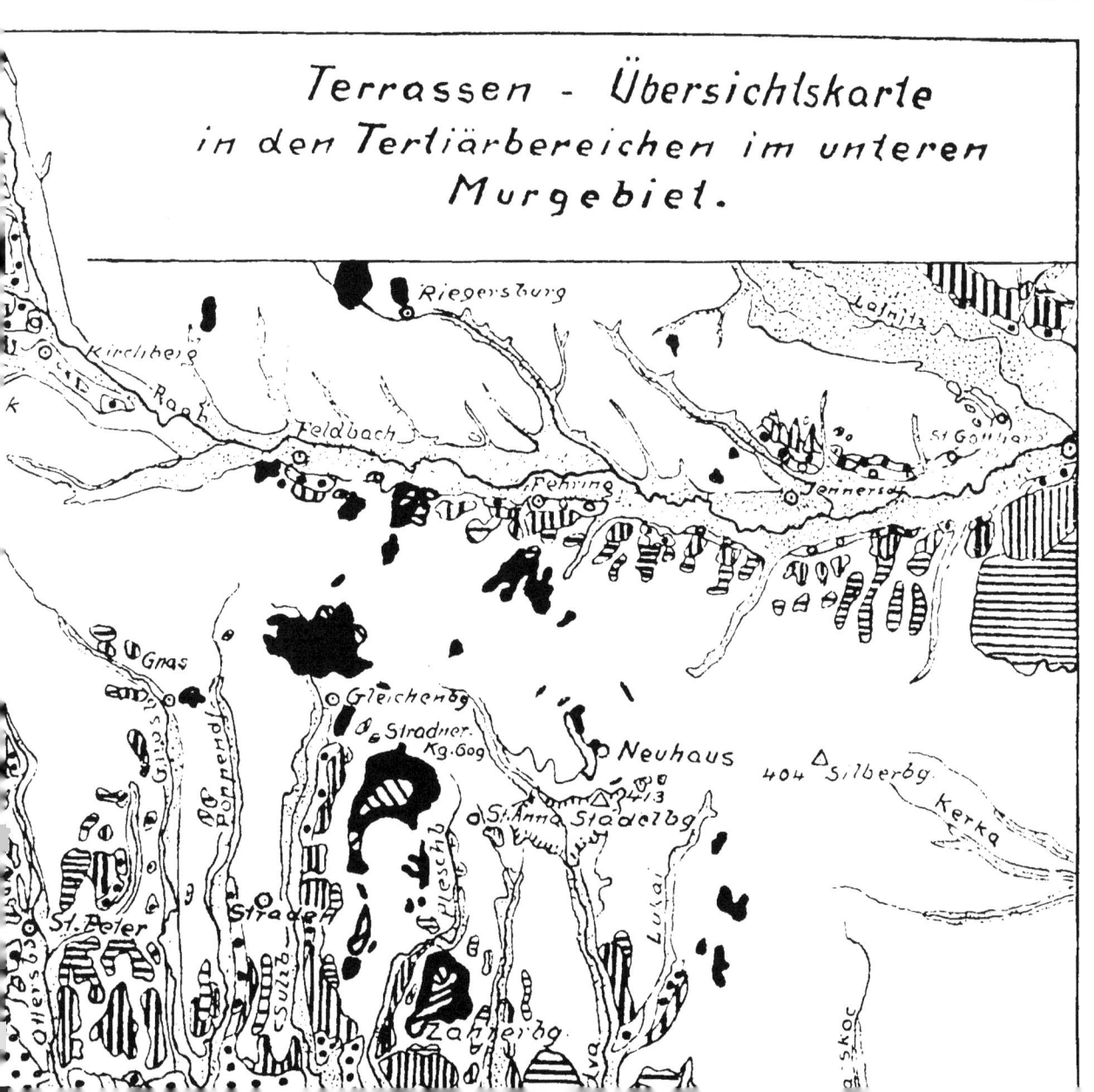

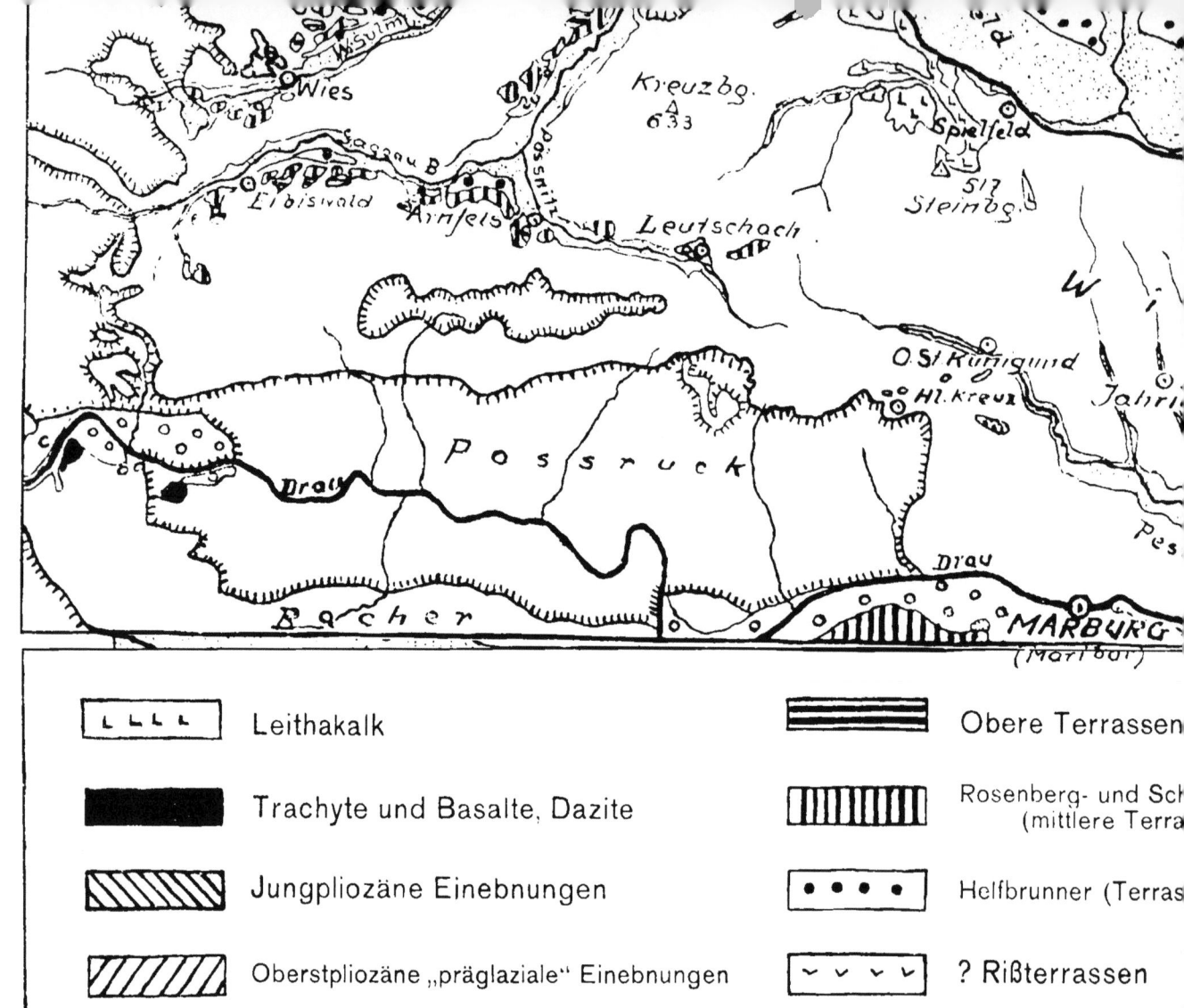

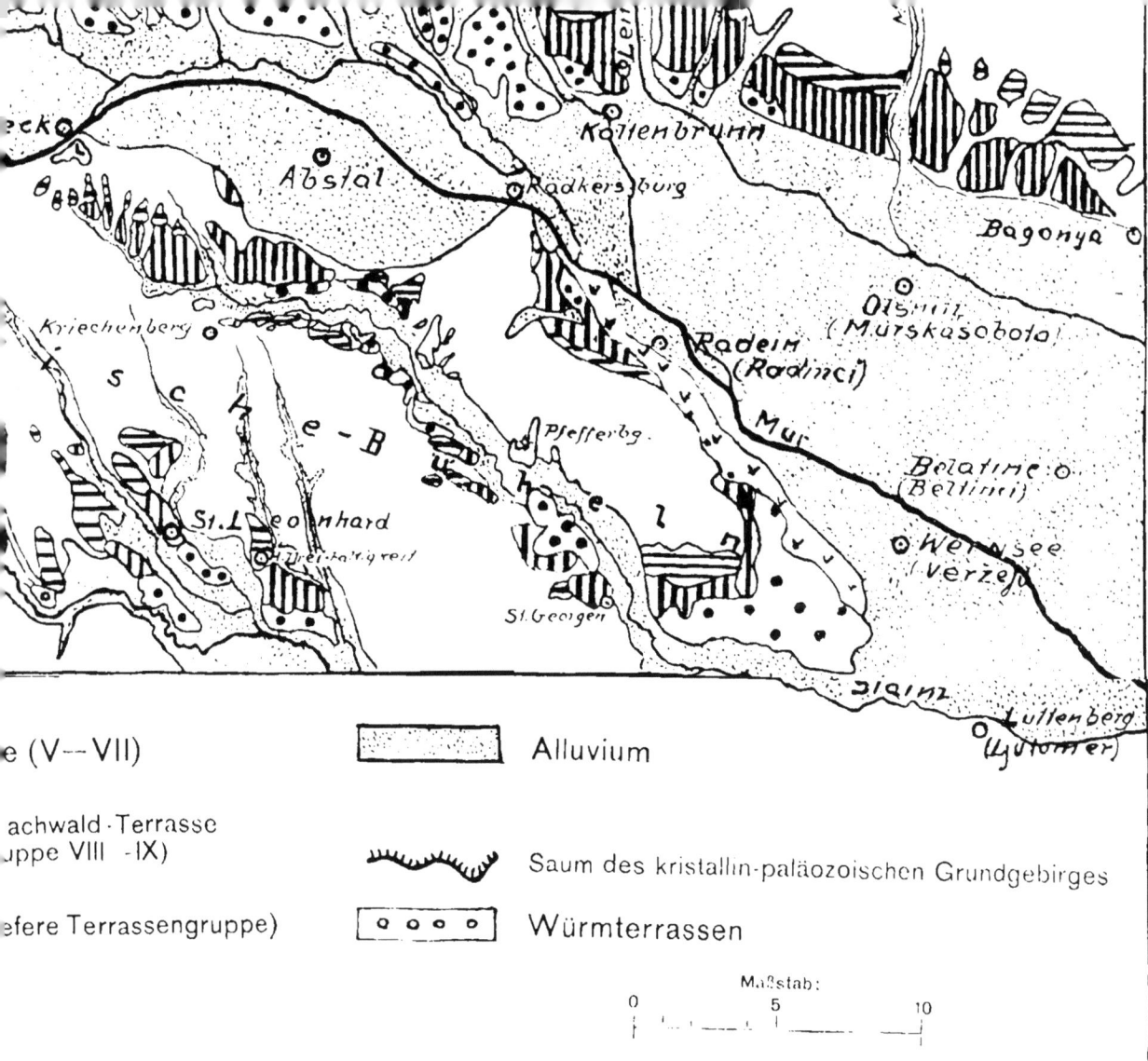

(V—VII)	Alluvium
achwald-Terrasse ppe VIII—IX)	Saum des kristallin-paläozoischen Grundgebirges
efere Terrassengruppe)	Würmterrassen

Maßstab: 0   5   10

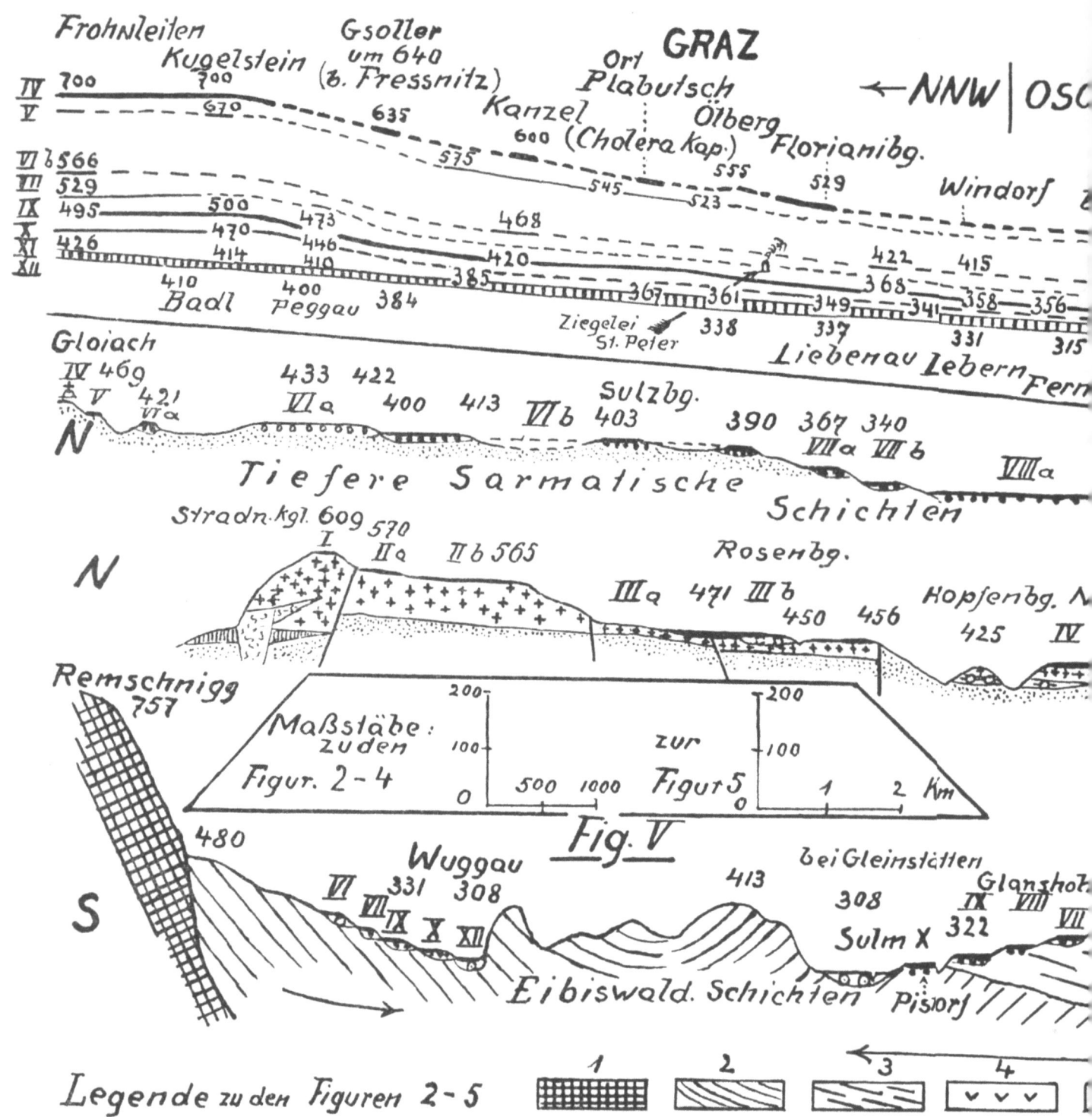

Fig. V

Legende zu den Figuren 2—5

1 = Paläozoisches und kristallines Grundgebirge.
2 = Eibiswalder Süßwasserschichten (Altmiozän).
3 = Tortonische Meeresschichten im allgemeinen.
4 = Tortonische Lithothamnienkalke.
5 = Sarmatische Schichten.
6 = Schichten des untersten Pannons.
7 = Dazische, präbasaltische Schotter.
8 = Basalte (Nephelinite).
9 = Basalttuffe.
10 = Oberstdazische Lehmdecken über Verebnung; oberstlevantinische Lehmdecken über Verebnung.
11 = Schotter-Lehmterrasse des älteren Levantins (Zwischenterrasse).
12 = Höchste Schotterterrassen des Quartärs (Laaerberg-Niveau).
13 = Schotter-Lehmterrassen des Quartärs (Alt-Jungquartär, vorwiegend interglazial).
14 = Schotter des jüngsten Pleistozäns.
15 = Schotter- (Lehm-) Fluren des Alluviums.

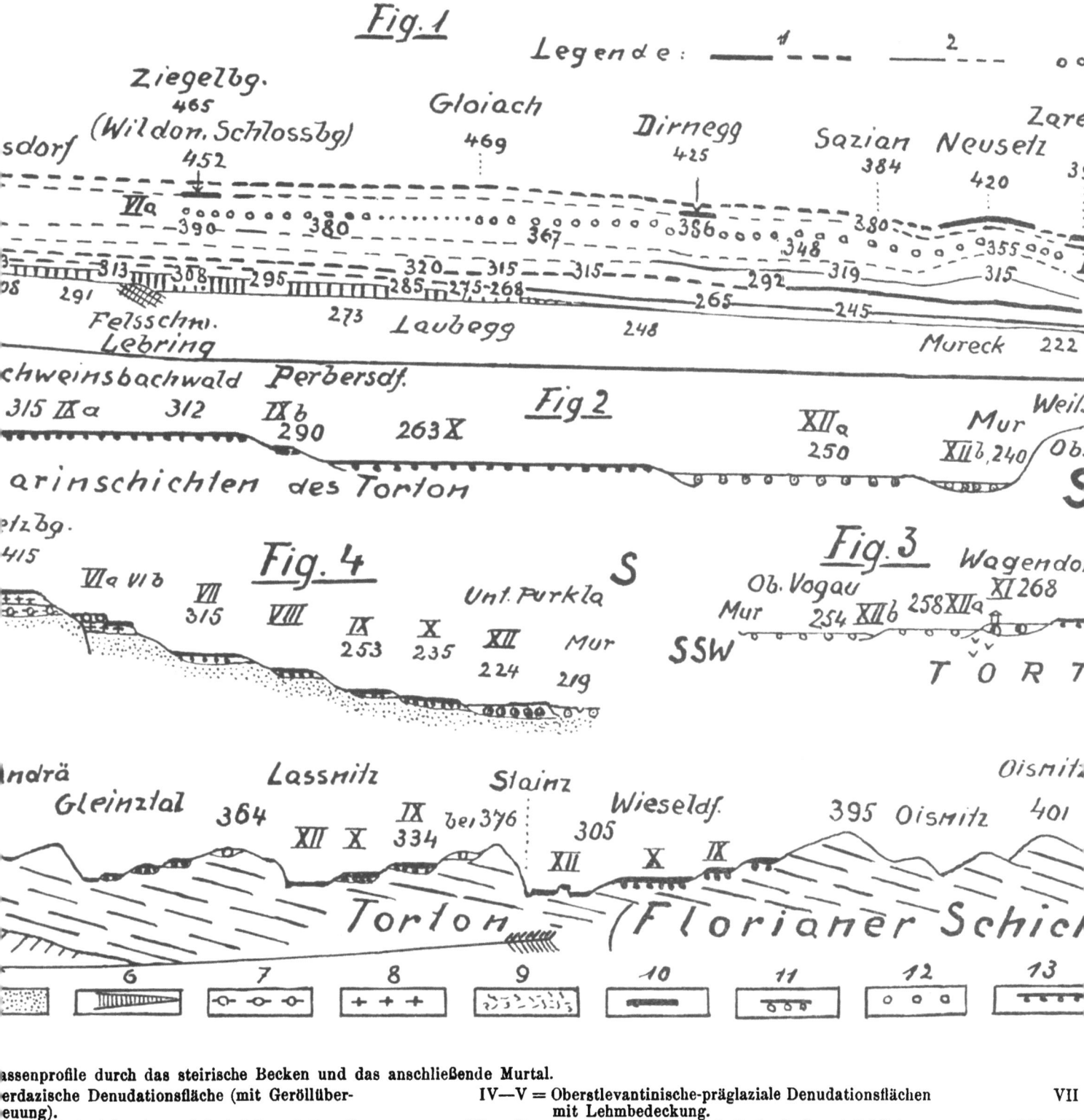

assenprofile durch das steirische Becken und das anschließende Murtal.

erdazische Denudationsfläche (mit Geröllüberdeckung).

erstdazische (ältestlevantinische) Denudationsfluren ausgebreiteter Lehmbedeckung und Roterden.

tere levantinische lehmbedeckte Erosionsflur (als herer Teil zu b zugehörig).

tere levantinische Schotterterrasse (Zwischenrasse).

IV—V = Oberstlevantinische-präglaziale Denudationsflächen mit Lehmbedeckung.

VI a—X = Lehmterrassen mit Schotterbasis (hauptsächlich aus älteren und jüngeren Interglazialzeiten).

VI—VII = Fluren der „oberen Terrassengruppe", Oberniveaus (ältestes Pleistozän).

VI a—VI b = Höchste quartäre Terrassen: besonders bei VI a durch Vorwalten des Schotters gekennzeichnet.

VII

VIII—IX

X

XI

XII

er ins „Riß" gestellten Terrassen sind nicht besonders ausgeschieden.

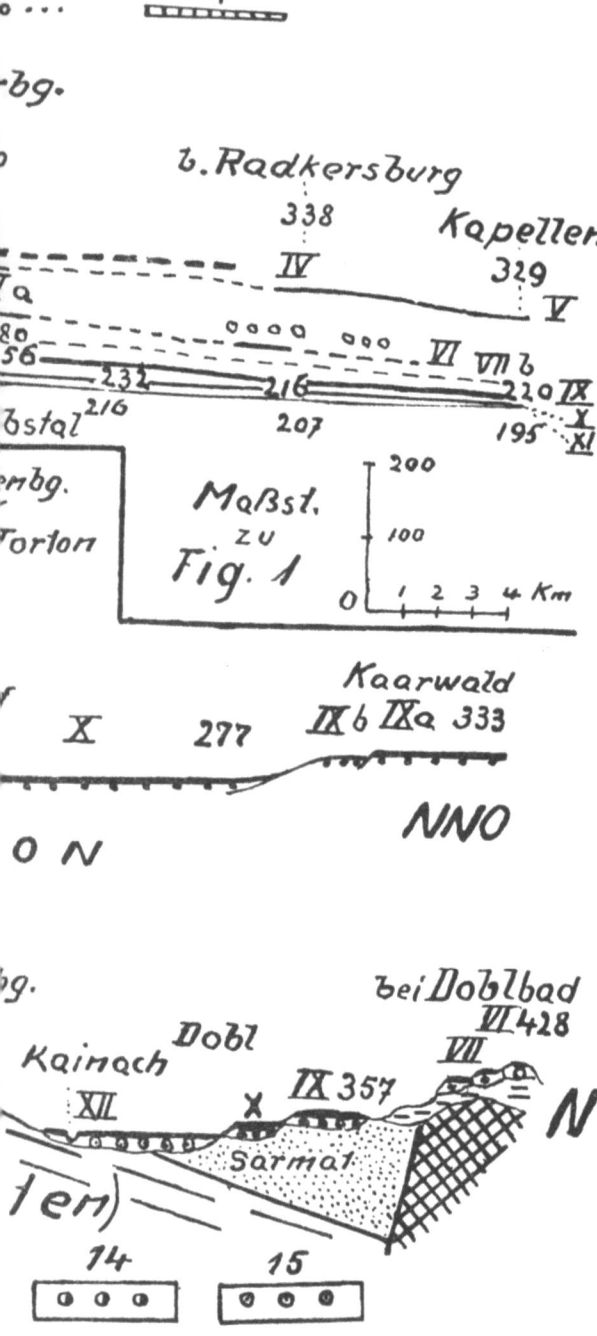

Tafel II.

Lehmterrassen mit Schotterbasis, vermutlich interglazial, früheres Altquartär.
Lehmterrassen mit Schotterbasis, vermutlich großes Interglazial = „mittlere Terrassengruppe".
Helfbrunner Terrasse, Lehmterrasse mit stärkerer Schotterbasis; vermutlich letztinterglazial = untere Terrassengruppe.
Würmschotterterrassen mit Teilfluren.
Ältere und jüngere Alluvialfluren.

B

Fig. 1.

Fig. 2.

Fig. 3.

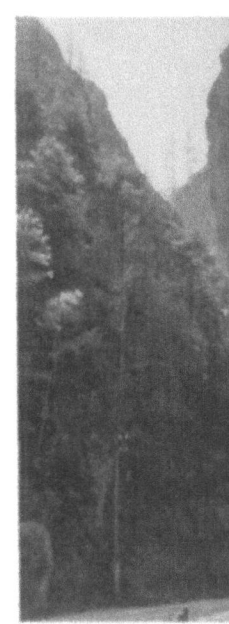

Fig. 5. Die junge
tales in Schöckelka

Fig. 6. Das Großrutschungsgebiet bei Markt Gnas im Bezirk Feldbach.
R ...... Hauptabrißfläche der Großrutschung.
A ...... Abgeglittene Schollenmassen.
V ...... Vom Hintergehänge losgelöste, jüngere Rutschungskulisse.
Al ...... Alluvium des Gnasbachtales.
OS ...... Obersarmatische Schichten.
MS ...... Mittelsarmatische Schichten (Tonmergel) als Rutschungsbasis.

Fig. 7. Gehängeanrisse, bed
des seit Quartärbeginn sich
flusses bei Altenmarkt, obe
nonischen Schichten. Im
z. T. Auen- Bod

Fig. 4.

TAFEL III.

Fig. 1. Die Rutschgelände in pannonischen Schichten an und um den Tuffkogel von Kapfenstein.
B: Basalttuffkuppe des Kapfensteiner Kogels.
Strichpunktiert: Grenze von Basalttuff gegen pannonische Schichten.
Dicker Strich (z. T. strichliert): Unterrand der Rückwand der abgerutschten Riesenscholle.
A .... Abgerutschte Riesenschollen.
Punktiert ..... Junge Bachaufschwemmung an der Stirn der Großrutschung.
Schl .... Beginn eines jungen Grabeneinrisses in der abgerutschten Scholle.
E .... Unteres Ende dieses Grabeneinrisses (Steiler, rückschreitender Erosionsanriß).
ÄQ .... Ältestquartäres Flurenniveau.
D .... Oberdazisches Flurenniveau.
W .... Wasserscheide zwischen Mur und Raab.

Damm des Weizbaches oberhalb der Stadt ...

Fig. 2. Überblick über das steirisch-burgenländisch-jugoslawische Grenzgebiet vom Kapfensteiner Kogel aus.
OP .... Oberstpliozänes (oberlevantinisches) Denudationsniveau („Stadelberg-Niveau") in paläozoischen Schiefern.
Pr .... Präglaziales (unmittelbar präquartäres) Terrassenniveau.
H .... Höhenflur im Bereiche pannonischer Schichten des Hügellandes im Übermurgebiet (Prekmurje).
H₁ .... Höhenflur im Bereiche sarmatischer Schichten des Grenzbereiches.
Ro .... Roter Berg 417 m.
Sta .... Stadelberg 413 m.
A .... Obersarmatischer Höhenrücken von St. Anna am Aigen 401 m.

Im Vordergrund das terrassierte Rutschungsgebiet von Kapfenstein in pannonischen Schichten.
ÄQ .... Ältestquartäre Denudationsflur.
AQ .... Altquartäre Denudationsflur.
MQ .... Denudationsflur aus einem mittleren Quartärabschnitt.
All .... Alluvium des Lendbach- (Lendva-) Tales.
Fl .... Flache, nach Osten blickende Hänge der asymmetrisch gestalteten Tälchen, mit ausgedehnten Rutschungsstaffeln. (Abrißhänge der Staffeln waldbedeckt.)
R .... Steile Rutschungsabrisse am nach Westen blickenden Steilgehänge.
St .... Steilhänge der asymmetrischen Täler.

gt durch das Rechtsdrängen ... seitig verlegenden Feistritz ... alb von Fürstenfeld, in pan-Vordergrund der Alluvial des Feistritztales.

Fig. 3. Ansicht des zirkusartig gestalteten Talschlusses des Haselbachtales oberhalb von Mahrensdorf bei Fehring.
Gl .... Gleichenberger Kogel (596 m) mit oberstpannonischer Denudationsfläche.
W .... Wasserscheide zwischen Mur und Raab.
R .... Hauptabrißflächen der Großrutschungen in pannonischen Schichten.
R' .... Sekundäre Rutschungsstaffel.
A .... Abgeglittene Schollen.

Fig. 4. Ansicht des asymmetrisch gestalteten Gleichenberger Sulzbachtales mit quartärer, schrittweiser Abdrängung der Talachse vom Hochstradener Hebungsbereich nach Westen hin.
B .... Basaltdecke des Stradner Kogels.
Ho .... Höhe des Stradner Kogels, 610 m (Hochstraden).
Al .... Oberstdazische-Altlevantinische Denudationsfläche über Basalt, mit Aulehmbedeckung (580 bis 560 m).
Str .... Anhöhe mit Markt Straden (karinthische Deltaschotter des mittleren Sarmats).
H .... Höhenflur des sarmatischen Hügellandes.
Fl .... Flache Osthänge des Gleichenberger Sulzbachtales mit älterer Terrassierung des Quartärs.
TQ .... Tiefere Terrassen des Quartärs.
Al .... Breiter Alluvialboden des Sulzbachtales.
St .... Steilhänge des asymmetrischen Tales.

Terrassengliederung im unt

Niveau-Nr.	V. Hilber 1912 Umgebung Graz			J. Sölch Umgebung Graz 1921 (1927) Muraustritt aus Gebirge		Windische Büheln 1919		Winkler (Hermaden) (1921) Mureck—Radkersburg [Gleichenberger Vulkangebiet] (übertragen vom Raabtal)				F. Heritsch 1921 Umgebung Graz		W He T. Wie
	—	—		—	—	—	—	I	610 m Höchste post-basaltische Schotteraufschüttung	Ober-Pont	Oberes Unterpliozän	—	—	—
1	660—700 m			XII	690 m	—	—	II	550 m			D	um 700 m	
				XI	640 m	—	—							—
2	625—646 m			X	605 m	—	—	III	470 m	Levantin	Mittelpliozän	E	630 m	—
3	575—580 m		Höheres Pliozän	IX	565 m	—	—	IV	420 m			F	570—580 m	—
4	544—551 m			VIII	540 m	IX	400—405 m	V	400 m			G	500—540 m	—
				VII	510 m	VIII	380—385 m							—
5	500—530 m							VI	380 m			H	um 500 m	
				VI	480 m	VII	365—370 m							—
				V	450 m	VI	340 m				Oberpliozän			—
6	438—470 m							VII	360 m			I	um 400 m	—

steirischen Murgebiet[1] nach

				Winkler von Hermaden (1949—1955) Wildon — nördlich Radkersburg (Klöch)						
I	610 m Stradener Kogel	Postbasaltische Überschotterung	Höchstes dazisches Aufschüttungs-Niveau (und Abtragsflur)						Höherer Teil des unteren Oberpliozäns	
II a	580—470 m [3] Hochstraden-Niveau	Höhere Einebnungs-flächen mit tiefgründigen Ver-witterungsdecken und Lehm-aufschwemmungen		Jüngste pliozäne Fluren	Höchste Abtragsfluren mit Lehmdecken	Höheres Daz		Oberes Piacentin (?)		Oberpliozän
II b	560—450 m [4] Hochstraden-Niveau									
III	um 450 m (Zwischenniveau — Rosenberg-Niveau bei Gießelsdorf)	Grobschotter—Lehm-terrasse			Erosionsterrasse mit Schotter—Lehmflur	—		Barotien	Höheres Oberpliozän	
IV	480—400 m (Stadelberg-Niveau)	Tiefere Einebnungs-flächen mit tiefgründigen Ver-witterungsdecken und Lehm-aufschwemmungen		Präglaziale Fluren i. e. S.	Oberst-pliozäne Fluren	Präglazial	Levantin	Astian	Oberes Oberpliozän	
V	450—370 m (Zahrerberg-Niveau)							Auvergnian		
VI a	445—340 m	Hauptschotter-Flur	über Grobschotter	Altquartäre Terrassen (obere Terrassengruppe)		Laaerberg-Niveau	Günz—Mindel Interglazial und Altglazial	Villafranchian-Arnien (Kalabrische Stufe)	nach F. E. Zeuner	Altquartär
VI b	400—300 m	Schotterflur mit mäßiger Lehm-bedeckung								
VII a	370—295 m							St. Prestien		

			—	—	V	320—325 m					—	
—	—		IV	430 m	IV	300—310 m	VIII	340 m		K	410—440 m	Rosenberg-Terrasse
7	370—342 m Kaiserwald-Terrasse (Premstättner Flur) unterhalb Graz	Altquartär	III	400 m	III	280—285 m	IX	320—290 m [2]	Älteres	L	370—385 m	Schweinsbachwald-Terrasse
8	370—353 m (unter Graz Waltendorf-Raaba)		—	—	—	—	—	—		—	—	
9	Windorfer Flur (346)		II	—	II	260 m	X	270—220 m	Diluvium	M	346—371 m	Helfbrunner Terrasse
10	344—362 m Steinfelder-Neufelder-Stufe		I	—	I	255 m	XI	220 m (bei Halbenrain)		N	—	—
11	338—360 m Dominikanerriegel-Harmsdorfer Stufe	Jungquartär	—	—	—	—	—	—	Jüngeres	O	346—360 m	Hauptterrasse des Leibnitzer Feldes
12	330—358 m Karlauer Stufe		—	—	—	—	—	—		P	341—358 m	Zwischenterrassen
13	360 m Unterste Stadtbodenstufe		—	Alluvialfeld	—	—	—	—	Alluvium	—	—	Alluvialfeld
			—		—	—	XII	290—200 m		—	—	

[1] Bei der Ausarbeitung der Tabelle wurde große Sorgfalt darauf verwendet, die von mehreren Autoren unterschiedener ergeben hat. Es sind daher die in einer horizontalen Kolonne aufscheinenden Niveaus im Sinne meiner Auffassung als gleicha
[2] Die Höhenangabe erscheint gegenüber meiner seinerzeitigen nachträglich korrigiert.
[3] Die über 100 m betragende Niveaudifferenz bezieht sich bei diesem Flurensystem auf eine durch tektonische Verstellun
[4] 1921 hatte ich angenommen, daß die an oststeirischen Vulkanbergen im Höhenintervall zwischen 580—450 m an Härt bezeichnete. Später ergab es sich jedoch, daß es sich hier nur um ein einziges, aber tektonisch verstelltes Niveau handelt. Feldbach, Riegersburg, Kapfensteiner Kogel, Kindberg im Klöcher Vulkangebiet, Gleichenberger Kogel) zu einem einzigen Inhalt, bei. Denn es hat sich herausgestellt, daß zwischen dem mittelpliozänen, nur mit Aulehmsedimenten überzogenen eine „Zwischenterrasse" auftritt (erhalten am Basalt des Rosenbergs bei Tischen, mit grober Schotterbasis und Lehmdecke Terrasse darstellt, so verwende ich die Bezeichnung „Niveau III" für dieses, dank besonders günstiger Verhältnisse örtli
[5] Am Plateau des Stradner Kogels und am Gleichenberger Kogel konnte das Niveau II in zwei nahe übereinander

VII b	345—270 m	Terrassen mit mächtigen Lehmdecken						Altpleist	Quartär
VIII	335—250 m			Mittelquartäre Terrassen (mittlere Terrassengruppe)	Mindel—Riss Interglazial	Mosbachstufe		Mittelquartär	
IX	320—240 m (Premstättner Terrasse)								
X a	320—210 m (unter Wildon)		Schotterflur mit Lößlehm	Frühjungquartäre Terrassen (tiefere Terrassengruppe)	Riss— Glazial	Riss— Vereisung	Mittel-Pleistozän		
X b	280—208 m (Helfbrunner Terrasse)		Schotter mit Lehmdecke		Riss—Würm Interglazial				
XI	Hauptterrasse des Grazer Feldes		Reine Schotterfluren	Würmterrasse des Jungquartärs und Teilfluren (untere Terrassengruppe)	Würmglazial	Würm und Beginn Eisrückzug	Jungpleistozän	Jungquartär	
—	Obere Teilflur des Grazer Feldes, Hauptflur des Leibnitzer Feldes				Spät- (Würm-) Glazial	Ältere Rückzugstadien			
—	Untere Teilflur des Grazer Feldes, Teilflur des Leibnitzer Feldes								
—	Ältere Alluvialterrasse (Straß, Mureck, Abstal)			Älteres / Alluvium	Postglazial	—	Holozän		
—	Jungalluvialer Auenboden			Jüngeres					

us miteinander in der Form zeitlich zu parallelisieren, wie sich ihre Zusammengehörigkeit aus eigenen Untersuchungen
zusehen.

rgerufene verschiedene Höhenlage im Bereich des oststeirischen Vulkangebietes.
verbreiteten Abtragsflächen auf zwei altersverschiedene Niveaus aufzuteilen wären, die ich als „Niveau II" und „Niveau III"
ch sind die 1921 ausgeschiedenen Niveaus II (Basaltplateau am Stradner Kogel) und III (Höhenfluren am Steinberg bei
zusammenzufassen und als Niveau II zu bezeichnen. Trotzdem halte ich ein Niveau III, wenn auch mit verändertem
ttelpliozänen) Abtragsflächensystem des Niveaus II und einer jüngeren spätoberpliozänen Abtragsflur des Niveaus IV
n). Da diese Terrasse nach Entstehungs- und Bildungsdauer ein vollwertiges Äquivalent einer alt- oder mittelquartären
lten gebliebene Zwischenniveau.
e, ineinander geschaltete Teilfluren zerlegt werden, die beide eine fluviatile Lehmdecke tragen.

If you have any concerns about our products,
you can contact us on
ProductSafety@springernature.com

In case Publisher is established outside the EU,
the EU authorized representative is:
**Springer Nature Customer Service Center GmbH
Europaplatz 3, 69115 Heidelberg, Germany**

Printed by Libri Plureos GmbH
in Hamburg, Germany